高校非计算机专业计算机基础教育改革型教材

Visual FoxPro 实验与测试

（第 4 版）

卢雪松　主编

东南大学出版社
·南京·

内容提要

本书是《Visual FoxPro 教程(第 4 版)》配套的实验指导书和测试题集。实验篇共含有 24 个实验项目,按实验类型分为基础与验证型、设计与开发型和研究与创新型等三大类型。实验项目分为计划内、计划外必做和计划外选做等三种类型,以适应不同实验学时的需要。实验篇的总体设计参考了实验室评估指标体系,每个实验项目都符合实际教学需要,各种指标均达到了实验室评估的具体要求。测试篇由同步测试题和综合复习题两大部分构成。同步测试题可用于平时学习的单元测试,综合复习题则用于课程的总复习。测试题集内容全面,题型标准规范,不仅有助于学生的复习迎考,同时也为教师组卷提供了方便。书后附有参考答案。

本书既适应高等院校非计算机专业的教学需要,也适用于参加江苏省计算机等级考试和全国计算机等级考试考生的复习迎考。

图书在版编目(CIP)数据

Viaual FoxPro 实验与测试/卢雪松主编. —4 版. —南京:东南大学出版社,2012.11 (2019.1 重印)

ISBN 978 - 7 - 5641 - 3840 - 0

Ⅰ.①V… Ⅱ.①卢… Ⅲ.①关系数据库系统-数据库管理系统-程序设计-高等学校-教学参考资料 Ⅳ.TP311.138

中国版本图书馆 CIP 数据核字(2012)第 251939 号

Visual FoxPro 实验与测试(第 4 版)

主　　编　卢雪松
责任编辑　张　煦
装帧设计　毕　真

出版发行　东南大学出版社
出 版 人　江建中
社　　址　江苏省南京市四牌楼 2 号(210096)
经　　销　江苏省新华书店
印　　刷　江苏扬中印刷有限公司
版　　次　2012 年 11 月第 4 版　2019 年 1 月第 7 次印刷
开　　本　787 mm × 1092 mm　1/16
印　　张　23.5
字　　数　598 千
书　　号　ISBN 978 - 7 - 5641 - 3840 - 0
定　　价　36.80 元

前　言

Visual FoxPro是一门理论和实践并重的课程。学生在学习时既要注重上机实验，又要加强理论基础知识的理解和掌握。本书是《Visual FoxPro教程(第4版)》配套的实验指导书和习题集。

实验篇的总体设计参考了实验室评估指标体系。24个实验项目，按实验内容分为数据库系统、面向过程的程序设计、面向对象的程序设计以及综合应用等四大模块。实验项目按照实验类型分为基础与验证型、设计与开发型和研究与创新型等三大类型。基础与验证型实验项目数占总实验项目数的60%以下。纵观全书，每个实验项目都符合实际教学需要，各种指标均达到了实验室评估的具体要求。

为便于学生上机实验，我们准备了必要的实验素材，并为每个实验项目准备了相应的实验环境。如有需要，可访问扬州大学计算机中心(http://jsjzx.yzu.edu.cn)的VFP课程网站或登录扬州大学网络教学平台(http://eol.yzu.edu.cn)中卢雪松老师的《VFP语言及程序设计》网络课程，下载vfpsyhj.rar文件。

测试篇由同步测试题和综合复习题两大部分构成。第1章～第11章为同步测试题，可用于平时课程学习的单元测试；综合复习题则用于本课程的总复习。该题集内容全面，题型标准规范，这不仅有助于学生的复习迎考，同时也为教师组卷提供了方便。书后还附有参考答案。此测试题集还适用于参加江苏省计算机等级考试和全国计算机等级考试考生的复习迎考。

本书由卢雪松主编。参加实验篇编写工作的有：潘钧(实验一、二、七、八)、周峰(实验三～六)、赵耀(实验九、十、二十三)、严登洲(实验十一～十四)、陈志敏(实验十五、十六、二十二)、孟纯煜(实验十七～二十一、二十四)。参加测试篇编写工作的有：卢雪松(第1～2章、第7章、综合复习题和全真模拟试卷)、楚红(第3章～第5章)、魏同明(第8章～第10章)、沈启坤(第6章、第11章)。

本书的出版，得到了扬州大学教务处、扬州大学计算机中心、东南大学出版社等有关领导和同志的关心与支持，在此一并表示衷心的感谢。

本教材由扬州大学出版基金资助。

由于编者水平有限，不妥之处敬请广大读者批评指正。

编　者

2012年10月于扬州大学

目 录

实 验 篇

测 试 篇

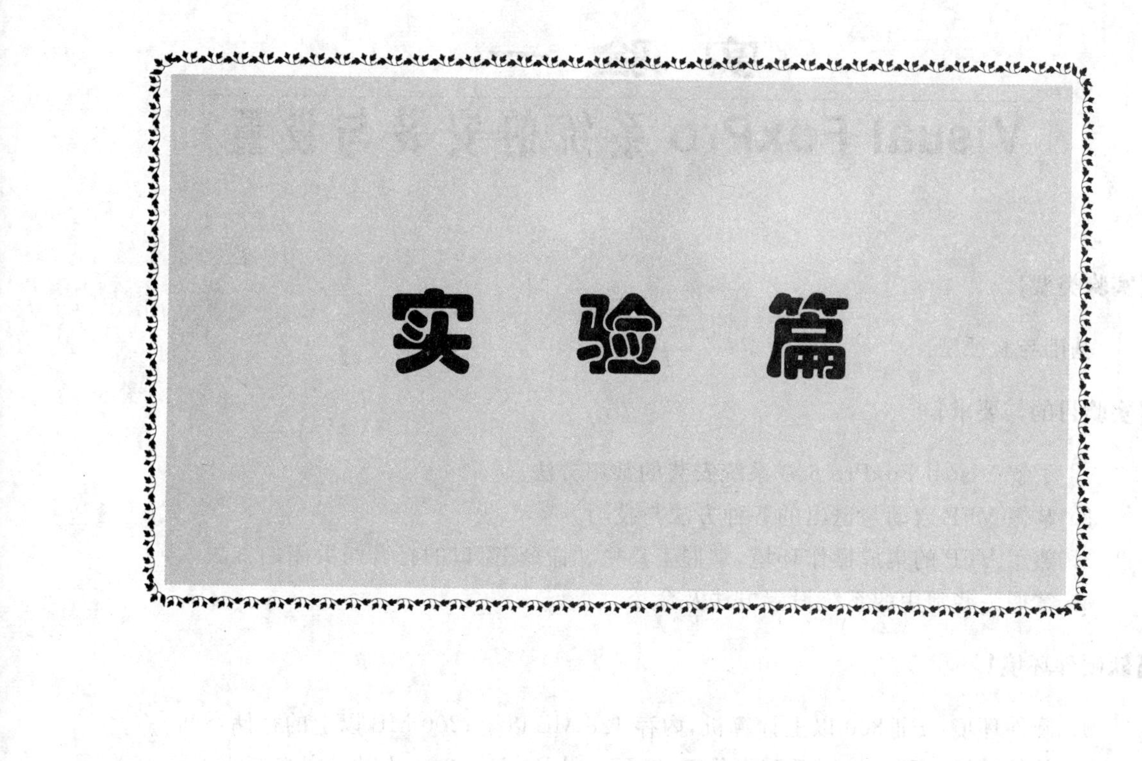

实 验 篇

数据库系统模块

实验一

Visual FoxPro 系统的安装与设置

【实验类型】

基础与验证型

【实验目的与要求】

1. 了解 Visual FoxPro 6.0 系统安装的常用方法。
2. 掌握 VFP 启动与退出的各种方法与技巧。
3. 熟悉 VFP 的集成操作环境，掌握工具栏、“命令”窗口的打开与关闭的方法。
4. 掌握一些常用的系统设置方法及命令。

【软硬件环境】

1. 硬件环境：PⅢ800 以上计算机，内存 128 MB 以上；200 MB 以上的存储空间。
2. 软件环境：Windows 系列操作系统，Visual FoxPro 6.0 及以上中文专业版。
3. 启动 VFP 后，设置 VFP 的默认路径为 D:\vfpsyhj\sy1。

【实验涉及的主要知识单元】

1. Visual FoxPro 数据库管理系统

Visual FoxPro 6.0 数据库管理系统是一个关系数据库管理系统软件，是 xBASE 系列软件中的佼佼者，它在流行的 xBASE 系列软件的基础上提供了诸多新功能，技术有所超越，大大改善了计算机用户环境，使数据的组织、数据库的建立及应用系统的开发更为方便，受到众多用户的青睐。

2. 安装 Visual FoxPro 6.0 的必要条件

可以在 Windows 95(中文版)或更高版本，以及 Windows NT 4.0(中文版)或更高版本中运行 Visual FoxPro 6.0。下面是在 Windows 95(中文版)操作系统中运行 Visual FoxPro 6.0 的最低系统要求：

☞ 一台带有 486 66 MHz 处理器(或更高档处理器)的 IBM 兼容机。

☞ 16 MB 内存。

☞ 鼠标。

☞ 硬盘。最小化安装需要的硬盘空间为 15 MB，自定义安装需要 85 MB 硬盘空间，完全安装需要 90 MB 硬盘空间。

☞ 推荐使用 VGA 或更高分辨率的显示器。

3. 配置 Visual FoxPro 6.0

安装 Visual FoxPro 6.0 后，可以根据需要定制开发环境。环境设置包括主窗口标题、默认的目录、项目、编辑器、调试器及表单工具选项、临时文件存储、拖放字段对应的控件和其他选项。用户既可以用交互式，也可以用编程的方法配置 Visual FoxPro 6.0，甚至可使 Visual FoxPro 6.0 启动时调用用户自建的配置文件。

【实验内容与步骤】

一、Visual FoxPro 6.0 的安装方法

Visual FoxPro 6.0 可以从 CD-ROM 或网络上安装。下面介绍三种从 CD-ROM 上安装 Visual FoxPro 6.0 的方法：

1. 直接启动自动安装程序

操作步骤如下：

① 将系统光盘插入到 CD-ROM 驱动器中，安装程序自动启动。如图 1-1 所示。

图 1-1

② 稍候片刻，进入“Visual FoxPro 6.0 安装程序”窗口。如图 1-2 所示。

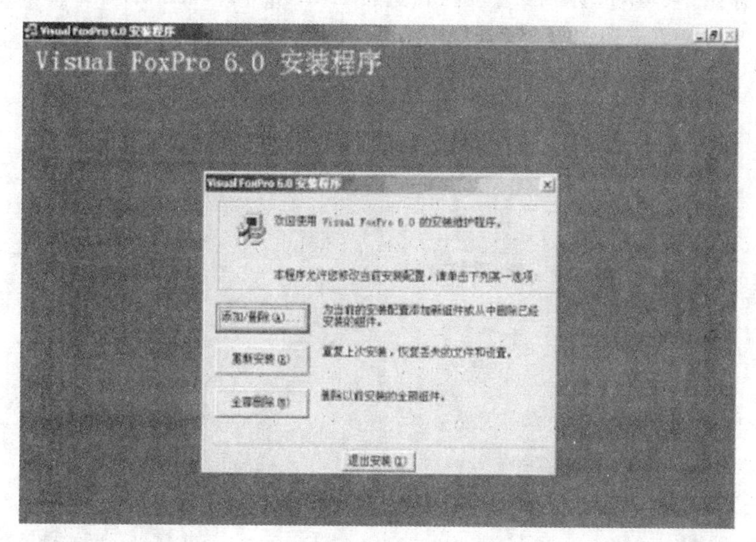

图 1-2

③ 在“Visual FoxPro 6.0 安装程序”窗口中,系统提供了三种可选择的安装方式,它们分别是“添加/删除”、“重新安装”、“全部删除”。

如果是第一次安装 Visual FoxPro 6.0,或想添加一些新组件,可选择“添加/删除”。如果只是想恢复丢失的文件,可选择“重新安装”。如果不想再使用 Visual FoxPro 6.0,可选择“全部删除”,卸载 Visual FoxPro 6.0 全部组件。

④ 当确定了安装方式后,在安装过程中,还要回答安装程序所提出的各种问题,按步骤选择相应的选项,完成安装全过程。

2. 直接运行安装程序

操作步骤如下:

① 在 Windows 的“开始”菜单下,选择“运行”选项。

② 在“运行”窗口中键入安装程序路径及文件名,运行安装程序。

③ 按安装程序提供的选项,选择相应的参数,完成安装全过程。

3. 使用 Windows 安装

操作步骤如下:

① 在 Windows 的“开始”菜单下,选择“设置”选项,再选择“控制面板”。

② 在“控制面板”窗口,双击“添加/删除程序”图标,在“添加或删除程序”窗口中按“安装”按钮。

③ 在“从软盘或 CD-ROM 驱动器安装程序”窗口选择“下一步”,自动查找安装程序,找到后进入“运行安装程序”窗口,单击“完成”按钮,开始运行安装程序。

④ 按安装程序提供的选项,选择相应的参数,完成安装全过程。

无论用哪一种方法安装 Visual FoxPro 6.0 系统,一但系统安装完毕,“Microsoft Visual FoxPro 6.0”将被安装在 Windows 的程序组中,用户可以通过“开始”菜单使用 Visual FoxPro 6.0 系统。

二、Visual FoxPro 6.0 的启动

启动 Visual FoxPro 可以采用以下几种方式:

1. 从“开始”菜单启动 Visual FoxPro 6.0 系统

操作步骤如下:

① 打开“开始”菜单,选择“程序”选项,选择“Microsoft Visual FoxPro 6.0”选项,再选择“Microsoft Visual FoxPro 6.0”选项,如图 1-3 所示。

图 1-3

② 单击鼠标左键，进入“Microsoft Visual FoxPro”系统，如图 1-4 所示。此时，Visual FoxPro 6.0 系统启动完毕。

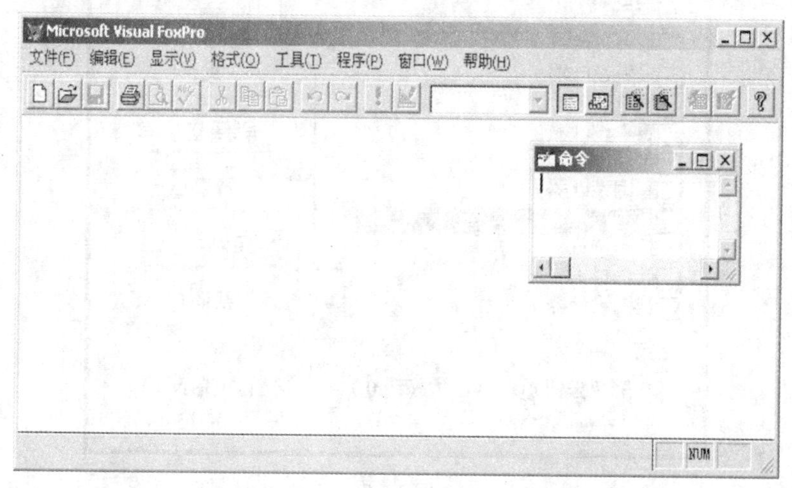

图 1-4

2. 从“资源管理器”中启动 Visual FoxPro 6.0 系统

操作步骤如下：

① 打开“开始”菜单，选择“资源管理器”选项，进入“资源管理器”窗口。

② 利用资源管理器找到 C:\Program Files\Microsoft Visual Studio\Vfp98 目录，从 C:\Program Files\Microsoft Visual Studio\Vfp98 目录下找到 VFP6 图标，对准 VFP6 图标双击鼠标左键，完成 Visual FoxPro 6.0 系统的启动。

3. 从“运行”对话框中启动 Visual FoxPro 6.0 系统

操作步骤如下：

① 打开“开始”菜单，选择“运行”选项，进入“运行”窗口。

② 在“运行”窗口的对话框中，输入 C:\Program Files\Microsoft Visual Studio\Vfp98\vfp6.exe，再按“确定”按钮，完成 Visual FoxPro 6.0 系统的启动。

三、Visual FoxPro 6.0 的退出

退出 Visual FoxPro 6.0 系统，可以采用以下几种方法：

☞ 在 Visual FoxPro 主菜单下，打开“文件”菜单，选择“退出”选项。

☞ 在 Visual FoxPro 主菜单下，按 Alt+F4 组合键。

☞ 在 Visual FoxPro 主菜单下，按 Ctrl+Alt+Del 组合键，进入“关闭程序”窗口，再按“结束任务”按钮。

☞ 在 Visual FoxPro 主菜单下，单击“退出”按钮。

☞ 在“命令”窗口，输入命令 QUIT。

四、工具栏

Visual FoxPro 系统提供了 11 种工具栏。在 Visual FoxPro 启动后，系统默认打开的仅有“常用”工具栏，工具栏中的工具只有在工具栏打开时才能使用。

打开工具栏的操作步骤如下：

① 打开“显示”菜单，选择“工具栏”选项，进入“工具栏”窗口，如图 1-5 所示。

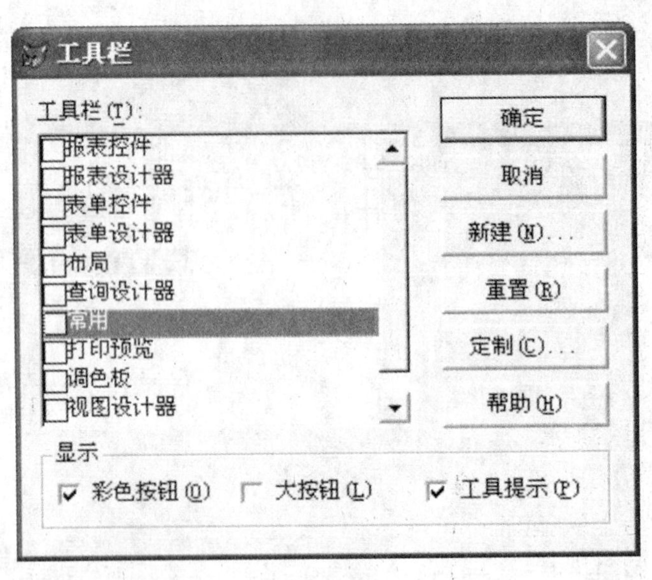

图 1 - 5

② 在"工具栏"窗口中,选定要打开的工具栏,再按"确定"按钮,就可以打开所选定的工具栏。

若要关闭工具栏,在"工具栏"窗口中,把要关闭的工具栏前面复选框中的"√"点击去掉,再单击"确定"按钮,即可关闭相应的工具栏。

五、"命令"窗口

"命令"窗口位于工具栏和状态栏之间,是输入和编辑 VFP 系统命令的窗口。当执行菜单命令时,相应的 VFP 命令通常会自动地显示在"命令"窗口中。

1. "命令"窗口的打开和关闭

"命令"窗口的打开和关闭有以下几种方法:

☞ 打开"窗口"菜单,选择"命令窗口"选项,可以打开"命令"窗口。

☞ 按快捷键 Ctrl+F2,可以打开"命令"窗口。

☞ 利用"常用"工具栏上的"命令窗口"按钮,该按钮为双向按钮,即单击一次打开"命令窗口",再单击一次则关闭"命令窗口"。

☞ 单击窗口的"关闭"按钮;或利用窗口的控制图标;或打开"文件"菜单,选择"关闭"选项,可以关闭"命令"窗口。

2. 在"命令"窗口中执行命令

在"命令"窗口中键入所需的命令,然后按 Enter 键即执行相应操作。如果输入的命令有错,执行时系统将会给出错误信息提示框,如图 1 - 6 所示,表示执行无效。

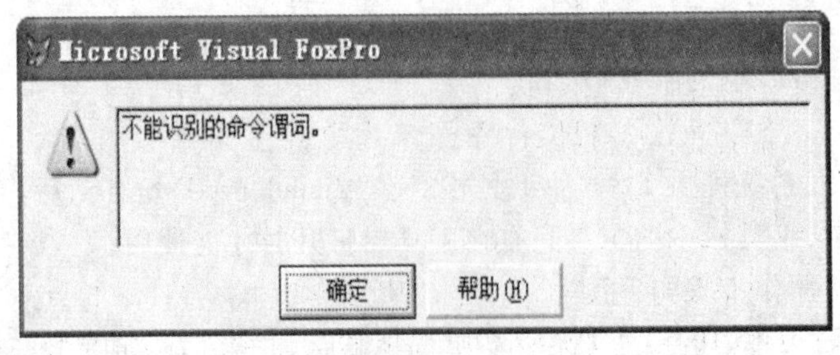

图 1 - 6

在“命令”窗口依次输入并执行下列命令：

```
SET DEFAULT TO D:\vfpsyhj\sy1
CLEAR                        && 清除 VFP 主窗口中的所有显示信息
? "学号"                     && 在主窗口显示汉字“学号”
? "姓名"+"    籍贯"          && 注意？和"是西文字符
?? "家庭住址"                && 注意？和?? 的区别
CLEAR                        && 清除 VFP 主窗口中的所有显示信息
SET DECIMALS TO 2            && 设置小数保留两位
? sqrt(2)                    && 在 VFP 主窗口显示 1.41
? 1.0+2+3+4+5                && 在 VFP 主窗口显示表达式的值为 15.00
```

3. 命令的编辑和重新利用

在“命令”窗口中，用户可以编辑和重新利用已输入的命令。

☞ 一行写一条命令，并用 Enter 键结束。

☞ 一条命令可分几行写，在行结束处键入续行符“;”表示命令未完，然后按 Enter 键转入下一行。

☞ 以符号“*”或“&&”开头的行是注释行，它是一条非执行命令，仅在程序中显示。命令后也可添加注释。

☞ 将光标移到以前命令行的任意位置，按 Enter 键重新执行此命令。

☞ 将光标移到以前命令行，对其编辑修改，按 Enter 键执行修改后的命令。

☞ 在按 Enter 键执行命令，按 Esc 键将删除当前输入的命令。

☞ 若要清除“命令”窗口中的命令，应先选择一行或一片连续行，单击鼠标右键，选择快捷菜单中的“清除”命令。

☞ 在“命令”窗口中选择多条命令后，单击鼠标右键，选择快捷菜单中的“运行所选区域”命令。可以依次执行所选的多条命令。

请在“命令”窗口中执行下列命令：

```
CLEAR                  && 清除 VFP 主窗口中的所有显示信息
SET DATE TO ANSI       && 设置日期格式为 ANSI 格式
? DATE()
SET DATE TO USA        && 设置日期格式为美语格式
? DATE()
SET DATE TO LONG       && 设置日期格式为长日期格式
? DATE()               && 在 VFP 主窗口中仔细观察日期显示的样式
DEBUG                  && 打开 Visual FoxPro 调试器窗口
```

六、“选项”对话框

对于 VFP 操作环境的设置，可以使用 SET 命令进行设置，也可以使用“选项”对话框进行交互式设置。

1. 使用“选项”对话框

若要显示“选项”对话框，可从“工具”菜单中选择“选项”命令，打开“选项”对话框，“选项”对话框中具有一系列代表不同类别环境选项的选项卡。例如，在“显示”选项卡中设置 Visual FoxPro 主窗口显示方式，如图 1-7 所示。在“区域”选项卡中设置日期格式、货币格式等,如图 1－8 所示。

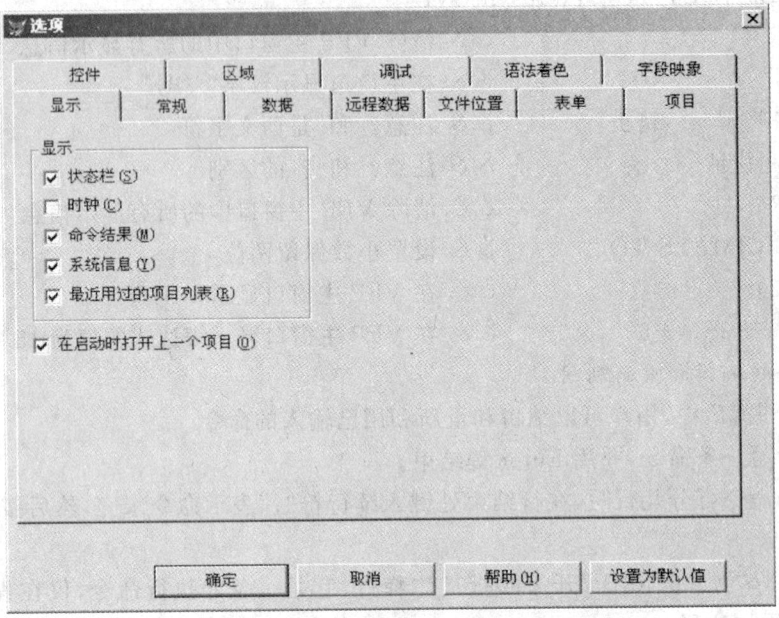

图 1－7

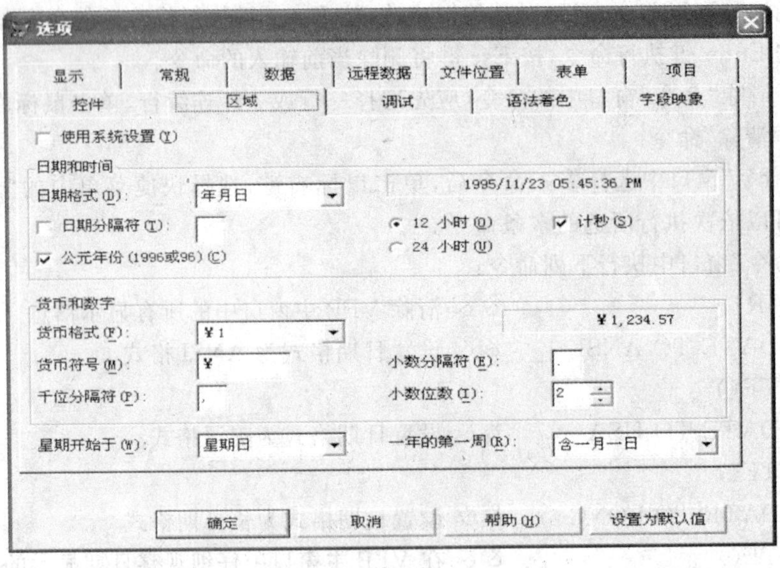

图 1－8

在“文件位置”选项卡中设置默认路径,如图 1－9 所示,选择“默认目录”,单击“修改”按钮,如图 1－10 所示。选中“使用默认目录”复选框,打开“选择目录”对话框,如图 1－11 所示,单击“选定”按钮,如图 1－12 所示,单击“确定”按钮。

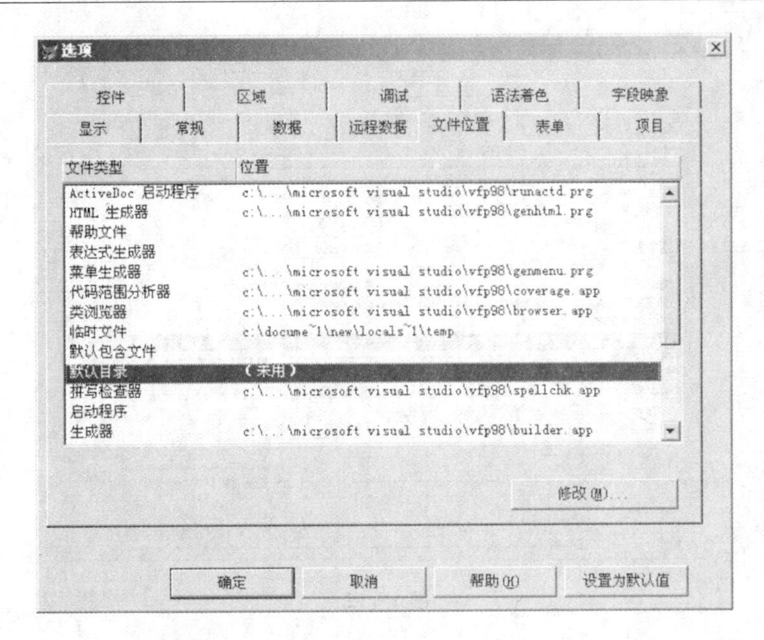

图 1-9

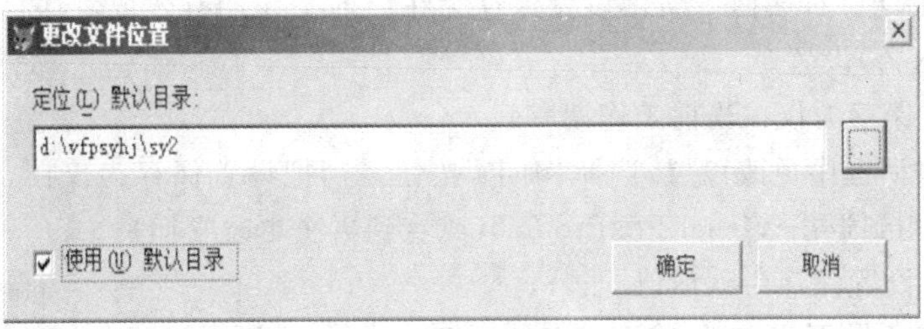

更改文件位置

定位(L) 默认目录:

d:\vfpsyhj\sy2

使用(U) 默认目录

确定 取消

图 1-10

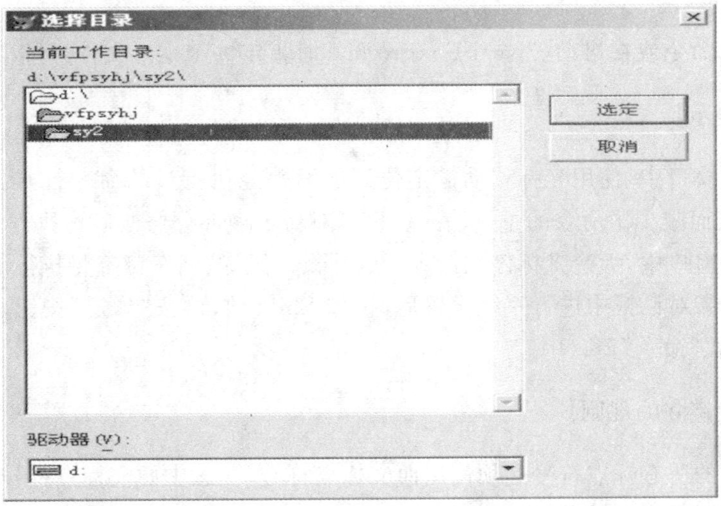

选择目录

当前工作目录:

d:\vfpsyhj\sy2\

d:\

vfpsyhj

sy2

选定

取消

驱动器(V):

d:

图 1-11

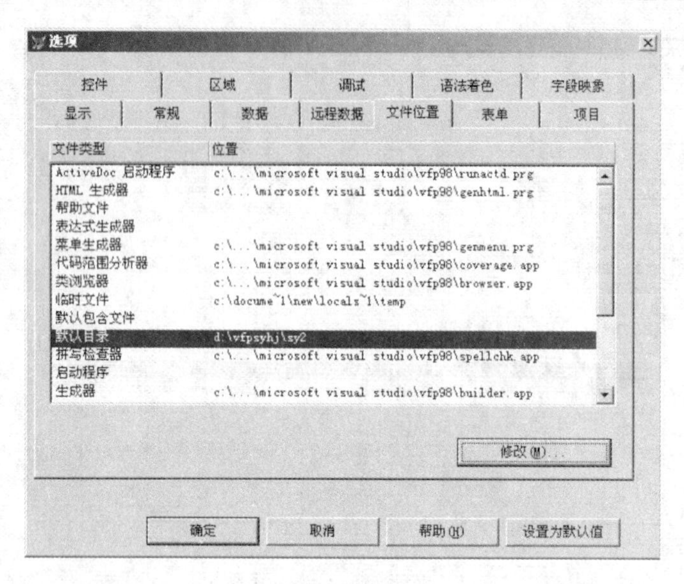

图 1-12

2. 保存设置

可以把在"选项"对话框中所做设置保存为在当前工作期有效或者保存为 Visual FoxPro 6.0 默认(永久)设置。

(1) 把设置保存为仅在当前工作期有效

在"选项"对话框中更改设置,选择"确定"按钮。当把设置保存为仅在当前工作期有效时,它们一直作用到退出 Visual FoxPro 6.0(或直到再次更改它们)。

(2) 把当前设置保存为默认值

要永久保存所做更改,必须将它们存储到 Windows 注册表中。在"选项"对话框中更改设置,选择"设置为默认值"按钮(对当前设置做更改之后,"设置为默认值"按钮才被激活为可用状态)。

执行 SET 命令或在启动 Visual FoxPro 6.0 时指定一个配置文件,可以忽略默认设置。

【实验要求与提示】

1. 在命令窗口中,使用光标移动键定位到前面曾经执行过的命令行,按回车键将再次执行该命令,从而减少了命令的重复输入。也可对命令做部分修改后再执行。

2. 在命令窗口中,无论光标停在命令行的什么位置,按回车键都将执行该命令。

3. 在"选项"对话框中进行系统设置后,按住 Shift 键,再按"确定"按钮,系统设置的信息将全部显示在"命令"窗口中。

【实验过程必须遵守的规则】

1. 命令中的所有标点符号必须使用西文标点符号,注意中西文标点符号的区别。

2. 合理使用鼠标与键盘,提高操作效率。

【思考与练习】

1. 打印命令"?"和"??"有什么区别?

2. 如何用"选项"对话框设置默认路径和管理临时文件?

3. 如何用命令退出 VFP 系统?

【测评标准】

1. 是否掌握了 VFP 启动和退出的方法。

2. 是否掌握了 11 种工具栏打开和关闭的方法与技巧。

3. 是否掌握了命令窗口打开和关闭的方法与技巧。

4. 是否掌握了命令的输入、编辑和执行的方法与技巧。

5. 是否掌握了用"选项"对话框设置 VFP 主窗口的显示方式、日期格式、货币格式、默认路径等。

6. 是否掌握了 SET DEFAULT TO 等系统设置命令。

实 验 二

项目管理器的使用

【实验类型】

基础与验证型

【实验目的与要求】

1. 掌握项目文件建立与打开的方法。
2. 了解项目管理器的结构及其定制方法。
3. 熟练使用项目管理器管理各种文件。
4. 了解项目管理器的功能。

【软硬件环境】

1. 硬件环境：PⅢ800 以上计算机，内存 128 MB 以上；200 MB 以上的存储空间。
2. 软件环境：Windows 系列操作系统，Visual FoxPro 6.0 及以上中文专业版。
3. 启动 VFP 后，设置 VFP 的默认路径为 D:\vfpsyhj\sy2。

【实验涉及的主要知识单元】

1. 项目管理器

"项目管理器"是 Visual FoxPro 6.0 中处理数据和对象的主要组织工具，是 Visual FoxPro 6.0 的"控制中心"。项目是文件、数据、文档和 Visual FoxPro 6.0 对象的集合。在建立表、数据库、查询、表单、报表以及应用程序时，可以用"项目管理器"来组织和管理文件。

2. 项目管理器的功能

(1) 采用目录树结构，使项目的内容一目了然。

(2) 设置多种功能按钮，为项目内容的创建、修改与增删提供了很大方便。

(3) 支持项目建立的数据字典，使数据库表在功能上大大强于自由表。

【实验内容与步骤】

一、创建项目文件

1. 用菜单方式创建项目文件

操作步骤如下：

① 打开"文件"菜单，选择"新建"，进入"新建"对话框。如图 2-1 所示。

② 在"新建"对话框中，单击"项目"，再按"新建文件"按钮，进入"创建"对话框，如图 2-2 所示。

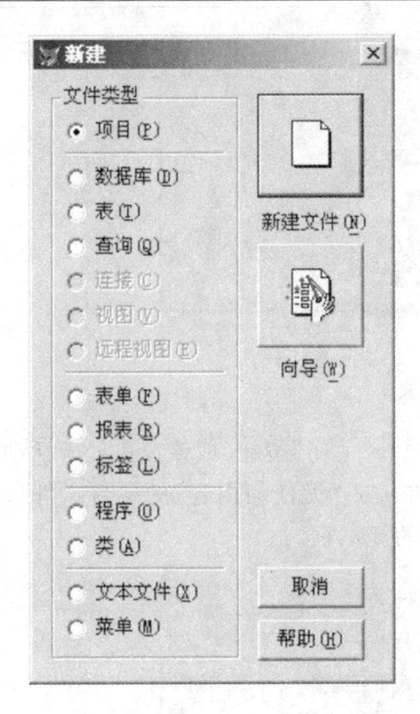

图 2-1

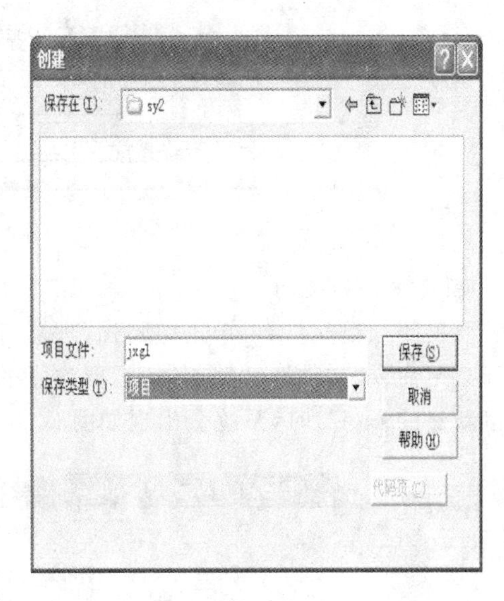

图 2-2

③ 在“创建”对话框中输入项目文件名 jxgl，选择保存到 D:\vfpsyhj\sy2 目录中，然后单击“保存”按钮。

创建项目文件后，生成了两个文件(项目文件 jxgl. pjx 和项目备注文件 jxgl. pjt)，项目以“项目管理器”窗口形式显示。

2. 使用常用工具栏上的“新建”按钮

3. 用命令方式创建项目文件

操作步骤如下：

① 打开“命令”窗口。

② 在“命令”窗口中输入命令“create project jxgl2”，进入“项目管理器”窗口。

③ 保存项目文件。

创建项目文件后，生成了两个文件(项目文件 jxgl2. pjx 和项目备注文件 jxgl2. pjt)。

二、项目文件的打开与关闭

1. 项目文件的打开

对于新建的项目文件，系统自动地将其打开。对于已存在的项目文件(例如 D 盘中的项目文件 jxxt)，可用以下方法打开它：

☞ 执行菜单命令“文件”→“打开”。

☞ 单击“常用”工具栏上的“打开”按钮。

在出现的“打开”对话框中选择需要打开的项目文件 jxxt，然后单击“打开”按钮。

如果被打开的项目文件，其目前的存储位置与原来创建时的存储位置不一致(即该项目文件从其他存储位置复制或移动过来)，会出现如图 2-3 所示的提示框。

☞ 在命令窗口中输入 MODIFY PROJECT jxxt

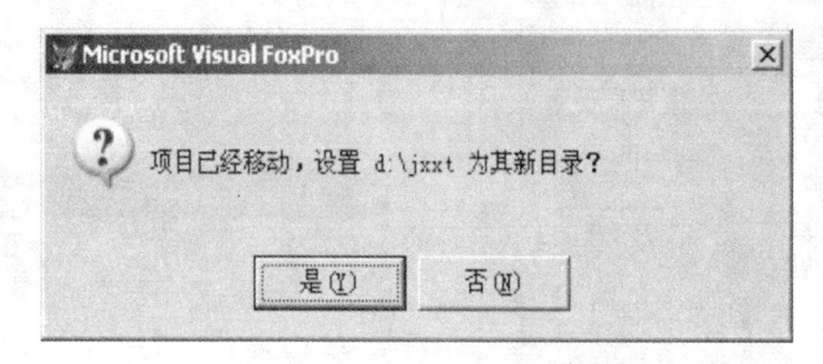

图 2-3

2. 项目文件的关闭

若要关闭项目文件,可单击“项目管理器”窗口中的“关闭”按钮,或该窗口处于活动状态时执行菜单命令“文件”→“关闭”。需要注意的是,在关闭“无任何内容”的项目文件(例如,前面刚新建的 jxgl2)时,系统会出现如图 2-4 所示的提示框。

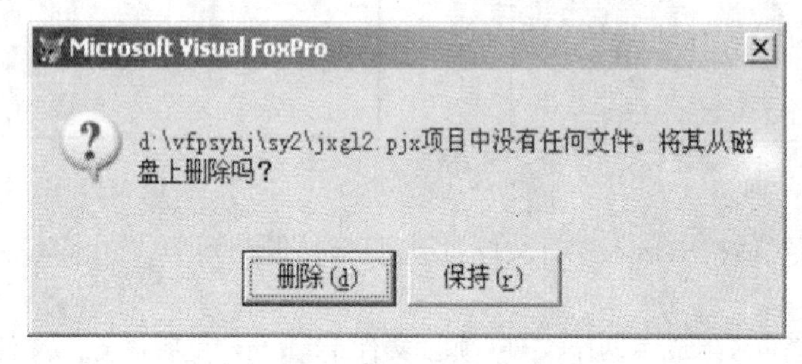

图 2-4

三、项目管理器的定制

项目文件 jxxt 打开后,屏幕上会出现如图 2-5 所示的“项目管理器”窗口,便于用户以可视化的方法进行各种文件的管理。项目管理器采用目录树结构对资源信息进行集中管理,以其集成环境为用户提供了快捷访问系统设计工具的窗口,在项目管理器窗口中有多种功能按钮,可以根据需要创建、修改、增加或删除资源文件。从它所具有的功能可以看出,项目管理器实际上就是 Visual FoxPro 系统环境下的资源管理器。

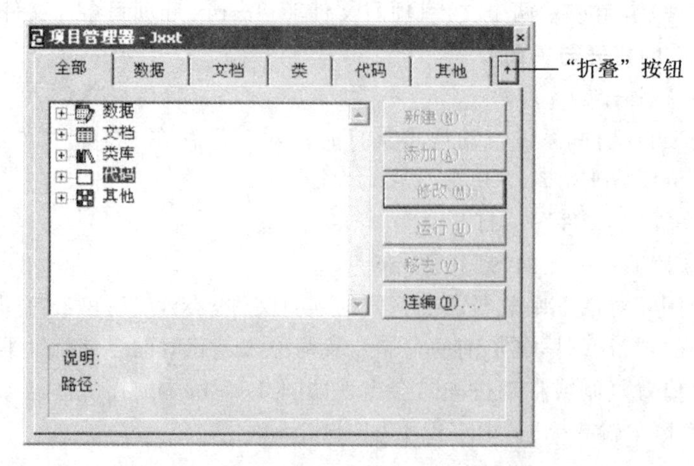

图 2-5

1. “项目管理器”窗口的折叠/展开

单击“项目管理器”窗口的右上角的“箭头”(↑)按钮,“项目管理器”窗口被折叠,如图 2-6 所示。单击图 2-6 中的 ↓ 按钮,“项目管理器”窗口将被展开。

图 2-6

2. 项目管理器的选项卡

被折叠的“项目管理器”窗口,如果选择其中的选项卡,该选项卡将会从“项目管理器”窗口分离出来,如图 2-7 所示。

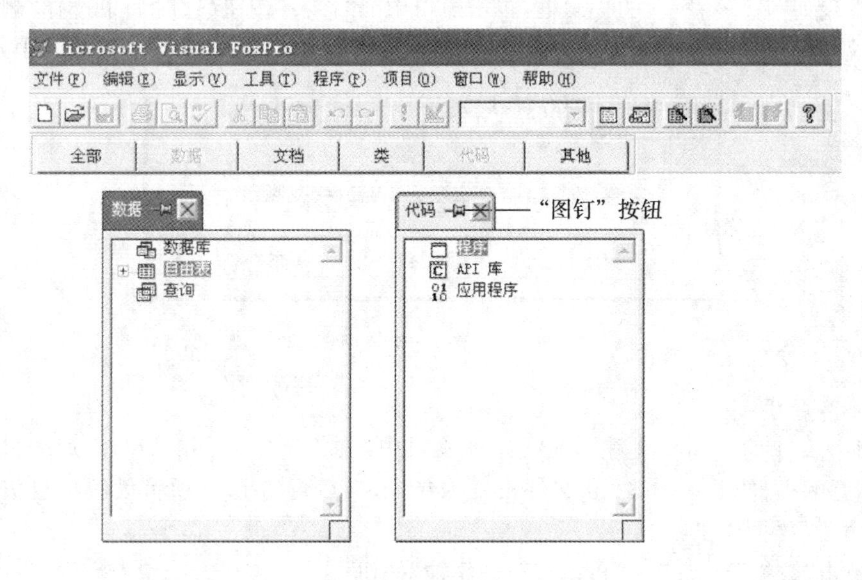

图 2-7

分离出来的选项卡可以被拖动到主窗口的任何合适位置,单击其中的“图钉”按钮(如图 2-7 所示)可决定该选项卡是否保持在主窗口的最前端。单击“关闭”按钮可关闭分离出来的选项卡。

3. “项目管理器”窗口的工具栏形式

双击“项目管理器”窗口的标题栏,或将它拖放到工具栏区域,则“项目管理器”呈工具栏形状。双击“项目管理器”工具栏中的空白区域或将它拖放到 VFP 主窗口中,“项目管理器”又恢复原状。

四、利用项目管理器管理文件

在“项目管理器”窗口,若想实现项目管理器的功能,首先要创建“项目”,然后将其所管理的资源添加到“项目”中,最后通过“项目”菜单和“项目管理器”窗口的选项卡来完成文件管理操作。

1. 添加文件

将 D 盘中的 xs. dbf 和 msn. ico 文件添加到 jxxt 项目中。操作步骤如下:

① 将“项目管理器”定制成如图2-5所示的窗口形式。

② 单击“数据”选项卡→“自由表”→“添加”按钮。

③ 在出现的“添加”对话框中选择xs.dbf文件,单击“确定”按钮。

④ 单击“其他”选项卡→“其他文件”→“添加”按钮。

⑤ 在出现的“添加”对话框中选择msn.ico文件,单击“确定”按钮。

从“项目管理器”窗口中可以看出“自由表”、“其他文件”前均出现了“+”标号,表示这两项均已包含了子项,单击“+”标号可以展开列表(其操作方法同Windows资源管理器)。

2. 移去文件

项目中包含的文件也可以移去。若要将msn.ico文件从项目中移去,操作步骤如下:

① 展开“其他文件”列表,单击“msn.ico”文件,单击窗口中的“移去”按钮。

② 出现如图2-8所示的提示框,单击窗口中的“移去”按钮(这时如果选择“删除”命令按钮,则文件从项目中移去后,将从磁盘上删除,且不会放入Windows的回收站中)。

图2-8

3. 其他操作

若将D盘中的js.dbf文件添加到jxxt项目中,改名为“jiaoshi.dbf”,添加编辑说明“教师基本信息表”,并把jiaoshi.dbf文件设置为包含,最后再给jxxt项目设置项目信息,单位为“扬州大学”。操作步骤如下:

① 单击“数据”选项卡→“自由表”→“添加”按钮。

② 在出现的“添加”对话框中选择js.dbf文件,单击“确定”按钮。

③ 执行菜单命令“项目”→“重命名文件”,在出现的对话框中输入文件名“jiaoshi.dbf”后单击“确定”按钮。

④ 执行菜单命令“项目”→“编辑说明”,在出现的对话框中输入说明信息“教师基本信息表”,单击“确定”按钮。

⑤ 右击“jiaoshi.dbf”文件,在快捷菜单中选择“包含”。

在“数据”选项卡中仔细观察“jiaoshi.dbf”文件和“xs.dbf”文件的区别。

⑥ 打开“项目”菜单,选择“项目信息”选项,进入“项目信息”对话框,如图2-9所示,在“单位”栏中输入“扬州大学”,单击“确定”按钮。

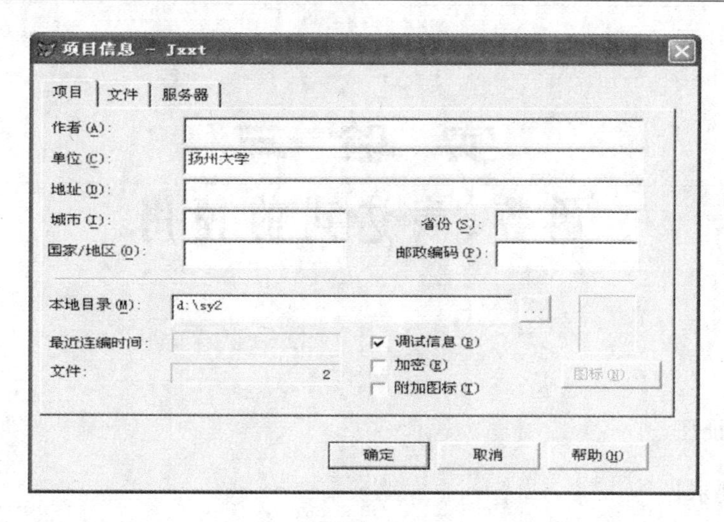

图 2-9

【实验要求与提示】

1. 仔细观察,建立一个项目文件后,磁盘上增加了几个文件? 扩展名分别是什么?
2. 熟练使用项目管理器管理各种文件。
3. 熟练掌握项目管理器的定制。
4. 项目管理器提供多种快捷菜单,仔细观察鼠标位置不同快捷菜单内容的变化。

【实验过程必须遵守的规则】

1. 一个系统只能创建一个项目。
2. 在"项目管理器"窗口中添加文件,不同类型的文件应添加到不同的选项中。

【思考与练习】

1. 建立一个项目文件,将其命名为"我的项目",将D盘中的"xs.dbf"文件添加到"我的项目"中。
2. 一个文件是否可以同时属于多个项目文件?
3. 项目管理器有哪些功能?

【测评标准】

1. 是否掌握了项目文件的扩展名。
2. 是否掌握了用三种不同的方法创建项目文件。
3. 是否掌握了项目文件的打开和关闭。
4. 是否掌握了项目管理器的定制。
5. 是否掌握了用项目管理器查看项目中的内容。
6. 是否掌握了用项目管理器添加和移去文件。
7. 是否掌握了用项目管理器创建和修改文件。

实 验 三

函数、表达式的使用

【实验类型】

基础与验证型

【实验目的与要求】

1. 掌握常用类型数据的常量表示方法。
2. 掌握变量的几种赋值方法。
3. 掌握教材中指定函数的使用方法。
4. 学会构造不同类型的表达式。

【软硬件环境】

1. 硬件环境:PⅢ800 及以上计算机,内存 128 MB 以上;200 MB 以上的存储空间。
2. 软件环境:Windows 系列操作系统,Visual FoxPro 6.0 及以上中文专业版。
3. 启动 VFP 后,在"命令"窗口中输入命令:

```
_SCREEN.FONTSIZE=12
SET DEFA TO D:\vfpsyhj\sy3
```

【实验涉及的主要知识单元】

1. 数据类型

数据是 VFP 进行处理的最基本的对象,它主要由数值型数据和非数值型数据组成。在 VFP 中,数据类型可以分为数值型、字符型、逻辑型、日期型等。掌握常用的数据类型是学好 VFP 的基础。

2. 数据存储

数据存储又称数据容器,主要由常量、变量、数组、记录和对象等组成。在使用数据容器时,首先要掌握 VFP 中的名称命名规则,其次要掌握不同的数据类型在不同的数据容器中的表示方式。

3. 函数

函数是 VFP 系统设计人员预先编制好的程序代码,可供用户调用。由于一个函数接收一个或多个参数而返回单个值,因此函数可嵌入到一个表达式中。函数与命令的区别是:函数名后紧跟着一对括号。在 VFP 中,函数分为系统函数和用户自定义函数两种。

4. 表达式

表达式是常量、变量、字段名、函数、操作符、控件以及属性的组合。表达式可以用来执行运算、操作字符或测试数据。每个表达式都产生单一的值,并且具有某种类型。在 VFP 中,表达式分为字符表达式、日期表达式、算术表达式、关系表达式、逻辑表达式和名称表达式等。

【实验内容与步骤】

一、常量的表示

在 VFP 中,有以下类型的常量:

1. 数值型常量

在"命令"窗口中依次输入以下命令,注意查看 VFP 主窗口中的结果。

```
CLEAR
? 26.151746, 26.1234567890987654321,2E5        && 科学计数法
?                                               && 换行空打印
```

2. 字符型常量

在"命令"窗口中依次输入以下命令,注意查看 VFP 主窗口中的结果。

```
CLEAR
? "计算机中心","计算机应用基础",[Visual FoxPro]
? "教室:'812'",[课程:"VFP"]            && 字符串中出现界定符
```

3. 逻辑型常量

在"命令"窗口中依次输入以下命令,注意查看 VFP 主窗口中的结果。

```
CLEAR
? .t. , .f. , .y. , .n.
```

4. 日期型常量

在"命令"窗口中依次输入以下命令,注意查看 VFP 主窗口中的结果。

```
CLEAR
? {^2006/06/16}
? {06/16/06}          && 出现错误信息
SET STRICTDATE TO 0
? {06/16/06}
SET DATE TO MDY
? {^2006/06/16},{06/16/06}
SET DATE TO ANSI
? {^2006/06/16},{06/16/06}
SET DATE TO LONG
? {^2006/06/16},{06/16/06}
```

5. 日期时间型常量

在"命令"窗口中依次输入以下命令,注意查看 VFP 主窗口中的结果。

```
? {^2006/06/16 06:36}
SET CENTURY ON
? {^2006/06/16 06:36}
SET STRICTDATE TO 0
? {8:50pm},{/:},{00:00:00}
```

二、变量的表示

1. 内存变量的创建及访问

在"命令"窗口中依次输入以下命令,注意查看 VFP 主窗口中的结果。

```
aa="江苏南京"
? aa
STORE 2008 TO bb,cc
? bb,cc
xsxm=15.8
SET DEFA TO d:\vfpsyhj\sy3
USE xs
? xsxm,m.xsxm,m->xsxm
DISP MEMO
```

2. 数组的创建及访问

在"命令"窗口中依次输入以下命令,注意查看 VFP 主窗口中的结果。

```
CLEAR
DIMENSION xy(3)
? xy(2)
xy(1)=3
xy(2)="VFP"
? xy,xy(1),xy(2),xy(3)
xy=25
? xy,xy(1),xy(2),xy(3)
DIMENSION aa(3,4)
aa(2,3)=date()
? aa(2,3),aa(2,4)
? aa(4,3)
aa(7)="Visual"
? aa(2,3),aa(2,4)
```

三、系统函数

1. 数据类型函数

(1) 数学运算函数

在"命令"窗口中依次输入以下命令,注意查看 VFP 主窗口中的结果。

① ABS()函数

```
? ABS(26),ABS(-26),ABS(28-26),ABS(26-28)
```

② INT()函数

```
? INT(26.28),INT(26.82),INT(-6.82),INT(6.82-2.68)
```

③ ROUND()函数

```
? ROUND(1234.234567,2),ROUND(1234.234567,5)
? ROUND(1234.234567,-2),ROUND(1234.234567,-5)
```

④ MOD()函数

```
? MOD(26,7),MOD(26,-7),MOD(-26,-7),MOD(-26,7)
? MOD(4.5,1.3),MOD(4.5,-1.3)
```

⑤ MAX()函数

```
? MAX(3,6,9),MAX(3,6,-9),MAX(.T.,.F.)
? MAX({^1981/10/2},{^1987/09/05})
? MAX("Y","b","k")
SET COLLATE TO "Machine"
? MAX("Y","b","k")
SET COLLATE TO "Pinyin"
? MAX("Y","b","k")
? MAX("扬州","南京","北京")
SET COLLATE TO "Machine"
? MAX("扬州","南京","北京")
SET COLLATE TO "Stroke"
? MAX("扬州","南京","北京")
```

⑥ MIN()函数

```
? MIN(3,6,9),MIN(3,6,-9),MIN(.T.,.F.)
? MIN({^1981/10/2},{^1987/09/05})
```

⑦ RAND()函数

```
? RAND()
? RAND()
? RAND(2)
? RAND(2)
SET DECIMALS TO 4
? RAND()
? RAND(2)
```

⑧ SIGN()函数

```
? SIGN(4.28),SIGN(-4.28),SIGN(0)
```

⑨ SQRT()函数

```
? SQRT(144),SQRT(44)
? SQRT(4-8)
```

(2) 字符型函数

在“命令”窗口中依次输入以下命令,注意查看 VFP 主窗口中的结果。

① ALLTRIM()函数、LTRIM()函数、TRIM()/RTRIM()函数

```
CLEAR
aa ="  V F P   "     && 前面两个空格,后面三个空格,中间各一个空格
? LEN(aa)
? ALLTRIM(aa),LEN(ALLTRIM(aa))
? LTRIM(aa),LEN(LTRIM(aa))
? TRIM(aa),LEN(TRIM(aa)),RTRIM(aa),LEN(RTRIM(aa))
```

② LEFT()、RIGHT()函数

```
CLEAR
BB="扬州大学 MIS 研究中心"
? LEFT("Visual",1),LEFT("Visual",2)
? LEFT(BB,1),LEN(LEFT(BB,1)),LEFT(BB,2)
? RIGHT("Visual",2),RIGHT("Visual",1)
? RIGHT(BB,4),RIGHT(BB,3)
```

③ SUBSTR()函数

```
CLEAR
BB="扬州大学 MIS 研究中心"
? SUBSTR("Visual",3,2),SUBSTR("Visual",4,3)
? SUBSTR(BB,3,2),SUBSTR(BB,4,3),SUBSTR(BB,5,4),SUBSTR(BB,9,3)
```

④ AT()函数

```
CLEAR
CC="Visual FoxPro"
? AT("a",CC)
? AT("A",CC)
? AT("o",CC)          &&"o"为字母,非数字 0
? AT("o",CC,2)        &&"o"为字母,非数字 0
```

⑤ LEN()函数

```
CLEAR
? aa,bb,cc
? LEN(AA),LEN(BB),LEN(CC)
```

⑥ SPACE()函数

```
CLEAR
? "Fox"+"Pro"
? "Fox"+SPACE(2)+"Pro"
```

(3) 日期时间函数

在"命令"窗口中依次输入以下命令,注意查看 VFP 主窗口中的结果。

① TIME()函数、DATE()函数、DATETIME()函数

```
CLEAR
? TIME(),DATE(),DATETIME()
```

② YEAR()函数、MONTH()/CMONTH()函数、DAY()函数

```
? DATE(),YEAR(DATE())
? YEAR({^1981/10/02})
? MONTH({^1981/10/02}),CMONTH({^1981/10/02})
? DAY({^1981/10/02})
```

③ DOW()/CDOW()函数

```
? DOW(DATE()),DOW({^1981/10/02}),CDOW({^1981/10/02})
```

(4) 转换函数

在“命令”窗口中依次输入以下命令，注意查看 VFP 主窗口中的结果。

① STR()函数、VAL()函数

```
CLEAR
? STR(1234.23456),STR(1234.23456,6),STR(1234.23456,3)
? STR(1234.23456,8,3),STR(1234.23456,5,3),STR(12345678901234)
? VAL("12"),VAL("12A3"),VAL("A340")
? VAL("12E3"),VAL("12+3"),VAL("12"+"3")
```

② ASC()函数、CHR()函数

```
CLEAR
? ASC("ABC"),ASC("123"),ASC("计算机")
? CHR(97),CHR(48)
```

③ CTOD()/CTOT()函数、DTOC()/TTOC()函数

```
CLEAR
? CTOD("10/01/1949"),CTOD("^1949/10/01"),CTOT("^1949/10/01 10:00")
? DTOC(DATE()),DTOC({10/01/1949}),DTOC({^1949/10/01})
? DTOC({^1949/10/01},1),DTOC({^1949/10/01},2)
? TTOC({^1949/10/01 10:00}),TTOC({^1949/10/01 10:00},1)
```

④ UPPER()函数、LOWER()函数

```
? UPPER("Visual FoxPro")
? LOWER("Visual FoxPro")
```

(5) 数据测试函数

在“命令”窗口中依次输入以下命令，注意查看 VFP 主窗口中的结果。

① TYPE()函数

```
CLEAR
? TYPE("25"),TYPE("'VFP'"),TYPE("DATE()"),TYPE('.T.'),TYPE('X')
```

② BETWEEN()函数

```
CLEAR
? BETWEEN(12,2,24),BETWEEN("H","A","T"),BETWEEN("H","A","e")
SET COLLATE TO "Machine"
? BETWEEN("H","A","e")
? BETWEEN(DATE(),{^1949/10/01},{^2049/10/01})
```

③ INLIST()函数

```
? INLIST(3,1,5,9),INLIST(3,1,5,9,3),INLIST("女","男","女")
```

④ EMPTY()函数

```
CLEAR
? EMPTY(""),EMPTY("      ")
? EMPTY(0),EMPTY(3)
? EMPTY(.T.),EMPTY(.F.)
? EMPTY(DATE()),EMPTY({})
```

⑤ ISBLANK()函数

```
CLEAR
? ISBLANK(""),ISBLANK("      ")
? ISBLANK(0),ISBLANK(.T.),ISBLANK(.F.),ISBLANK(.NULL.)
```

⑥ ISNULL()函数

```
CLEAR
? ISNULL(.NULL.)
? ISNULL(.F.),ISNULL(0),ISNULL("")
```

2. 数据库类函数

(1) 字段处理函数

在"命令"窗口中依次输入以下命令,注意查看 VFP 主窗口中的结果。

FCOUNT()函数、FIELD()函数、FSIZE()函数

```
SET DEFA TO D:\vfpsyhy\sy3
USE xs
? FCOUNT()
BROW
? FIELD(3),FIELD(5)
? FSIZE("xsxm"),FSIZE("csrq"),FSIZE("rxzf"),FSIZE(FIELD(3))
```

(2) 记录处理函数

在"命令"窗口中依次输入以下命令,注意查看 VFP 主窗口中的结果。

① BOF()函数、EOF()函数、RECNO()函数

```
CLEAR
USE js
? BOF(),EOF(),RECNO()
SKIP -1
? BOF(),EOF(),RECNO()
GO BOTTOM
? BOF(),EOF(),RECNO()
SKIP
? BOF(),EOF(),RECNO()
SKIP
```

② RECCOUNT()函数

```
CLEAR
? RECCOUNT(),RECCOUNT(3)
```

③ DELETED()函数

```
CLEAR
GO 5
DELE
? DELETED()
GO 8
? DELETED()
```

④ FILTER()函数

```
USE js
SET FILTER TO xb="男"
? FILTER()
```

⑤ SEEK()函数、FOUND()函数

```
USE js
SET ORDER TO jsgh
BROWSE LAST
? SEEK("D0001")
BROWSE LAST
? SEEK("黄　宏")
LOCATE FOR jsgh="D0001"
? FOUND()
```

(3) 索引函数

在"命令"窗口中依次输入以下命令,注意查看 VFP 主窗口中的结果。

CDX()函数、ORDER()函数、TAG()函数

```
CLOSE TABLES ALL
USE xs ORDER xsxh
? CDX(),CDX(1),CDX(2)
? ORDER(),TAG()
```

(4) 数据库与表函数

在"命令"窗口中依次输入以下命令,注意查看 VFP 主窗口中的结果。

① USED()函数、DBUSED()函数、DBC()函数

```
CLOSE TABLES ALL
OPEN DATABASE jxgl
USE xs
SELE 2
USE cj
? USED("xs"),USED("cj"),USED("js")
? DBUSED("jxgl"),DBC()
```

② DBSETPROP()函数、DBGETPROP()函数

```
DBSETPROP("js.jsgh","FIELD","caption","工号")
? DBGETPROP("js.jsgh","FIELD","caption")
```

3. 其他类函数

在"命令"窗口中依次输入以下命令,注意查看 VFP 主窗口中的结果。

① CAPSLOCK()函数、NUMLOCK()函数

```
=CAPSLOCK(.T.)
=CAPSLOCK(.F.)
= CAPSLOCK (! CAPSLOCK ())
=NUMLOCK(.T.)
```

```
=NUMLOCK(.F.)
```

② INKEY()函数

```
NK=INKEY(2)          && 在两秒内按数字键 1
? NK                 && 显示 49
NL=INKEY(3)          && 在三秒内按 F1 键
? NL                 && 显示 28
```

③ IIF()函数

```
NSCORE=95
? IIF(NSCORE>=90,"优秀","一般")
? IIF(MONTH(DATE())=2,"平月","非平月")
```

④ FILE()函数

```
? FILE("XS"),FILE("XS.DBF")
```

⑤ GETFILE()函数

```
? GETFILE()
=GETFILE("DBF")
```

思考:试比较以上两条命令执行后所打开的对话框的异同。

⑥ MESSAGEBOX()函数

```
T1="转换功能为制冷吗?"
T2="功能选择"
MESSAGEBOX(T1,4+32+256,T2)
```

四、表达式

1. 字符表达式

```
CLEAR
AA=" Visual"         && 前面空一格,后面空两格
BB=" Fox"            && 前面空一格,后面空两格
CC=" Pro"            && 前面空一格,后面空两格
? AA+BB+CC, LEN(AA+BB+CC),AA-BB-CC, LEN(AA-BB-CC)
? "A" $ AA, "a" $ AA
CLOSE TABLES ALL
USE XS
? ALLT(xsxm)+SPACE(2)+xb
```

2. 日期表达式

```
? DATE()+30,{^2008/08/18}-DATE(),DATE()-100
```

3. 算术表达式

```
CLEA
? 2^3+3**2,3*5+12/4
```

4. 关系表达式

```
SET COLLATE TO "Machine"
? "A"<"T","a"<"T"
? " "<"T"            &&" "中间为一个空格
```

```
SET COLLATE TO "PinYin"
? "A"<"T","a"<"T"
? " "<"T"                &&" "中间为一个空格
SET EXACT ON
? "ABCD"="AB","AB"="ABCD","AB"="AB","AB"="AB"
SET EXACT OFF
? "ABCD"="AB","AB"="ABCD","AB"="AB","AB"="AB"
```

5. *逻辑表达式*

```
CLEAR
? .T. AND .F.
? 23>3 * * 3 OR"AB"="ABCD"
```

【实验要求与提示】

1. 必须深刻理解变量与常量的关系。

2. 对于函数的学习，必须掌握两点：一是函数的参数有几个，分别是什么类型的数据；二是函数的返回值是什么数据类型。

3. 灵活运用常量、变量和函数组成不同类型的表达式。

【实验过程必须遵守的规则】

1. 在实验过程中必须注意 VFP 主窗口中显示的内容，并思考为什么会出现所看到的结果。

2. 在实验过程中必须学会命令的重用，有很多命令不需要重复输入，只要在原有的命令行中做适当修改，然后按回车键就可以实现。

3. 在使用函数时一定要注意其与命令的区别，即函数后面一定紧跟着一对圆括号。

4. 组成表达式时一定要注意数据类型，按照运算符的要求使用符合要求的数据及其类型。

【思考与练习】

1. 在 VFP 中，数据类型可以分为哪几类？分别用什么字母来表示？

2. VFP 中的名称命名规则有哪几条？请举三个例子说明不合法的名称。

3. 函数和命令在格式上有什么区别？

4. 什么叫表达式？表达式有哪几种类型？

5. 表达式的运算符两边的数据类型必须相同吗？请举例说明。

【测评标准】

1. 在实验过程中必须控制实验时间。本实验虽然内容很多，但有很多命令可以重用，在测评时必须要求掌握命令的重用方法，否则实验时间不够。

2. 在观察 VFP 主窗口的输出结果前必须预想到应该得到的结果。

3. 测评函数时必须考察以下两点：一是函数的参数部分有几个，分别是什么类型的数据；二是函数的返回值是什么类型的数据。

4. 是否能够自己构建表达式，是否能够把题目要求中的中文叙述用 VFP 的表达式表示出来。

实验四
表的创建

【实验类型】

基础与验证型

【实验目的与要求】

1. 掌握自由表结构的创建与修改方法。
2. 掌握表记录的输入命令与方法。
3. 掌握自由表的打开与关闭方法。

【软硬件环境】

1. 硬件环境：PⅢ800 以上计算机，内存 128 MB 以上；200 MB 以上的存储空间。
2. 软件环境：Windows 系列操作系统，Visual FoxPro 6.0 及以上中文专业版。
3. 启动 VFP 后，在“命令”窗口中输入命令：

```
_SCREEN.FONTSIZE=12
SET DEFA TO D:\vfpsyhj\sy4
```

【实验涉及的主要知识单元】

1. 表结构的创建和使用

VFP 中的表(包括自由表和数据库表)由两大部分组成：表结构和表记录。表结构定义了对象的多个属性。表结构的创建和使用方法包括界面方式和命令方式。

2. 表记录的输入

表记录是 VFP 表中的第二大部分，表记录定义了对象的属性值。不同的对象，属性值可以相同，也可以不同。表记录的输入就是向表中添加属性值。

3. 打开和关闭表

在 VFP 中，表有两种状态：打开状态和关闭状态。在使用一张表时，首先必须把表打开(从磁盘调入内存)，一个打开的表必须占用一个工作区。在实际应用中，经常需要同时打开多个表，这就要使用到多个工作区。

【实验内容与步骤】

一、创建表的结构

1. 利用表设计器创建表结构

利用表设计器创建表结构的操作步骤如下：

① 在“文件”菜单下选择“打开”命令，在弹出的对话框中选中“jxxt.pjx”项目，按“确定”

按钮，打开项目管理器，如图4-1所示。

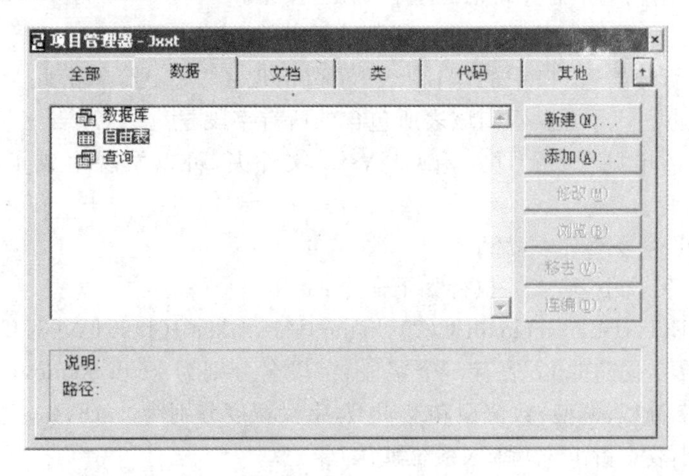

图4-1

② 在“项目管理器”窗口中依次单击“数据”选项卡→“自由表”选项，单击“新建”按钮。

③ 在出现的“新建表”对话框中，单击“新建表”按钮。

④ 在弹出的“创建”对话框中，输入要创建的表名“js”，单击“保存”按钮。

⑤ 在弹出的“表设计器”窗口(如图4-2所示)中，输入表结构定义信息，内容如下：

字段名	类　型	宽　度	小数位	索　引
JSGH	字符型	5		升　序
JSXM	字符型	8		
XB	字符型	2		
CSRQ	日期型	8		
GL	整　型	4		
ZC	字符型	8		
JSJL	备注型	4		
JSZP	通用型	4		

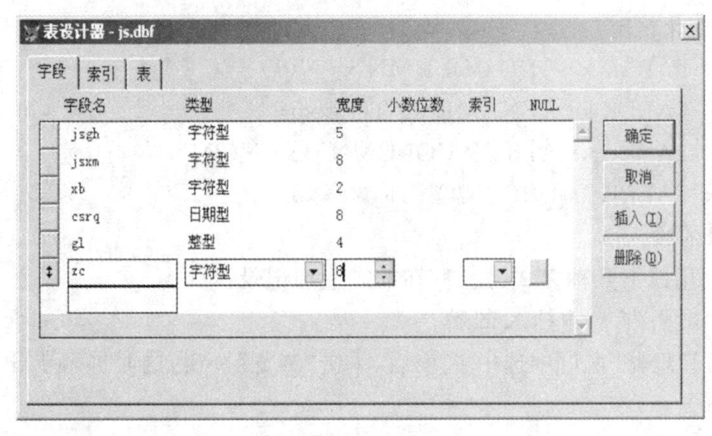

图4-2

⑥ 在确认表结构的信息正确后,单击“确定”按钮。

⑦ 在出现的“现在输入数据记录吗?”提示框中单击“否”按钮。

这时,“项目管理器”窗口中的“自由表”左边出现了“+”号,单击此“+”号,出现了 js 表,单击 js 表前的“+”号可以看到该表所包含的所有字段。

⑧ 利用“我的电脑”查看 D:\vfpsyhj\sy4 文件夹,可以发现生成了两个新的文件:js.dbf 和 js.fpt。

2. 利用 SQL 命令创建表结构

① 在“命令”窗口中,输入并执行如下命令:

```
CREATE TABLE kc(kcdh C(2),kcmc C(18),kss I(4),xf N(3,1),bxk L)
```

上述 SQL 命令创建的 kc 表有 5 个字段,字段名分别为 kcdh,kcmc,kss,xf,bxk,类型分别为字符型、字符型、整型、数值型和逻辑型,字段宽度分别为 2,18,4,3(整数部分和小数部分都为 1 位,小数点占 1 位)和 1(系统默认)。

② 查看“项目管理器”窗口,在“自由表”下并没有看到刚刚用 SQL 命令创建的 kc 表,说明此命令创建的表不会自动包含在项目中。

二、修改表的结构

1. 利用表设计器修改表结构

① 在“项目管理器”中选择“自由表”,单击“添加”按钮,在弹出的对话框中选择 gz.dbf,把 gz 表添加到此项目中,成为该项目的自由表。

② 在“项目管理器”窗口中,选中 gz 表后,单击“修改”按钮(或者双击 gz 表)。

③ 在出现的“表设计器”窗口中修改 gz 表的结构信息:添加一个字段,字段名为 zp,字段类型为通用型。

④ 确认表结构信息已正确修改后,单击“确定”按钮。

⑤ 在出现“结构更改为永久性更改?”对话框时,单击“是”按钮。

⑥ 查看 D:\vfpsyhj\sy4 文件夹时发现多了两个文件:gz.bak 和 gz.fpt。

2. 利用 SQL 命令修改表结构

可以利用 ALTER TABLE - SQL 命令直接修改表的结构。

① 在“项目管理器”窗口中,自行将 kc 表添加到项目中,成为该项目的自由表。

② 在“命令”窗口中,输入并执行如下命令(每条命令执行后从“项目管理器”窗口中查看 kc 表的字段变化情况):

```
ALTER TABLE kc ADD COLUMN xq N(1)
ALTER TABLE kc RENAME xq TO jxxq
ALTER TABLE kc ALTER COLUMN jxxq N(2)
ALTER TABLE kc DROP COLUMN jxxq
```

三、表记录的输入

我们可以利用以下几种方式为已存在的表追加记录:

1. 在表的“浏览”窗口中输入记录

① 在“项目管理器”窗口中选中 js 表后,单击“浏览”按钮,这时屏幕上出现 js 表的浏览窗口,如图 4-3 所示。

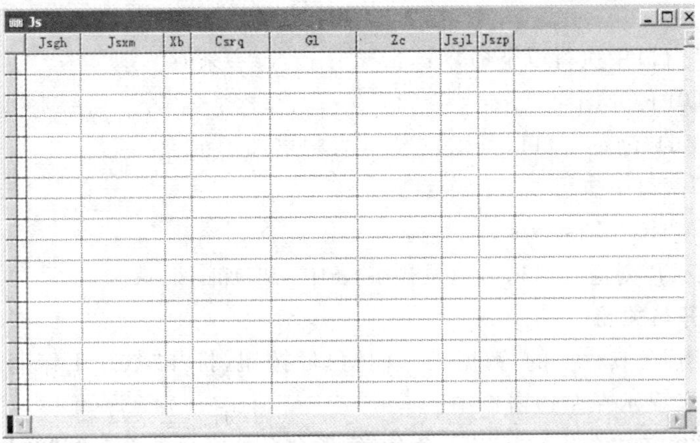

Js

Jsgh Jsxm Xb Csrq Gl Zc Jsjl Jszp

图 4-3

② 单击“显示”下拉菜单中的“追加方式”子菜单，在 js 表中依次输入如下记录：

记录号	JSGH	JSXM	XB	CSRQ	GL	ZC
1	E0001	王　平	男	09/04/76	6	助　教
2	E0002	李小刚	男	04/09/62	20	副教授
3	H0001	程萍萍	女	04/06/50	32	教　授
4	E0006	赵一龙	男	06/12/50	32	教　授
5	G0002	张海彬	女	05/02/65	17	讲　师
6	G0001	刘　军	男	09/04/77	5	助　教
7	B0001	方媛媛	女	09/04/72	10	讲　师
8	E0004	王云龙	男	06/15/66	16	讲　师

③ 输入 jsjl 备注型字段的内容：双击第一条记录的 jsjl 字段，这时会打开备注字段的编辑窗口“js. jsjl”，在编辑窗口中输入备注的内容：“2000 年 7 月参加工作”，输入结束时关闭“js. jsjl”窗口。

④ 输入 jszp 通用型字段的内容：双击第一条记录的 jszp 字段，这时会打开通用型字段的编辑窗口“js. jszp”，在主菜单中选择“编辑”→“插入对象”，在出现的“插入对象”对话框中选择“由文件创建”，然后单击“浏览”按钮，在弹出的对话框中选择 D:\vfpsyhj\sy4\photo 文件夹中的“王平. bmp”文件，单击“确定”按钮，关闭编辑窗口。

⑤ 采用上述方法，为其他记录适当添加 jsjl 备注型字段和 jszp 通用型字段的内容，图片可在 D:\vfpsyhj\sy4\photo 文件夹中查找。

2. 利用 INSERT INTO-SQL 命令追加记录

在“命令”窗口中执行以下命令，向 js 表中追加一条记录：

```
INSERT INTO js(jsgh,jsxm,csrq,gl);
VALUE("B0003","张　山",{^1970/08/12},12)
```

在“项目管理器”中，通过“浏览”按钮，可以查看通过以上命令追加的记录内容。

3. 利用 APPEND FROM 命令增加记录

① 在“项目管理器”窗口中选中 js 表后单击“浏览”按钮，在“浏览”窗口中查看 js 表中

现有的记录。

② 在“命令”窗口中执行以下命令：

```
APPEND FROM jsb
```

③ 单击 js 表的“浏览”窗口，可以发现 js 表中增加了记录。

④ 在“命令”窗口中执行以下命令：

```
APPEND FROM jsc xls
```

⑤ 单击 js 表的“浏览”窗口，可以发现 js 表中又增加了记录。

四、表的打开与关闭

① 单击“常用”工具栏上的“数据工作期窗口”按钮，打开“数据工作期”窗口，可以看到已打开的表的别名显示在左边窗口中。

② 在“命令”窗口中分别输入以下命令，每条命令执行后注意观察“数据工作期”窗口中的变化。

```
CLOSE TABLES ALL
USE js
USE gz
USE gz ALIAS 工资表
USE js IN 0
USE js IN 0
SELECT 0
USE js AGAIN
USE js ALIAS 教师表 AGAIN IN 0
USE IN 4
SELECT C
USE
CLOSE TABLES ALL
```

③ 在“项目管理器”中分别单击 js 表和 jsb 表，再单击“常用”工具栏上的“数据工作期窗口”按钮，可以看到分别在两个工作区中打开了这两张表。

④ 在“数据工作期”窗口中，选择表名 jsb，单击该窗口中的“关闭”按钮。

【实验要求与提示】

1. 在实验时，要明确实验数据的存放位置。在实验过程中，要经常通过资源管理器查看文件类型及文件个数的变化情况。

2. 在界面操作中，如果某个菜单变灰，要了解菜单变灰的原因，并解决此问题。

3. 对表的操作过程中不需要特别做保存操作，当关闭表时系统会自动把所做的修改保存到操作目录下。

【实验过程必须遵守的规则】

1. 在命令方式下，所有的字符必须是在英文半角方式下输入，否则系统会提示出错信息。

2. 某条命令比较长时，可以换行输入，注意换行前要加分号。

3. 字符串的界定符有三种，包含使用时必须注意使用不同的界定符。

【思考与练习】

1. 在创建表的结构时,有时会生成一个文件,有时会生成两个文件,为什么?

2. 在向表中添加记录时,所有的内容都存放在同一个文件里吗?

3. 在VFP中,有些命令和函数的名称是相同的。试比较SELECT命令和SELECT()函数的使用方法。

【测评标准】

1. 考察对表的组成概念是否清晰,即表由结构和记录两部分组成。

2. 在设计表的结构时,要体现表的主要特征属性,对于非特征属性不需要设计到表的结构里。

3. 在表的打开和关闭中,重点考察转换工作区的概念,考察是否掌握了多工作区的概念。

实 验 五

记 录 的 处 理

【实验类型】

基础与验证型

【实验目的与要求】

1. 掌握记录定位的基本方法。
2. 掌握记录的编辑和更新方法。
3. 掌握记录的删除和筛选方法。

【软硬件环境】

1. 硬件环境：PⅢ800 以上计算机，内存 128 MB 以上；200 MB 以上的存储空间。
2. 软件环境：Windows 系列操作系统，Visual FoxPro 6.0 及以上中文专业版。
3. 启动 VFP 后，在“命令”窗口中输入命令：

```
_SCREEN.FONTSIZE=12
SET DEFA TO D:\vfpsyhj\sy5
```

4. 利用“文件”菜单里的“打开”命令，打开 jxxt 项目。

【实验涉及的主要知识单元】

1. 记录的定位

记录的定位是指确定记录指针在表中所处的位置。在 VFP 中，一个表文件被打开后，系统中自动生成三个控制标志：记录的开始标志、记录的指针标志和记录的结束标志。记录指针的定位方式有绝对定位、相对定位和条件定位。

2. 记录的筛选

筛选记录是指从表中选出满足指定条件的记录来进行浏览或进行其他操作，不满足条件的记录则被“隐藏”起来。筛选字段是在显示表记录时选取表的部分字段。

3. 记录的修改(更新)

表记录的修改(更新)方法包括界面方式和命令方式。在修改过程中，既可以修改单个记录的值，也可以批量修改多个记录的值。

4. 记录的删除

在 VFP 中，删除表中的记录共有两个步骤：标记要删除的记录(逻辑删除)和彻底删除带删除标记的记录(物理删除)。在物理删除中，既可以在逻辑删除的基础上做删除操作(PACK)，也可以直接做删除操作(ZAP)。物理删除记录后，表的结构仍然存在。

5. 表的复制

VFP 中的表在打开的情况下,可以将整个表复制为另外一个表文件,也可以单独将表的结构或记录复制成另外一个文件,还可以将表的记录复制成文本文件格式或 Excel 文件格式。

【实验内容与步骤】

一、记录的定位

1. 利用界面定位记录。

① 在"项目管理器"窗口中选择 js 表后,单击"浏览"按钮,这时屏幕上出现 js 表的浏览窗口,从 VFP 窗口的状态栏中可以看到此表的记录总数,当前记录指针指向第一条记录。

② 在 js 表的"浏览"窗口最左边一列,有一黑色三角箭头,指示了当前记录指针的位置。用鼠标单击记录的最左边,就可以定位记录指针到该条记录。

③ 在主菜单"表"中选择"转到记录"中的"下一个"后,观察记录指针的变化情况。

④ 在主菜单"表"中选择"转到记录"中的"上一个"后,观察记录指针的变化情况。

⑤ 在主菜单"表"中选择"转到记录"中的"最后一个"后,观察记录指针的变化情况。

⑥ 在主菜单"表"中选择"转到记录"中的"第一个"后,观察记录指针的变化情况。

⑦ 在主菜单"表"中选择"转到记录"中的"记录号"后,在弹出的对话框中输入 18,观察记录指针的变化情况。

⑧ 在主菜单"表"中选择"转到记录"中的"记录号"后,在弹出的对话框中输入 48,观察记录指针的变化情况。

⑨ 在主菜单"表"中选择"转到记录"中的"定位"后,在弹出的对话框中输入如图 5-1 所示的定位条件,单击"定位"按钮后,观察记录指针的变化情况。

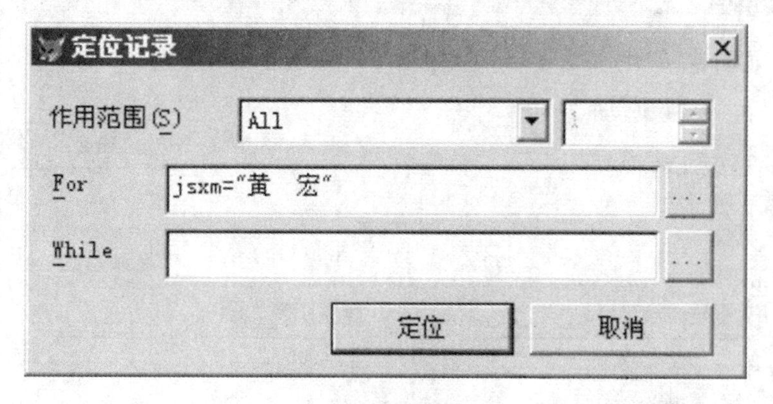

图 5-1

2. 利用命令定位记录在"命令"窗口中依次输入如下命令,注意观察 VFP 主窗口中显示的结果。

```
CLOSE TABLES ALL
CLEAR
USE xs
? RECNO(),BOF(),EOF()
SKIP 10
? RECNO()
```

```
SKIP
? RECNO()
SKIP -10
? RECNO()
GO TOP
? RECNO(),BOF(),EOF()
SKIP -1
? RECNO(),BOF(),EOF()
SKIP -1
GO BOTTOM
? RECNO(),BOF(),EOF()
SKIP
? RECNO(),BOF(),EOF()
SKIP
USE
```

二、记录的筛选

1. 利用界面实现

① 在“项目管理器”窗口中选择 xs 表,单击“浏览”按钮,打开“浏览”窗口以查看 xs 表的记录。

② 在主菜单“表”中选择“属性”菜单,打开如图 5-2 所示的“工作区属性”对话框。

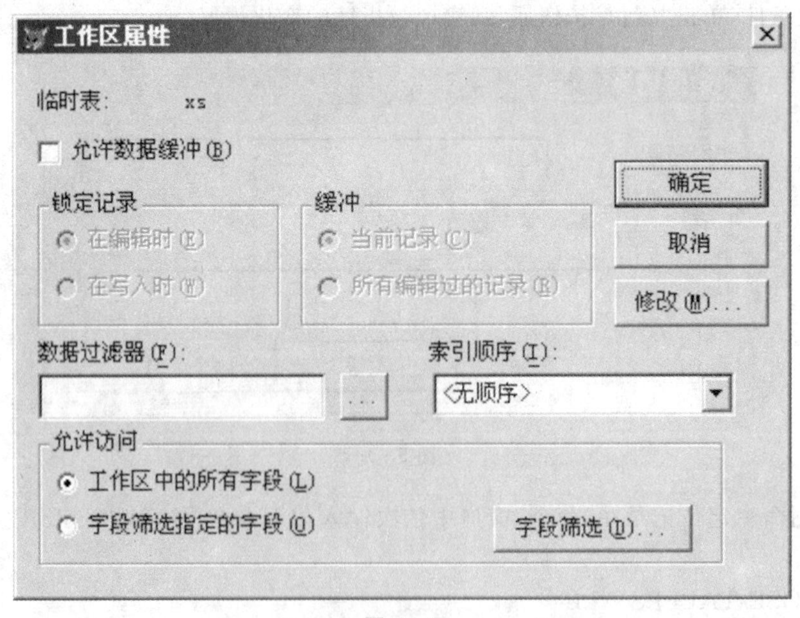

图 5-2

③ 在“工作区属性”对话框中的“数据过滤器”文本框中输入条件表达式: xb="男",然后单击“确定”按钮,这时在“浏览”窗口中仅显示性别为男的记录。

④ 回到“工作区属性”对话框中,在“允许访问”区域中选择“字段筛选指定的字段”单选按钮,然后单击“字段筛选”按钮,出现如图 5-3 所示的对话框。

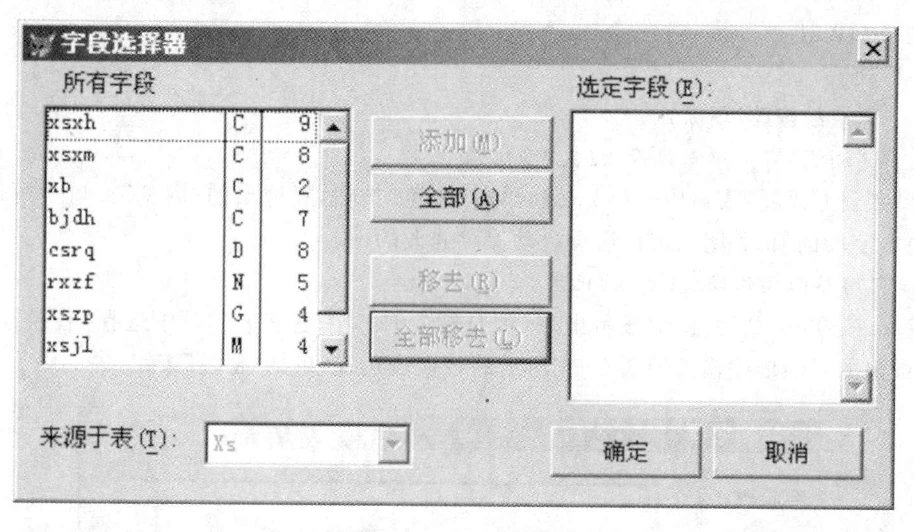

图 5-3

⑤ 在图 5-3 的“所有字段”列表框中，分别双击 xsxh、xsxm、xb 字段，然后单击“确定”按钮，回到“工作区属性”对话框中，再单击“确定”按钮，这时“浏览”窗口中的表并未发生变化。

⑥ 关闭“浏览”窗口，然后再用“显示”菜单中的“浏览”命令，在“浏览”窗口中显示 xsxh、xsxm、xb 这三个字段，且仅显示性别为“男”的学生记录。

2. 利用命令实现

在“命令”窗口中依次输入以下命令，注意观察“浏览”窗口的变化。每次执行 BROWSE 命令后，“浏览”窗口将得到焦点，这时要关闭此窗口后才能在“命令”窗口中输入下一条命令。

```
CLOSE TABLES ALL
CLEAR
USE xs
BROWSE
BROWSE FOR xb="男"
BROWSE FIELD xsxh,xsxm,xb
BROWSE FIELD xsxh,xsxm,xb FOR xb="男"
BROWSE FIELD xsxh,xsxm,xb FOR xb="男" TITLE "学生表"
BROWSE
SET FILTER TO xsxm="夏"
BROWSE
SET FILTER TO
BROWSE
SET FILTER TO xsxm="李"
BROWSE
SET FIELD TO xsxh,xsxm,xb
BROWSE
USE xs
```

```
BROWSE
USE
```

三、记录的修改(更新)

1. 在“浏览”窗口中直接修改(更新)记录

在“项目管理器”窗口中选择 kc 表,单击“浏览”按钮,在弹出的“浏览”窗口中可以直接修改每个字段的值,关闭该窗口后会自动保存修改的值。

2. 利用界面操作修改(更新)记录

将 kc 表在“浏览”窗口中显示出来(请自行实现),在主菜单“表”中选择“替换字段”菜单,在弹出的对话框中输入如图 5 - 4 所示的替换表达式,单击“替换”按钮。

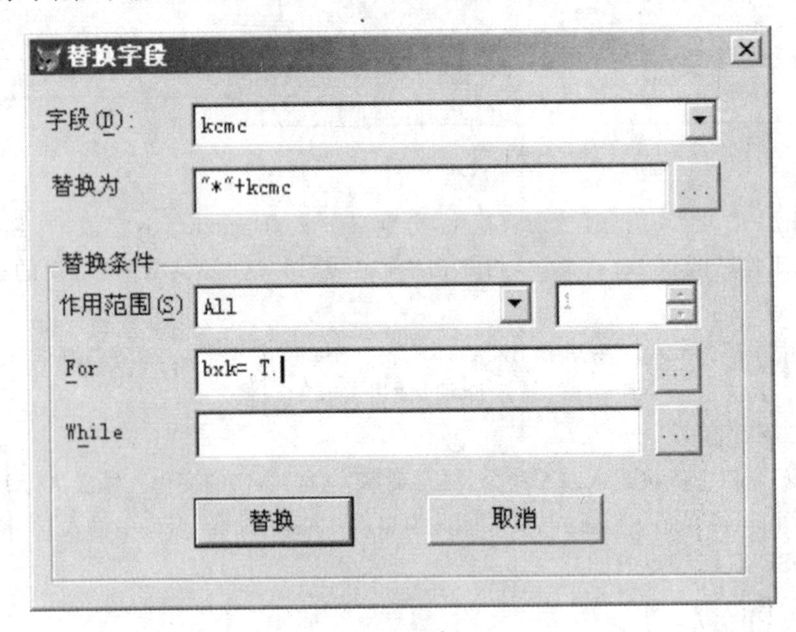

图 5 - 4

以上替换所完成的功能是:在所有必修课的课程名称前加上“*”。

3. 利用命令修改(更新)记录

(1) 利用 REPLACE 命令批量修改记录

以上对记录批量替换的界面操作,实际上是执行了一条 REPLACE 语句,此时,可以在“命令”窗口中看到如下一条语句:

```
REPLACE ALL kc.kcmc WITH "*"+kcmc FOR bxk=.T.
```

在“命令”窗口中依次输入以下命令,注意观察“浏览”窗口中记录的变化情况。

```
CLOSE TABLES ALL
CLEAR
USE kc
REPLACE kss WITH IIF(bxk,kss+1,kss)
BROWSE
REPLACE ALL kss WITH IIF(bxk,kss+1,kss)
REPLACE kss WITH kss-1 FOR bxk
USE
```

```
USE js
REPLACE jsjl WITH "2002年考取硕士"
LIST FIELDS jsgh,jsjl
REPLACE jsjl WITH "2005年考取博士" ADDITIVE
LIST FIELDS jsgh,jsjl
USE
```

(2) 利用UPDATE-SQL命令批量修改记录

在“命令”窗口中依次输入以下命令，注意观察“浏览”窗口中记录的变化情况。

```
CLOSE TABLES ALL
CLEAR
UPDATE js SET gl=gl+1
BROWSE
UPDATE js SET jsxm=ALLT(jsxm)+"*" WHERE zc="教授"
BROWSE
UPDATE kc SET kss=kss*2,xf=xf+1 WHERE bxk=.T.
BROWSE
SELECT kc
BROWSE
CLOSE TABLES ALL
```

四、记录的删除

1. 利用界面删除记录

① 在“项目管理器”窗口中选择js表后，单击“浏览”按钮，打开“浏览”窗口。

② 在“浏览”窗口中分别单击姓名为“刘军”和“蒋杰”的记录的删除标记列(左边小方格)，如图5-5所示。用此方法实现了逻辑删除表的两条记录。

Js

Jsgh	Jsxm	Xb	Csrq	Gl	Zc	Jsjl	Jszp
E0001	王 平	男	09/04/76	7	助教	Memo	gen
E0002	李小刚	男	04/09/62	21	副教授	memo	gen
H0001	程萍萍*	女	04/08/50	33	教授	memo	gen
E0006	赵一龙*	男	06/12/50	33	教授	memo	gen
G0002	张海彬	女	05/02/65	18	讲师	memo	gen
G0001	刘 军	男	09/04/77	6	助教	memo	gen
B0001	方媛媛	女	09/04/72	11	讲师	memo	gen
E0004	王云龙	男	06/15/66	17	讲师	memo	gen
B0003	张 山	男	08/12/70	13	讲师	memo	gen
B0002	陈 兵*	男	02/09/50	33	教授	memo	gen
H0002	吴凯越	男	07/20/73	10	助教	memo	gen
D0001	蒋 杰	男	05/31/66	17	讲师	memo	gen

图5-5

③ 在主菜单“表”中选择“删除记录”，弹出如图5-6所示的对话框，在此对话框中输入如图5-6中所示的作用范围和条件，单击“删除”按钮后，观察“浏览”窗口中删除标记的变化情况。

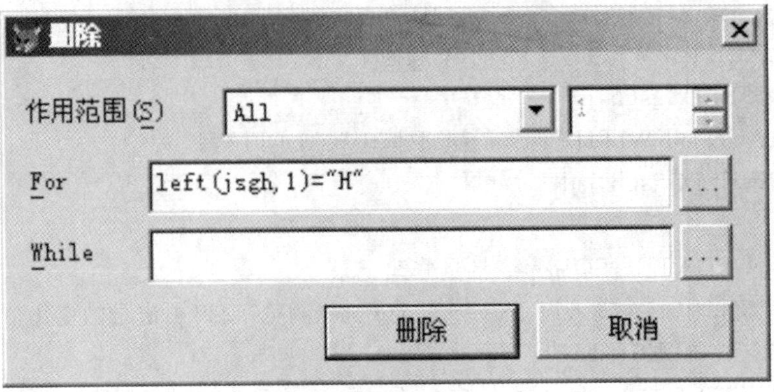

图 5-6

2. 利用命令删除记录

(1) 利用 DELETE-SQL 命令给记录加上删除标记

在“命令”窗口中依次输入以下命令,并观察“浏览”窗口中记录删除标记的变化情况。

```
CLOSE TABLES ALL
DELETE FROM xs WHERE rxzf<=550
BROWSE
```

(2) 利用 DELETE-非 SQL 命令给记录加上删除标记

在“命令”窗口中依次输入以下命令,并观察“浏览”窗口中记录删除标记的变化情况。

```
CLOSE TABLES ALL
USE cj
BROWSE
DELETE
BROWSE
GOTO 6
DELETE
BROWSE
DELETE FOR bkcj<70 AND bkcj>=60
BROWSE
USE
```

3. 记录的恢复

以上删除记录的操作都是给记录加上删除标记,即逻辑删除记录。要取消记录的删除标记,有如下三种方法:

☞ 在“项目管理器”窗口中选择 js 表后,单击“浏览”按钮,在“浏览”窗口中分别单击姓名为“刘军”和“蒋杰”的记录的删除标记列,即可使删除标记取消,即恢复记录。

☞ 在主菜单“表”中选择“恢复记录”,弹出如图 5-7 所示的对话框,在此对话框中输入如图 5-7 中所示的作用范围和条件,单击“恢复记录”按钮后,观察“浏览”窗口中删除标记的变化情况。

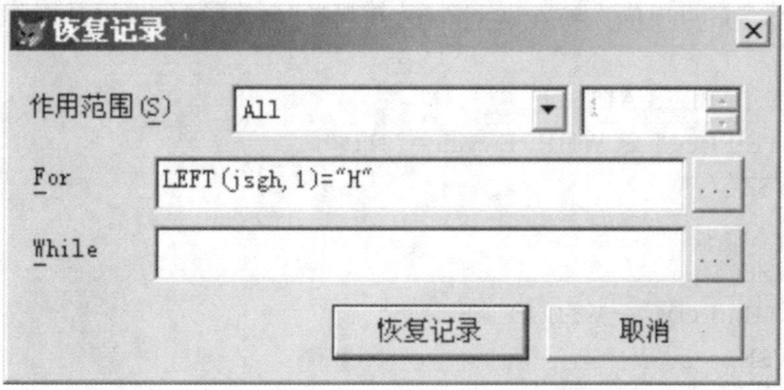

图 5-7

☞ 在“命令”窗口中依次输入以下命令，并观察“浏览”窗口中记录删除标记的变化情况。

```
CLOSE TABLES ALL
USE cj
BROWSE
RECALL ALL
BROWSE
DELETE ALL
BROWSE
RECALL FOR cj＞＝60
BROWSE
USE
```

4. 记录的物理删除

记录的物理删除即将记录彻底地从表中删除，此种删除不能够被恢复。有如下界面和命令两种方法：

☞ 在“项目管理器”窗口中选择 js 表后，单击“浏览”按钮，在“浏览”窗口中分别单击一些记录的删除标记列，即可逻辑删除部分记录。然后在主菜单“表”中选择“彻底删除”，弹出如图 5-8 所示的对话框，在此对话框中单击“是”按钮后，再打开“浏览”窗口观察删除标记的变化情况。

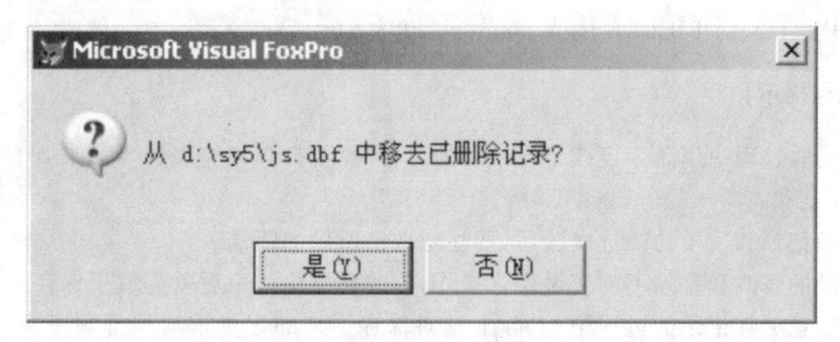

图 5-8

☞ 在“命令”窗口中依次输入以下命令,并观察“浏览”窗口中记录删除标记的变化情况。

```
CLOSE TABLES ALL
DELETE FROM xs WHERE zydh="2116"
BROWSE
PACK
BROWSE
DELETE FROM xs WHERE xb="男"
BROWSE
ZAP
BROWSE
USE
```

五、表的复制

在“命令”窗口中依次输入以下命令,并观察“浏览”窗口中记录及字段的变化情况。

```
CLOSE TABLES ALL
USE js
BROWSE
COPY TO js1 FOR xb="男"
USE js1
BROWSE
USE js
COPY TO js2 FIELDS jsgh,jsxm,xb FOR xb="男"
USE js2
BROWSE
USE js
COPY STRUCTURE TO js3
USE js3
BROWSE
USE js
COPY TO js4 FIELDS jsgh,jsxm,xb FOR xb="男" SDF
COPY TO js5 FIELDS jsgh,jsxm,xb FOR xb="男" XLS
```

【实验要求与提示】

1. 在实验过程中用命令更改记录指针的位置时,要打开相应表的界面来查看记录指针是否发生了变化。

2. 在做记录和字段的筛选实验后,要注意取消所做的筛选。

3. 记录的修改和删除不需要做保存操作,修改和删除结束后就完成了保存操作。

4. 在物理删除记录的过程中,实际上是对保存下来的记录重新编排顺序及记录号,保存下来的记录的原记录将不再存在。

5. 在表的复制过程中要注意默认路径中的文件的变化情况,查看增加的文件名称及其扩展名。

【实验过程必须遵守的规则】

1. 在命令方式下，所有的字符必须是在英文半角方式下输入，否则系统会提示出错信息。

2. 某条命令比较长时，可以换行输入。注意换行前要加分号。

3. 在用命令替换记录时，不能对此命令执行多次，否则将多次替换同一记录。如对每个教师工资增加100元，执行此命令三次，将给每个教师增加300元。

4. 在表的复制中，要打开生成的文本文件和Excel文件，查看内容是否与表中的记录一致。

【思考与练习】

1. 当记录指针处于文件开始标志时，再次执行SKIP －1命令，将出现什么情况？

2. 写出取消记录筛选的命令。

3. 在实验中，我们将所有必修课的课程名称前加上"*"。如果要将所有必修课的课程名称后加上"*"，表达式应该怎样写？

4. 试比较记录替换命令REPLACE和UPDATE的区别。

5. 在表的复制实验中，执行了若干条命令后，从"资源管理器"中查看D:\vfpsyhj\sy5文件夹中多出了哪些文件，分别是由哪一条命令生成的。

【测评标准】

1. 对记录的定位是否做到心中有数，是否能够准确地定位到指定的记录。

2. 对记录和字段的筛选，考察是否掌握了筛选和取消筛选两种方法。

3. 对表的记录的修改重点考察用命令方式完成批量记录的替换。

4. 在记录的删除过程中，是否掌握了根据不同的条件来删除记录。

实验六

索引和临时关系的创建

【实验类型】

基础与验证型

【实验目的与要求】

1. 掌握索引文件的创建及修改方法。
2. 掌握索引的使用及索引的删除方法。
3. 掌握建立和解除临时关系的方法。

【软硬件环境】

1. 硬件环境：PⅢ800 以上计算机，内存 128 MB 以上；200 MB 以上的存储空间。
2. 软件环境：Windows 系列操作系统，Visual FoxPro 6.0 及以上中文专业版。
3. 启动 VFP 后，在“命令”窗口中输入命令：
   _SCREEN.FONTSIZE=12
   SET DEFA TO D:\vfpsyhj\sy6
4. 利用“文件”菜单里的“打开”功能，打开 jxxt 项目。

【实验涉及的主要知识单元】

1. *表的索引*

索引是指按照一定的要求对表中关键字及记录号进行重新排序，以便加快检索数据的速度。在 VFP 中可以利用索引快速显示、查询或者打印记录。还可以选择记录，控制重复字段值的输入并支持表间的关系操作。

2. *索引文件的种类*

VFP 有三种不同类型的索引文件：结构复合索引文件、非结构复合索引文件和独立索引文件。

3. *索引的类型*

VFP 中有四种索引类型：主索引、候选索引、普通索引和唯一索引。其中，主索引只能建在数据库表中，并且每个数据库表只能建立一个主索引，而其他三个索引既可以建在数据库表中，也可以建在自由表中。

4. *建立表之间的临时关系*

临时关系是指在打开的表之间建立起来的临时性关联。建立了临时关系后，就会使得某一张表(子表)的记录指针自动随另一张表(父表)的记录指针移动而移动。这样，当在关系主表中选择一个记录时，会自动访问关系中子表的相关记录。

建立临时关系的两张表需符合一对一或一对多关系，并且子表必须按照与主表相关联的字段建立索引。建立临时关系要明确的几个要素是：主表、子表、子表的主控索引以及主表的关系表达式。

【实验内容与步骤】

一、索引的创建

1. 利用界面创建索引

① 在“项目管理器”窗口中选择zy表后，单击“修改”按钮，这时屏幕上出现zy表的设计器窗口。

② 选择“表设计器”窗口中的“索引”选项卡，然后输入如图6-1中所示的索引名、类型和表达式。

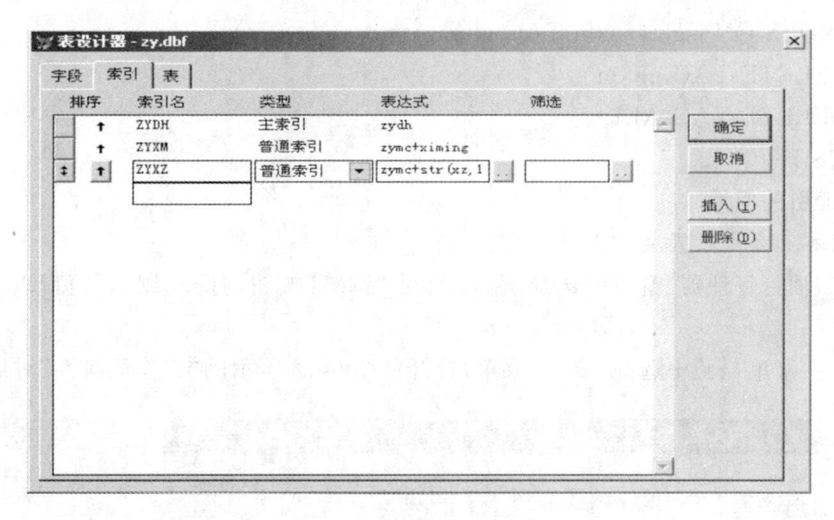

图6-1

③ 单击“确定”按钮，并在弹出的对话框中选择“是”(表示永久性地更改表结构)。

④ 在“资源管理器”窗口中查看D:\vfpsyhj\sy6文件夹，发现生成了一个索引文件zy.cdx。

2. 利用INDEX命令创建索引

☞ 在“命令”窗口中依次输入如下命令：

```
CLOSE TABLES ALL
USE js
INDEX ON jsgh TAG gh CANDIDATE
INDEX ON xb TAG jsxb UNIQUE
INDEX ON zc+STR(gl,2) TAG zcgl
```

☞ 在“项目管理器”窗口中选择js表后，单击“修改”按钮，在弹出的“表设计器”窗口中查看使用命令创建的索引。

3. 利用ALTER-SQL命令创建索引

在“命令”窗口中输入如下命令：

```
ALTER TABLE kc ADD UNIQUE kcdh TAG kc
```

在“项目管理器”窗口中选择kc表后，单击“修改”按钮，然后在“表设计器”窗口中查看索引的创建情况。

二、索引的修改与删除

① 在“项目管理器”窗口中选择 zy 表后，单击“修改”按钮，这时屏幕上出现 zy 表的设计器窗口。

② 选择“表设计器”窗口中的“索引”选项卡，根据要求可以自行修改索引的索引名、类型和表达式。

③ 在“命令”窗口中输入以下命令，在创建新索引时，如果索引名与原有的索引同名，则类似于修改索引。

```
CLOSE TABLES ALL
USE js
INDEX ON jsgh TAG ghgh CANDIDATE
INDEX ON jsgh+jsxm TAG ghgh CANDIDATE
INDEX ON jsgh+jsxm TAG ghxm
DELETE TAG ghxm
DELETE TAG ALL
USE
```

三、索引的使用

1. *用界面方式设置主控索引*

① 在“项目管理器”窗口中选择 xs 表，单击“浏览”按钮，打开“浏览”窗口以查看 xs 表的记录。

② 在主菜单“表”中选择“属性”菜单，打开如图 6－2 所示的“工作区属性”对话框。

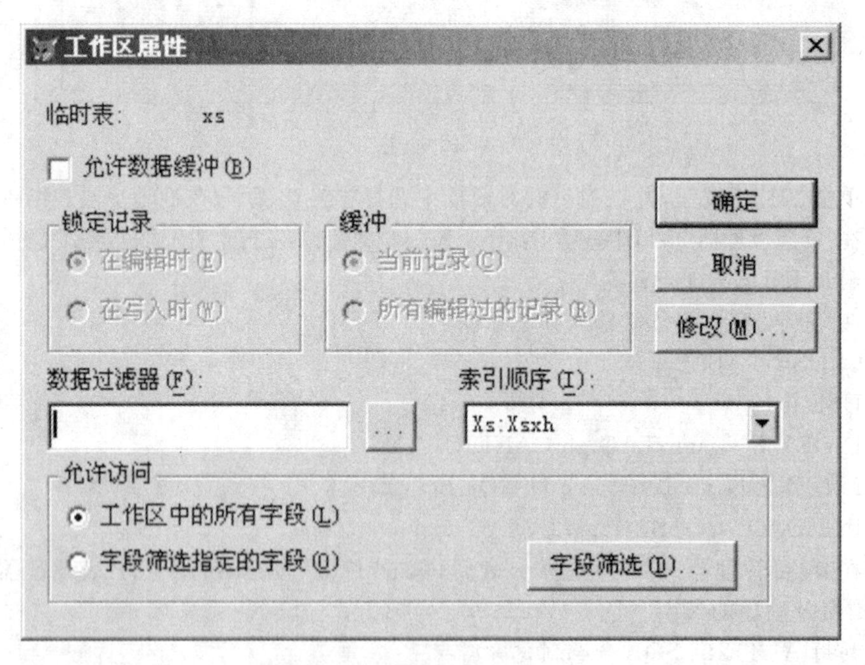

图 6－2

③ 在“索引顺序”下拉列表框中选择 Xs:Xsxh(学生表中已经存在的索引名)，然后单击“确定”按钮。

④ 在“浏览”窗口中查看记录的顺序，观察有没有按照所选索引的索引表达式的顺序排列。

⑤ 在“索引顺序”下拉列表框中选择 Xs:Bjdh(学生表中已经存在的索引名),然后单击“确定”按钮。

⑥ 在“浏览”窗口中查看记录的顺序,观察有没有按照所选索引的索引表达式的顺序排列。

2. 用命令方式设置主控索引

在“命令”窗口中依次输入以下命令,注意观察记录的排列顺序。

```
CLOSE TABLES ALL
USE zy
BROWSE
USE zy ORDER TAG zydh
BROWSE
SET ORDER TO zyxz
BROWSE
SET ORDER TO
BROWSE
USE
```

四、临时关系的建立与解除

1. 利用界面设置临时关系

① 在 VFP 主菜单“窗口”中选择“数据工作期”菜单,打开如图 6-3 所示的“数据工作期”对话框。

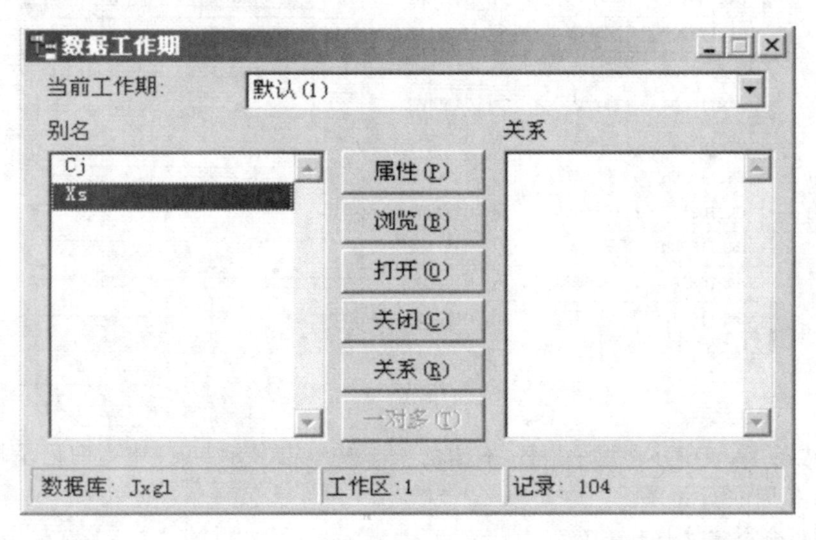

图 6-3

② 单击“打开”按钮,在弹出的“打开”对话框中选择 xs 表,可以看到在左边的“别名”列表框中显示了 xs 表的别名 xs,表明学生表已被打开。

③ 重复第②个步骤,用命令按钮打开 cj 表。

④ 单击“关系”按钮,在右边的“关系”列表框中显示 cj 表的别名。再单击左边“别名”列表框中的 cj 表,弹出如图 6-4 所示的“设置索引顺序”对话框。

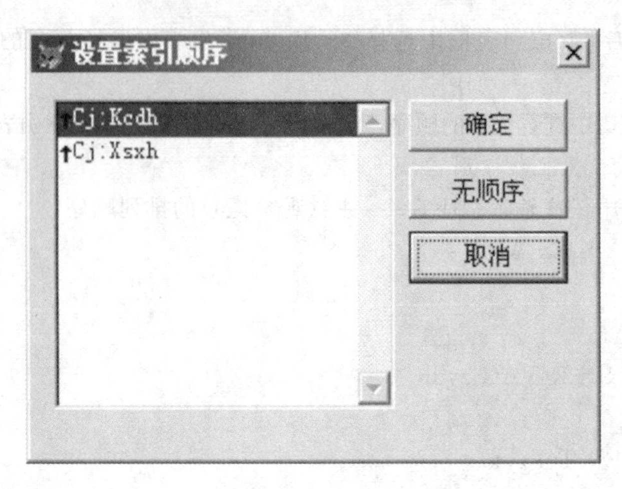

图 6－4

⑤ 在图 6－4 中选择 Cj:Xsxh 索引名,单击“确定”按钮。

⑥ 在弹出的“表达式生成器”对话框中,直接单击“确定”按钮,这样就建立了 xs 表和 cj 表之间的临时关系。

⑦ 分别打开 xs 表和 cj 表的“浏览”窗口,如图 6－5 所示。

Xs

Xsxh	Xsxm	Xb	Bjdh
042108136	李小林	男	0421081
042116202	高晓辛	男	0421162
042108105	陆　涛	男	0421081
042116204	柳佳妮	女	0421162
042108102	李　兰	女	0421081
042116206	任　新	男	0421162
042108107	林丹凤	男	0421081
042116208	高　远	男	0421162
042108209	朱晓晓	男	0421082
042116110	吴　凡	女	0421161

Cj

Xsxh	Kcdh	Cj	Bkcj
042108136	01	63.0	
042108136	02	88.0	
042108136	06	92.0	
042108136	08	63.0	

图 6－5

在左边的 xs 表中移动记录指针,右边的 cj 表中就会显示与 xs 中当前记录指针指向记录的 xsxh 相同的 cj 记录。

2. 利用命令建立临时关系

在“命令”窗口中输入以下命令,注意观察“数据工作期”窗口里的变化(自行打开“数据工作期”窗口)。

```
CLOSE TABLES ALL
USE cj ORDER TAG xsxh
SELECT 0
USE xs
SET RELATION TO xsxh INTO cj
```

验证临时关系的办法同上。

3. 临时关系的解除

① 在“数据工作期”窗口中，双击“关系”列表框中的关系线，在弹出的“表达式生成器”窗口中，删除表达式 xsxh，单击“确定”按钮，临时关系即被解除，如图 6-6 所示。

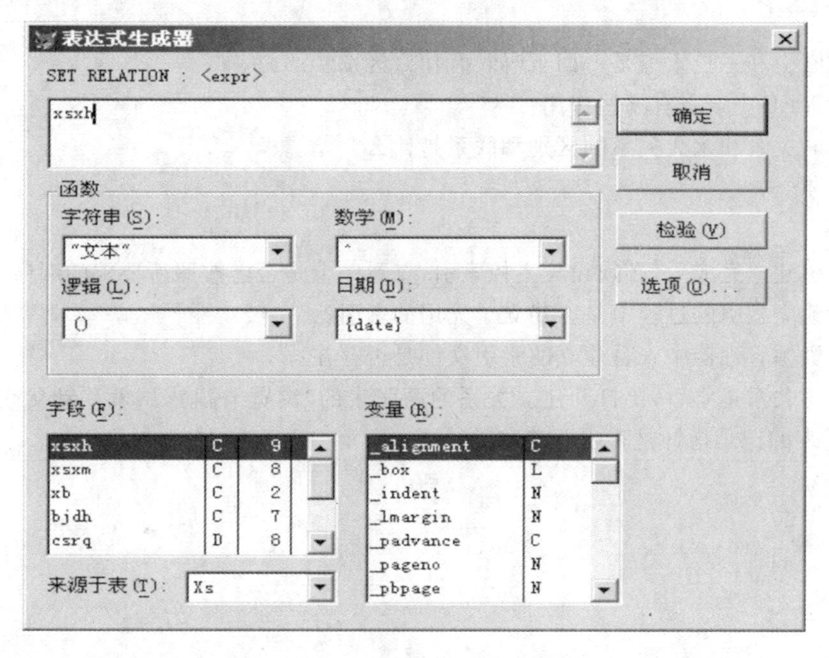

图 6-6

② 在“命令”窗口中输入以下命令，即可以解除临时关系。

```
SELECT xs
SET RELATION OFF INTO cj      && 解除 xs 表和 cj 表之间的临时关系
SET RELATION TO               && 解除所有与 xs 表建立的临时关系
```

③ 用 USE 命令关闭临时关系中的任何一张表，即可解除此临时关系。

【实验要求与提示】

1. 在建立索引时注意索引名和索引表达式的区别，尽量使用不同的名称。

2. 一张表只生成一个索引文件，但可以建立多个索引，并不是建立一个索引就会生成一个索引文件。

3. 索引的修改实际上就是建立新的索引，只不过是使用与以前相同的索引名称，看起来就像是索引修改了。

4. 当关闭临时关系中的任何一张表时，临时关系就自动解除。

【实验过程必须遵守的规则】

1. 实验中生成的索引文件必须保存到与表相同的路径下。

2. 索引建立后并不一定处于打开状态，必须设置主控索引后才能看到索引的结果。

3. 在建立主索引或候选索引时，组成索引的关键字必须唯一。

4. 建立临时关系的两张表必须存在有意义的关联。

【思考与练习】

1. 在实验中利用界面创建索引时,在表中建立了三个索引,为什么只生成一个索引文件?

2. 主索引和主控索引是一回事吗?有什么区别?

3. 在 VFP 中索引有哪些作用?

4. 临时关系和永久关系的区别和联系是什么?

【测评标准】

1. 索引建立完成后,必须设置主控索引,查看一下是否已按照所要求的顺序排列。

2. 在建立索引的过程中是否建立了无用的索引?

3. 在资源管理器中查看建立的索引文件是否存在。

4. 临时关系建立后,要打开建立关系的两张表的“浏览”窗口,试着移动父表的记录指针,查看子表的记录指针是否也跟着移动。

实 验 七

数据库、数据库表的创建及使用

【实验类型】

基础与验证型

【实验目的与要求】

1. 掌握创建和使用数据库的基本方法。
2. 掌握创建数据库表的基本方法。
3. 掌握数据库表的数据扩展属性的设置方法。

【软硬件环境】

1. 硬件环境：PⅢ800 以上计算机，内存 128 MB 以上；200 MB 以上的存储空间。
2. 软件环境：Windows 系列操作系统，Visual FoxPro 6.0 及以上中文专业版。
3. 启动 VFP 后，设置 VFP 的默认路径为 D:\vfpsyhj\sy7。

【实验涉及的主要知识单元】

1. 设计数据库的一般步骤

① 确定建立数据库的目的。

② 确定需要的表。

③ 确定每个表所需的字段。

④ 确定表之间的关系。

⑤ 进一步改进设计。

2. 数据字典

数据字典是包含数据库中所有表信息的一张表。存储在数据字典中的信息称为元数据，也就是说，其记录是关于数据的数据。

3. 数据库表字段的扩展属性

数据库表的表设计器比自由表的表设计器又多了许多新属性(扩展属性)：字段的显示格式、输入掩码、默认值、标题、注释以及字段的验证规则等，这些属性会作为数据库的一部分保存起来，并且一直为表所拥有，直到表从这个数据库中移去为止。

4. 数据库表的表属性

表属性有：长表名、表的注释、表记录的有效性规则与说明及触发器等。设置表属性可以在“表设计器”中的“表”选项卡上进行。

5. 触发器

触发器是绑定在表上的表达式，当表中的任何记录被指定的操作命令修改时，触发器被激活。当数据修改时,触发器可执行数据库应用程序要求的任何操作。

【实验内容与步骤】

一、数据库的创建

打开 jxxt 项目文件,将它定制成窗口形式。

1. 利用项目管理器创建数据库

操作步骤如下:

① 在“项目管理器”窗口中依次单击“数据”选项卡、“数据库”选项、“新建”按钮。

② 在出现“新建数据库”对话框后,单击该对话框中的“新建数据库”按钮。

③ 在出现“创建”对话框后,输入数据库名:mysj(即保存该表的文件名),单击“保存”按钮,这时 VFP 主窗口中显示“数据库设计器”窗口。

④ 关闭“数据库设计器”窗口。

从“项目管理器”窗口中单击“数据库”选项前的加号可以看到,目前项目中已含有数据库 mysj。利用 Windows 资源管理器查看 D:\vfpsyhj\sy7 文件夹可以发现,文件夹中生成了 3 个文件:mysj.dbc、mysj.dct 和 mysj.dcx。

2. 利用命令创建数据库

在“命令”窗口中输入并执行下列命令可以创建一个名为 mykb 的数据库:

```
CREATE database mykb
```

上述命令同样会在 D:\vfpsyhj\sy7 生成 3 个文件:mykb.dbc、mykb.dct 和 mykb.dcx,但创建的数据库不会自动地包含在项目文件中,可在“项目管理器”窗口中依次单击“数据”选项卡、“数据库”选项、“添加”按钮,再在打开的对话框中选择 mykb 数据库文件,这样可以将 mykb 数据库文件添加到项目中。

二、数据库的打开与关闭

1. 在创建、修改数据库时,系统会自动地打开数据库,当前打开的数据库可以从“常用”工具栏上的下拉列表框中看到。

2. 用 OPEN DATABASE 命令打开数据库。

在“命令”窗口中输入并执行下列命令:

```
CLOSE DATABASE ALL              && 关闭所有数据库
OPEN DATABASE jxgl              && 打开数据库 jxgl
OPEN DATABASE mysj              && 打开数据库 mysj
OPEN DATABASE mykb              && 打开数据库 mykb
```

由以上命令执行看出,可以打开多个数据库,这时所有打开的数据库都列在“常用”工具栏上的下拉列表框中,这样可通过下拉列表选择其中一个数据库作为当前数据库。

3. 用 SET DATABASE 命令设置当前数据库。

```
SET DATABASE TO mysj            && 设置当前数据库为 mysj
CLOSE DATABASE                  && 关闭当前数据库 mysj
SET DATABASE TO jxgl            && 设置当前数据库为 jxgl
CLOSE DATABASE ALL              && 关闭所有数据库
SET DATABASE TO mykb            && 系统出现错误提示(如图 7-1 所示)
```

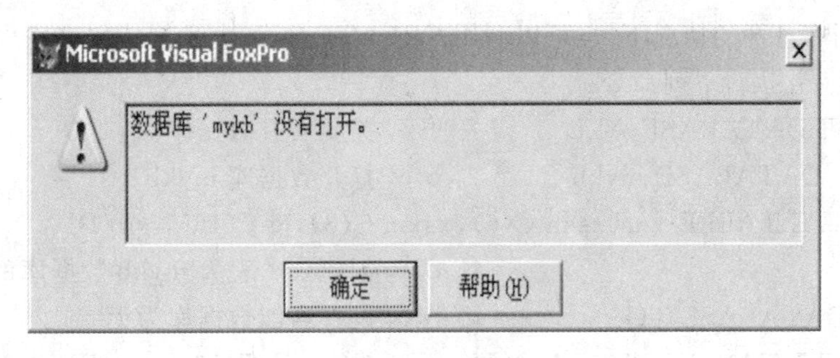

图 7－1

三、创建数据库表

可以将自由表添加到数据库中成为数据库表,也可以直接创建数据库表。

1. 用“项目管理器”窗口,将自由表 gz 添加到 mykb 数据库中。操作步骤如下:

① 打开 jxxt 项目文件,在“项目管理器”窗口中展开“数据库”下的“mykb”选项,单击“mykb”选项下的“表”选项,单击“添加”按钮。

② 在随后出现的“打开”对话框中选择 gz 表,然后单击“确定”按钮。

从“项目管理器”窗口中单击“数据库”下“表”选项前的加号可以看出,目前 gz 表位于数据库 mykb 下,成了由数据库管理的数据库表。

2. 用 ADD 命令也可以将自由表添加到当前数据库中。在“命令”窗口中依次输入并执行下列命令:

```
CLOSE DATABASE ALL          && 关闭所有数据库
OPEN DATABASE mykb          && 打开数据库 mykb
ADD TABLE gzb
```

从“项目管理器”窗口中可以看出,gzb 表也成了数据库 mykb 的数据库表。

3. 用“项目管理器”窗口直接创建一个名为 xsb 的数据库表。

xsb 表的结构信息如表 7－1 所示。

表 7－1　数据库表 xsb 的结构信息

字段名	类　型	宽　度	小数位数	字段含义
xsxh	C	6		学生学号
xsxm	C	8		学生姓名
jg	C	16		籍　贯
csrq	D	8		出生日期

操作步骤如下:

① 在“项目管理器”窗口中展开“数据库”下的“mykb”选项,单击下面的“表”选项,单击“新建”按钮。

② 在随后出现的“新建表”对话框中选择“新建表”。

③ 在“创建”对话框中,输入表名 xsb,单击“保存”按钮。

④ 通过“表结构设计器”创建名为 xsb 表的结构。

从“项目管理器”窗口中可以看出,xsb 表也成了数据库 mykb 的数据库表。

4. 在数据库打开的情况下,也可以利用 CREATE-SQL 命令创建数据库表。在"命令"窗口中依次输入并执行下列命令:

```
CLOSE DATABASE ALL                   && 关闭所有数据库
OPEN DATABASE mykb                   && 打开数据库 mykb
CREATE TABLE xs1(xsxh C(6),xsxm C(8),jg C(16),csrq D)
                                     && 创建 xs1 表为 mykb 数据库的数据库表
SET DATABASE TO                      && 设置当前数据库为无
CREATE TABLE xs2(xsxh C(6),xsxm C(8),jg C(16),csrq D)
                                     && 创建 xs2 表为自由表
```

从"项目管理器"窗口中可以看出,xs1 表为数据库 mykb 的数据库表,通过单击"添加"按钮,可以把自由表 xs2 添加到 mykb 数据库中。

四、数据库表的扩展属性

1. 利用表设计器设置数据库表的字段属性

① 在"项目管理器"窗口中,打开 jxgl 数据库,展开"表"选项,选择 xs 表,单击"修改"按钮,在出现的 xs 表的"表设计器"窗口中,逐个地选择字段,设置有关属性,设置要求如表 7-2 所示(如设置 xsxh 字段如图 7-2 所示)。设置结束关闭"表设计器"窗口。

表 7-2　数据库表 xs 的字段属性信息

字段名	标　题	格　式	输入掩码	默认值	字段验证规则	字段验证信息	字段注释
xsxh	学　号	T			.NOT.EMPTY(XSXH)	"学号不能为空"	主关键字
xsxm	姓　名						
xb	性　别			"男"	Xb $ "男女"	"为男或女"	
zydh			9999				

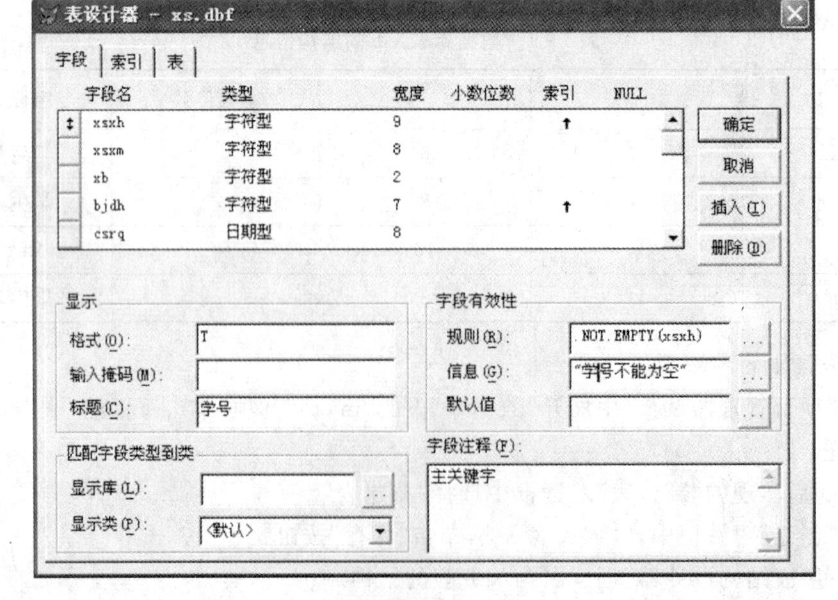

图 7-2

② 在“项目管理器”窗口中选择 xs 表，单击“浏览”按钮，此时从 xs 表的“浏览”窗口可以看出，系统以标题代替字段名显示。

③ 修改第一条记录的“性别”字段的值，将“男”改为“无”，光标移动到其他字段或记录，则因违反字段验证规则而显示字段验证信息（如图 7－3 所示）。单击提示框中的“还原”按钮，结束时，关闭浏览窗口。

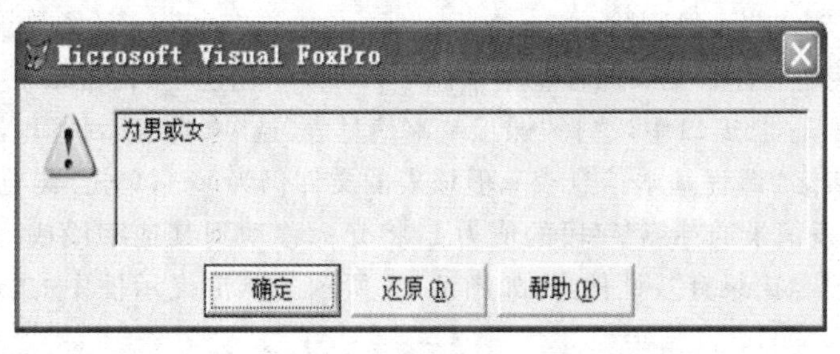

图 7－3

需要注意的是，对于已有数据的表，如果设置验证规则（包括后续实验的记录有效性规则等），则需要注意已有数据是否均满足所设置的验证规则。如果已有数据不满足验证规则，则在关闭“表设计器”的过程中，出现如图 7－4 所示的对话框时取消选择“用此规则对照现有的数据”复选框。

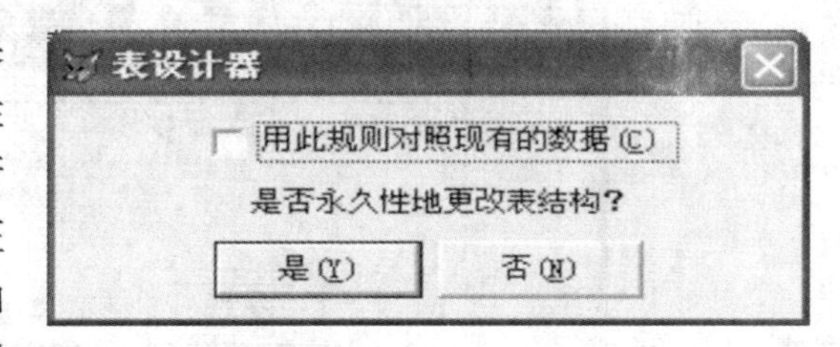

图 7－4

④ 设置 xs 表 csrq 字段的字段有效性规则：year(csrq)＞＝1983，该规则对 xs 表中已有的数据不作对照（当出现图 7－4 提示框时，取消选择“用此规则对照现有的数据”复选框）。

2. 利用表设计器设置数据库表的长表名、记录的有效性规则、触发器和表注释

在“项目管理器”窗口中，打开 jxgl 数据库，展开“表”选项，选择 kc 表，单击“修改”按钮，在出现的 kc 表的“表设计器”窗口中选择“表”选项卡，如图 7－5 所示。

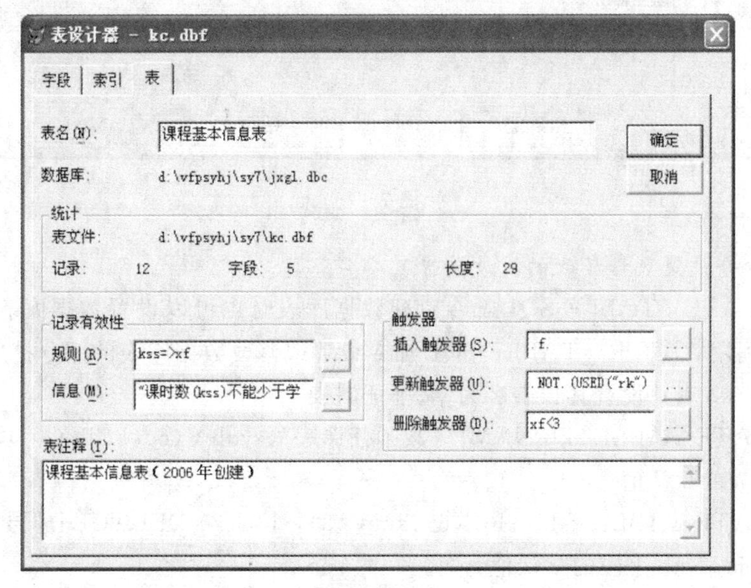

图 7－5

① 设置长表名为：课程基本信息表。

② 记录的有效性规则为：kss＞＝xf，提示信息为“课时数(kss)不能少于学分(xf)”。

③ 设置 kc 表的有关触发器

☞ 禁止向 kc 表中插入记录。

☞ 使得当任课表(rk)和成绩表(cj)同时打开时不允许修改记录。

☞ 学分小于 3 分的可以删除。

④ 设置 kc 表的表注释为：课程基本信息表(2006 年创建)。设置结束，关闭表设计器。

⑤ 在“项目管理器”窗口中，选择“课程基本信息表”选项(在“项目管理器”窗口中，kc 表的表名显示为长表名“课程基本信息表”，但该表的文件仍为 kc)，单击“浏览”按钮。

⑥ 修改第一条记录的“kss”字段的值为 1，将光标移动到其他字段或记录，则因违反记录有效性规则而显示记录有效性信息，如图 7－6 所示。单击提示框中的“还原”按钮，结束时，关闭浏览窗口。

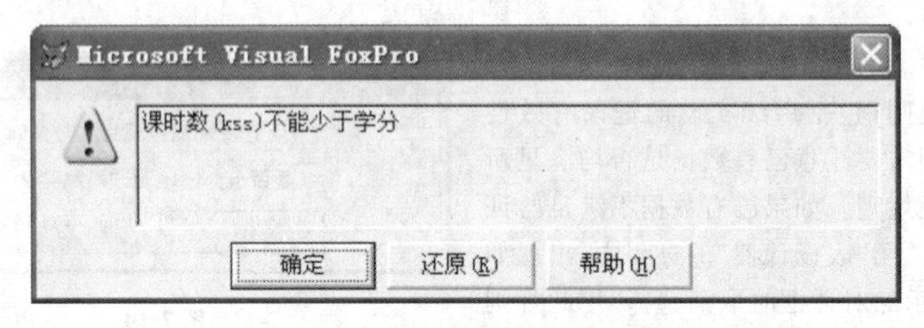

图 7－6

⑦ 为第二条记录设置删除标记，将光标移离此记录，则因违反删除触发器而显示相应的信息提示触发器失败，如图 7－7 所示。

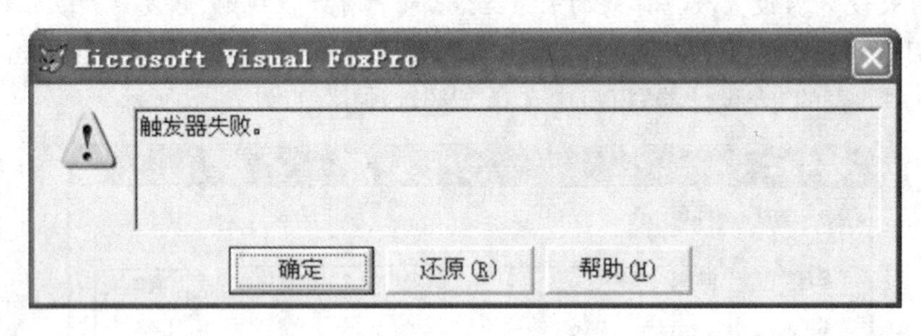

图 7－7

3. 利用命令设置数据库表的扩展属性

使用 CREATE TABLE-SQL 命令创建数据库表时也可以设置数据库表的部分扩展属性，还可以利用 ALTER TABLE-SQL 命令设置或修改数据库表的部分扩展属性。

(1) 创建 rkb 表并设置其长表名为“教师任课表”

```
CREATE TABLE rkb NAME "教师任课表"(zydh C(6),kcdh C(4),gh C(5))
```

(2) 创建表的默认值

```
CREATE TABLE xsb (xh C(6),xm C(8),xb C(2) DEFAULT "男")
```

(3) 设置 js 表 xb 字段的默认值为“男”

```
ALTER TABLE js ALTER COLUMN xb SET DEFAULT "男"
```

(4) 设置 js 表的插入触发器，1988 年之后出生的禁止插入

CREATE TRIGGER ON js FOR INSERT AS year(csrq)＜＝1988

以上命令所创建的表和对已有的表所作的修改，请在“表设计器”窗口中打开并进行查看。

【实验要求与提示】

1. 注意数据库与表之间的关系，数据库中的表与自由表的差异。
2. 实验从数据库增加或移出表。
3. 注意查看和修改数据库结构。
4. 注意观察设置当前数据库和其中的表。

【实验过程必须遵守的规则】

1. 不能将已经属于一个数据库的表，直接添加到另一个数据库中，若要添加，必须先将它从原先的数据库中移出，使它成为自由表后再添加到另一个数据库中。
2. 字段标题和表标题的设置不要加引号之类的字符定界符。
3. 字段注释和表注释也不能加引号之类的字符定界符。
4. 所有的有效性规则和触发器都是一个逻辑表达式，不能用引号将整个表达式引起来。

【思考与练习】

1. 利用项目管理器创建数据库和利用命令创建数据库有何区别？
2. 实验验证：一张表是否可以同时属于两个项目？一张表是否可以同时属于两个数据库？
3. 实验验证：数据库表从数据库中移去将变为自由表，其会保持原有的标题、默认值等扩展属性吗？
4. 为 xs 表设置删除触发器：只有学号第 3～6 位是“2108”的记录允许删除，否则不允许删除。

【测评标准】

1. 考察整个数据库的设计是否科学合理。
2. 是否掌握了用命令打开和关闭数据库。
3. 是否掌握了用命令设置当前数据库。
4. 是否掌握了用表设计器和命令两种方法设置字段的标题、显示格式、输入掩码、默认值、注释、字段的有效性规则及字段验证信息。
5. 是否掌握了用表设计器和命令两种方法设置表的长表名、表注释、表记录的有效性规则及说明信息。
6. 是否掌握了用表设计器和命令两种方法设置表的插入触发器、更新触发器、删除触发器。
7. 是否掌握了数据库表的字段级规则、表记录级规则以及表触发器何时被激活和激活顺序。

实 验 八

创建永久关系与参照完整性

【实验类型】

基础与验证型

【实验目的与要求】

1. 掌握创建和使用数据库表的主索引的方法。
2. 掌握创建数据库表永久关系的基本方法。
3. 掌握设置数据库表的参照完整性规则的基本方法。
4. 掌握与数据库有关的函数和命令。

【软硬件环境】

1. 硬件环境：PⅢ800以上计算机，内存128 MB以上；200 MB以上的存储空间。
2. 软件环境：Windows系列操作系统，Visual FoxPro 6.0及以上中文专业版。
3. 启动VFP后，设置VFP的默认路径为D:\vfpsyhj\sy8。

【实验涉及的主要知识单元】

1. 永久关系

通过链接不同表的索引，“数据库设计器”可以很方便地建立表之间的关系。因为这种在数据库中建立的关系被作为数据库的一部分而保存起来，所以称为永久关系。

2. 参照完整性

“参照完整性”是用来控制数据的一致性，尤其是控制数据库相关表之间的主关键字和外部关键字之间数据一致性的规则。

数据一致性要求相关表之间必须满足如下三个规则：

① 子表中的每一个记录在对应的父表中必须有一个父记录。

② 在父表中修改记录时，如果修改了主关键字的值，则子表中相关记录的外部关键字值必须同样修改。

③ 在父表中删除记录时，与该记录相关的子表的记录必须全部删除。

相关表之间的参照完整性规则是建立在表的永久关系基础之上的。参照完整性规则被设置在父表或子表的触发器中，其代码则被保存在数据库的存储过程中。

【实验内容与步骤】

一、创建数据库表的索引

打开jxxt项目文件，将它定制成窗口形式。

与自由表的索引相比，每张数据库表可以设置一个主索引。

1. 在“项目管理器”窗口中展开“数据库”，选择“jxgl”选项，单击“修改”按钮，打开“数据库设计器”。

2. 利用表设计器创建 js 表的主索引，要求索引名为 jsgh，索引类型为主索引，索引表达式为 jsgh。操作步骤如下：

(1) 方法一

① 右击 js 表，选择“修改”，打开“表设计器”。

② 选择“索引”，发现已存在一索引 jsgh，索引类型为“候选索引”，索引表达式为 jsgh，展开“类型”下拉列表框，选择“主索引”，单击“确定”按钮。

(2) 方法二

若不存在 jsgh 索引，按照自由表创建索引的方法创建，区别在于索引类型不同。

注意：自由表不能创建主索引。数据库表移出数据库变为自由表，原来的“主索引”将变成“候选索引”。

3. 在数据库设计器中设置如下主索引：

① 设置 xs 表的主索引，要求索引名为 xsxh，索引类型为主索引，索引表达式为 xsxh。

② 设置 bj 表的主索引，要求索引名为 bjdh，索引类型为主索引，索引表达式为 bjdh。

③ 设置 kc 表的主索引，要求索引名为 kcdh，索引类型为主索引，索引表达式为 kcdh。

(以上设置是为后面的实验做准备)

4. 在“命令”窗口中用命令实现。

在“命令”窗口中输入并执行下列命令：

```
CLOSE DATABASE ALL
OPEN DATABASE jxgl
ALTER TABLE zy ADD PRIMARY KEY zydh TAG zydh
&& 为 zy 表创建主索引，索引名为 zydh，索引表达式为 zydh
CREAT TABLE jstemp(gh C(6) PRIMARY KEY,xm C(8))
&& 创建一张数据库表 jstemp，gh 为主关键字
```

二、永久关系

永久关系是存储在数据库文件中的数据库表之间的关系。用户根据需要可以在数据库表之间建立永久关系。

1. 利用数据库设计器创建永久关系

操作步骤如下：

① 在“项目管理器”窗口中选择数据库 jxgl，单击“修改”按钮。

② 把打开的“数据库设计器”窗口拖放成合适的大小，确定父表和子表，并把父表的关联字段定义为主索引或候选索引，把子表的关联字段定义为相应的索引。

③ 执行菜单命令“数据库”→“清理数据库”(这一步操作不是必需的)。

④ 在“数据库设计器”窗口中激活父表中的主索引(如 xs 表的 xsxh 索引名)，按下鼠标左键，并拖至与其建立关联的子表的对应索引名(如 cj 表的 xsxh 索引名)处，松开鼠标左键，则在这两张表(xs 表和 cj 表)之间出现了一条如图 8-1 所示的关系连线，用以标识永久关系。

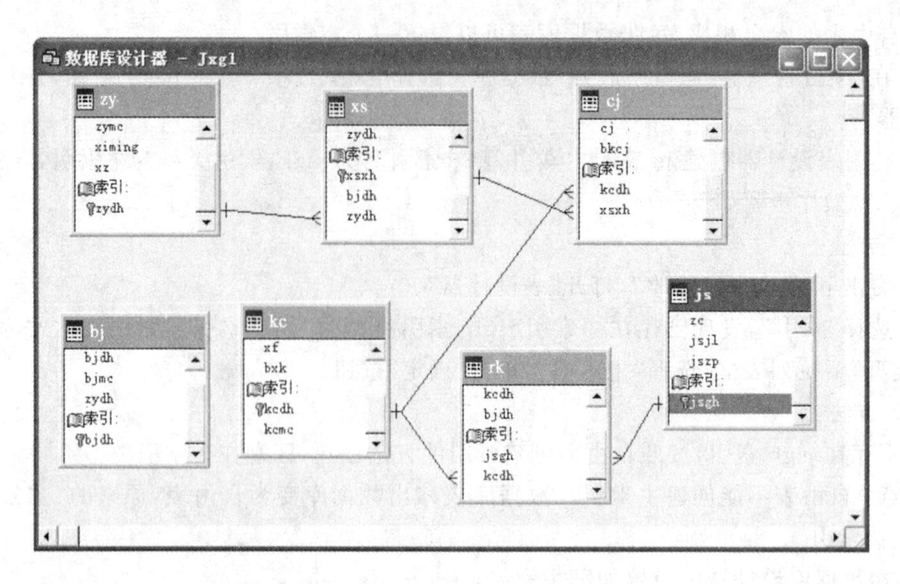

图 8 - 1

⑤ 按图 8 - 1 所示，分别建立 zy 表和 xs 表之间的永久关系，kc 表和 cj 表之间的永久关系，kc 表和 rk 表之间的永久关系，js 表和 rk 表之间的永久关系。

2. 利用命令创建永久关系

在"命令"窗口中输入并执行下列命令：

```
ALTER TABLE xs ADD FOREIGN KEY bjdh TAG bjdh REFERENCES bj
```

注意：该命令在执行前首先要设置好 bj 表的主索引，索引名为 bjdh，执行时，该命令在为 xs 表创建索引(索引名为 bjdh、索引表达式为 bjdh、类型为普通索引)的同时，创建了 bj 表与 xs 表之间的一对多关系，该关系也可从"数据库设计器"窗口中查看(增加了一条关系连线)。

3. 永久关系的删除

永久关系的删除，可采用下列两种方法：

☞ 在"数据库设计器"窗口中单击关系连线(这时关系连线"加粗"显示)，然后按键盘上的 Delete 键。

☞ 删除索引时，基于该索引的关系同时被删除。

三、参照完整性规则

参照完整性是建立一组规则，当用户插入、更新或删除记录时保护表之间已定义的关系，确保表之间记录的完整性。

1. 设置参照完整性规则

设置 xs 表与 zy 表之间的参照完整性规则，操作步骤如下：

① 以 zy 表为主表，xs 表为子表，按 zydh 建立永久关系(若永久关系已存在，这一步可省略)。

② 执行菜单命令"数据库"→"清理数据库"。

③ 在"数据库设计器"窗口中双击 zy 表与 xs 表之间的关系连线，单击出现的对话框中的"参照完整性"按钮(或执行菜单命令"数据库"→"编辑参照完整性规则")。

④ 在出现的"参照完整性生成器"对话框中设置规则，设置要求如图 8 - 2 所示(设置时可以在各个页面上单击所需规则的选项按钮，也可以在表格中的相应单元格中单击，在出现

的下拉列表框中选择)。

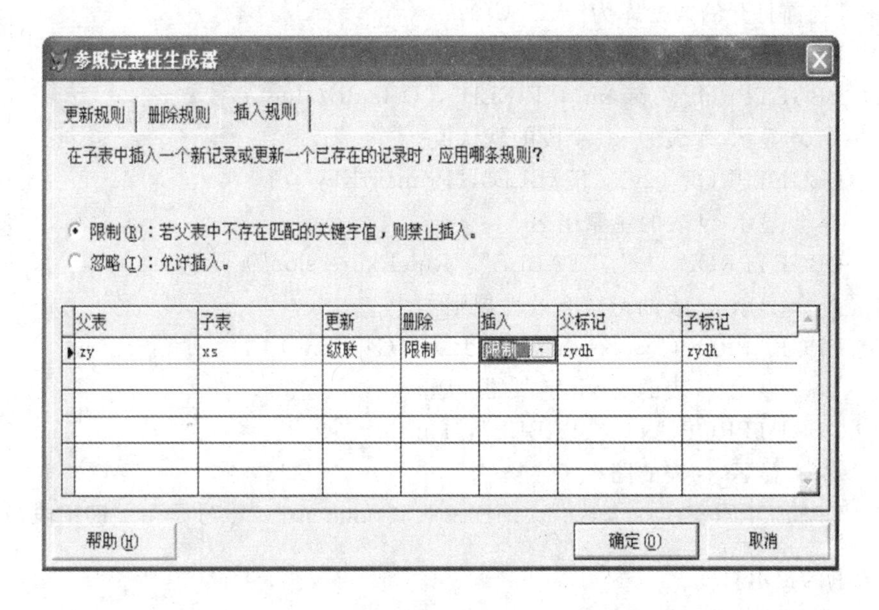

图 8-2

⑤ 规则设置结束后,单击“确定”按钮,在后续出现的对话框中均单击“是”按钮。

2. 检验参照完整性规则

对于上述设置的参照完整性规则,可以用下列方法进行实验验证。

☞ 在“命令”窗口中输入并执行下列命令:

```
UPDATE zy SET zydh="2106" WHERE zydh="2116"
```

上述命令执行后,打开 xs 表的“浏览”窗口查看专业代号,可以发现 xs 表中的“2116”专业代号全部改为“2106”。这是由于 zy 表与 xs 表之间设置了“更新级联”。

☞ 在“命令”窗口中输入并执行下列命令:

```
DELE FROM zy WHERE zydh="2106"
```

上述命令执行后,出现“触发器失败”信息提示框。这是由于 zy 表与 xs 表之间设置了“删除限制”——xs 表中有专业代号为“2106”的学生则 zy 表不允许删除该记录。但删除 xs 表中的记录时无限制,可自行实验进行验证。

☞ 在“命令”窗口中输入并执行下列命令:

```
INSERT INTO xs(xsxh,zydh) VALUES("042216001","2226")
```

上述命令执行后,出现“触发器失败”信息提示框。这是由于 zy 表与 xs 表之间设置了“插入限制”——zy 表中无专业代号为“2226”的专业则 xs 表不允许插入专业代号为“2226”的记录。但 zy 表中插入记录时无限制,可自行实验进行验证。

四、几个常用函数

在“命令”窗口中依次输入并执行下列命令,每条?命令执行后,注意查看、分析 VFP 主窗口中显示的内容。

```
CLEAR
CLOSE DATABASE ALL
? "当前打开的数据库为"+DBC()
```

```
OPEN DATABASE jxgl
? "当前打开的数据库为"+DBC()
? DBUSED("jxgl")
? DBGETPROP("xs.xb","FIELD","DefaultValue")
  && 显示 xs 表的 xb 字段的默认值
? DBGETPROP("zy","TABLE","PrimaryKey")
  && 显示 zy 表的主索引名
? DBGETPROP("kc","TABLE","RuleExpression")
  && 显示 kc 表的记录有效性规则
? DBGETPROP("xs.xsxh","FIELD","Caption")
  && 显示 xs 表的 xsxh 字段的标题
? DBGETPROP("xs","TABLE","Path")
  && 显示 xs 表的路径
? DBSETPROP("xs.xsxh","FIELD","Comment","学号是主关键字段")
```

【实验要求与提示】

1. 复习实验六,熟练掌握数据库表索引的创建和修改。
2. 熟练掌握创建数据库表永久性关系的基本方法。
3. 熟练掌握设置数据库表的参照完整性规则的基本方法。
4. 熟练掌握 DBGETPROP()函数和 DBSETPROP()函数的使用。

【实验过程必须遵守的规则】

1. 不要随便改变.dbc 文件中已存在的 VFP 定义的字段,否则会影响数据的完整性。

2. 创建永久关系的两张表必须是数据库表,并且父表必须根据关键字建立主索引或候选索引,子表也必须根据关键字建立索引。

3. 使用 DBGETPROP()函数和 DBSETPROP()函数时必须把表所在的数据库设置为当前数据库。

【思考与练习】

1. 一个数据库表可以设置几个主索引和几个候选索引?

2. 在 jxgl 数据库中,xs 表中已存在主索引 xsxh,索引表达式为 xsxh;cj 表中已存在普通索引 xsxh,索引表达式为 xsxh。以 xs 表为父表,cj 表为子表按 xsxh 建立永久关系,并设置 xs 表和 cj 表之间的参照完整性:删除限制。

【测评标准】

1. 是否掌握了数据库表主索引的创建和修改。
2. 是否掌握了创建数据库表永久关系的基本方法。
3. 是否掌握了设置数据库表的参照完整性规则的基本方法。
4. 是否掌握了 DBGETPROP()函数和 DBSETPROP()函数的使用。

实验九

查询及视图的创建和使用

【实验类型】

设计与开发型

【实验目的与要求】

1. 掌握 SELECT - SQL 命令创建查询的方法。
2. 掌握使用查询设计器创建和修改查询的方法。
3. 了解使用查询向导创建交叉表查询的方法。
4. 掌握查看查询文件的 SELECT - SQL 语句的使用方法。
5. 了解使用视图设计器和命令创建本地视图的方法。
6. 了解参数化视图的创建方法。

【软硬件环境】

1. 硬件环境：PⅢ800 以上计算机，内存 128 MB 以上；200 MB 以上的存储空间。
2. 软件环境：Windows 系列操作系统，Visual FoxPro 6.0 及以上中文专业版。
3. 启动 VFP 后，设置 VFP 的默认路径为 D:\vfpsyhj\sy9。

【实验涉及的主要知识单元】

1. SELECT - SQL 命令的一般格式。

☞ SELECT 输出列表项。
☞ FROM 被查询的自由表、数据库表或视图名 [INNER JOIN 表名 ON 联接条件]。
☞ [INTO 指定输出类型]。
☞ [WHERE 筛选条件]。
☞ [GROUP BY 分组列]。
☞ [HAVING 筛选条件]。
☞ [ORDER BY 排序列]。

2. 查询文件实质上是一条 SELECT - SQL 命令。
3. 视图是一种数据库对象，建立的是一张虚表。

【实验内容与步骤】

一、SELECT - SQL 语句

在命令窗口或程序编辑窗口（参考“实验十一　三种结构的程序设计”）中输入 SELECT -SQL 语句，可以对源数据进行查询操作。

1. 基于单张表的 SELECT - SQL 语句

按入学成绩降序排列,查询所有男生信息。

在"命令"窗口中输入如下 SQL 命令:

```
SELECT * FROM xs;
WHERE xs. xb = "男";
ORDER BY xs. rxzf DESC
```

结果如图 9 - 1 所示。

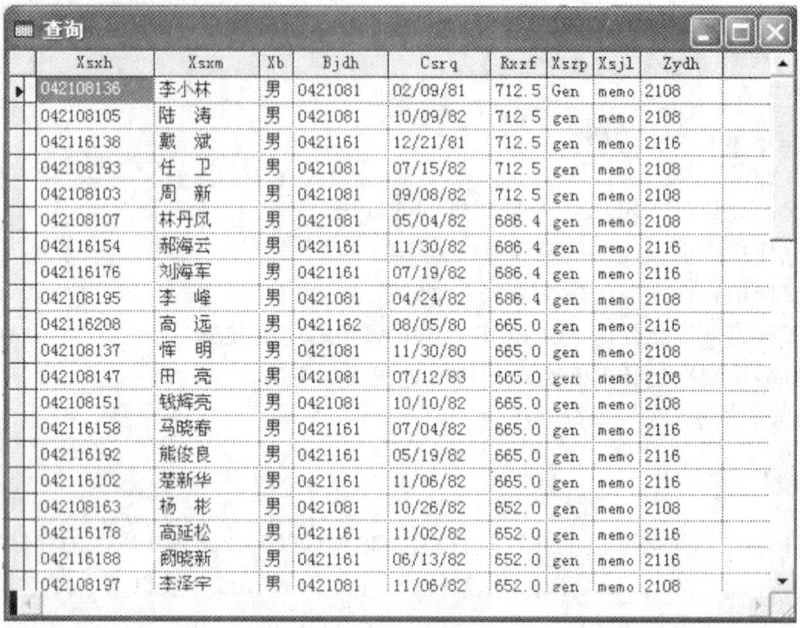

查询

Xsxh	Xsxm	Xb	Bjdh	Csrq	Rxzf	Xsrp	Xsjl	Zydh
042108136	李小林	男	0421081	02/09/81	712.5	Gen	memo	2108
042108105	陆　涛	男	0421081	10/09/82	712.5	gen	memo	2108
042116138	戴　斌	男	0421161	12/21/81	712.5	gen	memo	2116
042108193	任　卫	男	0421081	07/15/82	712.5	gen	memo	2108
042108103	周　新	男	0421081	09/08/82	712.5	gen	memo	2108
042108107	林丹风	男	0421081	05/04/82	686.4	gen	memo	2108
042116154	郝海云	男	0421161	11/30/82	686.4	gen	memo	2116
042116176	刘海军	男	0421161	07/19/82	686.4	gen	memo	2116
042108195	李　峰	男	0421081	04/24/82	686.4	gen	memo	2108
042116208	高　远	男	0421162	08/05/80	665.0	gen	memo	2116
042108137	恽　明	男	0421081	11/30/80	665.0	gen	memo	2108
042108147	田　亮	男	0421081	07/12/83	665.0	gen	memo	2108
042108151	钱辉亮	男	0421081	10/10/82	665.0	gen	memo	2108
042116158	马晓春	男	0421161	07/04/82	665.0	gen	memo	2116
042116192	熊俊良	男	0421161	05/19/82	665.0	gen	memo	2116
042116102	楚新华	男	0421161	11/06/82	665.0	gen	memo	2116
042108163	杨　彬	男	0421081	10/26/82	652.0	gen	memo	2108
042116178	高延松	男	0421161	11/02/82	652.0	gen	memo	2116
042116188	阚晓新	男	0421161	06/13/82	652.0	gen	memo	2116
042108197	李泽宇	男	0421081	11/06/82	652.0	gen	memo	2108

图 9 - 1

2. 基于多张表的 SELECT - SQL 语句

① 查询各班学生的平均年龄和最小年龄。

在"命令"窗口中输入如下 SQL 命令:

```
SELECT bj. bjmc,AVG(YEAR(DATE())- YEAR(xs. csrq)) AS 平均年龄,;
MIN(YEAR(DATE())- YEAR(xs. csrq)) AS 最小年龄;
FROM jxgl!bj INNER JOIN jxgl!xs;
ON bj. bjdh=xs. bjdh;
GROUP BY bj. bjdh
```

结果如图 9 - 2 所示。(注:因实验时的系统日期不同,可能导致实验结果中的数据与图 9 - 2 中显示的不完全一致。)

查询

Bjmc	平均年龄	最小年龄
土木801401	23.69	21
土木801402	25.00	25
会计80401	23.73	21
会计80402	25.00	24

图 9-2

② 查询“中文 Windows XP”课程的学生成绩。

在“命令”窗口中输入如下 SQL 命令：

```
SELECT xs.xsxh，xs.xsxm，xs.xb，kc.kcmc，cj.cj；
FROM jxgl!xs INNER JOIN jxgl!cj INNER JOIN jxgl!kc；
ON cj.kcdh＝kc.kcdh ON xs.xsxh＝cj.xsxh；
WHERE kc.kcmc＝"中文 Windows XP"；
INTO TABLE xsgscj.dbf
```

结果中包含的字段如图 9-3 所示，并将结果保存到表文件 xsgscj.dbf(浏览窗口如图 9-3所示)中。

Xsgscj

Xsxh	Xsxm	Xb	Kcmc	Cj
042108136	李小林	男	中文Windows XP	63.0
042116202	高晓辛	男	中文Windows XP	63.0
042108105	陆　涛	男	中文Windows XP	56.0
042116204	柳佳妮	女	中文Windows XP	80.0
042108102	李　兰	女	中文Windows XP	85.0
042116206	任　新	男	中文Windows XP	93.0
042108107	林丹凤	男	中文Windows XP	85.0
042116208	高　远	男	中文Windows XP	85.0
042108209	朱晓晓	男	中文Windows XP	84.0
042116110	吴　凡	女	中文Windows XP	90.0
042108111	李丽文	女	中文Windows XP	86.0

图 9-3

③ 查询平均成绩不高于 80 分的班级的班级编号、班级名称及其平均成绩，且只需输出平均成绩排在最后两名的班级信息。

在“命令”窗口中输入如下 SQL 命令：

```
SELECT TOP 2 bj. bjdh, bj. bjmc, AVG(cj. cj) AS 平均成绩;
FROM jxgl!bj INNER JOIN jxgl!xs INNER JOIN jxgl!cj;
ON xs. xsxh=cj. xsxh;
ON bj. bjdh=xs. bjdh;
GROUP BY bj. bjdh;
HAVING 平均成绩<=80;
ORDER BY 3
```

结果如图 9 - 4 所示。

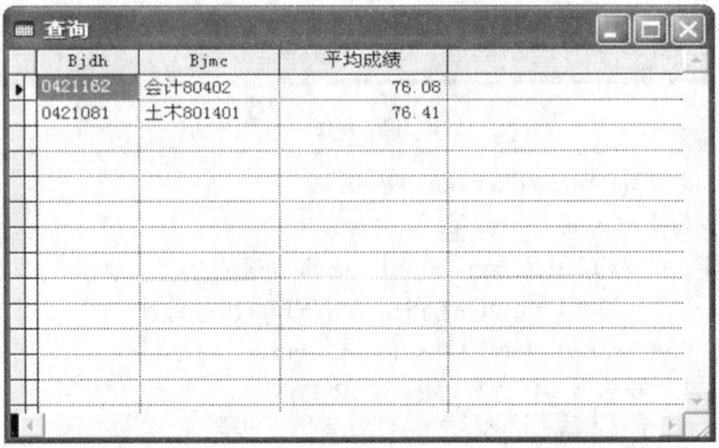

查询

Bjdh	Bjmc	平均成绩
0421162	会计80402	76.08
0421081	土木801401	76.41

图 9 - 4

3. 多个 SELECT - SQL 语句的组合查询

基于教师表查询各个年龄段教师的人数，要求结果中包括年龄段和人数两个字段，并按人数降序排序。

在“命令”窗口中输入如下 SQL 命令：

```
SELECT "35 岁以下青年教师" AS 年龄段, COUNT( * ) AS 人数;
FROM jxgl!js;
WHERE YEAR(DATE())- YEAR(js. csrq)<=35;
UNION;
SELECT "35 - 50 岁中年教师" AS 年龄段, COUNT( * ) AS 人数;
FROM jxgl!js;
WHERE YEAR(DATE())- YEAR(js. csrq)>= 35;
AND YEAR(DATE())- YEAR(js. csrq)<=50;
UNION;
SELECT "50 岁以上教师" AS 年龄段, COUNT( * ) AS 人数;
FROM jxgl!js;
WHERE YEAR(DATE ())- YEAR(js. csrq)>=50
```

结果如图 9 - 5 所示。(注：因实验时的系统日期不同，可能导致实验结果中的数据与图 9 - 5 中显示的不完全一致。)

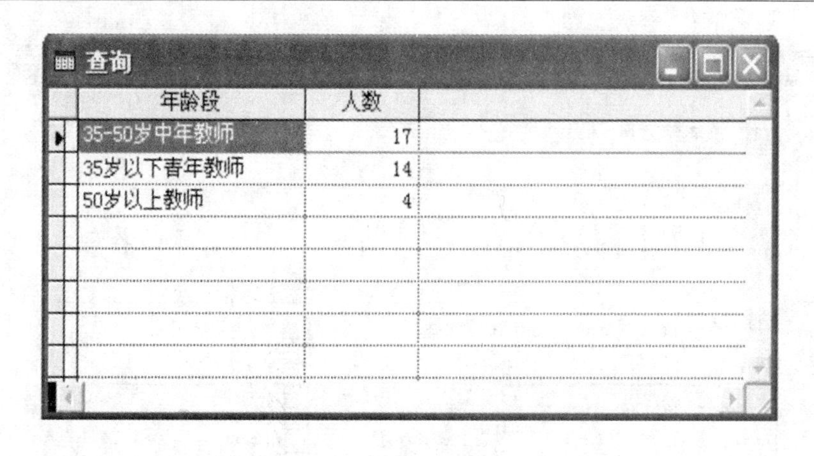

年龄段	人数
35-50岁中年教师	17
35岁以下青年教师	14
50岁以上教师	4

图 9-5

Xsxm
曹　兰
陈　明
陈小瑜
楚新华
崔　静
戴　斌
单　伟
高延松
郝海云
侯　佳
黄晶晶
江小美
姜　波
蒋红英

图 9-6

4. SELECT-SQL 语句的嵌套查询

查询黄晶晶同学所在班级的所有学生的姓名,同名的只显示一次。

在 WHERE 子句中,将 bjdh 字段设置为黄晶晶同学所在的班级,而查询黄晶晶同学所在的班级可再用一个简单的 SELECT-SQL 语句表示,则整个 WHERE 子句为:WHERE bjdh IN(SELECT bjdh FROM xs WHERE xsxm="黄晶晶")。完整 SELECT-SQL 语句请同学自行设计编写。结果如图 9-6 所示。

二、查询的创建和使用

1. 利用查询设计器创建基于单张表的查询

建立查询文件入学成绩(rxcj.qpr),按入学成绩降序查询所有学生的班级代号、学号、姓名、性别和入学成绩,输出去向为"浏览"窗口。

① 通过菜单"文件"→"新建"→"查询"→"新建文件",打开查询设计器(或在"项目管理器"窗口中选择"数据"选项卡内的"查询",单击□按钮。或在"命令"窗口中输入 CREAT QUERY 命令)。

② 在"添加表或视图"对话框中(如图 9-7 所示),选择 xs 表,单击"添加"按钮,关闭此窗口。

③ 在"字段"选项卡(见图 9-8)中,将图 9-8 中"可用字段"列表框中显示的字段依次添加到"选定字段"列表框中。

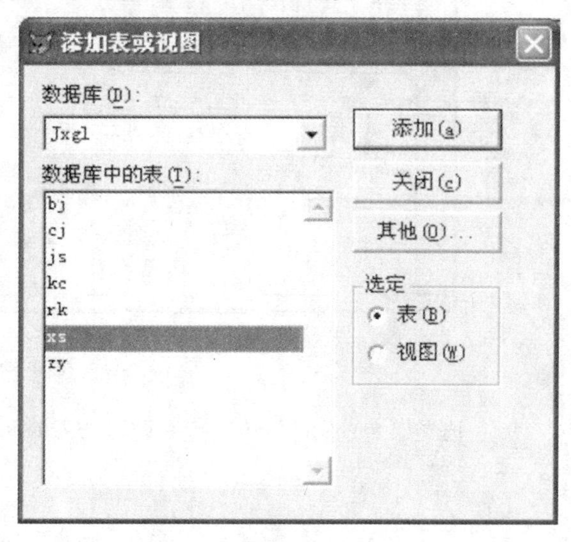

图 9-7

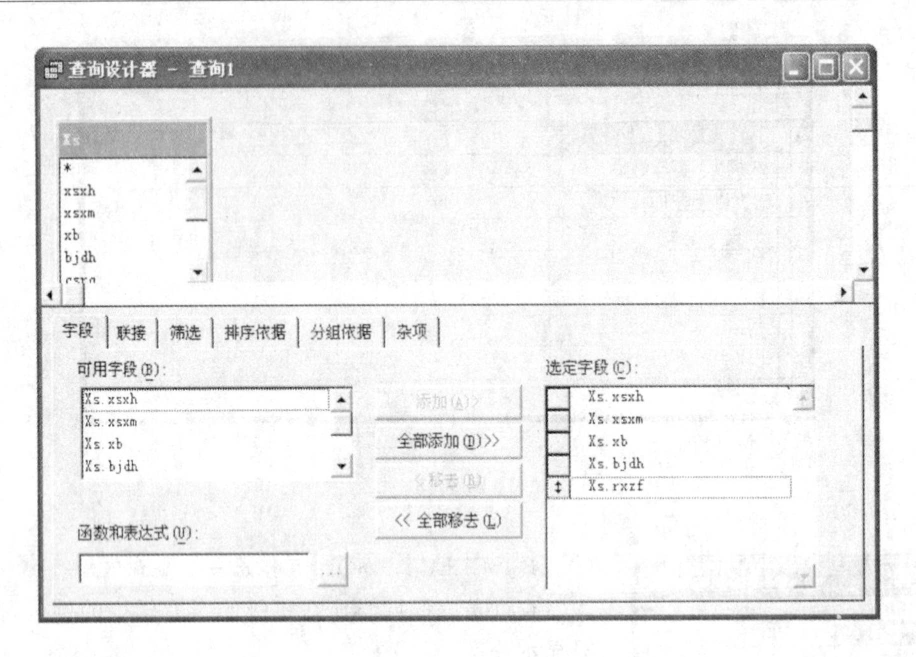

图 9-8

④ 在“排序依据”选项卡(见图 9-9)中,把“xs.rxzf”添加到“排序条件”列表框中,选择“排序选项”为“降序”。

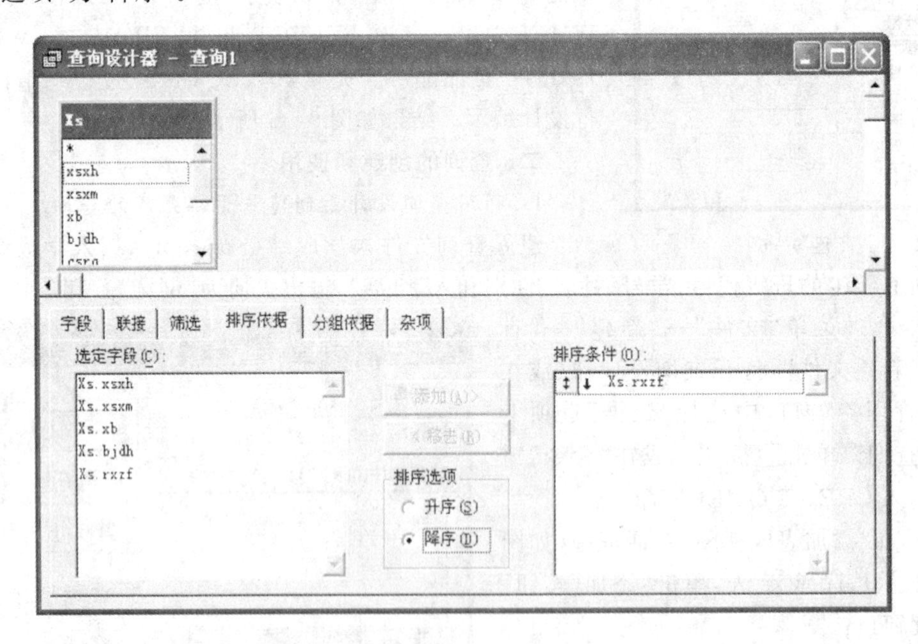

图 9-9

⑤ 选择菜单“查询”→“运行查询”,查看查询结果,如图 9-10 所示。

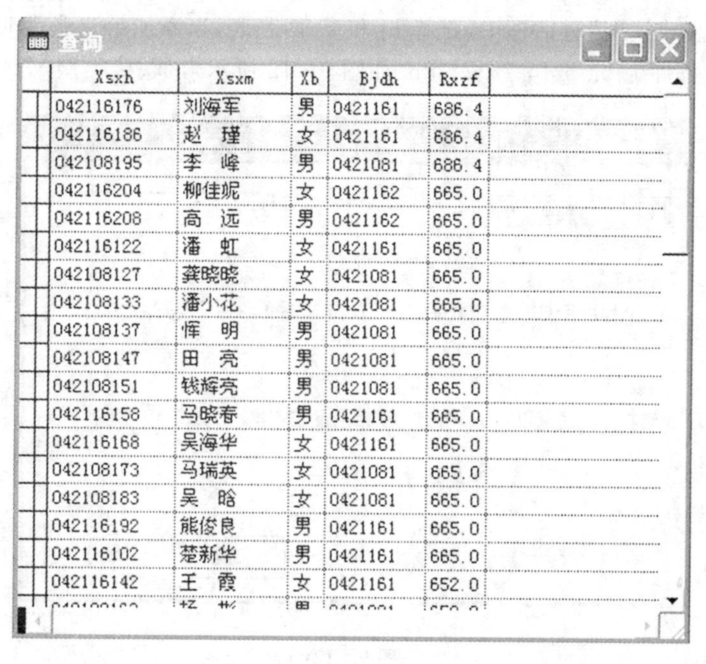

Xsxh	Xsxm	Xb	Bjdh	Rxzf
042116176	刘海军	男	0421161	686.4
042116186	赵　瑾	女	0421161	686.4
042108195	李　峰	男	0421081	686.4
042116204	柳佳妮	女	0421162	665.0
042116208	高　远	男	0421162	665.0
042116122	潘　虹	女	0421161	665.0
042108127	龚晓晓	女	0421081	665.0
042108133	潘小花	女	0421081	665.0
042108137	恽　明	男	0421081	665.0
042108147	田　亮	男	0421081	665.0
042108151	钱辉亮	男	0421081	665.0
042116158	马晓春	男	0421161	665.0
042116168	吴海华	女	0421161	665.0
042108173	马瑞英	女	0421081	665.0
042108183	吴　晗	女	0421081	665.0
042116192	熊俊良	男	0421161	665.0
042116102	楚新华	男	0421161	665.0
042116142	王　霞	女	0421161	652.0

图 9－10

⑥ 选择菜单"查询"→"查看 SQL"(或单击查询设计器的工具栏上的"SQL"按钮),即可看到所生成的 SELECT－SQL 语句。

⑦ 关闭"查询设计器"窗口,保存查询文件名为 rxcj。

⑧ 在"命令"窗口中键入如下命令运行查询(如果命令窗口已显示该命令,则直接在该命令行处按回车即可):

```
DO  rxcj.qpr   && 如果查询文件不是保存在当前默认路径下,须在文件名前加上完
               && 整的路径
```

2. 利用查询设计器创建基于多张表的查询

(1) 建立查询文件,按班级平均入学成绩升序查询各班平均入学成绩以及最高分,要求结果中包括班级名称、平均入学总分以及最高分,输出去向为"浏览"窗口,查询运行结果如图 9－11 所示。

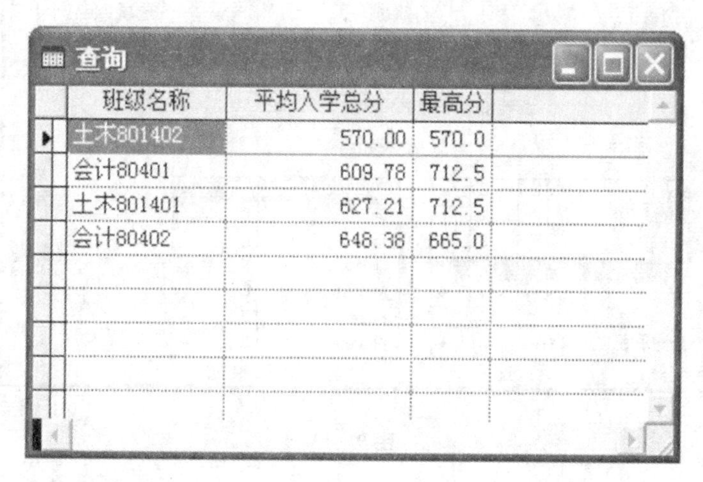

班级名称	平均入学总分	最高分
土木801402	570.00	570.0
会计80401	609.78	712.5
土木801401	627.21	712.5
会计80402	648.38	665.0

图 9－11

① 在“添加表或视图”对话框中,选择 bj 和 xs 两张表,当添加第二张表时,出现“联接条件”对话框,设置条件为 bj. bjdh=xs. bjdh(如图 9-12 所示),“联接类型”为“内部联接”。

联接条件
Bj.bjdh
Xs.bjdh
联接类型
内部联接(I)
左联接(L)
右联接(R)
完全联接(U)
描述
创建一个只包含记录 Bj 与记录 Xs 相匹配的结果集。
确定
取消

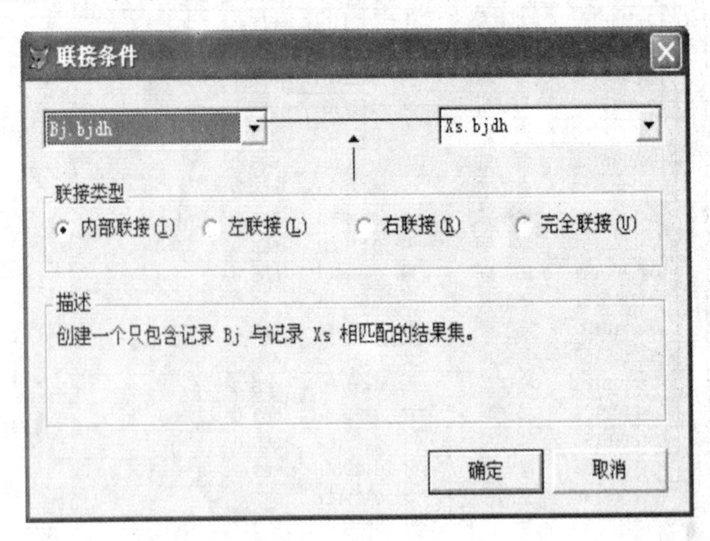

图 9-12

② 在“字段”选项卡中,选定字段 bjmc,平均入学总分和最高分。其中,“平均入学总分”和“最高分”两个字段可以通过点击“函数和表达式”文本框右侧的按钮打开表达式生成器,通过表达式生成器(如图 9-13 所示)来生成,分别设置为:AVG(xs. rxzf) AS 平均入学总分,MAX(xs. rxzf) AS 最高分,并将生成的字段逐个添加到“选定字段”列表中。

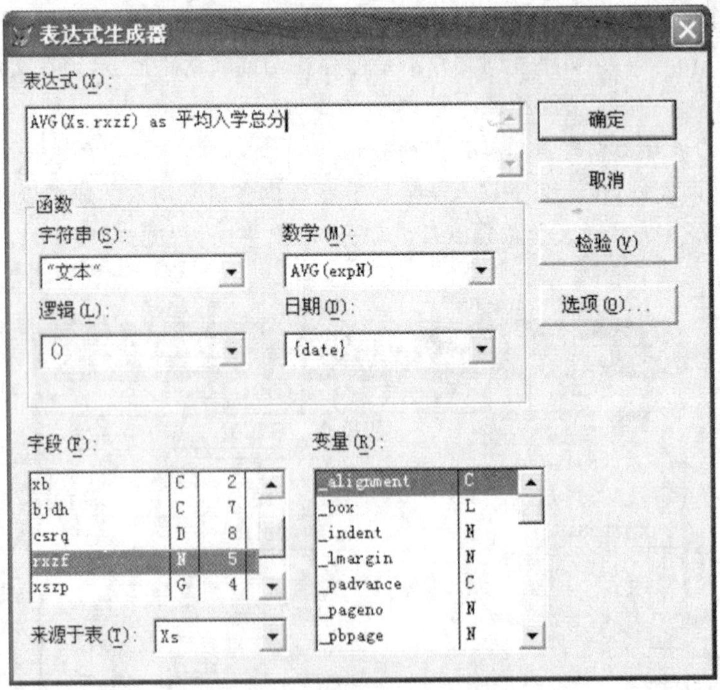

表达式生成器
表达式(X):
AVG(Xs.rxzf) as 平均入学总分
确定
取消
检验(V)
选项(O)...
函数
字符串(S):
"文本"
数学(M):
AVG(expN)
逻辑(L):
()
日期(D):
{date}
字段(F):
xb C 2
bjdh C 7
csrq D 8
rxzf N 5
xszp G 4
变量(R):
_alignment C
_box L
_indent N
_lmargin N
_padvance C
_pageno N
_pbpage N
来源于表(T):
Xs

图 9-13

③“排序依据”选项卡的排序条件为：平均入学总分。

④“分组依据”选项卡的分组字段为：bjdh。

(2) 查询每个学生各门课程的成绩以及补考成绩，结果按学号升序排列，运行结果如图9-14所示。

① 添加 xs 和 cj 两张表，将两张表进行内部联接。

② 选择输出字段如图9-14所示。

查询

Xsxh	Xsxm	Kcdh	Cj	Bkcj
042108102	李　兰	02	75.0	
042108102	李　兰	08	65.0	
042108102	李　兰	06	88.0	
042108102	李　兰	01	85.0	
042108105	陆　涛	02	77.0	
042108105	陆　涛	08	73.0	
042108105	陆　涛	06	84.0	
042108105	陆　涛	01	56.0	65.0
042108107	林丹凤	08	59.0	75.0
042108107	林丹凤	02	86.0	
042108107	林丹凤	06	74.0	
042108107	林丹凤	01	85.0	
042108111	李丽文	01	86.0	
042108136	李小林	08	63.0	
042108136	李小林	02	88.0	
042108136	李小林	01	63.0	
042108136	李小林	06	92.0	

图 9-14

(3) 建立查询文件，查询选修“VFP 语言及程序设计”课程的学生的姓名和成绩，输出前5名学生记录，查询运行结果如图9-15所示。

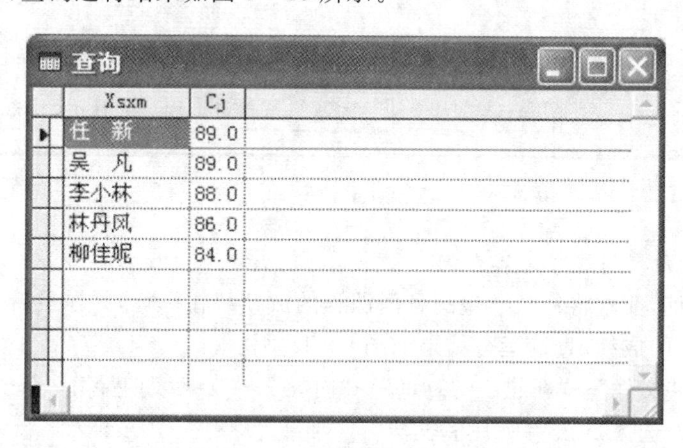

查询

Xsxm	Cj
任　新	89.0
吴　凡	89.0
李小林	88.0
林丹凤	86.0
柳佳妮	84.0

图 9-15

① 添加 xs，cj，kc 三张表。

② 在“筛选”选项卡中，设置 kc.kcmc＝VFP 语言及程序设计。

③ 在“排序依据”选项卡中，设置按 cj.cj 降序排序。

④ 在“杂项”选项卡中，将“列在前面的记录”设置为5。

(4) 建立查询文件,查询每门课程的选课人数、优秀人数和不及格人数,优秀人数为 0 的不显示,输出去向为"浏览"窗口,查询运行结果如图 9－16 所示。

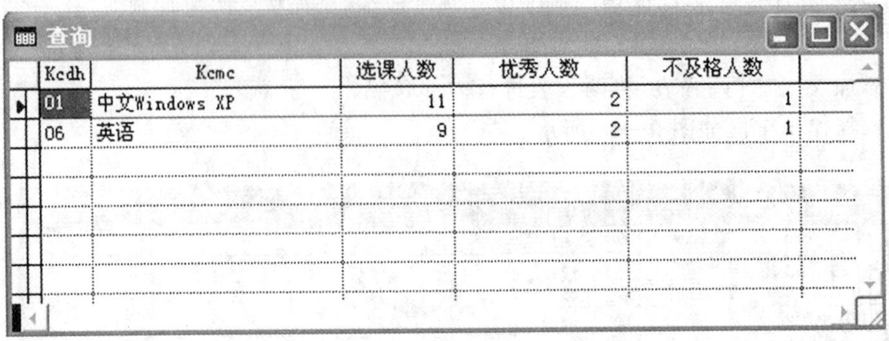

查询

Kcdh	Kcmc	选课人数	优秀人数	不及格人数
01	中文Windows XP	11	2	1
06	英语	9	2	1

图 9－16

① 添加 kc 和 cj 两张表。

② 在"字段"选项卡中,设置输出字段选课人数的函数表达式为 COUNT(＊) AS 选课人数,优秀人数的函数表达式为 SUM(IIF(cj. cj＞＝90,1,0)) AS 优秀人数,不及格人数的函数表达式为 SUM(IIF(cj. cj＜＝60,1,0)) AS 不及格人数。

③ 在"分组"选项卡中,设置分组依据为 kc. kcdh,并在"满足条件"窗口中按照图 9－17 所示进行设置。

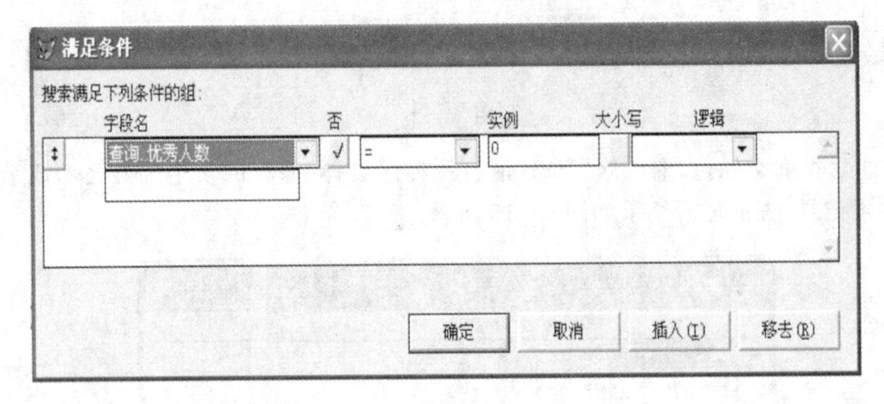

图 9－17

3. 利用查询向导创建交叉表查询

创建一个查询,要求将每个学生的各门课程的成绩放在一行,并在最后一列显示总分字段,输出所有学生的成绩,查询运行结果如图 9－18 所示。

① 单击菜单"文件"→"新建"→"查询"→"向导"→"交叉表向导"。

② 字段选取,选择 cj 表中所有字段。

③ 定义布局,把 xh 字段拖到"行"框中,把 kcdh 字段拖到"列"框中,把 cj 字段拖到"数据"框中。

Query

Xh	C_01	C_02	C_03	C_04	C_05
002901	85	85			
002902	55	55			
002903	91	91			
002904	83	83			
002905	38	24			
002906	77	77			
002907	56	56			
002908	31	14			
002909	76	38			
002910	58	58			
002911	89	34			
002912	67	67			
002913	24	40			
002914	82	82			
002915	75	21			

图 9－18

④ 加入总结信息，在“总结”区域中选择“求和”，在“分类汇总”区域中选择“数据求和”（观察查询结果中的显示情况）。

⑤ 完成，取消“显示 NULL 值”复选框，保存并运行交叉表。

三、视图的创建和使用

1. 用视图设计器创建视图

在教学管理数据库(jxgl. dbc)中，建立可更新视图 cjgx，它含有学号、姓名和英语课程及其成绩 4 个字段，其中，成绩字段是可更新的。

① 把 xs 表、cj 表和 kc 表添加到“视图设计器”的上窗格，并设置默认内部联接。

② 在“字段”选项卡，将题目指定的 4 个字段添加到“选定字段”列表框中。

③ 在“筛选”选项卡，设置课程名为英语。

④ 在“更新条件”选项卡，把 xh 标记为关键字，cj 标记为可更新字段，选中“发送 SQL 更新”，如图 9－19 所示。

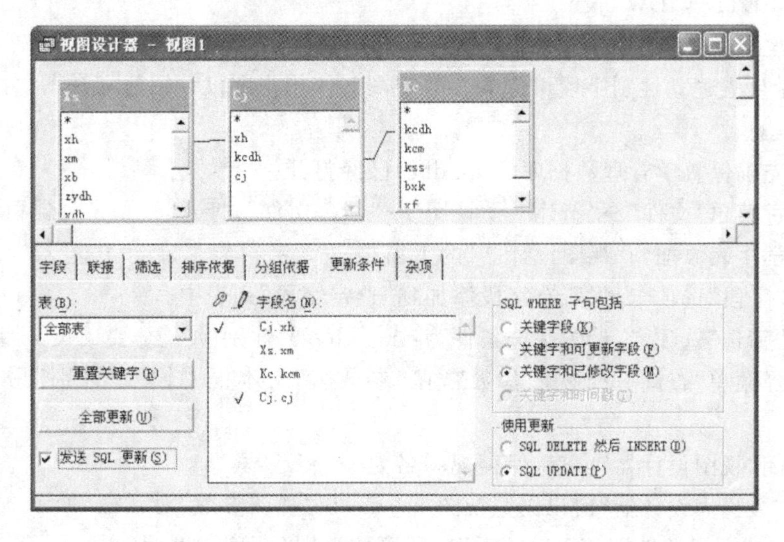

图 9－19

⑤ 关闭“视图设计器”窗口,保存视图为 cjgx。

⑥ 浏览视图 cjgx,修改任一成绩字段值,关闭“浏览”窗口。

⑦ 浏览成绩表,观察被修改记录的结果。

2. 用命令创建视图

用命令创建含有学号、姓名和英语课程及其成绩这 4 个字段的视图。

① 打开需保存视图的数据库。

```
OPEN DATABASE jxgl      && 若数据库 jxgl 不在当前默认路径下,须加上完整路径
```

② 使用 CREATE SQL VIEW 命令,创建本地视图。

```
CREATE SQL VIEW cjgx1;
AS SELECT cj.xh, xs.xm, kc.kcm, cj.cj;
FROM  jxgl!xs INNER JOIN jxgl!cj;
INNER JOIN jxgl!kc;
ON  cj.kcdh=kc.kcdh;
ON  xs.xh=cj.xh;
WHERE kc.kcm = "英语"
```

③ 打开和浏览视图。

```
USE cjgx1
BROWSE
```

④ 修改视图。

```
MODIFY VIEW cjgx1
```

⑤ 关闭视图。

```
SELECT cjgx1
USE
```

⑥ 删除视图。

```
OPEN DATABASE jxgl
DELETE VIEW cjgx1
```

3. 创建参数化视图

根据学生表建立性别字段可选的参数视图。使用视图设计器建立视图,分别浏览男、女生的档案信息。

① 首先确保教学管理数据库(jxgl.dbc)已经打开。

② 通过菜单“文件”→“新建”→“视图”→“新建文件”,打开“视图设计器”窗口。

③ 把学生表添加到“视图设计器”的上窗格。

④ 在“字段”选项卡,将所有字段添加到“选定字段”列表中。

⑤ 在“筛选”选项卡,设置筛选条件为:xs.xb=?性别(注意:要用英文半角的问号)。

⑥ 选择菜单“查询”→“视图参数”,在“参数名”文本框中输入“性别”后,单击“确定”按钮。

⑦ 关闭“视图设计器”窗口,保存视图名为 xs_xb。

⑧ 在“数据库设计器”窗口浏览视图 xs_xb,在“视图参数”对话框(如图 9-20 所示)中输入要浏览的学生的性别(“男”或“女”),即可按性别分别浏览学生档案。

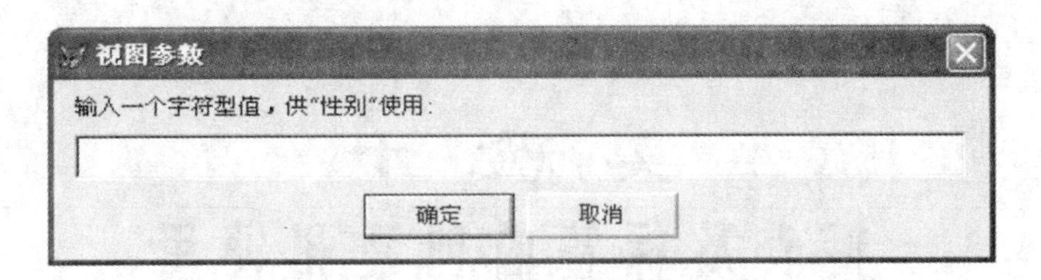

图 9－20

【实验要求与提示】

1. 运行输出去向为表或临时表的查询后，不能立即看到查询结果，用菜单“显示”→“浏览”查看结果。

2. 当筛选实例为字符型时，输入时注意空格和大小写。

3. 注意在查询中需要用到将多个查询结果（要求有相同的列数、相同的数据类型和长度）组合为一个查询结果应用 UNION 子句，若要对结果进行排序，只需在最后加上ORDER BY 子句即可。

4. 要求无重复记录应使用 DISTINCT 子句。

5. 书写 SELECT－SQL 语句时，所有子句的先后顺序可以互换。

【实验过程必须遵守的规则】

1. 命令中的所有标点符号须在英文状态下输入。

2. 查询时若要输出结果的前一部分应对结果先进行排序。

3. 查询或视图中的数据源有两张以上表或视图时，注意添加的先后顺序，保证添加顺序相邻的两张表或视图存在关联。

【思考与练习】

1. 试将本实验中结果为图 9－2 所示的查询命令中的…INNER JOIN…ON 替换成 WHERE 子句来实现表之间的联接，并思考两种方法的异同。

2. 思考 INNER JOIN 和 FULL JOIN 的不同。

3. 简述视图与查询之间的异同点。

4. 设计并创建查询，要求显示姓“张”的所有学生信息，并按年龄降序排序。

【测评标准】

1. 考察 SELECT－SQL 语句是否能够实现题目要求的功能，子句选用是否合理。

2. 是否掌握了查询设计器和视图设计器的使用方法。

实验十

报表及标签的创建和使用

【实验类型】

基础与验证型

【实验目的与要求】

1. 掌握使用向导创建报表和标签的过程。
2. 掌握使用报表设计器设计报表的过程。

【软硬件环境】

1. 硬件环境：PⅢ800 以上计算机,内存 128 MB 以上;200 MB 以上的存储空间。
2. 软件环境：Windows 系列操作系统,Visual FoxPro 6.0 及以上中文专业版。
3. 启动 VFP 后,设置 VFP 的默认路径为 D:\vfpsyhj\sy10。

【实验涉及的主要知识单元】

1. 报表由两个基本部分组成：布局和数据源。布局是指报表的打印格式,可以由用户自己定义;数据源不仅可以是数据表,还可以是视图、查询或临时表。

2. 报表的四种布局类型和 9 个带区。

3. 报表的数据环境。报表数据环境中的表和视图随报表打开或运行自动打开,随报表关闭或释放自动关闭。

【实验内容与步骤】

一、利用报表向导创建基于单张表的报表

利用报表向导根据学生成绩表(cj.dbf)创建一个学生成绩报表文件(cj.frx)并预览报表,预览结果如图 10-1 所示。

① 选择菜单“文件”→“新建”→“报表”→“向导”,打开“向导选取”对话框,选择“报表向导”,单击“确定”按钮。

② 步骤 1(指“向导”窗口中的相应步骤,下同)——字段选取。选择 xs 表,如图 10-1 所示将成绩表的四个字段添加到“选定字段”列表框中。

③ 步骤 3——选择报表样式。选择报表样式为“带区式”。

④ 步骤 5——排序依据。选择以 xsxh 字段升序排序。

⑤ 步骤 6——完成。输入报表标题为“学生成绩表”,选择“保存报表并在‘报表设计器’中修改报表”,单击“完成”按钮,保存报表文件为 cj.frx。

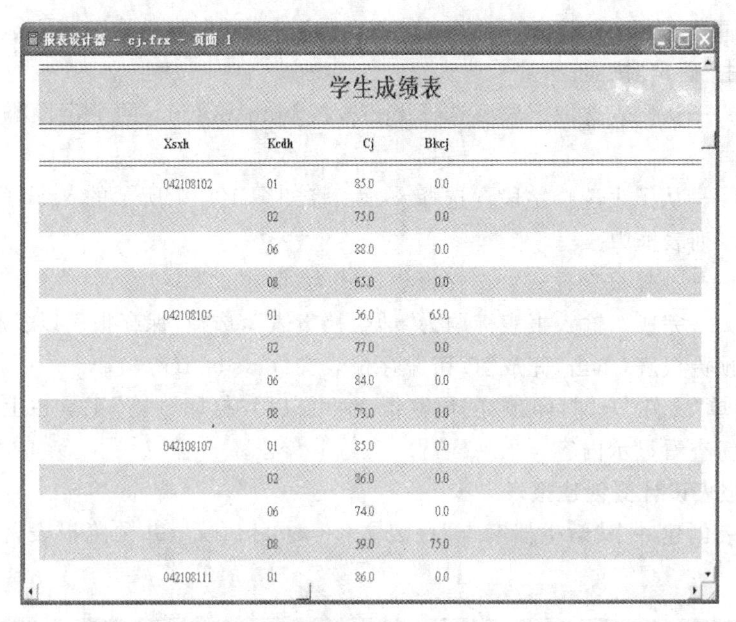

学生成绩表

Xsxh	Kcdh	Cj	Bkcj
042108102	01	85.0	0.0
	02	75.0	0.0
	06	88.0	0.0
	08	65.0	0.0
042108105	01	56.0	65.0
	02	77.0	0.0
	06	84.0	0.0
	08	73.0	0.0
042108107	01	85.0	0.0
	02	36.0	0.0
	06	74.0	0.0
	08	59.0	75.0
042108111	01	86.0	0.0

图 10－1

⑥ 在"报表设计器"窗口，删除标题栏中的"DATE ()_"，如图 10－1 所示，利用菜单"格式"→"字体"以及菜单"显示"→"布局工具栏"调整标题文本"学生成绩表"的位置和字体字号。

⑦ 选择菜单"文件"→"打印预览"，预览报表。

⑧ 关闭"报表设计器"窗口，保存对 cj. frx 报表的修改。

二、利用报表向导创建基于多张表的报表

根据班级表(bj. dbf)和学生表(xs. dbf)创建一个学生档案(xsda. frx)的一对多报表文件，并预览报表，使得报表如图 10－2 所示。

学生档案表

06/17/06

Bjdh: 0421081
Bjmc: 土木801401

Xsxh	Xsxm	Xb	Csrq	Rxzf
042108136	李小林	男	02/09/81	712.5
042108105	陆 涛	男	10/09/82	712.5
042108102	李 兰	女	10/12/82	570.0
042108107	林丹风	男	05/04/82	686.4
042108111	李丽文	女	01/06/83	646.0
042108113	武晓勇	男	03/08/83	617.5
042108115	顾 永	男	12/29/81	570.0
042108117	孙 杨	男	09/08/82	617.5
042108119	高 森	男	11/15/83	522.5
042108121	严纪海	男	12/12/84	617.5
042108123	崔晓悦	女	11/15/85	712.5
042108125	徐 超	男	03/03/83	570.0
042108127	龚晓晓	女	05/06/84	665.0
042108129	李 玲	女	07/21/85	646.0
042108131	严 明	男	05/20/85	570.0

图 10－2

① 通过菜单“文件”→“新建”→“报表”→“向导”，打开“向导选取”对话框，选择“一对多报表向导”，单击“确定”按钮。

② 步骤 1——从父表选取字段。选择 bj 表，将 bjdh 和 bjmc 两个字段添加到“选定字段”列表框中。

③ 步骤 2——从子表选择字段。选择 xs 表，将如图 10－2 所示的 xsxh 等 5 个字段添加到“选定字段”列表框中。

④ 步骤 5——选择报表样式。选择报表样式为“简报式”。

⑤ 步骤 6——完成。输入报表标题为“学生档案表”，选择“保存报表以备将来使用”，单击“预览”按钮预览报表，单击“完成”按钮保存报表文件 xsda.frx。

⑥ 选择菜单“文件”→“打印预览”预览报表，可以用“打印预览”工具栏上的“上一页”、“下一页”等按钮查看显示内容。

三、利用报表设计器创建报表

根据学生表创建一个“学生档案卡”报表文件(xsdak.frx)，并预览报表，使得报表如图 10－3所示。

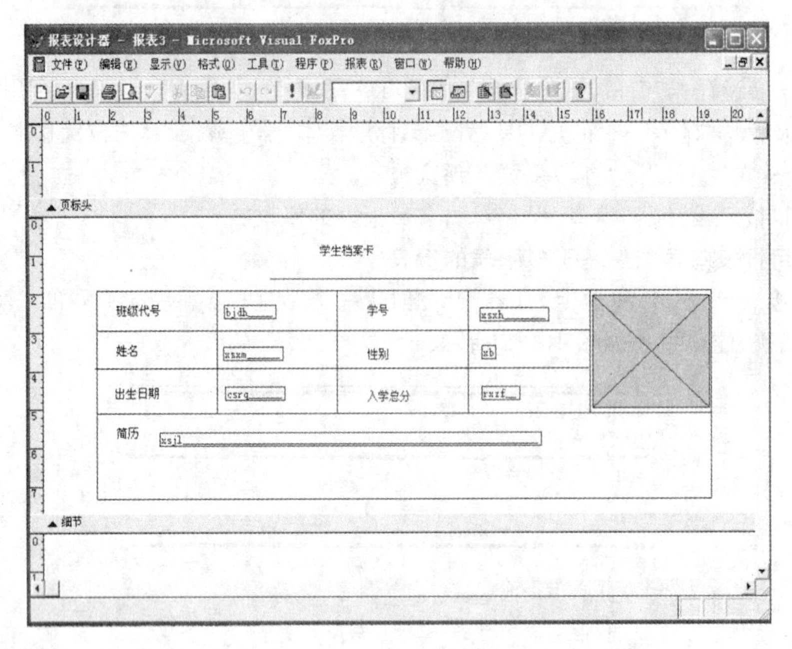

图 10－3

① 通过菜单“文件”→“新建”→“报表”→“新建文件”，打开“报表设计器”窗口。

② 选择菜单“显示”→“数据环境”，在“数据环境设计器”窗口，单击鼠标右键，选择“添加”，添加 xs 表。

③ 如图 10－3 所示，调整页标头带区和细节带区的宽度。

④ 选择菜单“显示”→“工具栏”→“报表控件”，显示“报表控件”工具栏。

⑤ 参照如图 10－3 所示的位置，选择“矩形”工具画表格的边框，选择“线条”工具画表格的间线以及标题的下划线。

⑥ 参照如图 10－3 所示的位置、文字以及文字样式，用“标签”工具添加表格标题(学生档案卡)和各栏标题(班级代号、学号等)，位置的调整可以使用键盘上的方向键。

⑦ 从“数据环境设计器”窗口，将 xs 表要输出的字段逐一拖到表格的相应位置。在与“照片”字段对应的图片控件上双击鼠标左键，可进一步设置图片控件的属性。

⑧ 选择菜单“文件”→“打印预览”，预览报表。

⑨ 关闭“报表设计器”窗口，保存报表文件 xsdak.frx。

四、利用标签向导创建标签文件

根据学生表创建一个学生信息标签文件（xs.lbx），并预览标签，预览结果的局部如图 10－4 所示。

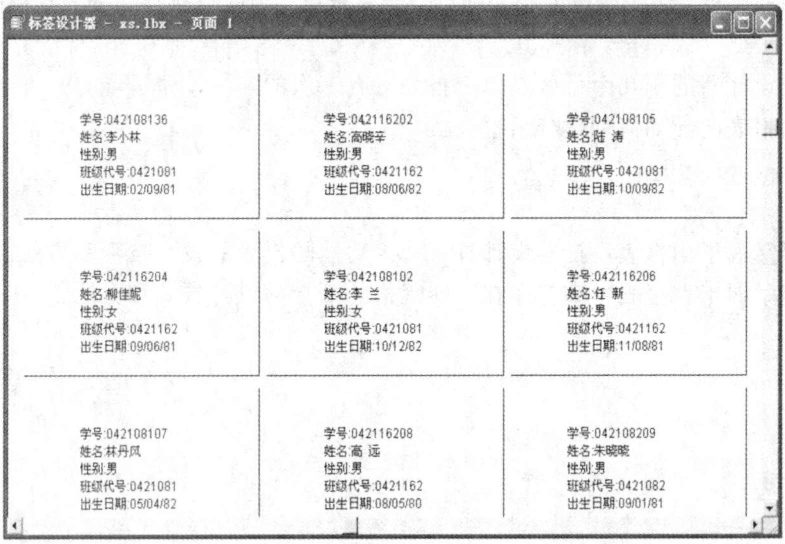

图 10－4

① 通过菜单“文件”→“新建”→“标签”→“向导”，打开“标签向导”对话框。

② 步骤 1——选择表。选择 xs 表。

③ 步骤 2——选择标签类型。选择公制的 Avery L7160 型号标签。

④ 步骤 3——定义布局。在文本框中输入“学号”，然后依次单击“添加”按钮、“冒号”按钮，再将可用字段中的“xsxh”字段添加到“选定字段”列表框中，单击“↵”按钮换行。依此过程，如图 10－4 所示，依次将其余要输出的内容添加到“选定字段”列表框中，字号设为 9 号。

⑤ 步骤 5——完成。选择“保存标签并在‘标签设计器’中修改”。单击“完成”按钮保存标签文件 xs.lbx。

⑥ 在“标签设计器”窗口中，如图 10－4 所示，用“线条”工具添加横纵两条直线。

⑦ 选择菜单“文件”→“打印预览”，预览标签。

【实验要求与提示】

1. 如果报表中的数据需要排序或分组，应在数据源中进行相应的设置。

2. 向报表的“页标头”带区添加标签控件应单击“报表控件”工具栏上的“标签”按钮，在“页标头”带区单击后输入标签的文本。修改标签的字体等属性，可利用系统的“格式”菜单。

3. 向报表中添加线条控件或形状控件应单击“报表控件”工具栏上的“线条”或“形状”按钮后，在“细节”带区中利用鼠标的拖放操作生成线条或形状。

【实验过程必须遵守的规则】

1. 报表或标签的界面设计应具备较强的可读性。

2. 设计报表的步骤应为：决定报表类型，创建报表布局文件，修改和定制布局文件，预览和打印报表。

【思考与练习】

1. 利用向导创建报表时，如果设置了“排序依据”，则该“排序依据”与表的索引有何关系？

2. 报表设计器的哪几个带区是每个报表只有一次的？

3. 不用报表向导如何创建分组报表？

【测评标准】

1. 是否掌握了用报表设计器设计具有分组功能的报表的设计技巧和方法。

2. 是否掌握了将报表精确打印在不同规格的纸上的设计技巧和方法。

面向过程的程序设计模块

实验十一

三种结构的程序设计

【实验类型】

基础与验证型

【实验目的与要求】

1. 掌握创建、修改和运行程序的方法。
2. 掌握用分支语句和循环语句控制程序流程的方法。

【软硬件环境】

1. 硬件环境：PⅢ800 以上计算机，内存 128 MB 以上；200 MB 以上的存储空间。
2. 软件环境：Windows 系列操作系统，Visual FoxPro 6.0 及以上中文专业版。
3. 启动 VFP 后，设置 VFP 的默认路径为 D:\vfpsyhj\sy11。

【实验涉及的主要知识单元】

1. 程序文件的建立和执行

建立：modify command＜程序文件名＞

执行：do＜程序文件名＞

2. 程序设计中的常用命令

(1) 交互式输入语句

input[＜字符型表达式＞]to[＜内存变量＞]

accept[＜字符型表达式＞]to[＜内存变量＞]

wait window[＜字符型表达式＞]to[＜内存变量＞]

(2) 输出语句

? 先换行再输出

?? 不换行输出

(3) 注释语句

*＜注释内容＞

note＜注释内容＞

&&＜注释内容＞

(4) 终止命令和退出命令

```
cancel
quit
```

(5) 返回命令

```
return
```

3. 顺序结构

顺序结构特点：语句按书写的顺序执行，排在前面的先执行，排在后面的后执行。

4. 分支结构

分支结构特点：根据条件表达式的值，执行相应的语句序列。

两分支结构：if…else … endif

多分支结构：do case … endcase

5. 循环结构

条件循环：do while … enddo

计数循环：for … endfor

对数据库表的循环：scan … endscan。

循环的嵌套：即一个循环的内部又包含了另外一个循环，在循环嵌套中要注意不能出现循环交叉现象。

【实验内容与步骤】

一、创建程序文件

1. 输入程序

① 选择“项目管理器”中的“代码”选项，单击“新建”按钮。

② 在出现的编辑窗口中输入如下程序(实验时 * 和 && 后的是一些注释内容可不输入)

```
*计算三角形面积
clear
input "a=" to a      && 从键盘输入一个数值赋给边长 a
input "b=" to b      && 从键盘输入一个数值赋给边长 b
input "c=" to c      && 从键盘输入一个数值赋给边长 c
s=(a+b+c)/2
area=sqrt(s*(s-a)*(s-b)*(s-c))     && 计算面积
?"三角形面积为",area
```

③ 单击“常用”工具栏上的“保存”按钮，在出现的对话框中输入文件名“myp1”并予以保存。

④ 关闭窗口(如未保存，系统会提示是否保存)

2. 运行程序

在“项目管理器”窗口中单击需运行的程序文件“myp1”，然后单击“项目管理器”窗口中的“运行”按钮，运行 3 次以上。注意：从键盘每输入一个边长必须按一下回车键，且三个边长要能构成三角形。

3. 编辑程序

① 在"项目管理器"窗口中单击需编辑的程序文件"myp1",然后单击"项目管理器"窗口中的"修改"按钮,在编辑窗口中将程序打开。

② 在程序后加入如下一条语句输出三角形的周长:

```
?"三角形周长为",a+b+c      && 输出周长
```

③ 保存并运行该程序。

二、分支结构程序设计

1. 计算三角形面积。

① 在编辑窗口打开"pro1"程序文件作如下修改:

```
clear
input "a=" to a
input "b=" to b
input "c=" to c
s=(a+b+c)/2
**下面一条语句功能是判别 a,b,c 三个边长能否构成三角形
if a+b>c and a+c>b and b+c>a and a>0 and b>0 and c>0
  area=sqrt(s*(s-a)*(s-b)*(s-c))
  ?"三角形面积为",area
else
  ?"不能构成三角形"
endif
```

② 单击"项目管理器"窗口中的"运行"按钮,运行 3 次以上。

2. 如果需要处理两个以上条件,使用 if…endif 条件语句时必须嵌套。如计算分段函数 y,当 x>0 时,y=1;当 x=0 时,y=0;当 x<0 时,y=-1。

① 创建程序文件 test_if,程序如下:

```
clear
input "x=" to x
if  x>0
    y=1
else
  if  x=0
      y=0
  else
      y=-1
  endif
endif
?"y=",y
```

② 保存并运行 3 次以上。

3. 对于上面两个条件以上的问题,使用 do case…endcase 更方便一些,同时使程序的可读性更强。

① 创建程序文件 test_case,程序如下:

```
clear
input "x=" to x
do case
   case x>0
      y=1
   case x=0
      y=0
   otherwise
      y=-1
endcase
?"y=",y
```

② 保存并运行 3 次以上。

三、循环结构程序设计

1. For 循环

使用循环语句可以使程序中的一组语句多次被执行,在已知循环次数的情况下,一般使用 for…endfor 语句。

(1) 创建程序文件 test_for1,程序如下:

```
***程序功能:计算 10 的阶乘
clear
s=1
for n=1 to 10
    s=s*n
    ? str(n,2)+"! =",s
endfor
```

修改循环次数,保存并运行 3 次以上。

(2) 创建程序文件 test_for2,程序如下:

```
***程序功能:计算 1/1! +1/2! +…+1/10!
clear
t=1
s=0
for n=1 to 10
    t=t/n
    s=s+t
    endfor
? "1/1! +1/2! +…+1/10! =",s
```

保存并运行该程序。

2. While 循环

在循环次数不能确定但知道循环条件的情况下,一般使用 do…while 语句。

(1) 如有一张厚 0.5 毫米,面积足够大的纸,将它不断对折。问对折多少次后,其厚度可达珠穆朗玛峰的高度(8 848 米)。

问题分析：每次对折都是上次厚度的 2 倍，然后用此厚度与珠穆朗玛峰的高度作比较，每次循环作一次计数，以便统计对折的次数。

创建程序文件 test_do，并在下划线处添加适当内容，完善下面程序。

```
clear
n=0
h=0.5
do while h< 8848000
  __[1]__                          && 计数
  __[2]__                          && 对折
enddo
?"对折次数为：",n
cancel
```

保存并运行该程序。

(2) 在实际应用中，经常需要循环语句与条件语句混合使用。

创建程序文件 test_do_if，程序如下：

```
***程序功能：将十进制数转换成十六进制数表示
nnumber=437                        && 赋初值(十进制数)
cresult=space(0)
if nnumber#0
  do while nnumber>0
    n=mod(nnumber,16)
    nnumber=int(nnumber/16)
    if n<10                        && 余数
      cresult=str(n,1)+cresult
    else
      cresult=chr(asc("a")+n-10)+cresult
    endif
  enddo
else
  cresult="0"
endif
wait windows"十六进制数表示为"+cresult
```

保存并运行该程序。

3. Scan 循环

若要对表中数据进行操作，可使用 scan…endscan 循环。

创建程序文件 test_scan，程序如下：

```
***程序功能：输入学生姓名即可查询显示出该学生的记录内容
set talk off
clear
```

```
wait"是要查询某学生的信息吗?(y/n)" to x
scan
    if upper(x)="Y"
      use xs
      accept"请输入要查找学生的姓名:" to name
      locate for xsxm=name
      if found()
        display
      else
        ?"要查找的学生没找到!"
      endif
      wait"还要查询其他学生的信息吗?(y/n)"to x
      go top
    else
      ?"谢谢您的光临!"
      use
      exit
    endif
endscan
set talk on
return
```

保存并运行该程序。

4. 循环结构嵌套

(1) 循环结构嵌套是在一个循环体内又完整地包含另一个循环,循环可以嵌套形成多重循环。

创建程序文件 test_99,并在下划线处添加适当内容,完善下列“九九乘法”程序,使程序运行时,屏幕上显示如下乘法表:

```
1:1
2:2 4
3:3 6 9
4:4 8 12 16
5:5 10 15 20 25
6:6 12 18 24 30 36
7:7 14 21 28 35 42 49
8:8 16 24 32 40 48 56 64
9:9 18 27 36 45 54 63 72 81
```

程序如下:

```
set talk off
clear
for m=1 to 9
```

```
    ? str(m,2)+":"
    for n=  [1]
      ??  [2]
    endfor
  endfor
  return
```

(2) 在循环语句中使用 loop 语句。

创建程序文件 test_loop,并在下划线处添加适当内容,完善以下程序:

```
  **求自然数 1~100 之间的奇数和
  clear
  sum=0
  for i=1 to 100
  if i%2=0
     [1]
  endif
  sum=sum+i
  endfor
  ? "sum=",sum
```

保存并运行该程序。

(3) 在循环语句中使用 exit 语句。

创建程序文件 test_exit,并在下划线处添加适当内容,完善以下程序:

***程序功能是:对于数列 1,1,2,3,5,8,…(从第 3 项开始,每一数列项的值为前 2 项之和),求前多少项的和刚好不大于 100。

```
  a1=1
  a2=1
  nsum=a1+a2                     && 第 1、2 项之和
  ncount=2                       && 项数,初值为 2
  do while .t.
    x=a1
    a1=a2
     [1]
    nsum=nsum+a2
    ncount=ncount+1
    if nsum>100
       [2]
    endif
  enddo
  ncount=ncount-1
  wait windows"前"+str(ncount)+"项的和刚好不大于 100"
```

保存并运行该程序。

【实验要求与提示】

1. 在 VFP 中可以同时应用面向过程和面向对象两种编程方法，面向过程编程方法是面向对象编程方法的基础，有关面向对象编程知识在后面介绍。

2. 循环结构要特别注意的是在重复执行语句的过程中，要有控制条件的语句，以避免出现死循环现象。

3. 三种循环有时可以相互替代。如常用 do while…enddo 循环代替 scan…endscan 循环。

【实验过程必须遵守的规则】

1. 实验过程中必须坚持严肃性、严格性与严密性，最好在全面理解了题意的基础上再进行操作。

2. 本实验属于基础与验证型实验，有的程序不完整或有错需要补充或修改，注意观察实验过程中出现的结果，随时记录。

【思考与练习】

1. 编写程序计算 y(x 的值由键盘输入)，比较 if 和 do case…endcase 结构用法。

$$y=\begin{cases} x^2+1 & \text{当 } x <=10 \\ 0 & \text{当 } x = 0 \\ x^2-1 & \text{当 } x>0 \end{cases}$$

2. 从键盘输入一个汉字字符串，将它逆向、纵向输出。如：输入“计算机考试”输出如下：

试
考
机
算
计

3. 编一程序：要求显示 10 000 以内所有回文数的个数及其平均值。所谓回文数是指左右数字完全对称的自然数。例如：11、121、1221 等都是回文数。

4. 编一程序，利用循环程序输出图形：

4
333
22222
1111111

5. 程序改错：下列程序的功能是验证例题：若一个三位数是 37 的倍数，则将这个三位数中三个数字循环移位得到的另两个三位数也是 37 的倍数(例如：148 是 37 的倍数，481、814 也是 37 的倍数)。要求：在修改程序时，不允许修改程序的总体框架和算法，不允许增加或减少语句数目。

```
    lresult=.t.
    for n=100 to 999
      if mod(n,37)#0
        c=allerim(str(n))
        c1=left(c,1)
        c2=substr(c,2,1)
        c3=right(c,1)
        if mod(val(c2+c3+c1),37)#0 or mod(val(c2+c3+c1),37)#0
          lresult=.f.
          return
        endif
      endif
    endfor
  wait window iif(lresult,"命题成立","命题不成立")
```

【测评标准】

1. 是否掌握了创建、修改和运行程序的方法。
2. 是否掌握了用分支语句和循环语句控制程序流程的方法。

实验十二

数 组 的 应 用

【实验类型】

设计与开发型

【实验目的与要求】

1. 掌握数组的概念和特性。
2. 掌握数组在程序中的应用。

【软硬件环境】

1. 硬件环境：PⅢ800 以上计算机，内存 128 MB 以上；200 MB 以上的存储空间。
2. 软件环境：Windows 系列操作系统，Visual FoxPro 6.0 及以上中文专业版。
3. 启动 VFP 后，设置 VFP 的默认路径为 D:\vfpsyhj\sy12。

【实验涉及的主要知识单元】

1. 数组是有序数据的集合，能存放多个数据，每个数据为数组中的一个元素，用下标来指定数据在数组中的位置。Visual FoxPro 6.0 支持一维数组和二维数组。

2. 数组的定义。

格式：dimension 数组名

3. 数组的赋值与内存变量的赋值方法相同，即用 store 或＝命令。

4. 数组与表之间的数据传递。

(1) 将表当前记录的内容传递到数组中

格式：scatter[fields＜字段名表＞]to＜数组名＞

(2) 将数组元素的内容传递到当前表的当前记录中

格式：gather from＜数组名＞[fields＜字段名表＞]

【实验内容与步骤】

一、一维数组的应用

1. 用筛选法求 2 到 100 之间所有的素数(素数是只能被 1 和它本身整除的数)。

创建 test_a1 文件，程序如下：

```
clear
dimension a(100)
l=0
for i=2 to 100
```

```
    a(i)=i
  endfor
  for i=2 to 10
    for j=i+1 to 100
      if a(i)!=0 and a(j)!=0
        if a(j)%a(i)=0                    && 若 a(j)不是素数
          a(j)=0
        endif
      endif
    endfor
  endfor
  ?"2 到 100 之间的素数如下:"
  ?
  for i=2 to 100
    if a(i)!=0
      ?? str(a(i),4)
      l=l+1
      if l=10                             && 保证每行输出 10 个数
        ?
        l=0
      endif
    endif
  endfor
```

保存并运行该程序。

2. 产生 10 个 50～100 之间的随机整数,并将这些整数按从小到大的次序重新进行排列。

算法:第一趟比较:将 a(1)依次和 a(2),a(3),…,a(n)进行比较,若 a(1)>a(2)则交换这两个元素的值,否则不交换,然后再用 a(1)与 a(3)比较,处理方法相同,依此类推,直到 a(1)与 a(n)比较后,这时 a(1)中就存放了 n 个数中最小的一个数。

第二趟比较:将 a(2)依次与 a(3),a(4),…,a(n)进行比较,每比较一次,取小的放到 a(2)中,这一趟比较结束后 a(2)中存放 n 个数中次小的数。

第 n－1 趟比较:将 a(n－1)与 a(n)比较,取小者放入 a(n－1)中,此时 a(n)中的数是 n 个数中的最大数。比较结束后,这 n 个数据就按从小到大的次序排列好。

创建 test_a2 程序文件,并在下划线处添加适当内容,完善以下程序:

```
  clear
  dime a(10)
  ?"产生并输出 10 个随机数"
  for i=1 to 10
    a(i)= ___[1]___                       && 产生 1 个 50～100 之间的随机整数
  endfor
  for i=1 to 10
```

```
  ?? str(a(i),5)
endfor
for i=1 to 9
  for j= __[2]__ to 10
    if a(i)>a(j)
      temp=a(i)
      a(i)=a(j)
      a(j)=temp
    endif
  endfor
endfor
? "输出 10 个递增排序的数"
for i=1 to 10
  ?? str(a(i),5)
endfor
return
```

保存并运行该程序。若要使 10 个数从大到小排列,如何修改上述程序?

3. 用数组求 fibonacci 数列:1,1,2,3,5,8,13,…的前 40 个数。即:

f(1)=1　　　　　　　　(n=1)

f(2)=1　　　　　　　　(n=2)

f(n)=f(n−1)+f(n−2)　(n≥3)

创建 test_a3 程序文件,并在下划线处添加适当内容,完善以下程序:

```
clear
dimension f(40)
l=0
f(1)=1
f(2)=1
for n= __[1]__ to 40
  __[2]__
endfor
for n=1 to 40
  ?? str(f(n))
  l=l+1
  if l=5
    ?
    l=0
  endif
endfor
```

保存并运行该程序。

二、二维数组的应用

1. 将一个二维数组 a 的行和列元素互换,且存到另一个二维数组 b 中。

创建 test_a4 程序文件,完善以下程序:

```
dime a(4,3),b(3,4)
?"原数组 a:"
?
for i=1 to 4
  for j=1 to 3
    a(i,j)=int(rand() * 90)+10
    ?? str(a(i,j),4)
  endfor
  ?
endfor
?"转换后数组 b:"
?
for i=1 to 3
  for j=1 to 4
    ___[1]___
    ?? str(b(i,j),4)
  endfor
  ?
endfor
```

保存并运行该程序。

2. 矩阵乘法。

如果矩阵 a 乘以矩阵 b 得到矩阵 c,则 a,b,c 必须满足如下规则:

☞ 矩阵 a 的列数与矩阵 b 的行数相等。

☞ 矩阵 a 的行数等于矩阵 c 的行数。

☞ 矩阵 b 的列数等于矩阵 c 的列数。

如:

$$\begin{bmatrix}5 & 7\\8 & 3\\7 & 4\end{bmatrix}\times\begin{bmatrix}12 & 3 & 6\\4 & 2 & 7\end{bmatrix}=\begin{bmatrix}88 & 29 & 79\\108 & 30 & 69\\100 & 29 & 70\end{bmatrix}$$

创建 test_a5 程序文件,完善以下程序:

```
clear
dime  a(3,4) ,b(4,5),c(3,5)
?"矩阵 a:"
?
for i=1 to 3
  for j=1 to 4
```

```
      a(i,j)=int(rand() * 10)+1
      ?? str(a(i,j),4)
    endfor
    ?
  endfor
  ?"矩阵 b:"
  ?
  for i=1 to 4
    for j=1 to 5
      b(i,j)=int(rand() * 10)+1
      ?? str(b(i,j),4)
    endfor
    ?
  endfor
  ?
  for i=1 to 3
    for j=1 to 5
      c(i,j)=0
      for k=1 to 4
        c(i,j)=c(i,j) + a(i,k) * b(k,j)
      endfor
    endfor
  endfor
  ?"矩阵 c:"
  ?
  for i=1 to 3
    for j=1 to 5
      ??str(c(i,j),4)
    endfor
    ?
  endfor
```

保存并运行该程序。

三、数组与表之间的数据传递

1. 创建 test_a6 程序文件。

```
clear
use xs
locate for xsxm="林丹风"
scatter fields xsxh,xsxm,xb to a
```

保存并运行该程序,在“命令”窗口输入:

```
? a(1),a(2),a(3)
```

```
? a(1,1),a(1,2),a(1,3)
```

2. 创建 test_a7 程序文件。

```
clear
use xs
dimension a(3)
a(1)="06210818"
a(2)="吴凡"
a(3)="女"
go 3
gather from a fields xsxh,xsxm,xb
disp
```

保存并运行该程序。

3. 创建 test_a8 程序文件。

将 xs 表的首记录复制到最末尾。

```
clear memory
dime array(9)
use xs
scatter to array
list memory
goto bottom
append blank
gather from array
```

保存并运行该程序。

【实验要求与提示】

1. 数组名最长达 254 字符,包含字母、数字及下划线。

2. 数组下标必须为整数,下标的下界为 1,不能为负数或 0。

3. 数组元素的个数为:一维数组一般为下标的最大数(上界),如 decelare c(5)表示拥有 5 个数组元素;二维数组为行下标与列下标上界的乘积,如 dimension b(12,5)即表示拥有 12*5=60 个元素。

4. 二维数组中的存储单元按行的次序顺序排列,因此二维数组也可作为一维数组去存取。如 dimension a(3,5),此时 a(1,1)与 a(1)相同,a(2,3)与 a(8)相同,a(3,3)与 a(13)相同。

5. 在使用将数组中的数据传递给表的命令时,备注字段不受本命令的影响,当遇到备注字段时命令就跃过它处理下一个字段。

6. 在使用将表中的数据传递给数组的命令时,从第一个字段开始依次向数组中相应次序的元素传递,该元素的类型由响应字段类型决定。如数组元素的个数比字段个数少,则 scatter 命令先删除该数组,再重新建立一个同名的数组,其元素个数正好等于字段的个数。

【实验过程必须遵守的规则】

本实验虽为基础与验证型实验，但却是面向过程程序设计中的难点与重点，学生应在教师的指导下，认真完成实验全过程，逐步提高自己的程序设计能力。

【思考与练习】

1. 编程题：设 a 数组中的 10 个数据已按由小到大的顺序存放，若数组中含有相同的数据则保留一个，然后输出。

如　a：　1　2　2　3　8　9　9　9　11　13

输出 a：　1　2　3　8　9　11　13

2. 程序改错题：找出由 1、2、3、4 这四个数字组成的所有可能的四位数，并统计它们的个数(允许出现四位数中四个数字相同的数，如 1111、2222、…)。要求：在修改程序时，不允许修改程序的总体框架和算法，不允许增加或减少语句数目。

```
clear
dimension x(4)
for i=1 to 4
  x(i)=i
endfor
m=0
for i=1 to 4
  for j=1 to 4
    for k=1 to 4
      for n=1 to 4
        s=x(i)+x(j)+x(k)+x(n)        && 本条语句不允许修改
        m=m+1
        ? s
      endfor
    endfor
  endfor
endif
? m
```

【测评标准】

1. 是否掌握了数组的概念和特性。
2. 是否掌握了数组在程序中的应用。

实验十三

过程与自定义函数程序设计

【实验类型】

设计与开发型

【实验目的与要求】

1. 掌握过程或自定义函数的应用。
2. 掌握全局变量和局部变量的概念及使用方法。

【软硬件环境】

1. 硬件环境：PⅢ800 以上计算机，内存 128 MB 以上；200 MB 以上的存储空间。
2. 软件环境：Windows 系列操作系统，Visual FoxPro 6.0 及以上中文专业版。
3. 启动 VFP 后，设置 VFP 的默认路径为 D:\vfpsyhj\sy13。

【实验涉及的主要知识单元】

1. 一个大的应用程序往往是由若干个较小的程序模块(称为过程)、函数等组成，这些也称为子模块。过程和函数可以将常用代码集中在一起，供应用程序在需要时调用，这样做提高了程序代码的可读性、可维护性和可复用性，在需要修改程序时，不必对程序进行多次修改，而只要变动一个过程或函数即可。

2. 过程的定义格式：

```
PROCEDURE ProcedureName
[PARAMETER〈VarName〉[[,〈VarName〉]…]]
[{〈Statement〉}…]
RETURN
ENDPROC
```

3. 自定义函数的定义格式：

```
FUNCTION FunctionName
[PARAMETER〈VarName〉[[,〈VarName〉]…]]
[{〈Statement〉}…]
RETURN<ReturnValue>
ENDFUNC
```

【实验内容与步骤】

1. 过程或自定义函数可以单独存在于一个.prg 文件中。这时应注意：

(1) 文件名必须同过程或自定义函数名相同(过程或自定义函数名也可省略),文件必须放在与主程序同一目录或指定目录下。

(2) 过程或自定义函数常用 return 命令结束,返回到上一级调用的主程序命令的下一条命令。

创建程序文件 test_sum,程序如下:

```
function test_sum      && 文件名必须同自定义函数名相同,在此此行可省
parameter n,m
s=0
for i=n to m
  s=s+i
endfor
return s
```

保存程序,然后在"命令"窗口中执行如下命令:

```
? test_sum(1,100)
? test_sum(10,20)
```

2. 过程或自定义函数也常常放在主调用程序之后,在同一个文件中。

如果过程或自定义函数都以单独的文件形式存在,则每调用一次都要进行 I/O 操作,影响应用程序的工作效率,且系统允许打开的文件数是有限的。

(1) 计算 1! +3! +5!

创建程序文件 test_func1,程序如下:

```
* 以下部分为主程序
clear
s=0
for i=1 to 5 step 2
  s=s+fun(i)
endfor
?"s=",s
return
* 以下部分为自定义函数 fun
function fun
local i,s
parameter k                      && 定义形式参数
s=1       && 同主程序中的 s 变量不是同一个变量,它们的作用域不一样
for i=1 to k
  s=s*i
endfor
? str(k,1)+"! =",s
return s                         && s 返回主程序
endfunc
```

保存并运行该程序。

（2）创建程序文件 test_func2，程序如下：

```
 *用于计算圆的面积
clear
narea=0
do sub1 with 5,narea              && 带参数的过程调用
?"圆面积是:",narea
return
procedure sub1
  parameters x,y                  && 定义形式参数
y=3.1415*x*x
  return
endproc
```

保存并运行该程序。

注意：自定义函数是通过 return 语句使主程序得到一个返回值，而过程不是这样。如该例中是通过 y(形式参数)传送给 narea(实际参数)而使主程序得到一个返回值。

3. 过程或自定义函数也可放在数据库的存贮过程中。

单击 jxgl 数据库中的“存贮过程”，单击“新建”按钮，出现一个编辑窗口，在窗口中输入如下程序：

```
function dd
parameter cj
do case
  case cj>=85
    t="优  秀"
  case cj>=80
    t="良  好"
  case cj>=60
    t="及  格"
  otherwise
    t="不及格"
endcase
return t
endfunc
```

关闭编辑窗口，在“命令”窗口中输入：

```
? dd(88)
? dd(82)
? dd(65)
? dd(58)
```

4. 将所有过程或自定义函数归并到一个大的过程文件中，这个过程文件一旦被打开，过程文件中所有过程或自定义函数也被打开，从而大大减少了访问磁盘的次数，同时减少了文件的打开数目，提高了程序运行效率。

过程文件的建立方法与程序的建立方法一样,创建过程文件 test_myproc,程序如下:

```
 *将一个逻辑值转化为字符型值
function  ltoc
parameter l
return iif(l,"是","否")
endfunc
 *判断某年是否为闰年
function  isleapyear
parameter  y
return  (y%4=0 and y%100<>0)  or  (y%400=0)
endfunc
 *判断整数是否为素数
function  prime()
parameter n
for i=2  to  n/2
  if n%i=0
    rerurn  str(n,4)+"不是素数"
  endif
endfor
return  str(n,4)+"是素数"
endfunc
```

关闭编辑窗口并保存过程文件,在"命令"窗口中输入:

```
set procedure to test_myproc        && 打开过程文件
? ltoc(.t.),ltoc(.f.)
? isleapyear(2000), isleapyear(2006)
? prime(11),prime(35)
set procedure to                    && 关闭过程文件
? ltoc(.t.),ltoc(.f.)               && 因过程文件已被关闭,所以命令执行时报错
```

5. 应用。

(1) 创建程序文件 test_func3,程序如下:

完善下列程序:自定义函数 ys()的功能是:当传送一个字符型参数时,返回一个删除所有内含空格之后的字符型数据。例如,执行命令? ys("a b cd"),显示"abcd"。(注:occurs()函数的功能是返回前一个字符表达式在后一个字符表达式中出现的次数。)

```
? ys("a b cd")
function ys
parameter zz
if occurs(space(1),zz)>0        && 如果空格在变量 zz 中出现的次数大于 0
  n=occurs(space(1),zz)
  for x=1 to n
    c=at(space(1),zz,1)
```

```
    zz=substr(zz,1,c-1)+ ___[1]___
  endfor
endif
return ___[2]___
endfunc
```

(2) 创建程序文件 test_func4,程序如下:

完善下列程序,使其实现计算数列1!/2!、2!/3!、3!/4!、…的前20项之和的功能。

```
nsum=0
for n=1 to 20
 nsum= ___[1]___
endfor
? sum
function jc
parameter x
s=1
for m=1 ___[2]___
  s=s*m
endfor
return s
```

(3) 创建程序文件 test_func5,程序如下:

程序改错:下列自定义函数 cleft(cexp,n)的功能是:取字符串 cexp 左边 n 个字符。如果 cexp 字符串中包含汉字,则将每个汉字与英文字符同等看作长度为1。例如 cleft("vfp上机考试",5)的返回值是"vfp上机",而不是"vfp上"。要求:在修改程序时,不允许修改程序的总体框架和算法,不允许增加或减少语句数目。

```
wait window cleft("vfp上机考试",5)
function cleft
parameters cexp,n
local ch,nch,cresult
cresult=space(0)
npos=1
for i=1 to n
  ch=subtr(cexp,npos,1)
  ***一个汉字有两个字节,汉字每个字节的ASCII码值大于127
  if asc(ch)>127
    cresult=cresult + substr(cexp,npos,2)
    npos=npos+2
  elseif
    cresult=cresult + substr(cexp,npos,1)
    npos=npos+1
  endif
```

```
endfor
return n
endfunc
```

【实验要求与提示】

1. 在 VFP 中,一个应用程序可以由若干模块组成。各个模块之间存在调用关系。一般把主调模块称为主程序,将被调模块称为子程序。这些模块可以放在一个. prg 文件中,也可以放在几个. prg 文件中。其中,主程序和子程序是相对而言的。子程序也可以调用下一级程序,则该程序相对下一级程序来说,便是主程序。

2. 一个程序调用子程序后,系统就从子程序的第一条命令开始执行。子程序结束后,返回主程序。

3. 变量的作用范围有时需要限定在定义它的程序内,有时又希望扩大到别的子程序内。这就是变量的作用域问题。VFP 中,根据变量的作用范围可将变量分为全局变量、私有变量和局部变量。变量的作用域由关键词 Public、Private 和 Local 指定。

【思考与练习】

1. 请应用自定义函数或过程编写程序,分别计算圆面积和圆周长。

2. 下列自定义函数 deletespace()的功能是将一个字符串中的所有空格删除。

```
function deletespace()
parameter cs
cr=''
for n=1 to ___[1]___
  if substr(cs,n,1)=space(1)
    ___[2]___
  endif
  cr=cr+substr(cs,n,1)
endfor
return ___[3]___
endfunc
```

3. 计算组合数 c(m,n)=m!/(n!*(m-n)!)的值,要求建立一过程,功能是可任意指定数的阶乘,然后由主程序调用其来实现组合公式的计算。

```
clear
set talk off
input"请输入组合参数 m:" to m
input "请输入组合参数 n:"to n
x=m
do sub1
y=x
x=n
___[1]___
```

```
y=y/x
x=m-n
do sub1
  [2]
? "c(m,n)的组合结果为:", [3]
set talk on
return
procdure sub1
i=1
z=1
do while i<=x
  z=z*i
  i=i+1
enddo
x=z
reutrn
```

【测评标准】

1. 是否掌握了过程或自定义函数的应用。
2. 是否掌握了全局变量和局部变量的概念及使用方法。

实验十四

综合程序设计

【实验类型】

设计与开发型

【实验目的与要求】

1. 利用所学的三种程序基本结构以及数组、用户自定义函数进行一个中型程序的设计，进一步理解和掌握 VFP 的语法以及三种基本程序结构的综合应用。

2. 通过程序中涉及到的排序、查找、求和等操作加深对算法、程序设计思路、常用程序设计技巧的理解与掌握，逐步培养学生的程序开发能力。

【软硬件环境】

1. 硬件环境：PⅢ800 以上计算机，内存 128 MB 以上；200 MB 以上的存储空间。

2. 软件环境：Windows 系列操作系统，Visual FoxPro 6.0 及以上中文专业版。

3. 启动 VFP 后，设置 VFP 的默认路径为 D:\vfpsyhj\sy14。

【实验涉及的主要知识单元】

1. 算法是指为解决一个问题而采取的方法和步骤，或者说解决步骤的精确描述。算法分为数值运算算法和非数值运算算法。数值运算算法的目的是计算数值解，如求方程的根、求函数的定积分等。非数值运算算法包括的范围很广，如常见的办公室自动化系统、管理领域、商业领域及医学应用等等，主要是指描述解决应用问题的逻辑步骤。

2. 程序设计从某种意义上来说，是根据算法步骤把命令、函数、变量、常量、表达式等以逻辑的方式组合成程序文件或系统。确定算法和编写程序是两个重要步骤。

【实验内容与步骤】

1. 编一程序：从键盘输入 20 个数，去掉 20 个数中的最大值和最小值，然后求平均值。

基本算法：

① 引进变量 s、n、max 和 min。s 用来保存累加的结果，初值为 0；n 作为判定循环条件是否成立的变量，初值为 1；max 和 min 用来求最大值和最小值，初值为 0，在循环过程中不断被比较和变化。

② 重复输入数据，每输入一个数据 b，执行命令 s＝s＋b 和 n＝n＋1，并不断把 max 和 min 同数据 b 作比较。如果 b＞max，则把 b 的值赋给 max；如果 b＜min，则把 b 的值赋给 min；直到 n 的值超过 20。

③ 最后的平均值应等于累加和 s 减去最大值和最小值之后的数值除以 18。

2. 编程输出下列图形：

```
        1
      2 2 2
    3 3 3 3 3
  4 4 4 4 4 4 4
5 5 5 5 5 5 5 5 5
  4 4 4 4 4 4 4
    3 3 3 3 3
      2 2 2
        1
```

基本算法：这是一道典型的图案输出显示的问题，通过二重循环的控制来完成。具体步骤如下：

① 外循环除了用于控制图案组成元素外，还要控制输出的行数。从题目要求可知，输出显示的行数与给定的图案半高 n(5 行)有关，可以换算出来。所以外循环的循环变量初值为 1，终值为 2 * n－1(9 行)。

② 内循环除用于控制图案组成元素外，还要控制输出的列数。从题目要求可知，每行输出的列数都不相同，但有规律可循，即每行输出的列数刚好与当前的行数 i 有关，同样可以换算出来。对于给出的图案，可以将它分解为两个三角形，上面一个三角形每行中的列是逐行递增的(第一行输出 2 * i－1 即 1 列，第 5 行输出 2 * i－1 即 9 列)，而下面一个三角形每行中的列是逐行递减的，所以内循环分别处理两个三角形。

③ 内循环控制的所有列输出在同一行中，且每列之间有一空格，但是外循环控制的所有行应换行输出在不同的行中。

3. 编写一个自定义函数，实现将任意一个日期型表达式转换为中文大写形式。(如{10/01/1999}转换为中文大写形式为：一九九九年十月一日)

基本算法：本题综合了对字符串的拆合、对字符串内容的转换以及对数值数据中数码的拆取等多种处理方法。具体处理时，运用函数将年、月、日分别从日期型表达式中换算出来，以数值型数据为处理对象，进行逐位拆取数码，然后根据拆取的数码在预设的中文大写数字串中截取对应的字符。最后将截得的字符拼合在一起。但要注意：

① 在将月转换为对应的中文大写月表示时，要分两种情况：1 位或 2 位数值，主要考虑 10 转换后应为十，而不是一〇或一十〇；同样 12 转换后应为十二，而不是一二或一十二。

② 在将日转换为对应中文大写日表示时，分三种情况：1～9、10～19 和 20 以上，主要考虑 19 转换后应为十九，而不是一九或一十九；同样 20 转换后应为二十，而不是二〇或二十〇。

4. 编写一个模糊查询程序，实现对用户指定表文件中的指定字段进行查询(查询内容可能是不完整的，要求是字符型)。如果用户指定的表文件不存在，自动显示提示信息。并可查询不同表文件，按 Esc 键退出查询。

基本算法：所谓模糊查询是指对表文件中字符型字段的不完全匹配查找。这种查找方式运用很广泛而且很实用。具体解题分析步骤为：

① 要对表中的信息进行查询，必须先打开相应的表文件，但现在要由用户指定表文件，则必须运用相应的输入语句来接收表文件。

② 判断输入的表文件是否存在,如存在则接着进行步骤③、④、⑤、⑥,否则输出提示信息,说明指定的表文件不存在,直接进行步骤⑦。

③ 打开指定的表文件。

④ 运用相应的输入语句来接收用户指定的查询字段及查询内容。

⑤ 构造查询条件表达式,并显示满足条件的记录。

⑥ 在指定表文件存在的情况下,加入循环控制,以实现对同一个表中的多个字段的查询。同时为实现对不同表文件的查询功能,再加入一个永真循环,退出条件为用户是否按了 Esc 键(即判断 inkey(0)的值是否为 27)。

⑦ 结束对表中信息的操作,关闭相应的表文件。

5. 所谓魔方阵,又叫幻方,在我国古代称为"纵横图",是指这样的方阵:它的每一行、每一列和对角线之和均相等。

输入 n,要求打印由自然数 1,2,3,…,n^2 构成的魔方阵(其中 n 为奇数)。

例如,当 n=3 时,魔方阵为:

```
8  1  6
3  5  7
4  9  2
```

此题要求输入一个数据 n,然后打印出奇数阶魔方阵。

基本算法:

① 1 放置在第一行的中间一列。

② 从 2 开始直到 n×n 各数依次按下列规则放置:每一个数放置的行比前一个数的行数减 1,列数加 1(例如上面的三阶魔方阵,5 在 4 的上一行后一列)。

③ 如果上一行的行数为 1,则下一行的行数为 n(指最下一行)。例如 1 在第 1 行,则 2 应该放在最下一行,列数同样加 1。

④ 当上一个数的列数为 n 时下一个数的列数应该为 1,行数减 1。例如 2 在第 3 行最后一列,则 3 应该放在第 2 行第 1 列。

⑤ 如果按上面规则确定的位置上已有数,或上一个数是第 1 行第 n 列时,则把下一个数放在上一个数的下面。例如按上面的规定,4 应该放在第 1 行第 2 列,但该位置已被 1 占据,所以 4 就放在 3 的下面。由于 6 是第 1 行第 3 列(即最后一列),故 7 放在 6 的下面。

【实验要求与提示】

1. 描述实现算法的逻辑步骤一般采用流程图方式,流程图分传统流程图、N-S 流程图等。传统流程图是用一些框图、流程线以及文字说明来描述操作过程,这样表示的算法直观、形象,容易理解。

2. 拿到一个问题后,首先拟定并写出算法,画出结构流程图,然后再根据算法书写程序,是一个良好的习惯。这样做不仅可以提高所写程序的正确性,也容易修改程序,从而提高整个程序设计的效率。

【实验过程必须遵守的规则】

本实验为设计与开发型实验,是对所学的三种程序基本结构以及数组、用户自定义函数进行一个中型程序的设计,进一步理解和掌握 VFP 的语法以及三种基本程序结构的综合应用,要求学生投入较多的时间和精力,除了课堂时间外,还需要一些课外训练。

【思考与练习】

1. 编程题

求1～1 000之内的同构数。(同构数:若a是同构数,则a出现在a的平方数右边。如:5 * 5=25,5出现在25的右边,3 * 3=9,3不出现在9的右边,所以5是同构数,而3不是。)

2. 程序改错题

下列程序的功能是:找出所有满足如下条件的三位十六进制数xyz,其各位数字x、y、z成等差递增(如123,135,…,9AB,…,DEF),程序运行结果如图14-1所示。要求在修改程序时,不允许修改程序的总体框架和算法,不允许增加或减少语句数目。

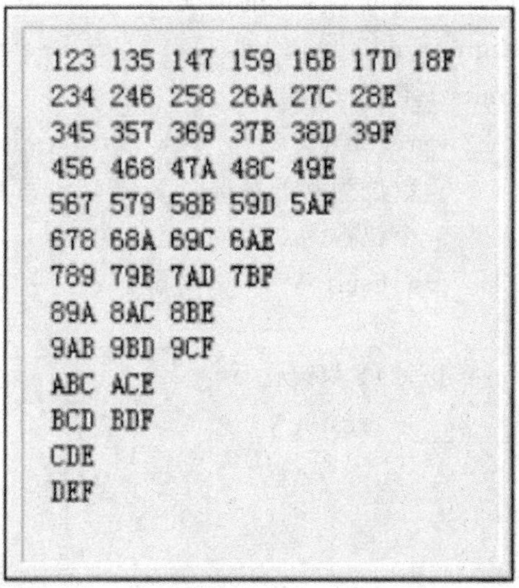

```
123 135 147 159 16B 17D 18F
234 246 258 26A 27C 28E
345 357 369 37B 38D 39F
456 468 47A 48C 49E
567 579 58B 59D 5AF
678 68A 69C 6AE
789 79B 7AD 7BF
89A 8AC 8BE
9AB 9BD 9CF
ABC ACE
BCD BDF
CDE
DEF
```

图14-1

```
clear
cresult=space(0)
for x=1 to 13
   for y=x+1 to 14
       z=2 * y+x
       if z <16
           dx=iif(x<10,str(x,1),chr(55+x))
           dy=iif(y<10,str(y,1),chr(55+y))
           dz=iif(z<10,str(z,1),chr(55+z))
           cresult=cresult + space(1)+dx+dy+dz
      endif
      cresult= cresult+chr(13)
   endfor
wait window cresult
```

3. 程序填空

下列程序的功能是：将 10 万元以内金额(整数)转换为大写形式。例如将 20 005 转换为“贰万零伍元整”，2 100 转换为“贰仟壹佰元整”。

```
nnum= $2100
cdigitstr=“零壹贰叁肆伍陆柒捌玖”
cunistr=“元拾佰仟万”
nlen=len(allt(str(nnum)))
cresult="整"
for i =1 to nlen        && 从右边数字开始依次读每一位
  ndigit=int(mod(nnum,10))
  if ndigit<>0       && 数位不为 0 的情况
    ch1=substr(cdigitstr,ndigit*2+1,2)
    ch2=substr(cunitstr,i*2-1,2)
    cresult=ch1+ch2+cresult
  else               && 数位为 0 的情况
    if  i=1          && 个位数为 0
      cresult= ___[1]___ +cresult
    else
      if .not. left(cresult,2) $ "零元"
        cresult= ___[2]___ +cresult
      endif
    endif
  endif
  nnum= ___[3]___   && 去掉最后一位
endfor
wait window allt(cresult)
```

【测评标准】

1. 是否能利用所学过的三种程序基本结构、数组以及用户自定义函数等知识进行简单的应用程序设计。

2. 是否掌握了程序调试的方法和技巧。

面向对象的程序设计模块

实验十五

表单的创建

【实验类型】

基础与验证型

【实验目的与要求】

1. 掌握利用表单向导生成单表表单及一对多表单。
2. 掌握表单设计器创建表单的方法。
3. 掌握表单常用属性及简单事件代码的设置。

【软硬件环境】

1. 硬件环境：PⅢ800 以上计算机，内存 128 MB 以上；200 MB 以上的存储空间。
2. 软件环境：Windows 系列操作系统，Visual FoxPro 6.0 及以上中文专业版。
3. 启动 VFP 后，设置 VFP 的默认路径为 D：\vfpsyhj\sy15。

【实验涉及的主要知识单元】

1. 数据环境

数据环境是向表单提供数据但又独立于表单的一个对象。数据环境中的表可以作为表单上某些控件的数据源，且随着表单的运行自动打开，表单释放时自动关闭。若数据源是两张以上的表，需根据内在相关性建立它们之间的联系。

2. 对象引用

表单对象的引用包括绝对引用和相对引用两种方式，对象间用“.”分隔。其中绝对引用是指从容器的最高层次逐级下推直至最终访问对象；相对引用是指相对于当前对象所在层次，通过逐层上溯至当前对象和被访问对象的父对象，再由父对象逐级下推至被访问对象。

3. 数据绑定

表单控件绑定数据环境中数据的常用可视化方法有二种：一是利用控件工具栏添加控件至表单后，通过设置该控件数据源绑定属性进行绑定；二是打开数据环境窗口，直接将表或表中字段拖放至表单，系统自动生成对应控件并将其与拖放数据绑定。

【实验内容与步骤】

一、利用表单向导创建表单

1. 根据 xs 表中的数据,创建基于单表的表单

① 打开当前路径下的 jxxt 项目,单击“项目管理器”中的“文档”选项卡,选择“表单”项,单击“新建”按钮,选择“新建表单”对话框中的“表单向导”按钮,在弹出的“向导选取”对话框中选择“表单向导”并确定。

② 字段选取:在“数据库和表”中选择当前路径下的 xs 表,通过双击或“添加”按钮选取 xs 表中的 xsxh,xsxm,xb 和 xszp 字段,单击“下一步”按钮。

③ 选取表单样式:从中选择浮雕样式和图片按钮类型。

④ 排序次序:直接单击“下一步”按钮。

⑤ 完成:在“请键入表单标题”文本框中输入“学生基本情况”,选择“保存并运行表单”选项,按下“完成”按钮。

⑥ 在“另存为”对话框中输入文件名 form_a,单击“保存”按钮,表单初始运行效果如图 15－1 所示。

图 15－1

2. 基于 xs 表和 cj 表中的数据,创建一对多表单

① 单击“项目管理器”中的“文档”选项卡,选择“表单”项后单击“新建”按钮,在弹出的“表单向导”对话框中选择“一对多表单向导”,按下“确定”按钮。

② 从父表中选定字段:选择 jxgl 数据库中的 xs 表作为父表,选取“可用字段”列表中的 xsxh,xsxm,bjdh,csrq 字段输出,单击“下一步”按钮。

③ 从子表中选定字段:选取数据库中的 cj 表作为子表,输出其中的字段 xsxh,kcdh,cj。

④ 建立表之间的关系:以 xsxh 建立 xs 表和 cj 表之间的临时关系。

⑤ 选择表单样式:选择浮雕样式和默认按钮类型。

⑥ 排序次序:选择 xs 表中的 xsxh 字段作为排序依据,并按升序排列。

⑦ 完成:输入“学生成绩表”作为表单标题,以文件名 form_b 保存表单,运行后按“下一个(N)”按钮,效果如图 15－2 所示。

二、利用表单设计器创建表单

1. 打开表单设计器

单击“项目管理器”中的“文档”选项卡,选择“表单”项并单击“新建”按钮,选择其中“新

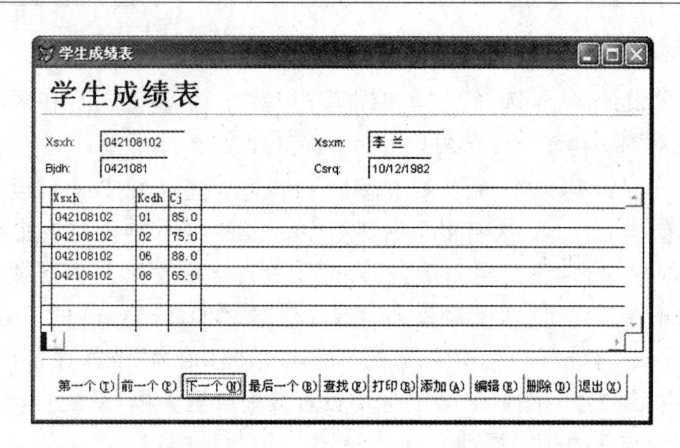

图 15 - 2

建表单”按钮，进入“表单设计器”窗口。

2. 定制工具栏

系统默认打开的是“表单设计器”和“表单控件”工具栏，可通过系统“显示”菜单中的“工具栏”选项进行定制。

3. 设置属性

① 点击“表单设计器”工具栏上的按钮 或右击表单，在弹出的快捷菜单中选择“属性”菜单项，打开属性窗口。

② 在属性窗口中选定表单标题属性 Caption，并在窗口上方的属性设置框中输入“扬州大学”，按回车键或 按钮确认。

③ 设置表单的 AutoCenter 属性值为“. T. ”，使得表单运行时自动居中。

④ 利用系统菜单“文件”中的“另存为”选项，以文件名 form_c 保存当前表单。

4. 编写事件代码

① 双击上述表单，在打开的代码设计窗口中为表单的 Load 事件设置代码，使得表单运行时背景为蓝色。事件代码为：ThisForm. BackColor＝RGB(0,0,255)。

② 设置表单的 Click 事件代码，使得单击表单时，表单标题栏处显示系统的当前时间。事件代码为：ThisForm. Caption＝TIME( )。

③ 设置表单的 DblClick 事件代码，使得双击时能够释放表单。事件代码为：ThisForm. Release。

④ 单击常用工具栏上的 按钮保存并运行表单，先后单击和双击表单，注意查看标题栏的变化。

5. 添加数据环境

① 利用表单设计器在 jxxt 项目中新建一个表单，采用以下任一方法将当前路径下的 js 表和 rk 表添加到表单数据环境中。

☞单击“表单设计器”工具栏上的按钮

☞右击表单，选择快捷菜单中的“数据环境”选项

☞利用系统 “显示”菜单中的“数据环境”选项

② 在数据环境窗口中，基于相关字段 jsgh，将父表 js 表的 jsgh 字段直接拖放到子表 rk 表的 jsgh 字段上，建立两者之间的临时关系。

6. 添加控件和绑定数据

① 在上述表单设计器中,选择“表单控件”工具栏上的 A 按钮,在表单的适当位置单击,创建一个标签对象 Label1,设置其 Caption 属性值为“教师工号:”。

② 利用工具栏上的 ab| 按钮向表单中添加一个文本框对象 Text1,设置其数据源属性 ControlSource 的值为 js.jsgh,从而将数据环境中 js 表的 jsgh 字段与该文本框绑定。

③ 选择数据环境窗口,将其中 js 表的 jsxm 字段直接拖放到表单上,此时系统会生成一个标签对象 lblJsxm 和一个文本框对象 txtJsxm,且文本框 txtJsxm 的 ControlSource 属性值自动设置为 js.jsxm,修改标签 lblJsxm 的 Caption 属性值为“教师姓名:”。

④ 在数据环境窗口中,按住 rk 表的标题栏直接拖放至表单,系统自动生成一个表格容器对象 grdRk,且该控件的相关属性自动和 rk 表中的数据绑定。

⑤ 在表格 grdRk 上右击鼠标,选择快捷菜单中的“生成器”选项,利用弹出的“表格生成器”中的“布局”选项,将表格各列的标题分别修改为“教师工号”、“课程代号”和“班级代号”。

⑥ 以文件名 form_d 保存并运行表单,效果如图 15-3 所示。

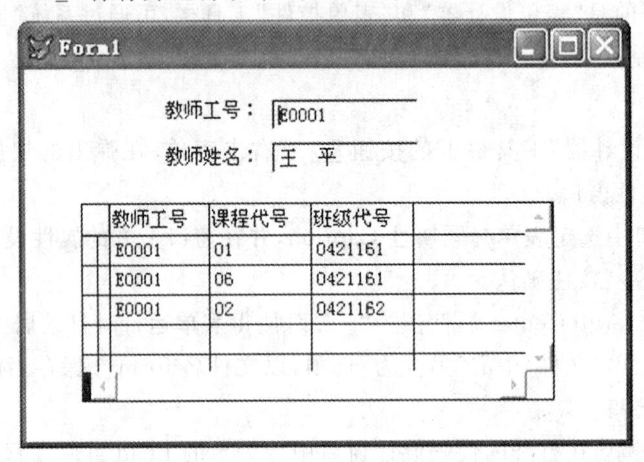

图 15-3

【实验要求与提示】

1. 设置对象属性和事件代码时,必须明确当前对象,避免张冠李戴。

2. 若事件代码中需访问其他对象,必须明确被访问对象与当前对象之间的层次关系,选择一种相对快捷的引用方式进行定位。

3. 若表单作为最高层次对象,需用 ThisForm 代替表单名进行引用。

4. 若数据环境中的表已在数据库中建立永久关系,则添加后该永久关系会默认为临时关系,否则需要基于相关字段手工建立两者之间的联系。

【实验过程必须遵守的规则】

1. 属性窗口中的某些属性值是斜体,表示只读,不允许修改。

2. 用“DO FORM”命令运行表单时的 FORM 不能省略。

3. 只有当表单中的控件需要绑定表中数据时,才需将它们添加到数据环境中。

【思考与练习】

1. 在表单设计器中如何同时选取多个控件?
2. "表单控件"工具栏中哪些是容器控件? 各自的集合属性和计数属性又是什么?
3. 通常采用何种控件与表中的通用型字段进行绑定?
4. VFP 中,哪些事件的代码是由系统触发的?

【测评标准】

1. 考察整个表单的布局是否科学合理。
2. 是否能够根据需要选择恰当的控件和事件。
3. 能否掌握数据环境的添加以及环境中表间关系的设定。
4. 能否熟练掌握不同控件数据绑定时相关属性的设置。

实验十六

控件的设计与使用(一)

【实验类型】

基础与验证型

【实验目的与要求】

1. 熟悉标签、命令按钮、文本框、编辑框、微调框、列表框、组合框等控件的主要功能。
2. 掌握上述控件常用属性的设置以及简单事件代码的编写。

【软硬件环境】

1. 硬件环境:PⅢ800 以上计算机,内存 128MB 以上;200MB 以上的存储空间。
2. 软件环境:Windows 系列操作系统,Visual FoxPro 6.0 及以上中文专业版。
3. 启动 VFP 后,设置 VFP 的默认路径为 D:\\vfpsyhj\\sy16

【实验涉及的主要知识单元】

1. 标签控件(Label)是一种存放文本的图形控件,用于在表单上显示提示信息或对其他控件的功能辅以说明。标签的主要属性有 Caption(标题)、FontName(字体)、ForeColor(文字颜色)、WordWrap(换行)等。常用的事件是 Click 事件。

2. 文本框控件(TextBox)用于接受用户的输入或显示表中字段(包括字符型、数值型、逻辑型和日期型)的内容。文本框的主要属性有:ControlSource(数据绑定)、Value(当前值)、PasswordChar(输入占位符)等。常用的事件有 InteractiveChange 事件、GotFocus 事件、LostFocus 事件、Valid 事件、KeyPress 事件等。

3. 编辑框控件(EditBox)用来显示较长的文本信息或绑定表中的备注型字段。主要属性有:ControlSource(数据绑定)、Value(当前值)、ScrollBars(滚动条)等。常用的事件同文本框。

4. 微调框控件(Spinner)允许用户通过鼠标或键盘调整当前取值。主要属性有:KeyboardHighValue(键盘输入最大值)、KeyboardLowValue(键盘输入最小值)、SpinnerHighValue(鼠标输入最大值)、SpinnerLowValue(鼠标输入最小值)、Increment(增减量)、Value(当前值)等。常用的事件是 InteractiveChange 事件。

5. 列表框控件(ListBox)用来提供一组预定值并允许用户从中任意选择。主要属性有 RowSourceType(数据源类型)、RowSource(数据源)、Value(当前值)、ListCount(数据项数目)。常用的事件有 Click 事件、InteractiveChange 事件等。AddItem( )方法和 RemoveItem( )方法用于添加和删除列表项。

6. 组合框控件(ComboBox)兼具列表框和文本框功能。主要属性有:Style(样式)、

RowSourceType(数据源类型)、RowSource(数据源)、Value(当前值)。常用的事件有 Click 事件、InteractiveChange 事件等。

【实验内容与步骤】

一、标签

① 打开当前路径下的 jxxt 项目，在“文档”选项卡中选择“表单”后单击“新建”按钮，在弹出的对话框中单击“新建表单”按钮，进入表单设计器窗口。

② 利用“表单控件”工具栏中的 按钮，向表单中添加一个标签对象 Label1。

③ 在属性窗口中，将标签 Label1 的标题属性 Caption 的值修改为“计算机中心”，设置其字体属性 FontName 的值为“隶书”、字号属性 Fontsize 的值为“16”、文字颜色 ForeColor 属性值为“蓝色”、自动调整大小属性 AutoSize 的值为“.T.”。

④ 点击常用工具栏上的 按钮，将表单以文件名 form_a 保存并运行，查看其运行效果。

二、命令按钮

① 在上述表单 form_a 中，利用“表单控件”工具栏中的 按钮，向表单中添加两个命令按钮对象 Command1 和 Command2，适当调整各控件的布局如图 16－1 所示。

② 设置按钮 Command1 的 Caption 属性为“当前时间(\\＜T)”，Click 事件代码为：ThisForm.Label1.Caption＝Time( )，使得运行表单时单击该按钮，标签对象 Label1 中显示系统的当前时间。

③ 设置按钮 Command2 的 Caption 属性为“退出(\\＜X)”，Click 事件代码为 ThisForm.Release，使得运行时单击该按钮释放表单。

④ 保存并运行表单，先后点击“当前时间(T)”和“退出(X)” 按钮，查看运行效果。

图 16－1

三、文本框和编辑框

① 在项目管理器 jxxt 中，利用表单设计器新建一个表单，并将当前路径下的 js 表添加到表单的数据环境中。

② 利用“表单控件”工具栏上的 和 按钮，向表单中添加两个文本框对象 Text1、Text2 和一个编辑框对象 Edit1，同时添加两个标签对象 Label1 和 Label2，适当调整布局如图 16－2 所示。

③ 设置表单 Form1 自动居中属性 AutoCenter 的值为“.T.”

④ 分别修改标签 Label1 和 Label2 的 Caption 属性值为“姓名:”和“密码:”。

⑤ 设置文本框对象 Text1 的数据源属性 ControlSource 的值为“js. jsxm”。

⑥ 设置编辑框 Edit1 的 ControlSource 属性值为“js. jsjl”。

⑦ 设置文本框 Text2 的输入掩码 InputMask 属性值为“999”，PasswordChar 属性值为“ * ”。

⑧ 文本框 Text2 用于验证用户密码输入的合法性，若输入正确（假设正确密码为 50～100 之间的任意一个整数)，则提示欢迎信息，否则给出错误提示并使文本框重新获得焦点。编写其 Valid 事件代码如下：

```
IF BETWEEN(VAL(This. Value),50,100)=. T.
  MESSAGEBOX("老师,欢迎您!")
ELSE
  MESSAGEBOX("密码错误,请重新输入!",0+48+256,"错误")
  RETURN    .F.                          && 文本框重获焦点
ENDIF
```

⑨ 将表单以文件名 form_b 保存并运行，在文本框 Text2 中输入“18”后按下回车键，运行效果如图 16－2 所示。

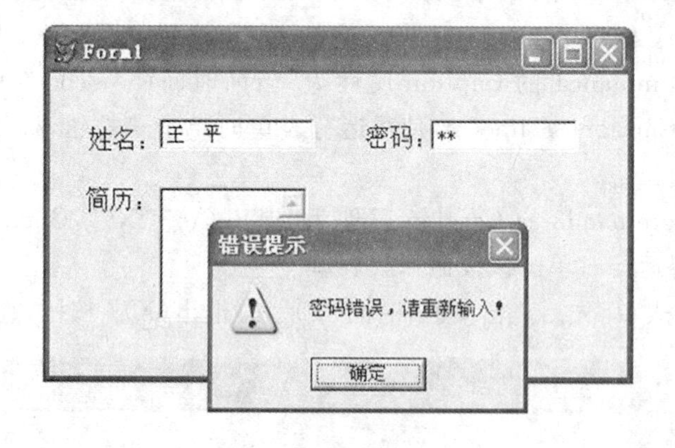

图 16－2

四、微调框

① 在项目 jxxt 中新建一个表单，利用“表单控件”工具栏上的 按钮向表单上添加一个微调框对象 Spinner1，同时添加一个标签对象 Label1，调整布局如图 16－3 所示。

② 修改标签 Label1 的 Caption 属性值为“扬州大学”，AutoSize 属性值为“. T. ”。

③ 设置微调框的 Value 属性值为“9”，鼠标微调下界属性 SpinnerLowValue 的值为“5”，微调上界属性 SpinnerHighValue 的值为“30”，增减量属性 Increment 的值为“2”。

④ 当微调框的当前值发生变化时，希望标签内容的字号也相应变化，设置微调框 Spinner1 的 InteractiveChange 事件代码为：ThisForm. Label1. FontSize＝This. Value。

⑤ 以文件名 form_c 保存表单，通过鼠标点击微调框的上下箭头调整 Spinner1 的当前值，注意查看标签文字的大小变化。

图 16-3

五、列表框

① 新建一个表单，利用“表单控件”工具栏中的 按钮，向表单中添加两个列表框对象 List1 和 List2，同时添加两个命令按钮对象 Command1 和 Command2，调整布局如图 16-4 所示。

② 分别修改按钮 Command1 和 Command2 的 Caption 属性值为“右移”和“左移”。

③ 设置列表框 List1 的数据源类型属性 RowSourceType 值为“1－值”，数据源属性 RowSource 的值为“a,b,c,d,e,f,g”。

④ 要求当用户选择左侧列表框 List1 中的某个数据项并单击“右移”按钮时，能够将所选数据项内容移至右侧列表框 List2 中，同时从列表框 List1 中删除该项。设置“右移”按钮 Command1 的 Click 事件代码如下：

```
FOR i=1 TO ThisForm.List1.ListCount
    IF ThisForm.List1.Selected(i)
        ThisForm.List2.AddItem(ThisForm.List1.List(i))
        ThisForm.List1.RemoveItem(i)
        EXIT
    ENDIF
ENDFOR
```

其中，属性 ListCount 表示当前列表框中数据项的总数目，Seleted(i)用于测试第 i 个数据项是否被选中，List(i)用于获取第 i 项内容，AddItem( )和 RemoveItem( )分别用来添加和删除数据项。

⑤ 以文件名 form_d 保存并运行表单，选中左侧列表框数据项“b”后单击右移按钮，效果如图 16-4 所示。

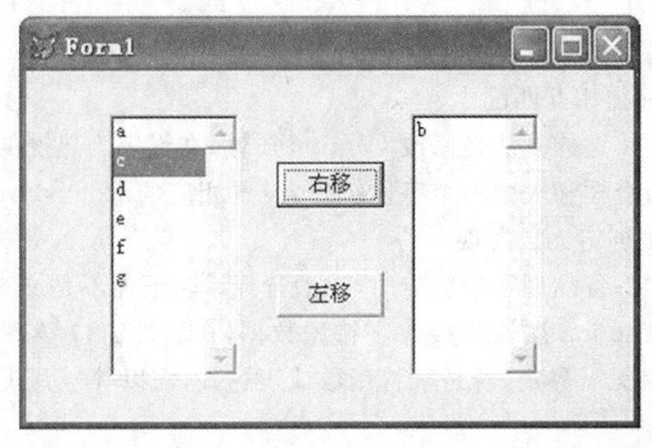

图 16-4

六、组合框

① 新建一个表单,利用“表单控件”工具栏中的 按钮向其中加入一个组合框对象 Combo1,同时再添加一个标签对象 Label1。

② 打开表单的数据环境窗口,将当前路径下的 kc 表添加进来,并将 kc 表的 kss、xf 和 bxk 字段直接拖放到表单中。

③ 修改标签 Label1 的 Caption 属性值为“课程名”,将拖放 kss 字段所得标签对象 lblKss 的 Caption 属性值修改为“课时数”,拖放 xf 字段所得标签对象 lblXf 的 Caption 属性值设为“学分”,拖放 bxk 字段所得复选框对象 chkBxk 的 Caption 属性值设为“必修课”,调整布局如图 16-5 所示。

④ 设置组合框 Combo1 的 Style 属性值为“2—下拉列表框”,数据源类型属性 RowsourceType 的值为“6—字段”,数据源属性 RowSource 的值为“kc. kcmc”。设置组合框的 Init 事件代码为:This. Value=kc. kcmc,使得组合框初始显示 kc 表中第一条记录的课程名。

⑤ 若表单运行时选择了组合框中的某个课程,表单上其他控件的内容能够与该课程保持一致,设置组合框 Combo1 的 InteractiveChange 事件代码为:ThisForm. Refresh。

⑥ 以文件名 form_e 保存并运行表单,选择不同课程名并查看各控件内容的变化。

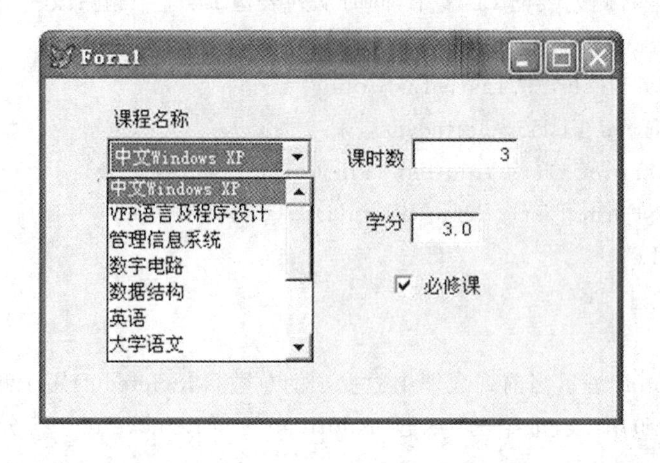

图 16-5

【实验要求与提示】

1. 当列表框或组合框需要和数据进行绑定时,必须同时设置 RowsourceType 和 RowSource 属性,且两者必须相互匹配。

2. 设置按钮访问热键的方法是修改 Caption 属性,在设定为热键的字母前加上“\＜”。

3. 当列表框或组合框和表中多个字段绑定,设置相应的 RowSource 属性时,第二个字段前无需加表名,否则绑定无法实现。

4. 当需要和表中的备注型字段绑定时,一般选择编辑框而不是文本框。

5. 通常控件的 Caption 属性只接收字符型数据,在属性窗口静态设置时,若属性值是字符常量,直接输入且无需界定,若是字符函数或表达式,需以等号开头。

【实验过程必须遵守的规则】

1. 上述实验内容和步骤中所有控件对象的引用,都采用该控件添加时 Name 属性的初始值。

2. 大多数控件的设置都可以通过相应的控件生成器来完成。

3. 若表单中的控件和表中数据绑定,当表的记录指针发生变化时,通常需刷新表单(Refresh 方法)才能将表中数据的变化反映到该控件中来。

【思考与练习】

1. 列表框、下拉列表框和下拉组合框之间的区别是什么?

2. 当文本框结束输入按下回车键时,事件 Valid 和事件 LostFocus 哪个先触发?

3. 若当前表单中的活动控件为某个命令按钮,此时希望通过按下回车键代替单击按钮,该如何设置?

4. 当列表框绑定多列数据时,哪一列数据将作为列表框对象默认的当前值?如何将默认值设置为其他列?

5. 进一步完善表单 form_d 中“左移”按钮的 Click 事件代码,使得单击该按钮时,能将右侧列表框 List2 中所选内容移至左侧列表框,并从 List2 中删除该项。

【测评标准】

1. 是否熟练掌握各种控件主要功能属性的设置。

2. 是否熟练掌握对象绝对引用和相对引用的方法和技巧。

3. 是否熟悉各种控件常用事件名称及代码的设置。

4. 是否熟练掌握表单的刷新和退出方法。

实验十七

控件的设计与使用(二)

【实验类型】

基础与验证型

【实验目的与要求】

1. 掌握容器控件的设计与使用方法。
2. 掌握复选框控件的设计与使用方法。
3. 掌握选项按钮组控件、命令按钮组控件的设计与使用方法。
4. 掌握表格控件的设计与使用方法。
5. 掌握页框控件的设计与使用方法。
6. 掌握计时器控件的设计与使用方法。
7. 掌握线条控件、形状控件的设计与使用方法。
8. 掌握图像控件、ActiveX 绑定控件、ActiveX 控件的设计与使用方法。

【软硬件环境】

1. 硬件环境：PⅢ800 以上计算机，内存 128 MB 以上；200 MB 以上的存储空间。
2. 软件环境：Windows 系列操作系统，Visual FoxPro 6.0 及以上中文专业版。
3. 启动 VFP 后，设置 VFP 的默认路径为 D：\vfpsyhj\sy17。

【实验涉及的主要知识单元】

1. 复选框(CheckBox)用来指定或显示一个逻辑状态。复选框的主要属性有 Caption(标题)、ControlSource(绑定的数据源，通常为表中的一个逻辑字段)、Style(样式)、Value(值)等。常用的事件是 Click 事件。

2. 选项按钮组(OptionGroup)允许用户从一组互相排斥的选项按钮中选择一个选项。选项按钮组的主要属性有 ButtonCount(选项按钮数目)、Caption(标题)、Value(值，有数值和字符两种类型)、ControlSource(绑定的数据源)等。常用的事件是 Click 事件。

3. 命令按钮组(CommandGroup)用来创建一组命令按钮。命令按钮组的主要属性有 ButtonCount(命令按钮的数目)。常用的事件是 Click 事件。

4. 表格(Grid)是一个按行和列显示数据的容器对象，其外观与“浏览”窗口相似。表格包含若干列对象，列对象又包含表头(Header)、文本框等对象。表格的主要属性有 Record-Source(记录源)、RecordsourceType(记录源的类型)、ColumnCount(列的数目)、Columns(列数组)、ReadOnly(只读)、DeleteMark(删除标志)、RecordMark(记录标志)、ScrollBars(滚动条)和 SplitBar(窗口分割条)等。常用的事件有 Init 事件(创建表格对象时触发)、Be-

foreRowColChange 事件(当用户移到另一行或另一列且新单元格还未获得焦点时触发)、AfterRowColChange 事件(当用户移到另一行或另一列且新单元格获得焦点时触发)、Scrolled 事件(当用户滚动表格控件时触发)。

表格中的列还具有 DynamicFontName、DynamicFontSize、DynamicForeColor 等动态属性。

5. 页框控件(PageFrame)是一个包含多个页面(又称选项卡)的容器对象,而其中的每个页面又可包含各种控件。页框控件的主要属性有:PageCount(页面的数目)、Pages(页面数组)、ActivePage(活动页面)、TabStretch(单行或多行排列)、TabStyle(标签对齐方式)、Tabs(是否具有选项卡)等。常用事件有 Init、Click 等。

页面的主要属性有 Caption(标题),页面的常用事件是 Activate。

6. 计时器控件(Timer)是应用程序中用来处理复发事件的控件。计时器控件的主要属性有:Enabled(启用或禁止)、Interval(时间间隔,单位为毫秒)等,常用的事件是 Timer,常用的方法是 Reset。

7. 线条控件(Line)用于绘制各种直线段。线条控件的主要属性有:BorderWidth(线宽)、BorderStyle(线型)、BorderColor(边框颜色)、LineSlant(倾斜方向)等。

8. 形状控件(Shape)用来绘制各种形状图形,如各种矩形、正方形、椭圆和圆等。形状控件的主要属性有:Curvature (曲率,取值范围是 0～99)、FillStyle(填充图案)、SpecialEffect(3 维或平面)等。

9. 图像控件(Image)用于在表单中添加. bmp 图片文件。图像控件的主要属性有:Picture(图片文件)、BorderStyle(边框)、BackStyle(背景是否透明)、Stretch(对图像进行剪裁、等比填充或变比填充)等。

10. ActiveX 绑定控件(Oleboundcontrol)常用来在表单上显示表中的通用字段的内容,如照片等。ActiveX 绑定控件的主要属性有:ControlSource(绑定的数据源)、Stretch(对图像进行剪裁、等比填充或变比填充)等。

11. ActiveX 控件(Olecontrol)用来向表单加入 OLE 对象。ActiveX 控件的主要属性有 Stretch(对图像进行剪裁、等比填充或变比填充)。

【实验内容与步骤】

一、复选框与容器

① 在“项目管理器”中选择“表单”,单击“新建”按钮,在“新建表单”对话框中单击“新建表单”按钮,打开“表单设计器”窗口。为表单设置数据环境为 xs 表。

② 在表单上添加一个标签对象,并设置其 Caption 属性为“姓名”、FontSize 属性为 12。再添加一个文本框对象,并设置其 Name 属性为 txtxsxm,ControlSource 属性为 xs. xsxm,FontSize 属性为 14。

③ 在表单上添加一个容器对象,并设置其 SpecialEffect 属性为“0 -凸起”。

④ 用鼠标右击容器对象,从快捷菜单中选择“编辑”后,容器对象四周将出现斜线边框,表示容器对象处于编辑状态。

⑤ 在容器对象中添加两个复选框对象 Check1 和 Check2。设置 Check1 的 Caption 属性为“粗体”,Click 事件代码为 thisform. txtxsxm. fontbold＝this. value。设置 Check2 的 Caption 属性为“斜体”,Click 事件代码为 thisform. txtxsxm. fontitalic＝this. value。

⑥ 用“布局”工具栏调整表单上对象的位置。

⑦ 将表单以文件名 form1 保存后运行,观察运行效果(如图 17－1 所示)。

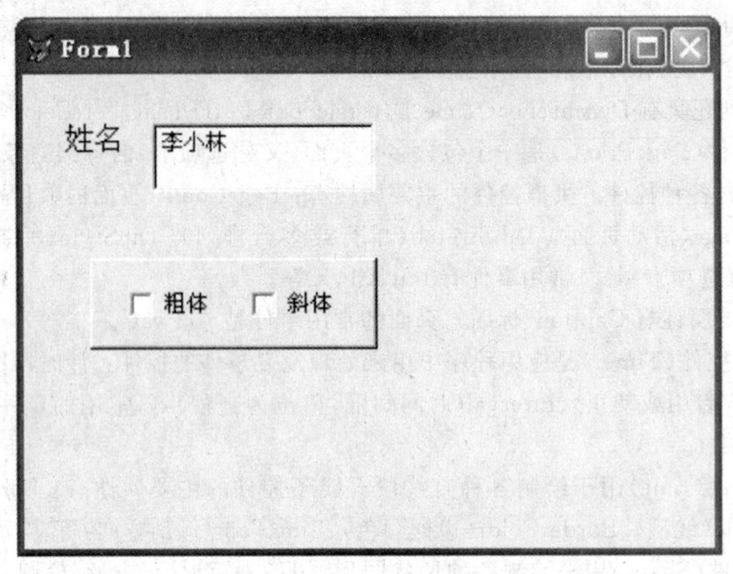

图 17－1

二、选项按钮组

① 用"表单设计器"打开表单 form1。

② 在表单上添加一个选项按钮组对象。用鼠标右击选项按钮组对象,从快捷菜单中选择"生成器"后,出现"选项组生成器"对话框,如图 17－2 所示。

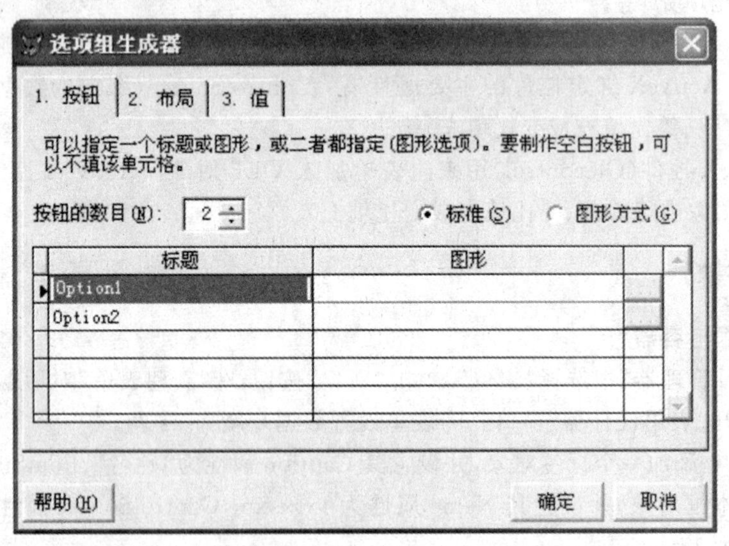

图 17－2

③ 设置"按钮的数目"为 4,"标题"分别为"宋体"、"黑体"、"楷体"和"隶书"。设置"按钮布局"为"水平",然后单击"确定"按钮。

④ 编写选项按钮组的 Click 事件代码如下:

```
do case
case this.value=1
   thisform.txtxsxm.fontname="宋体"
```

```
case this.value=2
  thisform.txtxsxm.fontname="黑体"
case this.value=3
  thisform.txtxsxm.fontname="楷体"
case this.value=4
  thisform.txtxsxm.fontname="隶书"
endcase
```

⑤ 保存并运行表单,观察运行效果(如图 17-3 所示)。

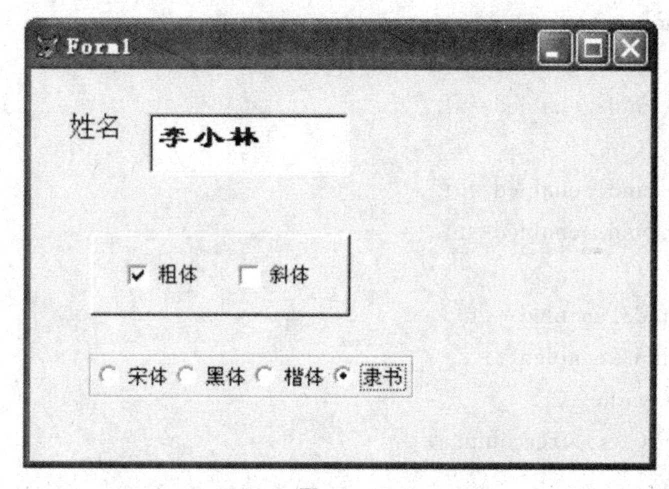

图 17-3

三、命令按钮组

① 用“表单设计器”打开表单 form1。

② 在表单上添加一个命令按钮组对象。按图 17-4 所示设置按钮组中各个按钮的 Caption 属性,并编写按钮组的 Click 事件代码如下:

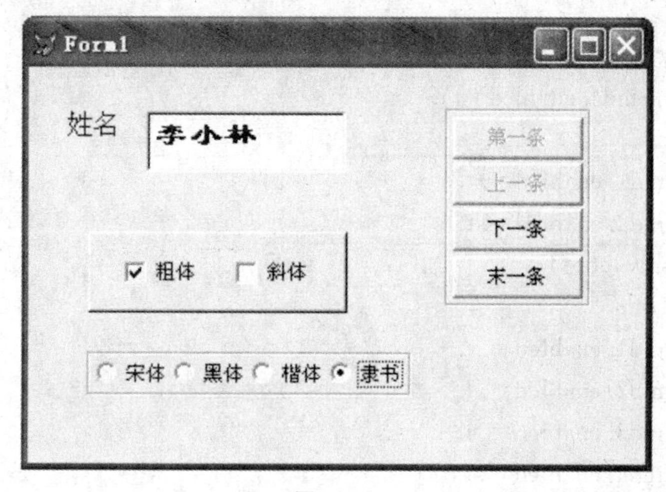

图 17-4

```
do case
case this.value=1
  go top
```

```
    this.cmd1.enabled=.f.
    this.cmd2.enabled=.f.
    this.cmd3.enabled=.t.
    this.cmd4.enabled=.t.
case this.value=2
    if recno( )<>1
        skip -1
    endif
    if recno( )=1
        this.cmd1.enabled=.f.
        this.cmd2.enabled=.f.
    else
        this.cmd1.enabled=.t.
        this.cmd2.enabled=.t.
    endif
    this.cmd3.enabled=.t.
    this.cmd4.enabled=.t.
case this.value=3
    if recno( )<>reccount( )
        skip
    endif
    if recno( )=reccount( )
        this.cmd3.enabled=.f.
        this.cmd4.enabled=.f.
    else
        this.cmd3.enabled=.t.
        this.cmd4.enabled=.t.
    endif
    this.cmd1.enabled=.t.
    this.cmd2.enabled=.t.
case this.value=4
    go bottom
    this.cmd1.enabled=.t.
    this.cmd2.enabled=.t.
    this.cmd3.enabled=.f.
    this.cmd4.enabled=.f.
case this.value=5
    thisform.release
endcase
thisform.refresh
```

③ 保存并运行表单，观察运行效果。

四、表格

1. 利用表格对象输出表中数据

① 在“项目管理器”中选择“表单”，单击“新建”按钮，在“新建表单”对话框中单击“新建表单”按钮，打开“表单设计器”窗口。为表单设置数据环境为 xs 表。

② 在表单上添加一个表格对象，并设置其 RecordSourceType 属性为“1 -别名”，RecordSource 属性为 xs。

③ 将表单以文件名 form2 保存后运行，观察运行效果（如图 17 - 5 所示）。

Form2

Xsxh	Xsxm	Xb	Bjdh	Csrq
042108136	李小林	男	0421081	02/09/81
042116202	高晓辛	男	0421162	08/06/82
042108105	陆　涛	男	0421081	10/09/82
042116204	柳佳妮	女	0421162	09/06/81
042108102	李　兰	女	0421081	10/12/82
042116206	任　新	男	0421162	11/08/81
042108107	林丹风	男	0421081	05/04/82
042116208	高　远	男	0421162	08/05/80
042108209	朱晓晓	男	0421082	09/01/81

图 17 - 5

2. 设置表格的外观

① 用“表单设计器”修改表单 form2。

② 用鼠标右击表格对象，从快捷菜单中选择“生成器”，在“表格生成器”对话框中设置表格的输出字段、样式、布局等信息，如图 17 - 6 所示。或者在“属性”工具栏中设置表格的 ColumnCount 属性为 5，依次设置各列的 Header1 的 Caption 属性为“学号”、“姓名”、“性别”、“班级代号”和“出生日期”。

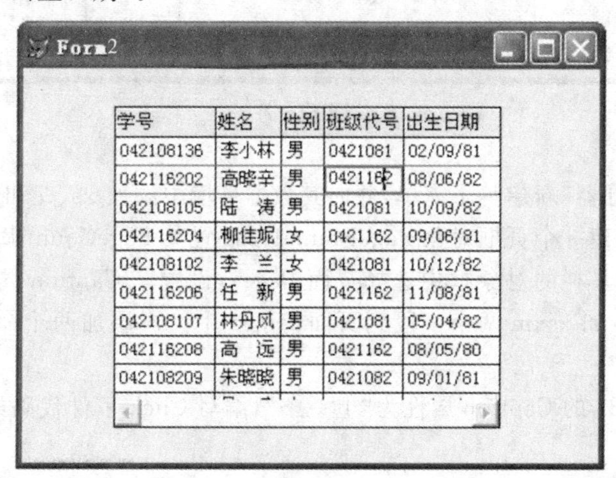

Form2

学号	姓名	性别	班级代号	出生日期
042108136	李小林	男	0421081	02/09/81
042116202	高晓辛	男	0421162	08/06/82
042108105	陆　涛	男	0421081	10/09/82
042116204	柳佳妮	女	0421162	09/06/81
042108102	李　兰	女	0421081	10/12/82
042116206	任　新	男	0421162	11/08/81
042108107	林丹风	男	0421081	05/04/82
042116208	高　远	男	0421162	08/05/80
042108209	朱晓晓	男	0421082	09/01/81

图 17 - 6

③ 设置表格的 DeleteMark 属性为. F.，RecordMark 属性为. F.，SplitBar 属性为. F.，ScrollBars 属性为“1 -水平”，ReadOnly 属性为. T.。

④ 保存并运行表单,观察运行效果。

3. 列的动态属性

要求将表格中的性别“女”用“红色”、“粗体”、“12 磅”突出显示。

① 用“表单设计器”打开表单 form2,编写表格的 Init 事件代码如下:

```
This.Column3.DynamicForeColor="IIF(xb='女',RGB(255,0,0),RGB(0,0,0))"
This.Column3.DynamicFontBold="IIF(xb='女',.T.,.F.)"
This.Column3.DynamicFontSize="IIF(xb='女',12,9)"
```

② 保存并运行表单,观察运行效果。

4. 删除表格的列

要求删除表格中的“班级代号”列。

① 用“表单设计器”打开表单 form2。

② 在“属性”窗口中选择“班级代号”列所对应的列对象 Column4,并用鼠标单击表单上的表格,然后按 Delete 键,屏幕出现提示信息“移去列及其所含对象?”,单击“是”按钮,“班级代号”列即被删除。

③ 保存并运行表单,观察运行效果(如图 17-7 所示)。

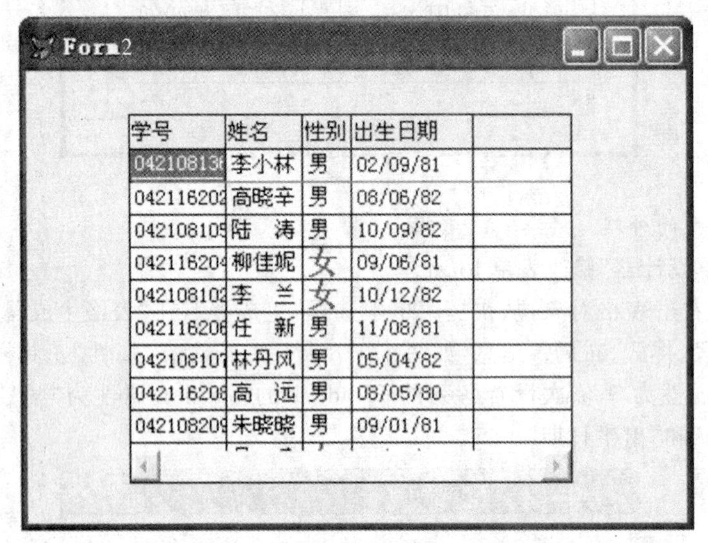

学号	姓名	性别	出生日期	
04210813	李小林	男	02/09/81	
04211620	高晓辛	男	08/06/82	
04210810	陆　涛	男	10/09/82	
04211620	柳佳妮	女	09/06/81	
04210810	李　兰	女	10/12/82	
04211620	任　新	男	11/08/81	
04210810	林丹风	男	05/04/82	
04211620	高　远	男	08/05/80	
04210820	朱晓晓	男	09/01/81	

图 17-7

五、页框

① 用“表单设计器”新建一个表单,并向其数据环境中添加 xs、cj 和 kc 三个表。

② 在表单上创建一个页框对象 PageFrame1。设置其 PageCount 属性为 3。

③ 在“属性”工具栏的对象框中选择页面 Page1,设置其 Caption 属性为“学生”。从数据环境中拖放 xsxh 和 xsxm 两个字段到页面 Page1 中。再添加两个命令按钮 Command1 和 Command2。

设置 Command1 的 Caption 属性为“上一条”,编写 Click 事件代码如下:

```
skip -1
thisform.refresh
```

设置 Command2 的 Caption 属性为“下一条”,编写 Click 事件代码如下:

```
skip
thisform.refresh
```

④ 在“属性”工具栏的对象框中选择页面 Page2，设置其 Caption 属性为“成绩”。从数据环境中拖放 cj 表到页面 Page2 中。

⑤ 在“属性”工具栏的对象框中选择页面 Page3，设置其 Caption 属性为“课程”。从数据环境中拖放 kc 表到页面 Page3 中。

⑥ 将表单以文件名 form3 保存后运行，观察运行效果(如图 17-8 所示)。

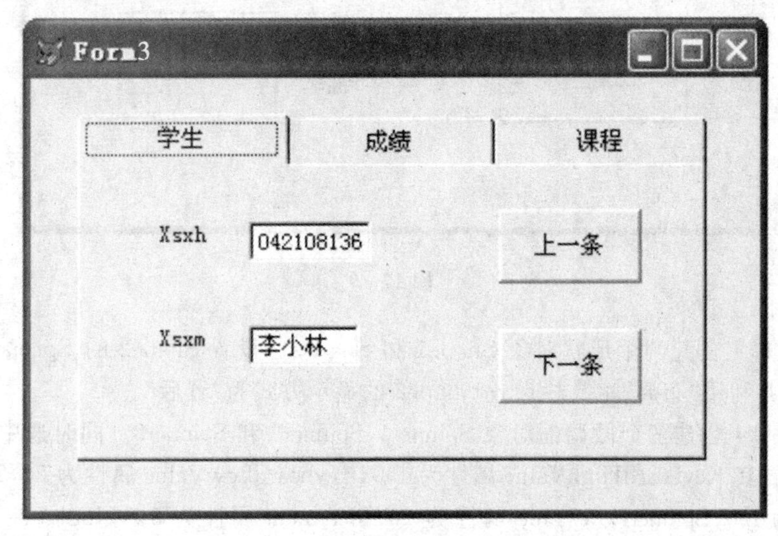

图 17-8

六、计时器

利用计时器控件，在表单中动态显示系统时间，并从左向右滚动显示一段文字。

① 用“表单设计器”新建一个表单，在表单上创建一个文本框对象 text1、一个计时器对象 Timer1。

② 设置 Timer1 的 Interval 属性为 500，编写其 Timer 事件代码如下：

```
Thisform.text1.value=time()
```

③ 在表单上创建一个标签对象 label1、一个计时器对象 Timer2。

④ 设置标签的 Caption 属性为“扬州大学计算机中心”，FontSize 属性为 16，Left 属性为 0。

⑤ 设置 Timer2 的 Interval 属性为 1000，编写其 Timer 事件代码如下：

```
if thisform.label1.left>=thisform.left+thisform.width
  thisform.label1.left=0
endif
thisform.label1.left=thisform.label1.left+5
```

⑥ 将表单以文件名 form4 保存后运行，观察运行效果。

七、线条与形状

① 用“表单设计器”新建一个表单，如图 17-9 所示，在表单上创建一个标签对象 Label1、一个线条对象 Line1。并设置标签的 Caption 属性为“线条与形状”，FontSize 属性为 14。

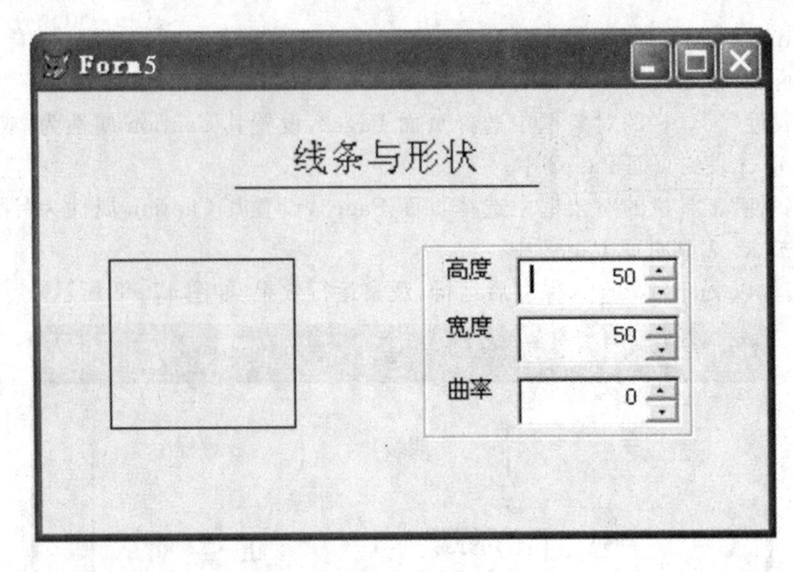

图 17-9

② 在表单上创建两个形状对象 Shape1 和 Shape2。设置 Shape2 的 SpecialEffect 属性为"0-3 维",并利用"布局"工具栏设置 Shape2 的显示方式为"置后"。

③ 在表单上创建三个微调框对象 Spinner1、Spinner2 和 Spinner3。同时选中 Spinner1 和 Spinner2,设置其 KeyboardHighValue 属性为 150,KeyboardLowValue 属性为 20,SpinnerHighValue 属性为 150,SpinnerLowValue 属性为 20,Increment 属性为 5,Value 属性为 50。设置 Spinner3 的 KeyboardHighValue 属性为 99,KeyboardLowValue 属性为 0,SpinnerHighValue 属性为 99,SpinnerLowValue 属性为 0,Increment 属性为 1,Value 属性为 0。

④ 在表单上创建三个标签对象 Label1、Label2 和 Label3,并分别设置其 Caption 属性为"高度"、"宽度"和"曲率"。

⑤ 利用"布局"工具栏调整对象的位置。

⑥ 将表单以文件名 form5 保存后运行,观察运行效果。

八、图形与图像

① 用"表单设计器"新建一个表单。

② 在表单上创建一个图像对象 Image1,设置其 Stretch 属性为"1 -等比填充",Picture 属性为 D:\vfpsyhj\graphics\photo\巩俐.bmp。

③ 为表单设置数据环境为 xs 表,在表单上创建一个 ActiveX 绑定控件对象 Oleboundcontrol1,设置其 ControlSource 属性为 xszp,Stretch 属性为"0 -剪裁"。

④ 在表单上创建一个 ActiveX 控件对象 Olecontrol1,在随后出现的"插入对象"对话框中选择"对象类型"为"Microsoft Clip Gallery",单击"确定"按钮后从"剪辑库"中选择一幅图像。设置 Olecontrol1 的 Stretch 属性为"2 -变比填充"。

⑤ 将表单以文件名 form6 保存后运行,依次双击表单上的图像,观察运行效果(如图 17-10 所示)。

图 17－10

【实验要求与提示】

1. 复选框的 Value 属性有三种取值，分别对应复选框的三种状态：当属性值取 0 或 .F. 时，复选框显示为未选中；当属性值取 1 或 .T. 时，复选框显示为选中；而当属性值取 2 或 .NULL. 时，复选框则变为灰色。

2. 在设置选项按钮组的 ControlSource 属性时，若与之绑定的是表中的字符型字段，那么系统则将用户所选择的选项按钮的 Caption 属性值保存在表的记录中。此时，选项按钮组的 Value 属性值取"A"，"B"，"C"，"D"，…字母序列。

3. 命令按钮组与命令按钮虽有许多相似之处，但它们却是两种不同的控件。命令按钮组是容器型控件，命令按钮是非容器型控件。

4. 计时器控件在表单设计器中显示为一个小时钟图标，但在运行时不可见，常用于后台处理。计时器控件的 Interval 属性的单位为毫秒。属性值为 1 000 时，表示时间间隔为 1 秒。属性值为 0 时，计时器不响应 Timer 事件。

5. 文本框、编辑框、列表框、组合框、选项按钮组、命令按钮组、表格等控件有系统提供的"生成器"。用鼠标右击这些对象，从快捷菜单中选择"生成器"，就可以运用"生成器"快速方便地进行设计。

6. 对象链接与嵌入(OLE)是一种协议。嵌入用于将一个对象的副本从一个应用程序插入到另一个应用程序中。对象副本嵌入后，不再与原来的对象有任何关联。链接表示源文档与目标文档之间的一种连接。链接对象保存了来自源文档的信息，并对两文档之间的连接进行维护。当源文档中的信息发生变化时，这种变化将在目标文档中体现出来。

【实验过程必须遵守的规则】

1. 一组相关联的控件可用容器组合成一个整体。

2. 一个复选框只能作一次选择，要实现多选操作必须使用若干个复选框。

3. 表格常用来整体显示表中的记录，或显示一对多关系中的子表。

4. 在向容器或页框的页面中添加对象之前，应先选中容器或页框的页面，使之处于编辑状态。这样才能保证所添加的对象是在容器或页框的页面中,而不是添加在表单上。

5. 在设计计时器控件时,为保证运行效果,通常将时间间隔设置成所需精度的一半。

6. 向表单上添加形状控件后,如果该控件遮盖了其覆盖区域的其他控件,应使用布局工具栏上的“置后”按钮将形状控件置于其他控件之后。如果仅通过设置形状控件的 BackStyle 属性为“0 -透明”来显示出其他控件,表单运行后将不能启动其他控件的有关事件。

【思考与练习】

1. 选项按钮组的 ControlSource 属性有何作用?

2. 表格的列的动态属性有哪些? 如何设置这些动态属性?

3. 如果将页框控件的 Tabs 属性设置成.F.,将出现什么情况? 此时如何编辑页框的各个页面?

4. 页框控件的 ActivePage 属性有何作用?

5. 计时器控件的作用是什么? 其 Timer 事件是如何触发的?

6. 形状控件的曲率属性(Curvature)取值范围是多少? 如何绘制一个正方形或圆?

【测评标准】

1. 在设计表单时,能否合理地选择相关控件。

2. 能否正确地设置控件的属性,选择相关的事件。

3. 编写的事件代码是否正确。

实验十八

类的创建

【实验类型】

基础与验证型

【实验目的与要求】

1. 掌握类设计器的使用方法与技巧。
2. 掌握为类添加新属性和新方法的操作方法与技巧。
3. 理解类层次和容器层次的概念。

【软硬件环境】

1. 硬件环境：PⅢ800 以上计算机，内存 128 MB 以上；200 MB 以上的存储空间。
2. 软件环境：Windows 系列操作系统，Visual FoxPro 6.0 及以上中文专业版。
3. 启动 VFP 后，设置 VFP 的默认路径为 D：\vfpsyhj\sy18。

【实验涉及的主要知识单元】

1. 类

类是一种对象的归纳和抽象，类定义了对象特征以及对象外观和行为的模板，它刻画了一组具有共同特征的对象。

☞ 基类是 VFP 系统提供的内部定义类，可细分成两种，即对象类和控件类。

☞ 子类是由其他类派生成的一个新类。子类具有派生它的类的全部属性和方法。

☞ 父类是派生某个子类的类。

☞ 容器类可以包含其他的对象，并且允许对所包含的对象进行访问。非容器类（或控件类）不能包含其他的对象。

2. 类库

每一个以可视方式设计的类都存储在一个类库文件中。类库文件的扩展名是.vcx。

【实验内容与步骤】

一、创建类及类库

1. 基于基类 CommandButton 创建子类 exitcmda

① 在“项目管理器”中选择“类库”，单击“新建”按钮，出现“新建类”对话框（如图 18－1 所示）。

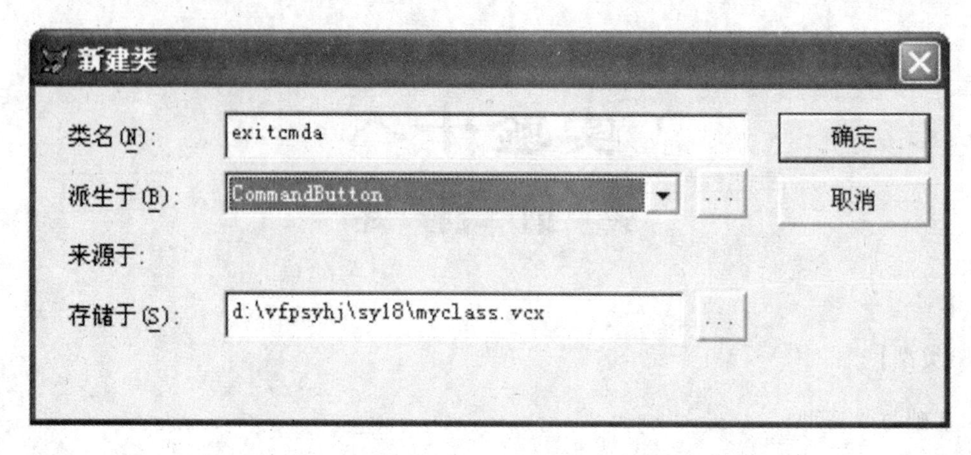

图 18 - 1

② 在“类名”栏中输入类名 exitcmda，在“派生于”栏中选择基类 CommandButton，在“存储于”栏中输入存储该类的类库文件的文件名 myclass。然后单击“确定”按钮，打开“类设计器”窗口。

③ 设置按钮的标题(Caption)为“退出(\<E)”，编写按钮的 Click 事件代码如下：

thisform.release

④ 单击“保存”按钮后关闭“类设计器”窗口。

2. 基于子类 exitcmda 创建子类 exitcmdb

① 在“项目管理器”中选择类库 myclass，单击“新建”按钮，打开“新建类”对话框。

② 在“类名”栏中输入类名 exitcmdb，单击“派生于”栏右侧的 [...] 按钮，出现“打开”对话框，如图 18 - 2 所示。在“类名”栏中选择 exitcmda，单击“打开”按钮后“派生于”栏将显示所选择的类。然后单击“确定”按钮，打开“类设计器”窗口。

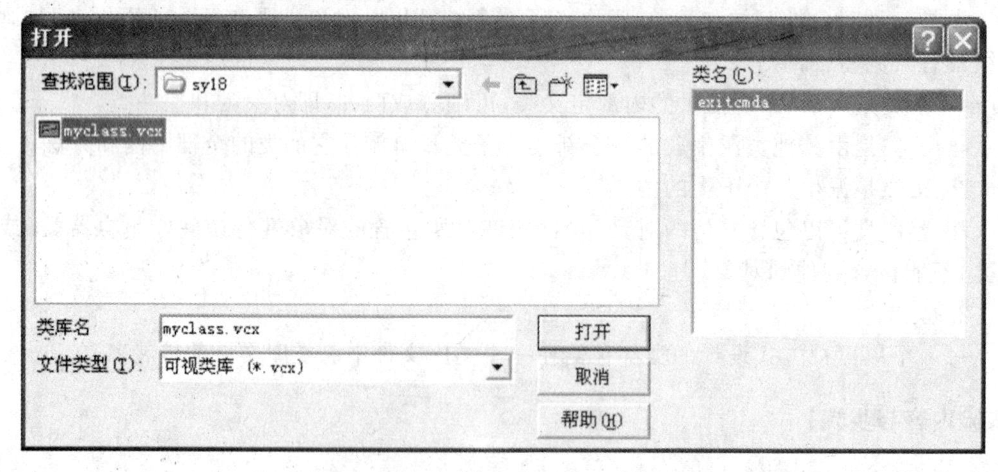

图 18 - 2

③ 设置按钮的图片(Picture)为 D：\vfpsyhj\graphics\bmps\offctlbr\watch.bmp 后保存该类。

3. 基于子类 exitcmdb 创建子类 exitcmdc

① 在“项目管理器”中选择类库 myclass，单击“新建”按钮，打开“新建类”对话框。

② 在“类名”栏中输入类名 exitcmdc，单击“派生于”栏右侧的[...]按钮，出现“打开”对话框，如图 18－2 所示。在“类名”栏中选择 exitcmdb，单击“打开”按钮后“派生于”栏将显示所选择的类。然后单击“确定”按钮，打开“类设计器”窗口。

③ 清除按钮的标题(Caption)后保存该类。编写按钮的 Click 事件代码如下：

```
thisform.backcolor=RGB(0,0,255)
```

二、给类添加新属性和新方法

1. 添加新属性

① 在“项目管理器”中选择类 exitcmda，单击“修改”按钮，打开“类设计器”窗口。

② 在“类”菜单中选择“新建属性”，打开“新建属性”对话框，如图 18－3 所示。

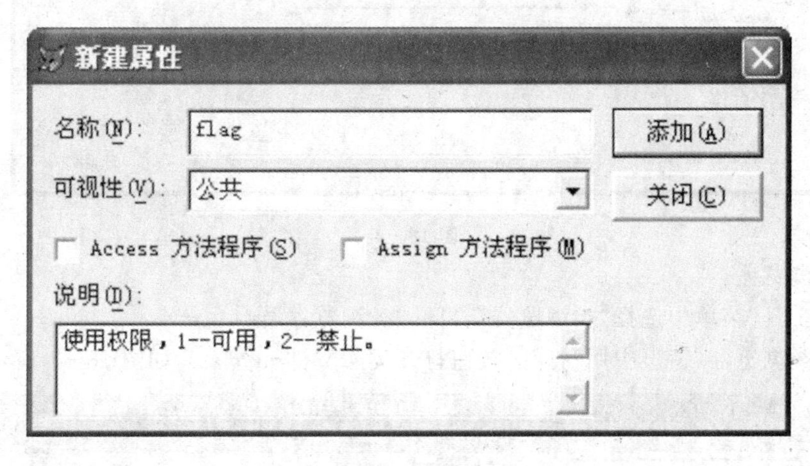

图 18－3

③ 在“名称”栏中输入属性名 flag，在“说明”栏中输入“使用权限，1—可用，2—禁止。”，单击“添加”按钮后关闭“新建属性”窗口。

④ 在“属性”窗口设置新属性 flag 的值为 1。

2. 添加新方法

① 在“项目管理器”中选择类 exitcmda，单击“修改”按钮，打开“类设计器”窗口。

② 在“类”菜单中选择“新建方法程序”，打开“新建方法程序”对话框。

③ 在“名称”栏中输入属性名 closef，在“说明”栏中输入“关闭所有文件。”，单击“添加”按钮后关闭“新建方法程序”窗口。

④ 在“属性”窗口双击新方法 closef，在代码编辑窗口输入如下代码：

```
close all
```

三、设计表单时另存为类

① 在“表单设计器”中打开表单 js，选中表单底部的对象 Buttonset1。

② 选择“文件”菜单中的“另存为类”，出现“另存为类”对话框，如图 18－4 所示。在“类名”栏中输入类名 recordbutt，在“文件”栏中输入 myclass，单击“确定”按钮后类即定义成功。

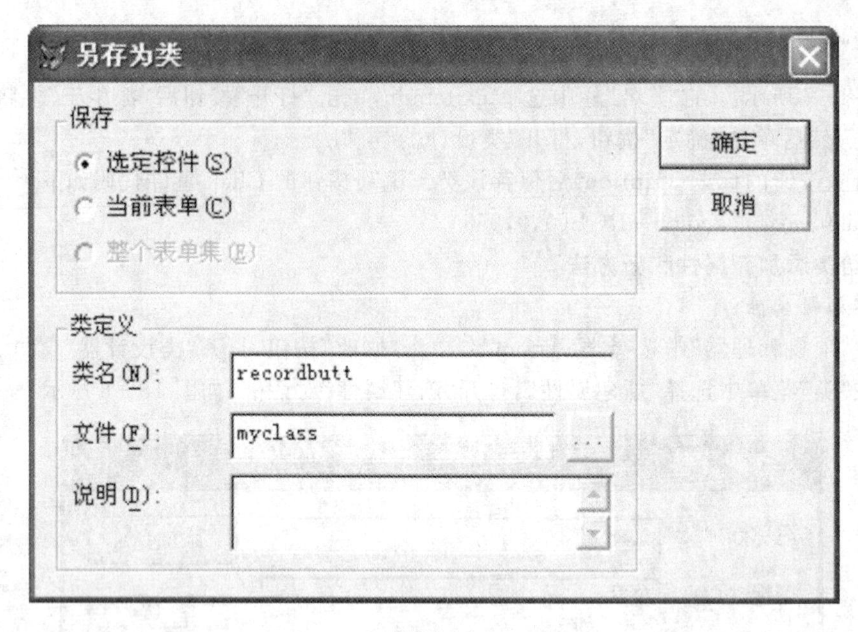

图 18-4

四、类浏览器

① 在“工具”菜单中选择“类浏览器”,打开“类浏览器”窗口。

② 在“类浏览器”窗口中用“打开”按钮打开类库文件 myclass,如图 18-5 所示。

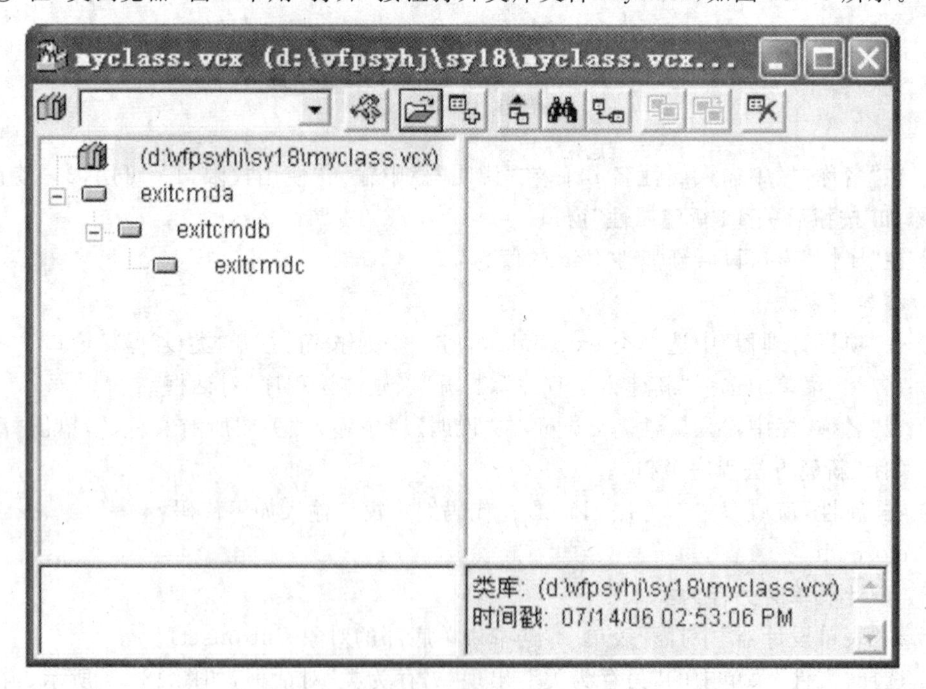

图 18-5

“类浏览器”窗口被分成四个子窗口。左上是类列表,左下是类说明,右上是成员列表,右下是成员说明。

“类浏览器”提供了类的打开、查看类代码、新建、查找、重命名、重定义和清除类库等功能。

五、注册可视类库

1. 通过“工具”菜单的“选项”注册

① 在“工具”菜单中选择“选项”,打开“选项”对话框。

② 在“选项”对话框中选择“控件”选项卡,如图 18-6 所示。在“控件”选项卡中选择“可视类库”单选按钮,并单击“添加”按钮,在随之出现的“打开”对话框中打开类库 myclass,然后单击“确定”按钮。

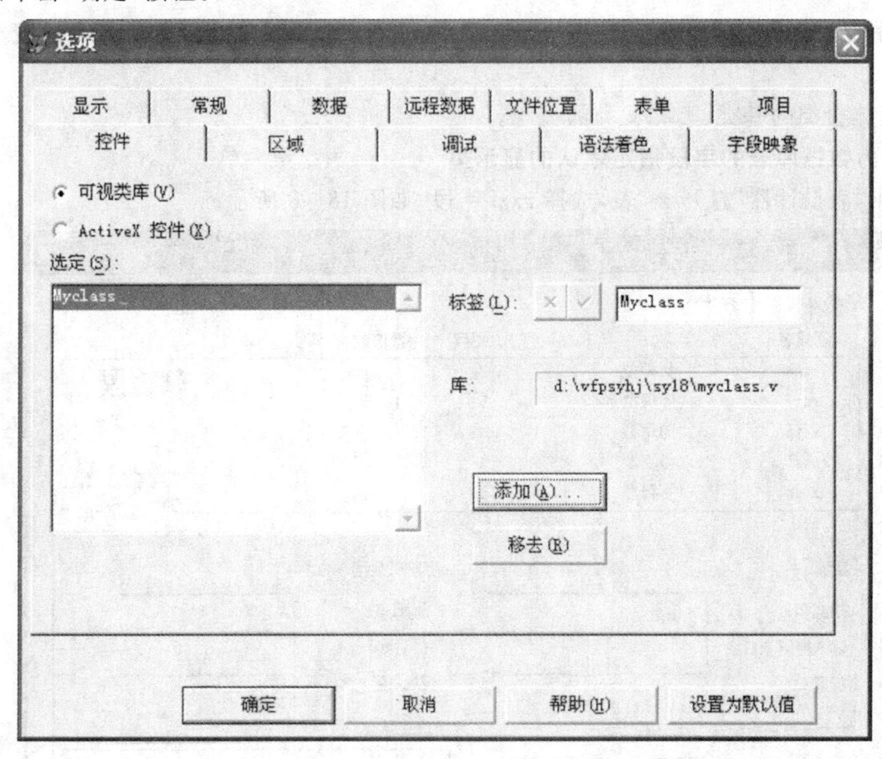

图 18-6

类库 myclass 即已添加到“表单设计器”的“表单控件”工具栏中。打开“表单设计器”进行观察。

2. 通过“表单控件”工具栏注册

打开“表单设计器”,单击“表单控件”工具栏上的“查看类”按钮,如图 18-7 所示,选择“添加”,然后在随之出现的“打开”对话框中打开 myclass 类库。myclass 类库即被添加到“表单控件”工具栏中。

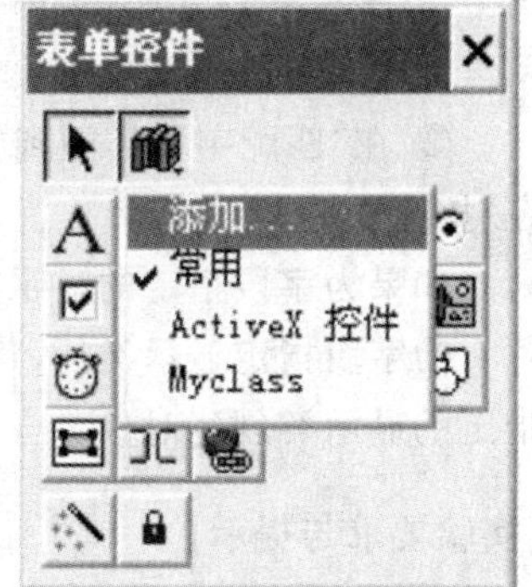

图 18-7

六、用自定义类创建对象

① 打开“表单设计器”,新建一个名为 cmdform 的表单。单击“表单控件”工具栏上的“查看类”按钮,选择“添加”,在随之出现的“打开”对话框中打开 myclass 类库。

② 单击 exitcmda 类,在表单上创建一个 Exitcmda1 对象。在“属性”窗口中观察到该对象的基类(BaseClass)为 CommandButton,类(Class)为 exitcmda,父类(ParentClass)为

CommandButton。

③ 单击 exitcmdb 类,在表单上创建一个 Exitcmdb1 对象。在"属性"窗口中观察到该对象的基类(BaseClass)为 CommandButton,类(Class)为 exitcmdb,父类(ParentClass)为 exitcmda。

④ 单击 exitcmdc 类,在表单上创建一个 Exitcmdc1 对象。在"属性"窗口中观察到该对象的基类(BaseClass)为 CommandButton,类(Class)为 exitcmdc,父类(ParentClass)为 exitcmdb。

⑤ 重复运行表单,分别单击命令按钮 Exitcmda1、Exitcmdb1 和 Exitcmdc1,观察运行效果。

认真体会类的基类、类和父类的概念。

七、为数据库表的字段指定默认的显示类

① 用"表设计器"打开 xs 表,选择 rxzf 字段,如图 18-8 所示。

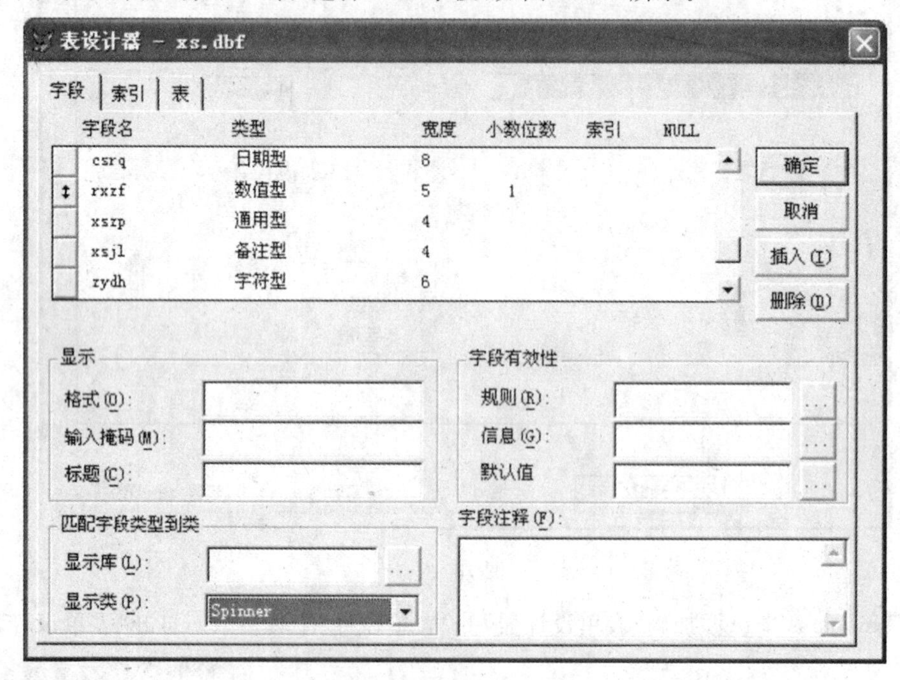

图 18-8

② 在"匹配字段类型到类"区域的"显示类"下拉列表框中选择 Spinner,然后单击"确定"按钮。

如果为字段指定的显示类来自自定义类,则应先在"显示库"中打开自定义类。

为字段指定显示类后,将来从数据环境中拖动该字段到表单上时,系统将会为该字段用指定的显示类创建对象。

【实验要求与提示】

1. 实验过程中,应注重理解类的抽象性、继承性、多态性和封装性的特点。
2. 实验过程中,应注重理解类层次和容器层次的概念。
3. 用"类设计器"设计类的操作基本上与用"表单设计器"设计表单的操作相似。

【实验过程必须遵守的规则】

1. 定义一个新类,一定要为其指定一个派生的类,也即它的父类。

2. 任何子类的定义都必须基于系统提供的基类,而不能超出基类的范畴。

【思考与练习】

1. 如何将一个设计好的表单定义成一个类?

2. 在 cmdform 表单中,命令按钮 Exitcmda1 和 Exitcmdb1 并没有设置 Click 事件代码,但它们能关闭表单,而命令按钮 Exitcmdc1 却不能关闭表单,这是为什么?

3. 为数据库表的字段指定显示类有何作用?

【测评标准】

1. 是否掌握了创建类及类库的方法与技巧。

2. 是否掌握了为类添加新属性和新方法的操作方法与技巧。

3. 是否掌握了在设计表单的同时定义类的方法和技巧。

4. 是否掌握了用自定义类创建对象的操作方法与技巧。

5. 是否掌握了为数据库表的字段指定默认的显示类的操作方法与技巧。

实验十九
类 的 应 用

【实验类型】

设计与开发型

【实验目的与要求】

1. 掌握类的应用的方法与技巧。
2. 进一步理解类的概念与类的性质。

【软硬件环境】

1. 硬件环境：PⅢ800 以上计算机，内存 128 MB 以上;200 MB 以上的存储空间。
2. 软件环境：Windows 系列操作系统，Visual FoxPro 6.0 及以上中文专业版。
3. 启动 VFP 后，设置 VFP 的默认路径为 D：\vfpsyhj\sy19。

【实验涉及的主要知识单元】

调用父类代码

dodefault()在子类中调用与当前事件或方法同名的父类代码。

操作符：：在子类中调用父类代码

【实验内容与步骤】

一、设计一个类用于表的编辑

在表的编辑过程中，经常需要执行添加记录、删除记录、保存修改和放弃修改等操作。参照图 19 - 1 设计一个 tableedit 类，实现上述功能。

图 19 - 1

① 在“项目管理器”中选择“类库”，单击“新建”按钮，出现“新建类”对话框。在“新建类”对话框的“类名”栏中输入类名 tableedit，在“派生于”栏中选择基类 Container，在“存储于”栏中输入存储该类的类库文件名 myclass。然后单击“确定”按钮，打开“类设计器”窗口。

② 向容器中添加 4 个命令按钮。按图 19 - 1 分别设置命令按钮的 Caption 属性，并编

写相应的 Click 事件代码。然后保存类并关闭“类设计器”窗口。

③ 打开“表单设计器”，新建一个表单 myform1。在表单上创建一个表格对象，用于显示 xs 表的内容。

④ 向“表单控件”工具栏注册类库文件 myclass，然后用类 tableedit 在表单上创建一个对象。

⑤ 运行表单，观察 4 个按钮的运行效果。

二、设计一个类用于表的记录移动

在表的编辑过程中，经常需要移动记录指针。参照图 19 - 2 设计一个 recmove 类用于控制记录指针的移动操作。

图 19 - 2

① 在“项目管理器”中选择“类库”，单击“新建”按钮，出现“新建类”对话框。在“新建类”对话框的“类名”栏中输入类名 recmove，在“派生于”栏中选择基类 CommandGroup，在“存储于”栏中输入存储该类的类库文件名 myclass。然后单击“确定”按钮，打开“类设计器”窗口。

② 设置命令按钮组的按钮数为 8。按图 19 - 2 分别设置各个命令按钮的 Picture 属性，并编写命令按钮组的 Click 事件代码。然后保存类并关闭“类设计器”窗口。

③ 打开“表单设计器”，新建一个表单 myform2。设置表单的数据环境为 js 表，将 jsgh、jsxm 字段拖放到表单上。

④ 向“表单控件”工具栏注册类库文件 myclass，然后用类 recmove 在表单上创建一个对象。

⑤ 运行表单，观察各个按钮的运行效果。

【实验要求与提示】

1. 创建 tableedit 类时，应设置其派生的基类为容器(Container)。
2. 类 tableedit 的“添加”按钮的 Click 事件的参考代码如下：

```
append blank                              && 追加一条空记录
changetag=.t.                             && 设置修改标志
this.parent.Command3.enabled=.t.          &&“保存”按钮可用
thisform.refresh
```

3. 类 tableedit 的“删除”按钮的 Click 事件的参考代码如下：

```
xz=messagebox("删除当前记录?",52,"表的编辑")
if xz=6
  delete
  changetag=.t.                           && 设置修改标志
  this.parent.Command3.enabled=.t.        &&“保存”按钮可用
thisform.refresh
endif
```

4. 保存与放弃缓冲区中的数据可使用以下命令：

```
=tableupdate(.t.)                    && 保存缓冲区数据
=tablerevert(.t.)                    && 放弃缓冲区数据
```

5. 创建 recmove 类时，应设置其派生的基类为命令按钮组(CommandGroup)。

6. 类 recmove 的命令按钮组的 Click 事件的参考代码如下：

```
do case
  case this.value=1
    go top
    this.Buttons(1).enabled=.f.
    this.Buttons(2).enabled=.f.
    this.Buttons(3).enabled=.t.
    this.Buttons(4).enabled=.t.
  case this.value=2
    if recno()>1
      skip -1
    endif
    if recno()=1
      this.Buttons(1).enabled=.f.
      this.Buttons(2).enabled=.f.
    endif
    this.Buttons(3).enabled=.t.
    this.Buttons(4).enabled=.t.
  case this.value=3
    if recno()<reccount()
      skip
    endif
    if recno()=reccount()
      this.Buttons(3).enabled=.f.
      this.Buttons(4).enabled=.f.
    endif
    this.Buttons(1).enabled=.t.
    this.Buttons(2).enabled=.t.
  case this.value=4
    go bottom
    this.Buttons(3).enabled=.f.
    this.Buttons(4).enabled=.f.
    this.Buttons(1).enabled=.t.
    this.Buttons(2).enabled=.t.
  case this.value=5
    thisform.setall("readonly",.f.,"textbox")
```

```
    thisform.setall("enabled",.t.,"oleboundcontrol")
    thisform.setall("readonly",.f.,"editbox")
  case this.value=6
    append blank
  case this.value=7
    dele
  case this.value=8
    pack
    set dele off
    thisform.release
endcase
thisform.refresh
```

【实验过程必须遵守的规则】

1. 在程序设计中,如果要经常地、重复地执行一段代码,可将其定义成类。
2. 在程序设计中,如果应用程序要保持统一的外观和风格,应使用类。
3. 定义一个类后,应对其有关的属性和方法作一些说明,以便于其他用户和程序的使用。

【思考与练习】

1. 在面向对象的程序设计中,何时需要定义类?
2. 在子类的事件代码中如何调用父类的事件代码?
3. 在子类中调用父类代码时,dodefault()函数与操作符::有何区别?

【测评标准】

1. 类的整体设计是否科学合理。
2. 类中各个对象的事件代码是否正确。

实验二十

菜单的设计与使用

【实验类型】

基础与验证型

【实验目的与要求】

1. 掌握普通菜单的设计与使用。
2. 掌握快捷菜单的设计与使用。

【软硬件环境】

1. 硬件环境：PⅢ800 以上计算机，内存 128 MB 以上；200 MB 以上的存储空间。
2. 软件环境：Windows 系列操作系统，Visual FoxPro 6.0 及以上中文专业版。
3. 启动 VFP 后，设置 VFP 的默认路径为 D：\vfpsyhj\sy20。

【实验涉及的主要知识单元】

1. 菜单

在 Windows 应用程序中，菜单通常分成普通菜单和快捷菜单两种。

2. 菜单栏、子菜单和菜单项

☞ 菜单栏，普通菜单中的一列，如系统菜单中的"文件"、"编辑"等。

☞ 菜单项(又称为命令)，单击菜单项将执行一个具体的操作，如"文件"菜单栏中的"新建"、"打开"等。

☞ 子菜单，菜单栏或菜单项的下一级菜单。

3. 访问键和快捷键

☞ 访问键，又称为热键，是为菜单栏或菜单项预先定义的组合键(由 Alt+字母构成)。使用访问键，可替代鼠标操作来访问相关的菜单栏或菜单项。

☞ 快捷键，是为菜单项预先定义的组合键(由 Ctrl+字母或 Alt+字母构成)。使用快捷键，可直接执行相关菜单项的操作而无须访问菜单。

4. SDI 菜单

SDI(Single Document Interface)菜单是指出现在单文档界面窗口中的菜单。

5. 设置代码和清理代码

☞ 设置代码是在菜单运行前执行的代码。通常用来设置菜单的路径信息、创建环境参数和定义内存变量等。

☞ 清理代码是在菜单运行之后立即执行的代码。清理代码执行后才由用户选择执行菜单或菜单项的代码。

【实验内容与步骤】

一、创建普通菜单

打开项目 jxxt,在项目管理器中选择“菜单”,然后单击“新建”按钮(也可使用工具栏上的“新建”按钮或选择“文件”菜单中的“新建”菜单项来操作,但创建的菜单不会自动添加在项目中)。屏幕显示“新建菜单”对话框,如图 20-1 所示。单击“菜单”按钮打开“菜单设计器”窗口,如图 20-2 所示。

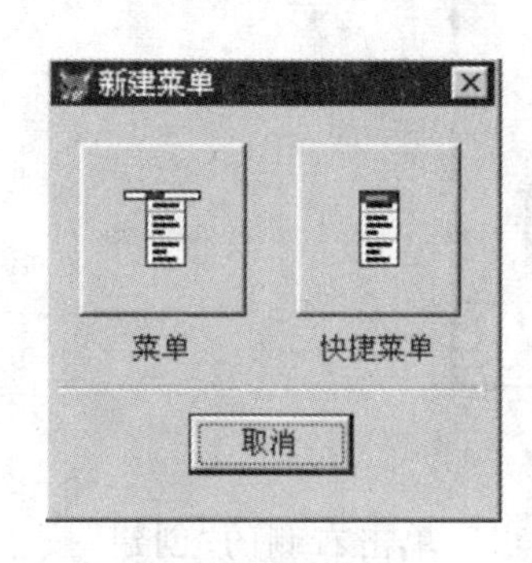

图 20-1

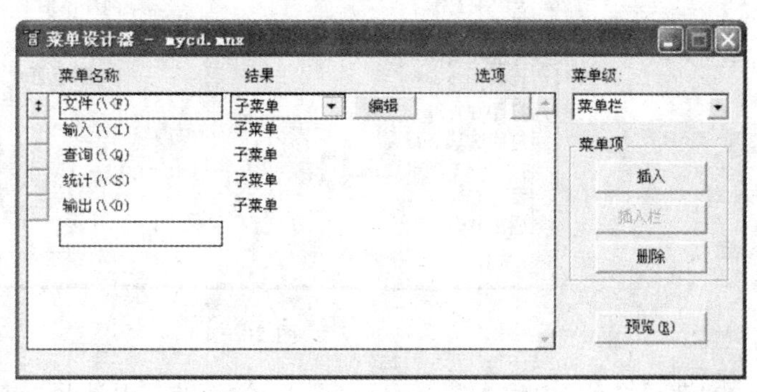

图 20-2

1. 创建菜单栏

按图 20-2 所示,在“菜单名称”栏中输入各菜单栏的名称。

菜单名称中的“\<　”用于设置该菜单项的访问键。

2. 创建菜单项

选中“文件”菜单栏,单击“编辑”按钮,进入“文件”菜单栏的子菜单编辑状态。此时,“菜单设计器”窗口中的“菜单级”显示“文件 F”。按图 20-3 所示创建“文件”菜单栏的子菜单。

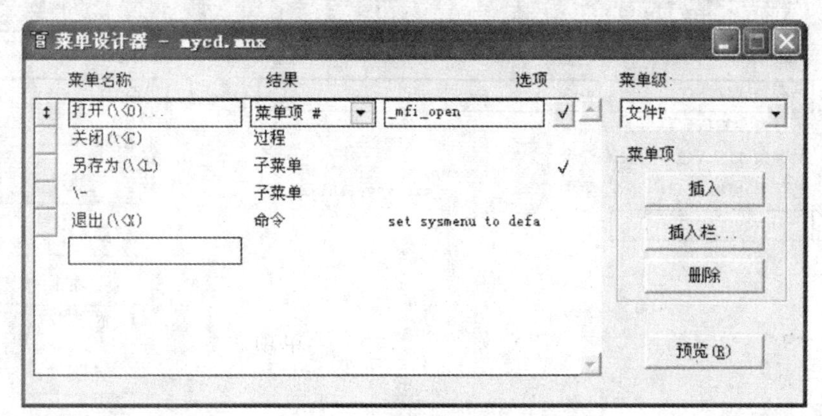

图 20-3

① 在“菜单名称”中输入“退出(\<X)”,在“结果”中选择“命令”,在随后出现的文本框中输入:set sysmenu to defa。

② 在“菜单设计器”窗口右侧的“菜单项”区域单击“插入栏...”按钮,弹出“插入系统菜单栏”对话框,如图 20-4 所示。从中选择“打开(O)...”,单击“插入”按钮后,再单击“关闭(C)”按钮。

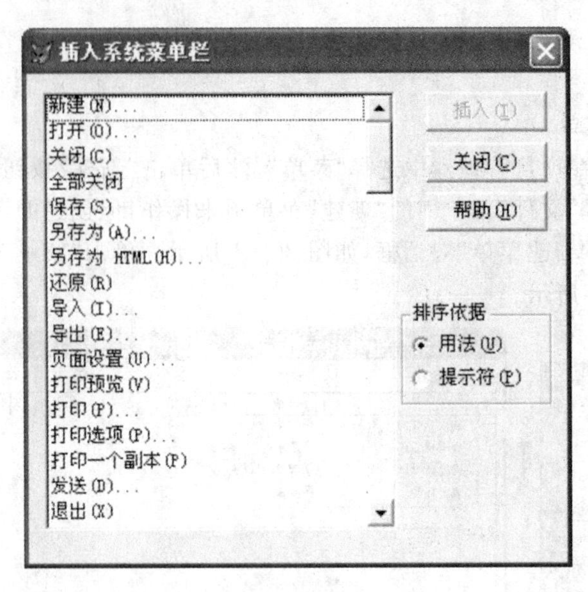

图 20－4

③ 在“菜单名称”中输入“关闭(\<C)”，在“结果”中选择“过程”，单击右侧的“创建”按钮，在随后出现的过程编辑窗口中输入以下代码：

```
if not empty(alias())
   use
endif
```

④ 在“菜单名称”中输入“另存为(\<L)”，在“结果”中选择“子菜单”，单击右侧的“编辑”按钮，进入该菜单项的子菜单编辑状态。按图 20－5 所示，设置子菜单。

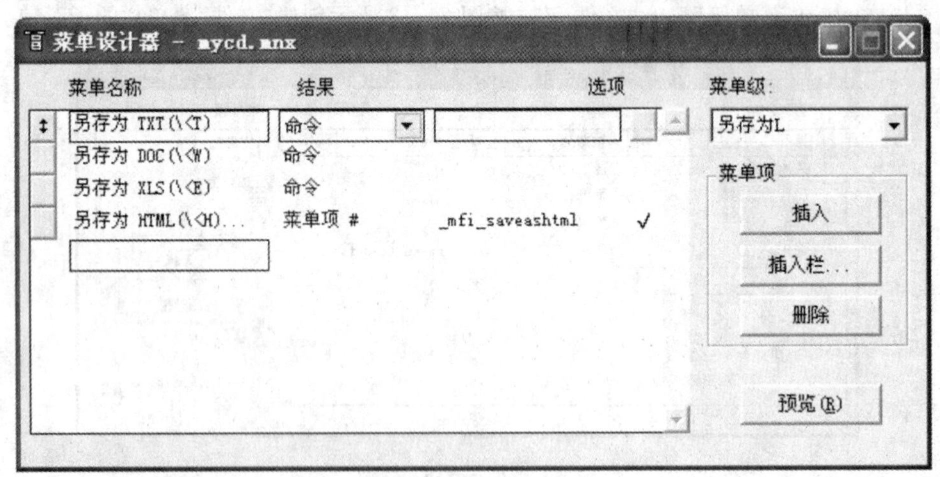

图 20－5

⑤ 在“菜单级”中选择“文件 F”，返回“文件”菜单栏的编辑状态。

⑥ 在“另存为”与“退出”两个菜单项之间插入一个新菜单项。在该菜单项的“菜单名称”栏中输入“\－”(如图 20－3 所示)。

也可以先在任意位置插入菜单项，设置好后再拖放到相应的位置。

3. 菜单项的设置

为菜单项“另存为(\<L)”设置相关内容。选择该菜单项，单击右侧的“选项”按钮，出现“提示选项”对话框，如图 20－6 所示。

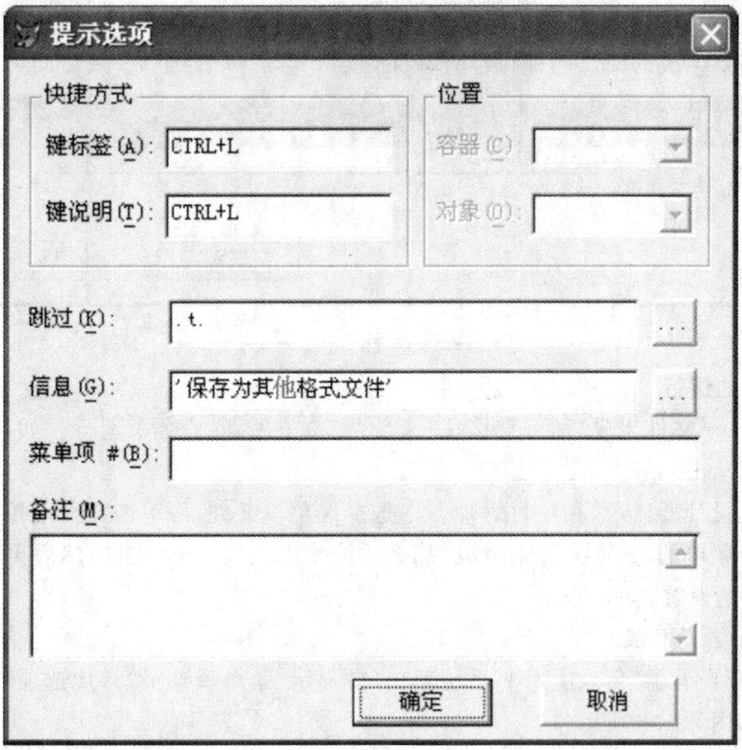

图 20－6

(1) 快捷键

为菜单项“另存为(\<L)”设置快捷键“Ctrl＋L”。

先用鼠标单击“提示选项”对话框左上部的“键标签”文本框，再按下“Ctrl＋L”键，此时“键标签”和“键说明”文本框中自动出现快捷键的对应文本。通常“键标签”和“键说明”是一致的。

(2) 启用与废止

将菜单项“另存为(\<L)”设置成无条件废止状态。

在“跳过”文本框中输入逻辑真值. t.，该菜单项即被设置成无条件废止状态，又称跳过。

若要无条件启用该菜单项，可将逻辑真值. t. 改为逻辑假值. f.，或直接清空“跳过”文本框。

有时可根据需要设置一逻辑表达式，菜单运行时根据逻辑表达式的值来动态决定该菜单项是启用还是废止。在“跳过”文本框的右侧有一表达式生成器可帮助用户方便地设置表达式。

(3) 提示信息

在“信息”文本框中输入：'保存为其他格式文件'，运行时在屏幕的左下角将显示该提示文本。注意提示信息需添加英文的字符串括号。

二、菜单的预览

单击图 20－2 右下角的“预览(R)”按钮，将在系统菜单的位置上预览显示该菜单，同时在屏幕中央出现“预览”信息框。

三、菜单的生成

用菜单设计器设计的菜单将产生两个扩展名为.mnx 和.mnt 的文件,而这两个文件是不能直接运行的。要运行菜单,必须先生成扩展名为.mpr 的可执行文件。

单击“菜单”菜单栏中的“生成”,在随后出现的“生成菜单”对话框(如图 20－7 所示)中输入或选择将要生成的文件的保存位置和文件名。然后单击“生成”按钮即可。

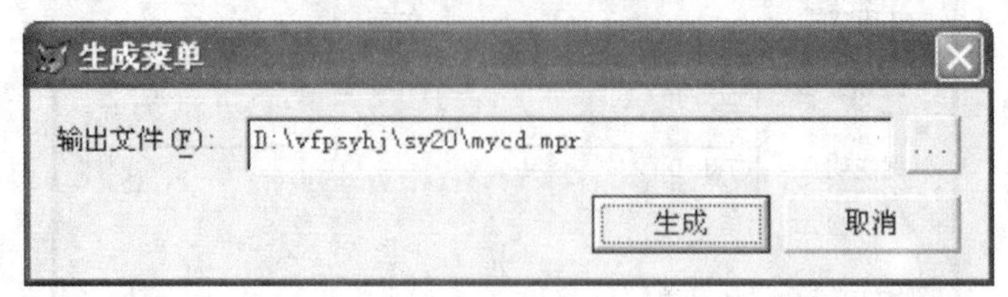

图 20－7

四、菜单的运行

菜单的.mpr 文件生成后,可直接在“命令”窗口中用 do 命令来运行。如:

```
do mycd.mpr
```

关闭菜单设计器以后,在项目管理器中选择好菜单文件,再单击“运行”按钮也可运行菜单。如果某个菜单的.mpr 文件未生成,那么系统将先生成.mpr 文件,然后再运行。

五、菜单的设置

1. 菜单的显示位置

打开“菜单设计器”后,在 VFP 系统菜单的“显示”菜单里选择“常规选项”,弹出“常规选项”对话框,如图 20－8 所示。

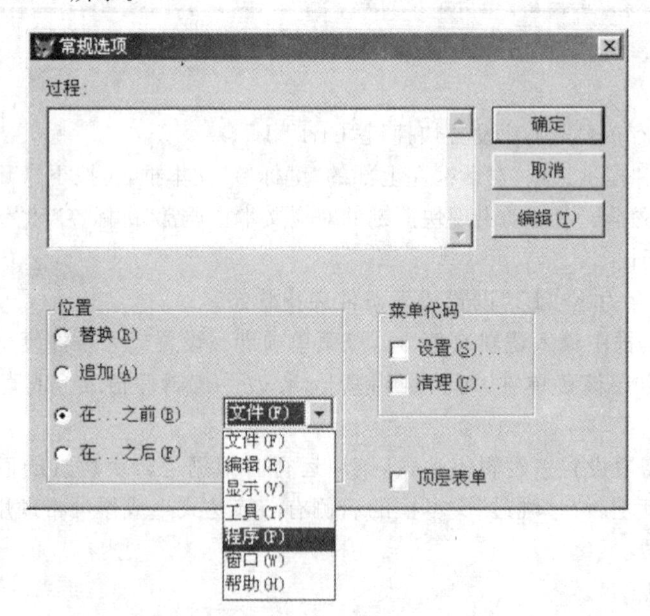

图 20－8

在“位置”区域分别选择“替换”、“追加”、“在...之前”和“在...之后”,运行菜单,观察用户定义的菜单在 VFP 系统菜单中的位置变化。

2. 顶层表单的菜单

(1) 创建 SDI 菜单

打开“菜单设计器”后，将菜单 mycd 另存为 sdicd。在 VFP 系统菜单的“显示”菜单栏中选择“常规选项”，弹出“常规选项”对话框，从中选择“顶层表单”单选按钮，单击“确定”按钮后 SDI 菜单即被创建，重新生成该菜单的可执行文件 sdicd.mpr。

(2) 将 SDI 菜单附加到表单中

打开表单设计器，将表单的 ShowWindows 属性设置为“2 -作为顶层表单”，并为表单的 Init 事件编写如下代码：

```
application.visible=.F.        && 隐藏 VFP 主窗口
do sdicd.mpr with this ,.T.
```

再为表单的 Destroy 事件编写如下代码：

```
application.visible=.T.        && 显示 VFP 主窗口
```

运行表单，观察菜单的显示位置与前面有什么不同。

3. 菜单代码

① 在项目管理器中选择菜单文件 mycd，单击“修改”按钮打开“菜单设计器”窗口。

② 从“显示”菜单栏中选择“常规选项”，出现“常规选项”对话框。

③ 在“菜单代码”区域选择“设置”复选框，出现一个独立的代码窗口，单击“确定”按钮，在代码窗口中输入“设置”代码：

```
messagebox("设置代码演示",1,"菜单代码")
```

④ 关闭“设置”代码窗口。

⑤ 从“显示”菜单栏中选择“常规选项”，出现“常规选项”对话框。

⑥ 在“菜单代码”区域选择“清理”复选框，出现一个独立的代码窗口，单击“确定”按钮，在代码窗口中输入“清理”代码：

```
messagebox("清理代码演示",1,"菜单代码")
read events
```

⑦ 运行该菜单，观察“设置”代码与“清理”代码的执行时机。

4. 菜单的默认过程

① 在项目管理器中选择菜单文件 mycd，单击“修改”按钮打开“菜单设计器”窗口。

② 从“显示”菜单栏中选择“常规选项”，出现“常规选项”对话框。在“过程”编辑框中输入如下代码后单击“确定”按钮：

```
do form cdlmrgc
```

③ 从“显示”菜单栏中选择“菜单选项”，出现“菜单选项”对话框。在“过程”编辑框中输入如下代码后单击“确定”按钮：

```
do form cdxmrgc
```

④ 运行该菜单，用鼠标依次单击“输入”、“查询”、“统计”、“输出”等菜单栏，观察有什么不同。

再用鼠标单击“输入”菜单栏中的“学生情况”、“教师情况”、“任课情况”、“考试成绩”等菜单项，观察有什么不同。

同时分析比较这两个默认过程的作用。

六、快捷菜单的创建

1. 在项目管理器中选择“菜单”，单击“新建”按钮后屏幕显示图 20-1 所示的“新建菜单”对话框。单击“快捷菜单”按钮打开“快捷菜单设计器”窗口，按图 20-9 所示设计快捷菜单。

图 20-9

2. 在"菜单名称"中输入"变色",在"结果"中选择"过程",输入过程代码如下:

```
r=int(rand()*256)
g=int(rand()*256)
b=int(rand()*256)
bd.backcolor=rgb(r,g,b)
```

3. 在"菜单名称"中输入"放大",在"结果"中选择"过程",输入过程代码如下:

```
bd.height=bd.height*2
bd.width=bd.width*2
```

4. 在"菜单名称"中输入"缩小",在"结果"中选择"过程",输入过程代码如下:

```
bd.height=bd.height/2
bd.width=bd.width/2
```

5. 在"菜单名称"中输入"最大化/还原",在"结果"中选择"过程",输入过程代码如下:

```
if bd.windowstate=0
   bd.windowstate=2
else
   bd.windowstate=0
endif
```

6. 在"常规选项"对话框中,为菜单设置"设置"代码如下:

```
parameter bd      && 定义参数
```

7. 保存该快捷菜单,并生成可执行文件 kjcd.mpr。
8. 创建一个表单,设置表单的 RightClick 代码如下:

```
do kjcd.mpr with this      && 将表单 this 传递给菜单参数 bd
```

9. 运行表单并右击,依次执行快捷菜单中的菜单项,观察表单的变化。

七、系统菜单的设置

1. 定制系统菜单,使系统菜单仅包含"文件"和"编辑"两个菜单栏。

在"命令"窗口中输入:set sysmenu to _mfile,_medit

2. 恢复系统菜单。

在“命令”窗口中输入：set sysmenu todefault

3. 关闭系统菜单。

在“命令”窗口中输入：set sysmenu to

【实验要求与提示】

1. 访问键的设置是在字符前加“\＜”。当名称中有多个英文字符时，要将哪个字符设置成访问键，就直接在该字符前插入“\＜”。

2. “菜单设计器”窗口中的“结果”栏有命令、菜单项＃、子菜单和过程4个选项。如果当前菜单项的功能可由一条命令来实现，应选择“命令”。如果要借用系统菜单的菜单项，应选择“菜单项＃”。当与一个菜单项相关联的操作必须由两条或两条以上的命令来实现时，应使用过程。如果一个菜单项还包含下一级菜单，应选择子菜单。

3. 为了增强菜单的可读性，有时需要用分组线将菜单项按功能进行分组。设置分组线只需要在菜单项的名称栏中输入“\－”即可。注意这里是减号“－”，而不是下划线“_”。分组线的“结果”栏无需设置，无论选择什么对分组线都没有影响。

【实验过程必须遵守的规则】

1. 用菜单设计器设计的菜单文件的扩展名为.mnx，该文件不能直接运行。必须“生成”扩展名为.mpr的文件方可运行。

2. 用do命令运行菜单文件时，扩展名.mpr不能省略。

3. 菜单文件编辑修改后必须重新“生成”。

4. 被废止(或跳过)的菜单项只有在运行时才能看到效果，预览时无效。

【思考与练习】

1. 快捷键与访问键有何区别？如何设置？

2. “设置”代码与“清理”代码的执行时机有何不同？

3. “常规选项”的默认过程与“菜单选项”的默认过程有何不同？

4. 为什么定制系统菜单或关闭系统菜单后，系统菜单位置总会多出一个菜单栏？如何取消？

【测评标准】

1. 整个菜单系统的设计是否科学合理。

2. 是否掌握了访问键、分组线的设置方法和技巧。

3. 菜单项的“结果”选择是否正确合理。

4. 是否掌握了菜单项的快捷键、“跳过”、提示信息的设置方法和技巧。

5. 是否掌握了菜单显示位置的设置方法。

6. 是否掌握了菜单的“设置”代码与“清理”代码的设置方法和技巧。

7. 是否掌握了菜单栏与菜单项的“默认过程”代码的设置方法和技巧。

8. 是否掌握了快捷菜单的设计方法和技巧。

实验二十一

工具栏的设计与使用

【实验类型】

设计与开发型

【实验目的与要求】

1. 掌握工具栏类的设计方法与技巧。
2. 掌握自定义工具栏的使用方法。

【软硬件环境】

1. 硬件环境：PⅢ800 以上计算机，内存 128 MB 以上；200 MB 以上的存储空间。
2. 软件环境：Windows 系列操作系统，Visual FoxPro 6.0 及以上中文专业版。
3. 启动 VFP 后，设置 VFP 的默认路径为 D：\vfpsyhj\sy21。

【实验涉及的主要知识单元】

1. 工具栏类

VFP 提供了工具栏的基类 Toolbar，在此基础上，用户可以创建所需的工具栏子类。

2. 定义工具栏类的步骤

① 从“项目管理器”中选择“类库”，然后点击“新建”按钮。

② 在“类名”框中输入工具栏子类的名称。

③ 从“派生于”的列表中选择“Toolbar”，以使用工具栏基类。

④ 在“存储于”框中输入类库名，用以保存用户创建的子类。

3. 工具栏的泊留

工具栏的泊留，是指工具栏停泊在系统窗口的四周，而不是浮动在系统窗口内。

4. Dock 方法

工具栏的泊留状态，可使用 Dock 方法来实现，Dock 方法的格式如下：

Dock(nLocation，X，Y)

其中，nLocation 参数指定工具栏的泊留位置，其取值、对应常量以及含义如表 21－1 所示。

表 21-1 Dock 方法参数取值表

位　置	常　量	含义说明
-1	TOOL_NOTDOCKED	取消泊留
0	TOOL_TOP	泊留在 VFP 主窗口的顶部
1	TOOL_LEFT	泊留在 VFP 主窗口的左边
2	TOOL_RIGHT	泊留在 VFP 主窗口的右边
3	TOOL_BOOTOM	泊留在 VFP 主窗口的底部

X,Y 参数为选项,分别指定工具栏泊留时水平和垂直方向的坐标。

【实验内容与步骤】

一、创建记录定位工具栏

1. 创建自定义工具栏类

① 在"项目管理器"中选择"类库",单击"新建"按钮,出现"新建类"对话框,如图 21-1 所示。

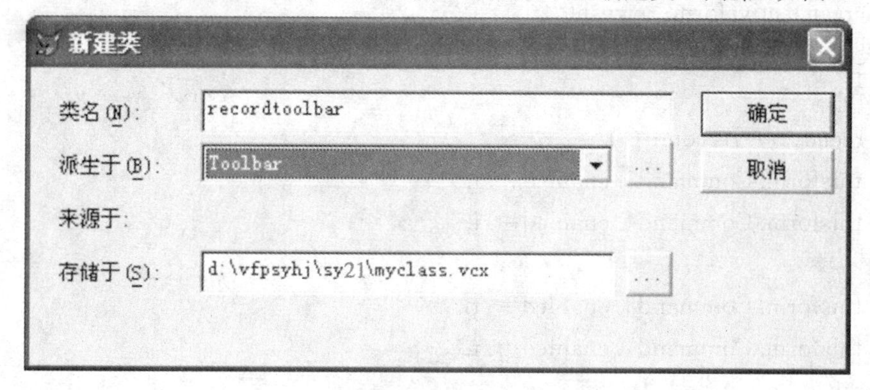

图 21-1

② 在"类名"框中输入新类的名称 recordtoolbar。

③ 从"派生于"的列表中选择"Toolbar",以使用工具栏基类。

④ 在"存储于"框中输入类库名 myclass,用以保存创建的新类。单击"确定"按钮打开"类设计器"窗口。

⑤ 按图 21-2 所示添加 4 个命令按钮、一个标签和一个微调框。

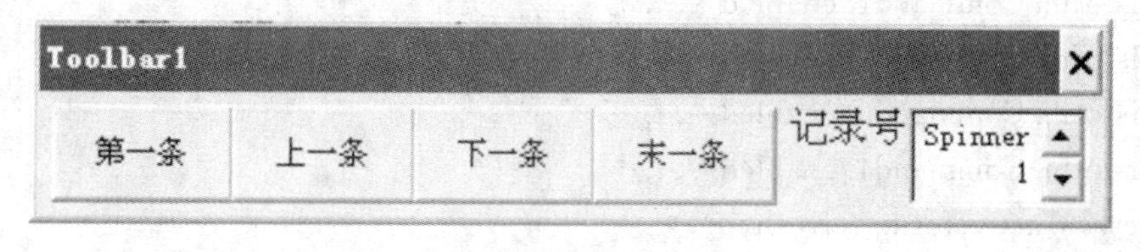

图 21-2

☞ 设置 Command1 的 Caption 属性为"第一条",Click 事件代码如下:

```
go top
thisform.Command1.enabled=.f.
thisform.Command2.enabled=.f.
```

```
thisform. Command3. enabled=. t.
thisform. Command4. enabled=. t.
_screen. activeform. refresh
```

☞ 设置 Command2 的 Caption 属性为“上一条”,Click 事件代码如下:

```
skip -1
if recno( )=1
   thisform. Command1. enabled=. f.
   thisform. Command2. enabled=. f.
else
   thisform. Command1. enabled=. t.
   thisform. Command2. enabled=. t.
endif
thisform. Command3. enabled=. t.
thisform. Command4. enabled=. t.
_screen. activeform. refresh
```

☞ 设置 Command3 的 Caption 属性为“下一条”,Click 事件代码如下:

```
skip
if recno( )=reccount( )
   thisform. Command3. enabled=. f.
   thisform. Command4. enabled=. f.
else
   thisform. Command3. enabled=. t.
   thisform. Command4. enabled=. t.
endif
thisform. Command1. enabled=. t.
thisform. Command2. enabled=. t.
_screen. activeform. refresh
```

☞ 设置 Command4 的 Caption 属性为“末一条”,Click 事件代码如下:

```
go bottom
thisform. Command1. enabled=. t.
thisform. Command2. enabled=. t.
thisform. Command3. enabled=. f.
thisform. Command4. enabled=. f.
_screen. activeform. refresh
```

☞ 设置 Spinner1 的 InteractiveChange 事件代码如下:

```
go this. value
do case
   case recno( )=1
      thisform. Command1. enabled=. f.
      thisform. Command2. enabled=. f.
```

```
        thisform.Command3.enabled=.t.
        thisform.Command4.enabled=.t.
    case recno( )=reccount( )
        thisform.Command1.enabled=.t.
        thisform.Command2.enabled=.t.
        thisform.Command3.enabled=.f.
        thisform.Command4.enabled=.f.
    otherwise
        thisform.setall("enabled",.t.)
endcase
_screen.activeform.refresh
```

☞ 设置 Label1 的 Caption 属性为“记录号”。

2. 设置工具栏运行时的泊留状态

① 设置工具栏类的 Init 事件代码为：

```
this.dock(2)      && 将工具栏泊留在屏幕右侧
```

② 保存并关闭“类设计器”窗口。

3. 向表单上添加工具栏

① 新建一个表单，将表单的数据环境设置为 xs 表，并从数据环境中将 xsxh、xsxm、xszp 等三个字段拖放到表单上。

② 单击“控件”工具栏上的“查看类”，选择“添加”，将类库文件 myclass 添加到控件工具栏上。

③ 单击 recordtoolbar 按钮，然后在表单上单击，将出现一个对话框（如图 21-3 所示）要求创建“表单集”对象，单击“是”按钮后工具栏添加成功。

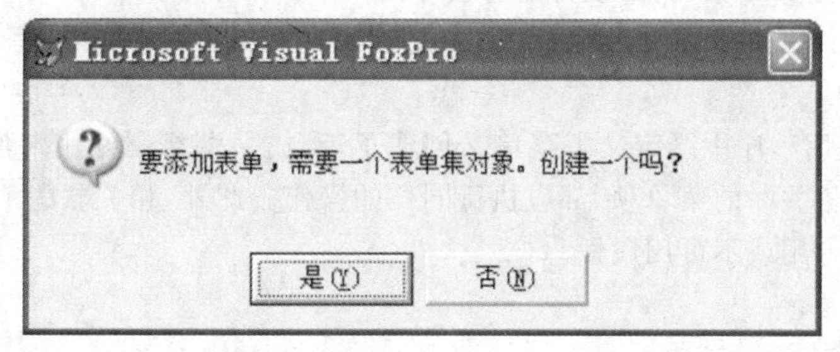

图 21-3

④ 保存并运行表单，观察运行效果。

二、设计字体工具栏

设计一个字体工具栏，如图 21-4 所示。要求能用该工具栏来设置活动控件的字体、字号、粗体、斜体和下划线等。

图 21-4

【实验要求与提示】

1. 创建工具栏类也可以从“文件”菜单中选择“新建”或使用 Create Class 命令,还可以在程序中用 Define Class 来定义。

2. 用类设计器创建以上工具栏类时,在“新建类”对话框中,“派生于”类型必须选择“Toolbar”。

3. 工具栏上的对象是紧密地排列在一起的,可根据需要在对象间添加分隔符(Separator),使之保留一定的间隔。

4. 设计字体工具栏时,要将系统的字体提供给组合框 Combo1,可参照如下代码设置 Combo1 的 Init 事件代码。

```
dimension zt[5]
=afont[zt]
for i=1 to alen(zt)
   this. additem(zt[i])
endfor
this. value="宋体"
```

5. 设计字体工具栏时,要用组合框 Combo1 来控制活动控件的字体,可参照如下代码设置 Combo1 的 InteractiveChange 事件代码。

```
dx=_screen. activeform. activecontrol
if inlist(dx. baseclass,"Textbox","Editbox","Combobox")
   dx. fontname=this. value
endif
```

【实验过程必须遵守的规则】

1. 要创建自定义工具栏,必须首先为它定义一个工具栏子类。

2. 若要为某个表单添加工具栏,必须先创建一个表单集对象,因为系统事实上将工具栏也视作一个表单。

3. 如果某应用程序中既定义了菜单又创建了工具栏,那么无论用户使用工具栏按钮,还是使用与按钮相关联的菜单项,都应执行同样的操作。此外,相关联的工具栏按钮与菜单项应具有统一的可用或不可用属性。

【思考与练习】

1. 在 VFP 中,哪些控件不能添加到工具栏上?
2. 如何创建一个只有工具栏的表单?
3. 如何将菜单与工具栏协调起来?

【测评标准】

1. 整个工具栏的设计是否科学合理。
2. 是否掌握了定义工具栏类的方法和技巧。
3. 是否掌握了将工具栏添加到表单上的方法和技巧。
4. 设计的工具栏能否有效控制活动控件的相关操作。
5. 是否掌握了工具栏泊留的设置方法和技巧。

综合应用模块

实验二十二

简单应用程序的设计

【实验类型】

设计与开发型

【实验目的与要求】

1. 了解创建应用系统的基本步骤。
2. 综合运用所学数据库知识创建简单应用程序。

【软硬件环境】

1. 硬件环境：PⅢ800 以上计算机，内存 128 MB 以上；200 MB 以上的存储空间。
2. 软件环境：Windows 系列操作系统，Visual FoxPro 6.0 及以上中文专业版。
3. 启动 VFP 后，设置 VFP 的默认路径为 D：\vfpsyhj\sy22。

【实验涉及的主要知识单元】

1. 创建应用系统的几个重要步骤。
2. 主程序的创建和设置方法。
3. 连编可执行程序的方法。
4. 项目中文件的“包含”和“排除”的设置。

【实验内容与步骤】

某校医疗机构根据管理需要，决定建立一个“药品购销业务管理系统”，以取代人工对数据的管理。

一、需求分析

需求分析的任务，是弄清用户对目标系统数据处理功能所提出的需求。

1. 系统功能

根据系统目标以及与用户的充分讨论，本系统的功能需求可归纳为以下几个方面：

(1) 数据管理：包括药品基本信息的输入和修改。

(2) 数据查询：包括对药品基本信息、采购、销售等情况的查询。

(3) 数据统计：包括对需进货药品以及销售业绩的统计。

(4) 人员管理：包括对不同职工的权限控制以及密码修改等。

2. 系统结构框架

在设计时，按照实际需求分析的结果将本系统划分成系统管理、药品采购等多个功能独立的模块，以实现对药品购销的日常管理。系统的结构如图 22 - 1 所示。

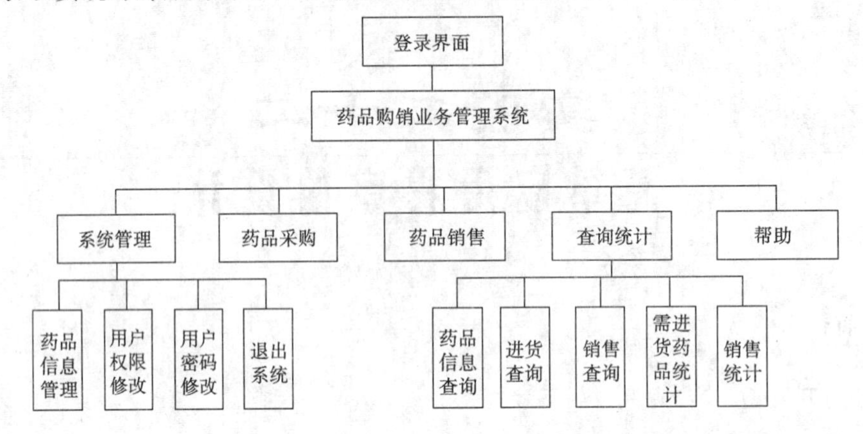

图 22 - 1

在进一步分析和理解本系统功能需求的基础上，我们设计了包含以下几张表的数据库。

表 22 - 1　药品基本信息表(ypjbxx. dbf)

字段名	字段类型	字段说明
ypbh	C(8)	药品编号
ypmc	C(20)	药品名称
gg	C(20)	规格
jhj	N(6,1)	进货价
xsj	N(6,1)	销售价
kcl	N(6,0)	库存量

表 22 - 2　药品采购表(ypcg. dbf)

字段名	字段类型	字段说明
ypbh	C(8)	药品编号
cgsl	N(6,0)	采购数量
gh	C(5)	工号
cgrq	D	采购日期

表 22 - 3　药品销售表(ypxs. dbf)

字段名	字段类型	字段说明
ypbh	C(8)	药品编号
xsl	N(6,0)	销售量
gh	C(5)	工号
xsrq	D	销售日期

表 22－4　职工表(zg.dbf)

字　段　名	字段类型	字段说明
gh	C(5)	工号
xm	C(8)	姓名
xb	C(2)	性别
qxlx	C(2)	权限类型
mm	C(20)	密码
zp	G	照片

二、应用程序设计

1. 用项目管理应用程序的所有文件

当前目录下已经包含该系统所需的数据库、表、表单、菜单等各种文件。创建一个名为 ypgl.pjx 的项目文件，将表 22－5 所列各种类型文件添加到该项目中的相应位置。

表 22－5　应用程序中的各类文件

<table>
<tr><th>文件类型</th><th>主要文件名</th><th>文件说明</th></tr>
<tr><td rowspan="5">数据库和表</td><td>ypgl.dbc</td><td>数据库文件</td></tr>
<tr><td>ypjbxx.dbf</td><td>药品信息表</td></tr>
<tr><td>ypcg.dbf</td><td>药品采购表</td></tr>
<tr><td>ypxs.dbf</td><td>药品销售表</td></tr>
<tr><td>zg.dbf</td><td>职工表</td></tr>
<tr><td rowspan="11">表　单</td><td>login.scx</td><td>登录界面</td></tr>
<tr><td>main.scx</td><td>主界面</td></tr>
<tr><td>ypxxgl.scx</td><td>药品信息管理</td></tr>
<tr><td>qxxg.scx</td><td>权限修改</td></tr>
<tr><td>mmxg.scx</td><td>密码修改</td></tr>
<tr><td>ypcg.scx</td><td>药品采购</td></tr>
<tr><td>ypxs.scx</td><td>药品销售</td></tr>
<tr><td>ypxxcx.scx</td><td>药品信息查询</td></tr>
<tr><td>jhcx.scx</td><td>进货查询</td></tr>
<tr><td>xscx.scx</td><td>销售查询</td></tr>
<tr><td>xstj.scx</td><td>销售统计</td></tr>
<tr><td rowspan="5">报　表</td><td>xjhyp.frx</td><td>需进货药品</td></tr>
<tr><td>dlxsph.frx</td><td>当日销售排行</td></tr>
<tr><td>dyxsph.frx</td><td>当月销售排行</td></tr>
<tr><td>dllrtj.frx</td><td>当日利润统计</td></tr>
<tr><td>dylrtj.frx</td><td>当月利润统计</td></tr>
<tr><td>菜　单</td><td>main.mnx</td><td>主菜单</td></tr>
<tr><td>程　序</td><td>main.prg</td><td>主程序</td></tr>
<tr><td>帮　助</td><td>help.chm</td><td>帮助文件</td></tr>
</table>

2. 登录界面

为了保证系统使用的安全，我们设计了如图 22－2 所示的登录界面。在用户输入正确的工号和密码后，程序根据该用户在 zg 表中相应的权限类型来提供相应的访问服务。我们设置了 4 种不同的权限类型进行控制，对应于 zg 表中权限类型(qxlx)字段。

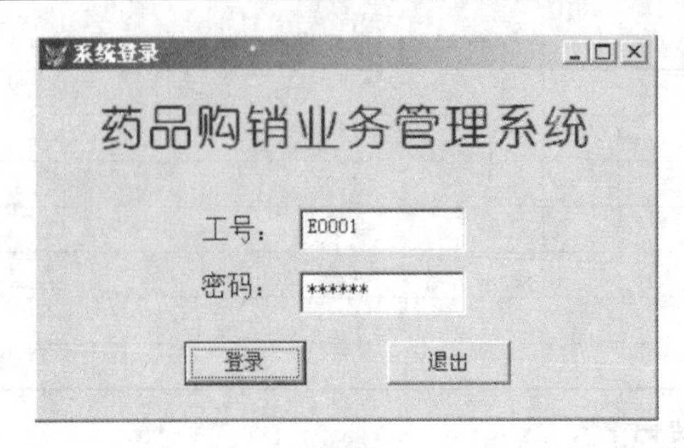

图 22-2

其中：

00—普通员工：只享有药品基本信息查询的权限。

01—采购人员：除药品基本信息查询外，还可以进行采购活动以及查询采购历史记录。

10—销售人员：除药品基本信息查询外，可以进行销售活动以及查询销售历史记录。

11—管理员或领导：除具有上述权限外，还可以调整药品信息，统计需要进货的药品，查看销售业绩以及对用户权限进行修改。

本系统中，我们考虑采用动态菜单来实现上述访问控制的要求。请根据不同用户类型所具有的访问权限，完善相应功能菜单的废止(即跳过)条件。

3. *系统主窗口*

该系统的主窗口由表单文件 main. scx 和菜单文件 main. mnx 构成。其中 main. mnx 菜单文件的基本框架已经创建，请按照表 22-6 中的内容来完善该菜单功能，并以 main. scx 作为顶层表单，通过相关属性或代码的设置，将生成的菜单文件 main. mpr 添加到顶层表单中。最终运行表单文件后得到的主界面效果如图 22-3 所示。

表 22-6 main. mnx 菜单结构

菜单名称	结　果	操　作
系统管理	子菜单	
药品信息管理	命　令	Do form ypxxgl. scx
用户权限修改	命　令	Do form qxxg. scx
用户密码修改	命　令	Do form mmxg. scx
退出系统	命　令	Clear events
药品采购	命　令	Do form ypcg. scx
药品销售	命　令	Do form ypxs. scx
查询统计	子菜单	
药品信息查询	命　令	Do form ypxxcx. scx
进货查询	命　令	Do form jhcx. scx
销售查询	命　令	Do form xscx. scx
需进货药品统计	命　令	Report form xjhyp for kcl<10 preview
销售统计	命　令	Do form xstj. scx
帮　助	命　令	help

图 22－3

4. 主程序文件

主文件是应用程序的起始执行点，可以是表单、菜单或程序文件中的一种，但同一个项目只能有一个主文件。本系统中，我们以一个短小的.prg 程序作为主文件。打开项目管理器中的程序文件 main.prg，输入以下代码，并将其设置为主文件。

```
SET TALK OFF
SET DEFA TO D:\vfpsyhj\sy22          && 设置文件默认路径，本例所有文件都放
                                     && 在该目录下
SET SAFETY OFF                       && 指定打开文件时不提示
SET HELP TO help.chm                 && 指定帮助文件
DO form LOGIN.SCX                    && 执行表单文件
READ EVENTS                          && 建立事件循环
```

5. 表单

本系统中所设计的表单主要是作为数据管理和查询统计的交互界面。大部分的表单功能已经实现，图 22－4～图 22－6 分别所示的是其中的几个功能表单。

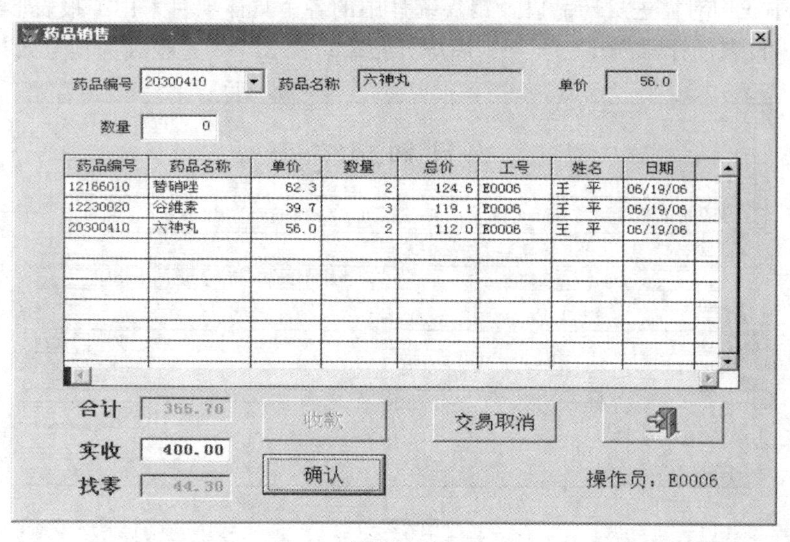

图 22－4

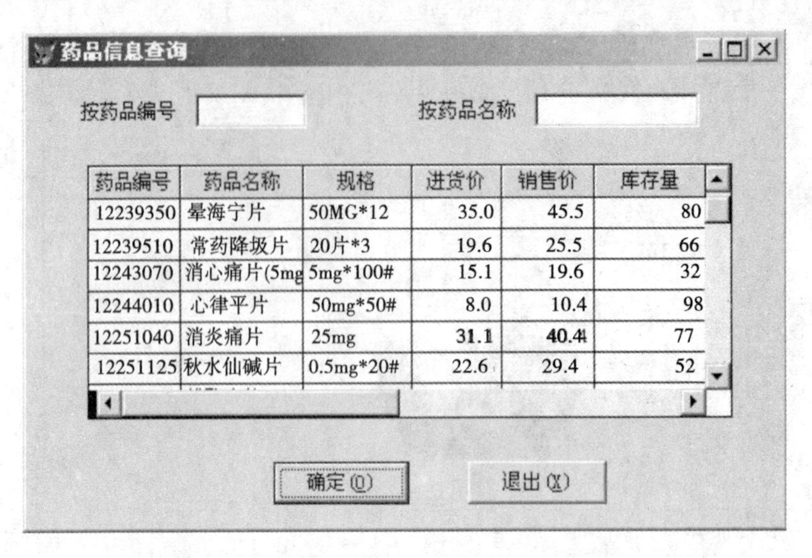

图 22-5

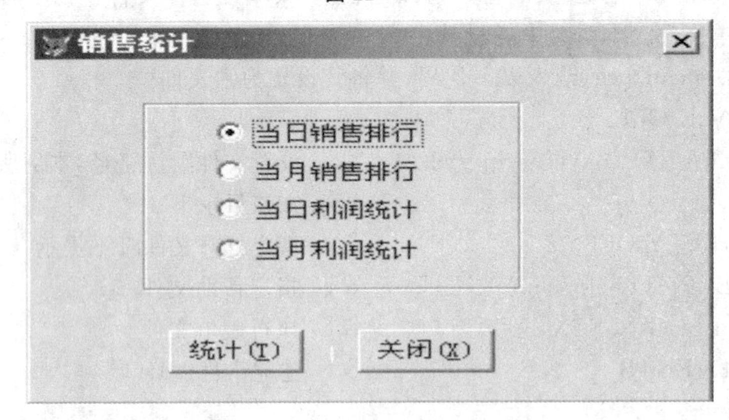

图 22-6

6. 报表

本系统中我们对需进货药品以及销售统计中的各个具体项目采用了报表形式输出。图 22-7 是利用报表设计器创建的当月利润统计报表。图 22-8 是报表的预览效果。

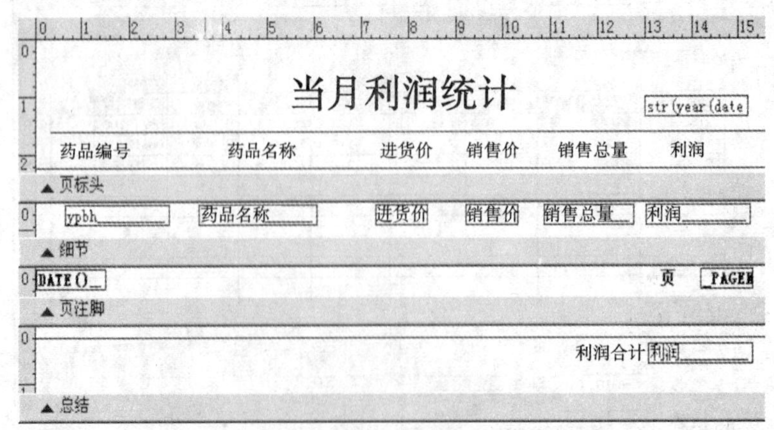

图 22-7

当月利润统计

2006年6月

药品编号	药品名称	进货价	销售价	销售总量	利润
12166010	替硝唑	47.8	62.3	16	232.0
12265150	维酶素片	39.4	51.2	6	70.8
12239350	晕海宁片	35.0	45.5	36	378.0
12230020	谷维素	30.5	39.7	18	165.6
12271125	钙尔奇D片	23.4	30.4	3	21.0
12239510	常药降压片	19.6	25.5	23	135.7
12300410	滴鼻净液	16.9	22.0	4	20.4
12243070	消心痛片（5mg）	15.1	19.6	41	184.5
12292360	去痛片	8.2	10.7	5	12.5
12244010	心律平片	8.0	10.4	7	16.8
12271010	复合维生素B片	2.5	3.3	6	4.8
				利润合计	1242.1

图 22-8

三、连编和运行应用程序

在上述工作完成以后，就可以连编项目以编译应用程序，生成可执行的EXE文件，这样脱离VFP环境后程序也能运行。具体操作步骤如下：

1. 单击“项目管理器”窗口中的“连编”按钮，在“连编选项”对话框中选择“操作”框内的“连编可执行文件”，单击“确定”按钮。

2. 在“另存为”对话框中输入文件名：ypgl. exe，单击“保存”按钮。

3. 运行时，可以直接双击ypgl. exe文件，也可以在VFP的命令窗口中输入以下命令：
   DO ypgl. exe

【实验要求与提示】

1. 系统的大部分功能已经实现，只需按要求将各种类型的文件组织到ypgl项目中去。

2. 对于不同的登录者，可以根据他们相应的权限类型以及该类型所代表的具体权限来设定相应功能菜单的跳过条件。

3. 该系统中，设定需进货药品为库存量小于10的药品。

4. 在整个药品购销应用系统中必须创建事件循环，由READ EVENTS命令开启，由CLEAR EVENTS命令结束。

5. 菜单文件main. mnx必须生成main. mpr文件后才能在主界面main. scx的init事件中调用。

6. 系统中的主界面main. scx必须在连编后才能正常运行，单个执行时，不影响显示效果。

【实验过程必须遵守的规则】

1. 确保员工必须以正确的工号和密码才能够进入系统主界面。

2. 允许任何员工修改自身的登录密码。

3. 为了简化操作，我们认为各种药品每次进货的前后价格相同。

4. 必须针对不同员工的相应权限进行访问控制，从而确保整个应用系统的安全。

【思考与练习】

1. 系统默认哪些文件被添加到项目后是被排除的？哪些是被包含的？这样设置的意义是什么？

2. 在脱离 VFP 环境时，对于已经设置为包含的文件是否仍然需要？请验证说明。

3. 如何取消运行时 VFP 提供的默认应用程序主窗口？

【测评标准】

1. 是否能够掌握整个应用程序的构建过程以及各个环节的主要工作。

2. 是否理解项目中文件包含和排除状态对应用程序的不同意义以及相应的设置方法。

3. 能否熟练地根据功能需要设置菜单项的相应命令或过程代码。

4. 通过运行该系统，能否掌握各种功能表单对数据库中数据的访问和修改方法。

5. 能否熟练地掌握报表的设计方法。

实验二十三
趣味小程序

【实验类型】

设计与开发型

【实验目的与要求】

1. 熟练掌握面向对象的编程技术。
2. 熟练掌握表单中控件的添加及其属性、事件和方法的设置。

【软硬件环境】

1. 硬件环境：PⅢ800以上计算机，内存128 MB以上；200 MB以上的存储空间。
2. 软件环境：Windows系列操作系统，Visual FoxPro 6.0及以上中文专业版。
3. 启动VFP后，设置VFP的默认路径为D：\vfpsyhj\sy23。

【实验涉及的主要知识单元】

1. 表单设计器的使用。
2. 表单控件的添加以及相应属性和事件代码的设置。

【实验内容与步骤】

一、制作霓虹灯效果

如今的世界，广告随处可见，到了夜晚街上满是霓虹灯制作的各式广告牌，它们时而亮、时而灭、时而逐个点亮、时而逐个熄灭……能否利用我们本学期所学的VFP的相关知识制作出这样的广告牌效果呢？按下面的步骤，可以为标题加上有四种不同效果的霓虹灯背景（如图23-1所示），想知道效果如何吗？还是赶快动手去做吧！

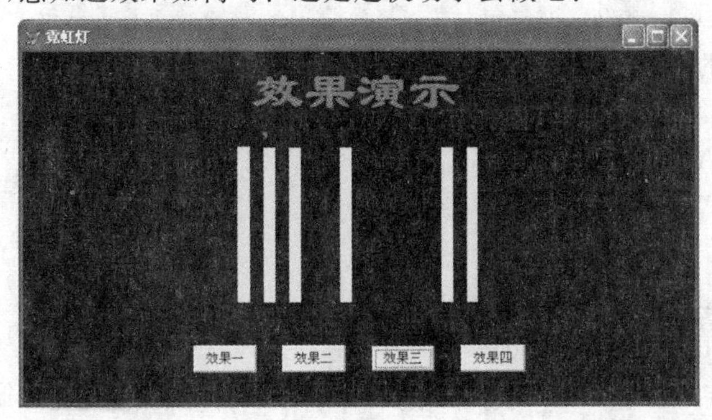

图23-1

① 建立一个新的表单。建立一个新的表单 form1,并设置 form1 的 BackColor 属性为黑色,Caption 属性为“霓虹灯”。

② 制作霓虹灯背景。利用 10 个排成一排的竖条状的形状(Shape1～Shape10)作为霓虹灯背景。用形状控件在 form1 上作出一个矩形方框(Shape1),设置它的 BackColor 属性为黑色,BorderStyle 属性为“0 -无边框”,大小可自定。按同样方法作出另外 9 个,并利用布局工具栏将它们按顺序排成一排。

③ 建立广告牌。单击“表单控制栏”中的“标签”按钮,并在 form1 上拉出一个矩形方框 label1。设置它的 Caption 属性为“效果演示”,Autosize 为. T. ,BackStyle 为“0 -无边框”,FontBold 为. T. ,FontName 为隶书,ForeColor 为(255,0,255),FontSize 为 36。将广告牌放在霓虹灯背景的上面。

④ 建立四个按钮。单击“表单控制栏”中的“命令按钮”,并在 form1 上单击,制作出一个按钮 Command1,重复这一动作作出四个按钮。分别设置它们的 Caption 属性为“效果一”、“效果二”、“效果三”和“效果四”。

⑤ 建立四个定时器。单击“表单控制栏”中的“定时器”按钮,并在 form1 上单击,制作出一个定时器 Timer1,重复这一动作作出四个定时器。设置它们的 Interval 属性为 100ms,Enabled 属性为. F. 。

⑥ 编写事件代码。首先为 form1 增加两个新的过程:ALL_ON 和 ALL_OFF,可通过在表单修改状态选择“表单”菜单中的“新方法”来建立。

本程序中所有的过程如下:

```
form1 的 ALL_ON 过程:(全亮)
  For I = 1 to 10
    Col = "Shape"+Alltrim(Str(I))+". BackColor"
    Thisform. &Col = RGB(255,255,0)
  EndFor
form 1 的 ALL_OFF 过程:(全灭)
  For I = 1 to 10
    Col = "Shape"+Alltrim(Str(I))+". BackColor"
    Thisform. &Col = RGB(0,0,0)
  EndFor
form 1 的 LOAD 过程:
  Public time1, time2
Command 1 的 CLICK 过程:(效果一:轮流点亮)
  time1 = 1
  Thisform. ALL_OFF
  Thisform. Timer1. Enabled = .T.
  Thisform. Timer2. Enabled = .F.
  Thisform. Timer3. Enabled = .F.
  Thisform. Timer4. Enabled = .F.
```

Command 2 的 CLICK 过程:(效果二:按递减顺序轮流点亮,每轮保持最后一个点亮,直到全部点亮)

```
time1 = 1
Thisform.ALL_OFF
Thisform.Timer1.Enabled = .F.
Thisform.Timer2.Enabled = .T.
Thisform.Timer3.Enabled = .F.
Thisform.Timer4.Enabled = .F.
```

Command 3 的 CLICK 过程：(效果三：按递减顺序轮流熄灭，每轮保持最后一个亮着的灯熄灭，直到全部熄灭)

```
time1 = 10
time2 = 1
Thisform.ALL_ON
Thisform.Timer1.Enabled = .F.
Thisform.Timer2.Enabled = .F.
Thisform.Timer3.Enabled = .T.
Thisform.Timer4.Enabled = .F.
```

Command 4 的 CLICK 过程：(效果四：奇数号灯和偶数号灯轮流点亮)

```
time1 = 10
Thisform.ALL_OFF
Thisform.Timer1.Enabled = .F.
Thisform.Timer2.Enabled = .F.
Thisform.Timer3.Enabled = .T.
Thisform.Timer4.Enabled = .F.
```

Timer1 的 TIMER 过程：

```
Thisform.ALL_OFF
Col = "Shape"+Alltrim(Str(time1))+".BackColor"
Thisform.&Col = RGB(255,255,0)
time1 = time1 + 1
If time1 > 10
  time1 = 1
EndIf
```

Timer2 的 TIMER 过程：

```
If Thisform.Shape1.BackColor = RGB(255,255,0) and
  Thisform.Shape2.BackColor = RGB(255,255,0)
  time1 = 1
  Thisform.ALL_OFF
  Return
EndIf
Col = "Shape"+Alltrim(Str(time1))+".BackColor"
Thisform.&Col = RGB(255,255,0)
If time1 = 1
```

```
    time1 = time1 + 1
    Return
  Else
    Col = "Shape"+Alltrim(Str(time1-1))+".BackColor"
    Thisform.&Col = RGB(0,0,0)
  EndIf
  If time1 = 10
    Thisform.Shape10.Backcolor = RGB(255,255,0)
    time1 = 1
    Return
  Else
    Col = "Shape"+Alltrim(Str(time1+1))+".BackColor"
    If Thisform.&Col = RGB(255,255,0)
      time1 = 1
      Return
    EndIf
  EndIf
  time1 = time1 + 1
```

Timer3 的 TIMER 过程:

```
  If time1 = 0
    Thisform.ALL_ON
    time1 = 10
    time2 = 1
    Return
  EndIf
  Col = "Shape"+Alltrim(Str( time1))+".BackColor"
  Thisform.&Col = RGB(0,0,0)
  If time2 = 0
    Thisform.Shape10.BackColor = RGB(0,0,0)
    time1 = time1 - 1
    time2 = 10 - time1
    Return
  Else
    If time2 # 10 - time1
      Col = "Shape"+Alltrim(Str(10 - time2))+".BackColor"
      Thisform.&Col = RGB(0,0,0)
    EndIf
    Col = "Shape"+Alltrim(Str(11 - time2))+".BackColor"
    Thisform.&Col = RGB(255,255,0)
    time2 = time2 - 1
```

```
EndIf
Timer4 的 TIMER 过程：
  Thisform.all_off
  If time1 < 1
    time1 = 10
  EndIf
  If MOD(time1,2) = 0
    Thisform.Shape1.BackColor = RGB(255,255,0)
    Thisform.Shape3.BackColor = RGB(255,255,0)
    Thisform.Shape5.BackColor = RGB(255,255,0)
    Thisform.Shape7.BackColor = RGB(255,255,0)
    Thisform.Shape9.BackColor = RGB(255,255,0)
  Else
    Thisform.Shape2.BackColor = RGB(255,255,0)
    Thisform.Shape4.BackColor = RGB(255,255,0)
    Thisform.Shape6.BackColor = RGB(255,255,0)
    Thisform.Shape8.BackColor = RGB(255,255,0)
    Thisform.Shape10.BackColor = RGB(255,255,0)
  EndIf
  time1 = time1－1
```

二、制作体育彩票游戏

输入购买的 7 位体育彩票号码(购买彩票界面如图 23-3 所示),程序可以模拟体育彩票的随机开奖,然后得出该彩票是否中奖。如果所购买的 7 位体育彩票号码的最后一位数字与中奖号码的最后一位数字相同,则中末等奖;两位数字相同则中五等奖;三位数字相同则中四等奖;四位数字相同则中三等奖;五位数字相同则中二等奖;六位数字相同则中一等奖;完全相同则中特等奖(开奖界面如图 23-2 所示)。

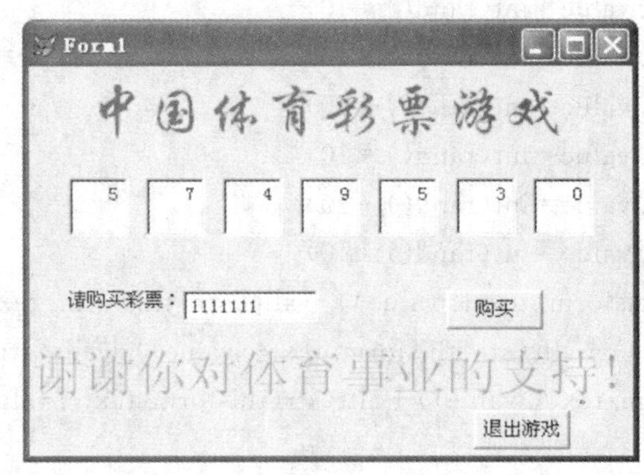

图 23-2

① 如图 23-2 所示,添加 Lable1,Label2,Label3,Label1.Caption＝“中国体育彩票游戏”,Label3.Visible＝.f.,Label3 标签用来显示开奖后的中奖信息,Label2.Caption＝“请购买彩票:”,文字格式如图 23-2 所示。

② 添加 8 个文本框 text1，text2，text3，text4，text5，text6，text7,text8,其中前 7 个文本框的 Visible 属性均为.f.,text8 的 InputMask 属性设置为 9999999。

③ 添加命令按钮 command1,把它的 Caption 属性设置为"购买",Visible 属性设置为.t.,其 Click 事件代码为：

```
thisform.text1.visible=.f.
thisform.text2.visible=.f.
thisform.text3.visible=.f.
thisform.text4.visible=.f.
thisform.text5.visible=.f.
thisform.text6.visible=.f.
thisform.text7.visible=.f.
thisform.command3.visible=.t.
thisform.text8.value=""
this.visible=.f.
```

④ 添加命令按钮 command2 和 command3,设置标题属性分别为"退出游戏"和"开奖"。设置 command3.visible=.t.,其 Click 事件代码为：

```
n=thisform.text8.value
thisform.text1.visible=.t.
thisform.text2.visible=.t.
thisform.text3.visible=.t.
thisform.text4.visible=.t.
thisform.text5.visible=.t.
thisform.text6.visible=.t.
thisform.text7.visible=.t.
n1=val(n)
thisform.text1.value=int(rand()*10)
thisform.text2.value=int(rand()*10)
thisform.text3.value=int(rand()*10)
thisform.text4.value=int(rand()*10)
thisform.text5.value=int(rand()*10)
thisform.text6.value=int(rand()*10)
thisform.text7.value=int(rand()*10)
m=allt(str(thisform.text1.value))+allt(str(thisform.text2.value))+allt(str(thisform.text3.value))+allt(str(thisform.text4.value))+allt(str(thisform.text5.value))+allt(str(thisform.text6.value))+allt(str(thisform.text7.value))
m1=val(m)
thisform.label3.visible=.t.
do case
  case n1=m1
    thisform.label3.caption="恭喜你中了特等奖!"
```

```
    case subs(m,2,6)=subs(n,2,6)
      thisform.label3.caption="恭喜你中了一等奖!"
    case subs(m,3,5)=subs(n,3,5)
      thisform.label3.caption="恭喜你中了二等奖!"
    case subs(m,4,4)=subs(n,4,4)
      thisform.label3.caption="恭喜你中了三等奖!"
    case subs(m,5,3)=subs(n,5,3)
      thisform.label3.caption="恭喜你中了四等奖!"
    case subs(m,6,2)=subs(n,6,2)
      thisform.label3.caption="恭喜你中了五等奖!"
    case subs(m,7,1)=subs(n,7,1)
      thisform.label3.caption="恭喜你中了末等奖!"
    otherwise
      thisform.label3.caption="谢谢你对体育事业的支持!"
  endcase
  thisform.command1.visible=.t.
  this.visible=.f.
  thisform.refresh
```

⑤ 设置 command2 的 click 事件代码为:

```
thisform.release
```

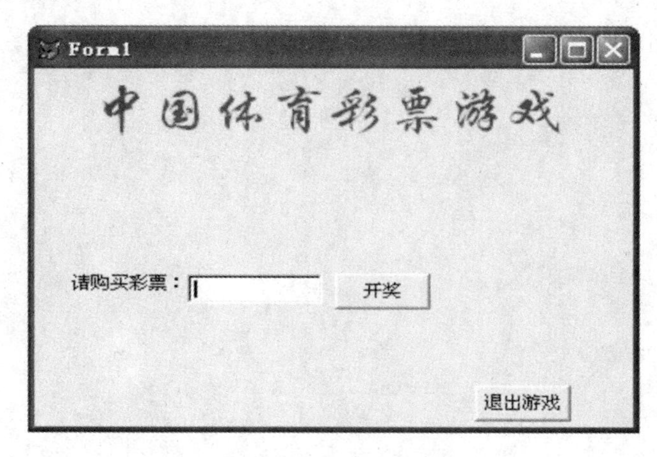

图 23-3

【实验要求与提示】

1. 事件代码的书写格式要规范。
2. 不同控件可能具有一些相同属性,实验时要注意不同控件之间的相互联系。

【实验过程必须遵守的规则】

1. 在设置对象属性和事件代码时,必须先明确当前对象再设置。
2. 在面向对象的程序设计中,应合理设计每一个对象的各种属性和事件代码。

【思考与练习】

1. 为本实验中的第一个霓虹灯制作增加另一种效果,使得整组灯带在黄色和绿色之间变换闪烁。

2. 在本实验的第二个体育彩票游戏中添加功能,要求能对连续购买的一批彩票进行中奖率的测试。

【测评标准】

1. 整个程序的设计规划是否合理。
2. 是否掌握了表单中新建方法和新建属性的设置。
3. 是否掌握了事件代码中语法错误和简单逻辑错误的调试。

实验二十四
外部数据的访问

【实验类型】

研究与创新型

【实验目的与要求】

1. 了解不同系统的数据存储格式。
2. 掌握不同系统间数据访问的方法与技巧。

【软硬件环境】

1. 硬件环境：PⅢ800 以上计算机，内存 128 MB 以上；200 MB 以上的存储空间。
2. 软件环境：Windows 系列操作系统，Visual FoxPro 6.0 及以上中文专业版。
3. 启动 VFP 后，设置 VFP 的默认路径为 D：\vfpsyhj\sy24。

【实验涉及的主要知识单元】

1. 远程视图使用远程 SQL 语法从远程 ODBC 数据源表中选择信息，主要用于访问远程服务器中的数据。使用远程视图，无需将所有的记录下载到本地计算机上即可提取远程 ODBC 服务器上的数据子集，并可以将更改或添加的值回送到远程的数据源中。

2. ODBC(开放式数据互连)是一种连接数据库的通用标准。通过 ODBC 可以访问 Access、SQL - Server、Oracle 等多种数据库系统中的数据。

【实验内容与步骤】

1. 建立一个文本格式(.txt)的数据文件、一个 Excel 格式(.xls)的数据文件。
2. 将文本格式、Excel 格式的数据文件转换成 VFP 的表文件。
3. 将 VFP 的表文件转换成文本格式、Excel 格式的数据文件。
4. 在 VFP 系统中直接访问其他系统的数据文件。

【实验要求与提示】

1. VFP 系统提供了导入导出数据功能，以便与外部数据源进行数据交换。

2. VFP 数据库中的远程视图以视图的方式通过 ODBC 与外部数据源建立连接，从而达到访问或更新外部数据源的目的。

3. SQL Pass Through 技术可让用户直接访问 ODBC 函数，并把 SQL 语句发送给服务器执行。与远程视图相比，它能够更直接地控制后台服务器上的数据库。

4. VFP 系统提供的数据库升迁向导，可以实现将本地数据库转换为远程数据库的功能。利用此功能,可以很方便地将 VFP 的数据库、表和视图等从本地系统迁移到另一个远程服务器上。

【实验过程必须遵守的规则】

1. 查阅资料,了解 VFP 系统提供的访问外部数据的功能。
2. 上网收集 VFP 系统访问外部数据的相关资料。
3. 对整个实验过程进行认真总结,形成一篇小论文。

【思考与练习】

1. ODBC 的含义是什么?什么时候使用 ODBC 技术?
2. 远程视图与本地视图有何区别与联系?

【测评标准】

1. 考察学生的自主学习能力。
2. 考察学生的资料收集、整理和消化吸收能力。
3. 考察外部数据的访问是否成功。
4. 考察撰写论文的质量。

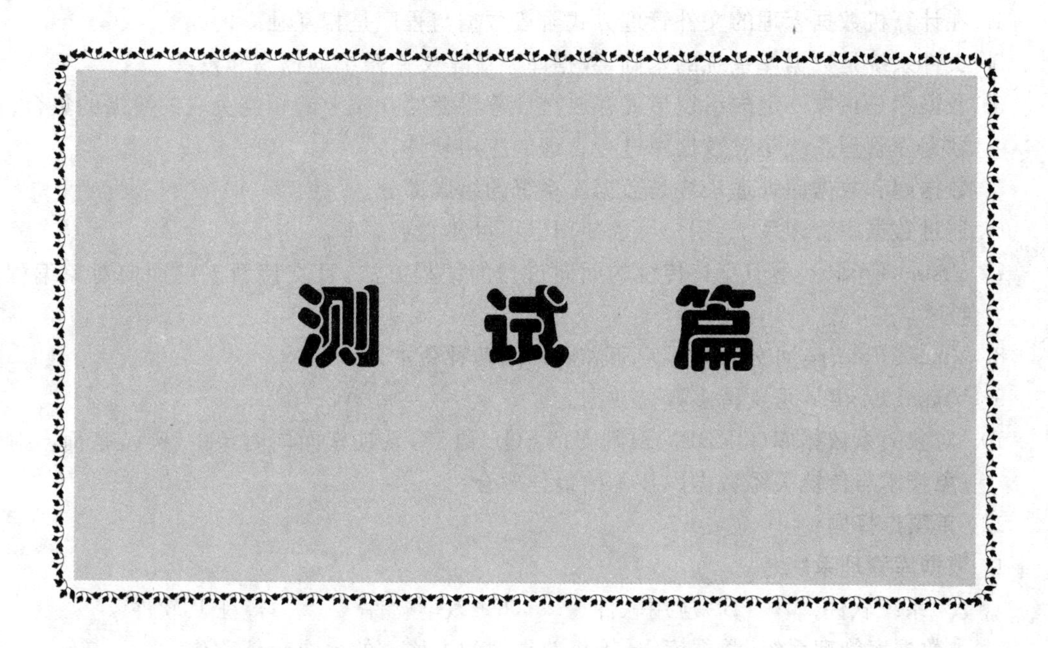
测 试 篇

第1章　数据库系统及VFP概述

1.1　数据库系统的基本概念

一、判断题

1. 在计算机数据管理的文件管理方式阶段数据与程序是相互独立的。
2. 文件系统是数据库系统的基础,数据库系统是文件系统的提高和发展。
3. 数据库是指以一定的组织形式存放在计算机存储介质上的相互关联的数据的集合。
4. 数据库管理系统是对数据库进行管理的应用软件。
5. 数据库和数据库管理系统是数据库系统的组成部分。
6. 通过数据库管理系统,用户可以使用但不可建立数据库。
7. Visual FoxPro 不但支持传统的面向过程的编程方法,且支持新兴的面向对象编程技术。
8. Visual FoxPro 可分为单用户版和网络版两种版本。
9. Visual FoxPro 可支持多媒体数据。
10. 对象关系数据库(ORDBMS)既支持 SQL 语言,又具有面向对象的特性,是面向对象技术与传统关系数据库技术的最佳融合。

二、单项选择题

1. 数据库管理系统是____。
   A. 系统软件　B. 应用软件　C. 教学软件　D. 工具软件
2. 由数据库管理系统、数据库、计算机软硬件和人构成的一个整体称作____。
   A. 系统软件　B. 应用软件　C. 数据库　D. 数据库系统
3. 以下不是数据库管理系统的是____。
   A. DB2　B. Visual FoxPro　C. Excel　D. Oracle
4. DBMS 的输入包括查询、数据修改和____。
   A. 视图　B. 查找　C. 模式修改　D. 删除
5. 数据库的结构从逻辑上可分成外部级、____和内部级等三级。
   A. 物理级　B. 概念级　C. 中间级　D. 用户级

三、多项选择题

1. 数据处理一般经过原始数据的收集、____和数据输出等5个步骤。
   A. 编码转换　B. 数据输入　C. 数据处理　D. 数据存储
2. 计算机数据管理技术的发展经历了____等3个阶段。
   A. 手工管理阶段　B. 无管理阶段
   C. 文件管理方式阶段　D. 数据库方式阶段
3. 以下属于数据库的特点有____。
   A. 实现数据共享　B. 具有数据独立性
   C. 保证数据完整性　D. 具有最小冗余度

4. DBMS 主要由____等组成。

A. 数据管理器　　B. 查询管理器　　C. 存储管理器　　D. 事务管理器

5. 数据库系统由____等组成。

A. 数据库　　B. 数据库管理系统　C. 软硬件资源　　D. 数据库管理员和用户

四、填空题

1. 计算机数据管理技术的发展经历了无管理阶段、文件管理方式阶段和____等 3 个阶段。
2. ____是指以一定的组织形式存放在计算机存储介质上的相互关联的数据的集合。
3. DataBase 的中文全称是____。
4. DBMS 的中文全称是____。
5. DBMS 主要由____、存储管理器和事务管理器 3 部分组成。
6. 一个数据库系统有应用程序设计员、终端用户和____等 3 类用户。
7. ____是数据库的高级用户，其主要职责是规划和设计数据库、运行和维护数据库等。
8. 所谓数据独立性是指数据与____之间不存在相互依赖关系。
9. 数据的不一致性主要是由____引起的。
10. 数据库一般要求具有最小的冗余度，这是指数据尽可能____。

1.2　数据模型

一、判断题

1. 数据库的核心是数据模型。
2. 现实世界中的事物在信息世界中可以抽象成实体。
3. 实体是信息世界中的基本单位。
4. 属性刻画了实体的特征，一个实体只可以有一个属性。
5. 网络模型的基本结构是一种网状结构。
6. 一张二维表即称为一个关系。
7. 二维表中的每一行称为一个记录，它与一特定的实体相对应。
8. 二维表中的每一列称为属性。
9. 二维表中允许出现完全相同的两行。
10. 二维表中行、列的顺序均可任意交换。
11. 二维表中的记录数可改变，但字段数却相对固定。
12. 超关键字虽然能唯一确定记录，但它所包含的字段可能有多余。
13. 候选关键字能唯一确定记录，且所包含的字段是最精简的。
14. 一张二维表中总存在超关键字，但未必存在候选关键字。
15. 主关键字的值可以为空。

二、单项选择题

1. 关系模型的基本结构是____。

A. 树形　　B. 网状　　C. 图　　D. 二维表

2. 关系型数据库采用____来表示实体和实体间的联系。

A. 属性　　B. 二维表　　C. 字段　　D. 记录

3. 以下关于二维表性质的说法不正确的是____。

A. 二维表中的每一列均有唯一的字段名

B. 二维表中不允许出现完全相同的两行

C. 二维表中的行、列顺序均可改变

D. 二维表中的记录数、字段数决定了二维表的结构

4. 对于二维表的关键字来说,不一定存在的是____。

A. 外部关键字　B. 候选关键字　C. 主关键字　D. 超关键字

5. 以下关于关键字的说法不正确的是____。

A. 一般应用中,只需找出一个候选关键字而不必找出全部候选关键字

B. 如果主关键字过于复杂,可增设一个编码字段作为单一主关键字

C. 一张二维表可以有一个或多个超关键字,也可能没有超关键字

D. 外部关键字用来建立两张表之间的联系

6. 实体是信息领域沿用的术语,与之对应的数据库术语为____。

A. 文件　B. 数据库　C. 字段　D. 记录

7. 数据库管理系统(DBMS)是____

A. 一个完整的数据库应用系统　B. 一组硬件

C. 一组软件　D. 既有硬件,也有软件

8. 数据库应用程序与数据的逻辑组织、数据的物理存储方式无关,这表明了数据库数据的____.

A. 共享性　B. 独立性　C. 完整性　D. 冗余性

9. 数据完整性是指____。

A. 数据的存储与使用数据的程序无关　B. 防止数据被非法使用

C. 数据的正确性、合理性和一致性　D. 减少系统中不必要的重复数据

10. 下列工作中____不属于数据库管理员 DBA 的职责。

A. 建立数据库　B. 输入和存储数据库数据

C. 监督和控制数据库的使用　D. 数据库的维护和改进

11. 在关系型数据库中,一个关系对应于实际数据库的____。

A. 一组文字　B. 一个记录　C. 一个数据库文件　D. 文件间的联系

12. 数据独立是数据库最基本的优点之一,下面不属于数据库独立目的的是____。

A. 有助于实现数据共享　B. 方便用户

C. 有助于提高数据处理系统的稳定性　D. 有助于提高存取速度

13. 在数据库中,数据的正确性、合理性及相容性(一致性)称为数据的____。

A. 安全性　B. 保密性　C. 共享性　D. 完整性

14. 关系模型是把实体之间的联系用____表示。

A. 二维表格　B. 树　C. 图　D. E-R 图

15. 人事档案管理系统是____。

A. 数据库　B. 数据库管理系统

C. 数据库应用系统　D. 数据库系统

16. 在 VFP 中,用 DIR 命令显示文件的扩展名为____。

A. .DBF　B. .PRG　C. .DBT　D. 所有文件

三、多项选择题

1. 将现实世界中各种复杂关系逐步转化成计算机及数据库所允许的形式反映到数据库中去的3个阶段,通常称之为3个世界。这3个世界是____。
   A. 数据世界　B. 现实世界　C. 信息世界　D. 模拟世界
2. 在数据库中,一般为研究的对象建立两种模型,即____。
   A. 信息模型　B. 原子模型　C. 数学模型　D. 数据模型
3. 常见的数据模型有____。
   A. 层次模型　B. 信息模型　C. 网络模型　D. 关系模型
4. 常见的大型关系数据库管理系统有____。
   A. Oracle　B. Informix　C. Sybase　D. SQL Server
5. 两个实体集间的函数关系可能存在____等几种。
   A. 一一对应　B. 一多对应　C. 多一对应　D. 多多对应

四、填空题

1. 信息的3个领域是现实世界、观念世界和____。
2. 目前较为流行的一种信息模型设计方法____,简称E-R方法。
3. 层次模型的基本结构是____结构。
4. 网络模型的基本结构是____结构。
5. 关系模型的基本结构是____。
6. 关系模型的3个基本运算是____。
7. 按所用的数据库模型来分,Visual FoxPro属于____数据库管理系统。
8. 如果一个超关键字去掉其中任何一个字段后不再能唯一确定记录,则称其为____。

1.3　项目管理器

一、判断题

1. Visual FoxPro是一种可视化的计算机高级语言。
2. 用户改动过的系统工具栏可恢复到默认状态。
3. VFP的命令窗口不是一个可编辑的文本窗口。
4. 在命令窗口中,由黑色变为蓝色的字符串为系统保留字。
5. 在命令窗口中命令可分成多行书写,但需用逗号续行。
6. 在"项目管理器"窗口中,项旁带斜线的圆圈表示此项禁止使用。
7. 在创建或添加项目中的新文件时,可为文件添加说明。
8. 非项目文件也可添加文件说明。
9. 项目中的文件说明仅起备忘或提示作用,对文件的执行无任何影响。
10. 一个文件不能同时属于不同的项目。

二、单项选择题

1. 以下有关工具栏的说法不正确的是____。
   A. 用户可根据需要定制工具栏
   B. 只能显示在主窗口的顶部
   C. 可以泊留在主窗口的四周

D. 工具栏可以显示为窗口形式

2. VFP“文件”菜单中的“关闭”命令是用来关闭____。

A. 所有已打开的数据库

B. 当前工作区中的数据库

C. 当前活动窗口

D. 所有窗口

3. 以下有关命令重复执行的说法正确的是____。

A. 如要重复执行一条命令时,需重新键入该命令再按回车键

B. 如要重复执行一条命令时,需将光标定位到该命令行的行首再按回车键

C. 如要重复执行一条命令时,需将光标定位到该命令行的行尾再按回车键

D. 如要重复执行一条命令时,只需将光标定位到该命令行的任意位置再按回车键

4. 以下有关命令窗口中字体的说法不正确的是____。

A. 命令窗口中的字体大小、行间距等不能改变

B. 命令窗口中的字体大小、行间距等可以改变

C. 命令窗口中字体的设置不影响其他文本窗口中的字体

D. 命令窗口中字体的设置对命令的执行没有影响

5. 以下有关命令续行的说法不正确的是____。

A. 一条命令分成多行书写时每行以分号结尾,但最后一行末尾不能有分号

B. 欲在一个多行书写的命令中插入一个新行,可按 Ctrl+Enter 键

C. 如欲执行一条多行书写的命令,可将光标定位在该命令的任意一行上再按回车键

D. 如欲执行一条多行书写的命令,必须将光标定位在该命令的第一行上再按回车键

6. 项目管理器的功能是组织和管理所有与该应用系统有关的各种类型的____。

A. 数据　　B. 程序　　C. 文件　　D. 项目

7. 以下有关项目管理器的说法不正确的是____。

A. 项目管理器泊留后将自动折叠,只显示选项卡

B. 用“展开/折叠”按钮可将项目管理器展开或折叠

C. 项目管理器折叠时不可使用

D. 项目管理器折叠时,可单击某个选项卡来打开它

8. 以下有关选项卡的说法不正确的是____。

A. “项目管理器”中的选项卡可用鼠标拖下来,变成浮动的选项卡

B. 关闭“项目管理器”后,浮动的选项卡仍然保留

C. 单击图钉按钮,可将选项卡保持在主窗口的最前端

D. 可将选项卡拖回原来的位置

9. 为文件添加说明的方法是____。

A. 在“项目管理器”中选定文件,然后执行“文件”菜单中的“编辑说明”

B. 在“项目管理器”中选定文件,然后执行“项目”菜单中的“编辑说明”

C. 用任何手段打开文件,然后执行“项目”菜单中的“编辑说明”

D. 用任何手段打开文件,然后执行“文件”菜单中的“备注”

10. 以下命令中哪一条命令能关闭项目管理器____。

A. Close all　　B. Close Database　　C. Clear　　D. Clear Memory

三、多项选择题

1. VFP在程序设计方面的主要特点是____。

   A. 可视化　　B. 自动化　　C. 面向对象　　D. 面向过程

2. 以下有关命令窗口中的操作说法正确的是____。

   A. 在命令窗口中可进行各种插入、删除、块拷贝等操作

   B. 在命令窗口中只能进行插入、删除操作,不能进行块拷贝操作

   C. 在命令窗口中只能输入大写或小写字符,不可混合输入

   D. 在命令窗口中大小写可混合输入

3. 以下有关命令窗口中的缩进操作说法正确的是____。

   A. 可使用"格式"菜单中的"缩进"命令进行行缩进

   B. 可使用Tab键进行行缩进

   C. 如果已有了一个行缩进,可用Ctrl+Enter键自动产生下一行的缩进

   D. 如果已有了一个行缩进,可用Enter键自动产生下一行的缩进

4. 以下关于命令修改的说法正确的是____。

   A. 将光标移动到先前的命令上进行部分修改后,必须将光标移到行尾才能执行

   B. 对原命令部分修改后,原命令中多余部分不必删除

   C. 对原命令部分修改后,原命令中多余部分必须删除

   D. 修改后的命令执行后,原命令依然存在

5. 以下关于命令或函数的输入正确的是____。

   A. 命令或函数可仅输入前4个字符

   B. 一旦输入的字符不止前4个,则必须输入完整,否则会出错

   C. 命令或函数必须输入完整

   D. 命令单词间必须用空格分隔

6. 以下用来创建项目的方法正确的是____。

   A. 执行"文件"菜单中的"新建"命令

   B. 单击工具栏上的"新建"按钮

   C. 在项目管理器中执行"新建"命令

   D. 在命令窗口中执行CREATE PROJECT命令

7. 以下泊留项目管理器的操作正确的是____。

   A. 右击"项目管理器",执行其中的"泊留"命令

   B. 将项目管理器拖动到屏幕顶部

   C. 执行"工具"菜单中的"泊留"命令

   D. 双击标题栏

8. 修改项目文件的常用操作是____。

   A. 执行"编辑"菜单中的"修改"命令

   B. 执行"文件"菜单中的"打开"命令,打开指定的项目文件

   C. 单击工具栏上的"打开"按钮,打开指定的项目文件

   D. 在命令窗口执行MODIFY PROJECT ＜项目文件名＞命令

9. 关于项目间共享文件,以下说法正确的是____。

   A. 若要在项目间共享文件可先打开两个项目,再将文件从一个项目拖放到另一个

项目

B. 必须设置该文件的共享属性

C. 共享文件未被复制,项目只存储了对该文件的引用

D. 共享文件被复制在两个引用项目中

10. 若同时打开了甲、乙两个项目,从甲项目中拖放文件到乙项目中,以下说法正确的是____。

A. 若拖放操作成功,则甲项目中不存在该文件

B. 拖放操作后在乙项目所在文件夹下创建了该文件的副本

C. 拖放操作并不创建该文件的副本,只保存了一个对该文件的引用

D. 允许从甲项目的某数据库中拖放一张表到乙项目的某一数据库中

四、填空题

1. VFP 的主菜单共有 17 项,通常动态地显示 7~9 个,默认情况下显示____个菜单项。
2. 在命令窗口中,由黑色变为蓝色的字符串称为____。
3. 如欲在一个被分成多行的命令中插入一个新行时,可按____键。
4. 如要改变命令窗口中字体的设置,可执行____菜单中的"字体"命令。
5. 如要改变命令窗口中的字体或颜色,可通过____菜单"选项"命令中的"语法着色"选项卡进行设置。
6. 在进行"选项"的设置时,按____键,再按"确定"按钮,则当前设置会显示在命令窗口中。
7. 项目管理器将项目中的文件分为____等 5 个大类。
8. 项目文件的扩展名是____,其备注文件扩展名是____。
9. 当"项目管理器"窗口激活时,在菜单栏中将显示____菜单。
10. 欲将已经建立的文件添加到项目中去,可单击"项目管理器"中的____按钮。
11. 在项目管理器中,项旁带斜线的圆圈表示该项在____时不被包含在生成的应用程序中。

第 2 章　数据类型

2.1　数据类型

一、判断题

1. 各种类型的数据可以保存在表、数组、变量以及其他数据容器中。
2. 字符型常量可由任意字符组成。
3. 日期时间值必须包含完整的日期和时间。
4. 日期时间值的空值为{}。
5. 缺省时间值为中午 12 点。
6. 在 VFP 中，数值型数据是转换为 ASCII 字符来存储的。
7. 逻辑型数据只含有“真”(.T.)和“假”(.F.)两个值。
8. 浮点数据类型与数值型等价，VFP 提供此类型是出于兼容性的考虑。
9. 备注字段类型的数据保存在表文件中，且字符总数不应超过 10 个字节。
10. 通用数据类型用于在表中存储 OLE 对象。

二、单项选择题

1. 在货币表达式中如果小数位数过多，VFP 会将其四舍五入到____位。

A. 6　　B. 4　　C. 2　　D. 1

2. 使用货币类型时，需在数字前加上____符号。

A. #　　B. &　　C. ￥　　D. $

3. 如要给日期型变量赋值，应将日期值放在____中。

A. ( )　　B. [ ]　　C. { }　　D. < >

4. VFP 中日期时间型的缺省值为____。

A. {12/30/1899 12:00:00 AM}　　B. {01/01/2000 12:00:00 PM}

C. {}　　D. {01/01/0001 00:00:00}

5. 存储一个日期型数据需要____个字节。

A. 2　　B. 4　　C. 6　　D. 8

6. 存储一个日期时间型数据需要____个字节。

A. 1　　B. 4　　C. 8　　D. 10

7. 时间的最小计时单位为____秒。

A. 1　　B. 1/10　　C. 1/100　　D. 1/1000

8. 下述有关数据操作的说法中，____是正确的。

A. 货币型数据不能参加算术运算

B. 两个日期型数据可以进行加法运算

C. 一个日期型数据可以加或减一个整数

D. 字符型数据能比较大小，日期型则不能

三、多项选择题

1. 以下数据类型中只能用于字段,不能用于变量和数组的有____。
   A. 整型　B. 浮点型　C. 数值型　D. 双精度型
2. 以下数据类型中只能用于字段,不能用于变量和数组的有____。
   A. 备注型　B. 二进制备注型　C. 通用型　D. 字符型
3. 以下可用作字符型常量括号的有____。
   A. 英文半角单引号　B. 英文半角双引号
   C. 中文标点单引号　D. 中文标点双引号
4. 日期型数据的格式可通过以下____操作来设置。
   A. SET DATE
   B. SET MARK
   C. SET CENTURY
   D. 设置“工具”菜单的“选项”对话框中“区域”选项卡
5. 以下关于日期型或日期时间型数据的说法正确的是____。
   A. {00:00:00 AM}等价于午夜{12:00:00 AM}
   B. {00:00:00 AM}等价于中午{12:00:00 AM}
   C. {00:00:00 PM}等价于中午{12:00:00 PM}
   D. {00:00:00 PM}等价于午夜{12:00:00 PM}

四、填空题

1. ____就是对数据的允许取值以及这个值的范围进行的说明。
2. 字符型常量最多可有____个字符。
3. 日期时间型的空值可表示成____。
4. 在 VFP 中,整型数据用____存储。
5. 通用数据类型用于在表中存储____。

2.2 数据存储

一、判断题

1. 编译时常量的特点是当要改变其值时,仅需在定义语句中作相应变更而不必修改整个程序。
2. 变量是内存中的一个存储单元,当其被赋予一个新值后,原值依然存在。
3. 在给一个变量赋值的同时,就完成了该变量的创建及其类型的定义。
4. 内存变量在程序调用处理过程中有公共变量、私有变量和局部变量之分。
5. 使用 PUBLIC 定义的变量,在定义的同时被赋予初值 .F. 。
6. 当内存变量和字段变量同名时,字段变量具有更高的优先权。
7. 在 VFP 中,变量、数组等的名称只能以字母开头。
8. 在 VFP 中,变量、数组等的名称的长度至多不超过 10 个字符。
9. 数组在定义之后,每个元素被默认地赋予 .T. 。
10. 在 VFP 中,二维数组的元素有两个下标,因而不能以一维数组的形式来访问。

二、单项选择题

1. 下列符号中,除____外均是 VFP 的常量。
   A. XY　　B. 'XY'　　C. .T.　　D. 1998
2. 下列符号中,除____外均是 VFP 的常量。
   A. [2000/10/1]　　B. '扬州大学'　　C. .N.　　D. 1/2
3. 下列符号中,除____外均是 VFP 的常量。
   A. 3.14　　B. '扬州大学'　　C. [2000.10.1]　　D. 2000.10.1
4. 下列符号中,除____外均可作为 VFP 的内存变量名。
   A. 男　　B. '男'　　C. X3　　D. F1F
5. 下列符号中,除____外均不能作为 VFP 的内存变量名。
   A. X/Y　　B. X$Y　　C. X－Y　　D. X_Y
6. 下列符号中,除____外均能作为 VFP 的内存变量名。
   A. IF　　B. SIN　　C. AND　　D. .OR.
7. 要区分同名的内存变量和字段变量,最好____。
   A. 释放同名内存变量
   B. 关闭当前表文件
   C. 在同名内存变量名前加上前缀 M－>
   D. 在同名字段变量名前加上前缀 M－>
8. 在命令窗口中创建的变量或数组被自动地赋予____属性。
   A. PUBLIC　　B. PRIVATE　　C. LOCAL　　D. 无属性
9. 数组元素建立后,其初值为____。
   A. 0　　B. 空字符串　　C. .F.　　D. .T.
10. 若已定义了数组 A[3,5],则其元素个数为____。
   A. 8　　B. 15　　C. 20　　D. 24

三、多项选择题

1. 下列符号中,属于 VFP 常量的有____。
   A. 1E3　　B. 2＋3　　C. 1/2　　D. 0.5
2. 下列符号中,属于 VFP 常量的有____。
   A. {}　　B. ''　　C. SIN(30)　　D. .T.
3. 以下有关变量的叙述正确的有____。
   A. VFP 中内存变量必须预先说明
   B. VFP 中内存变量不必预先说明
   C. 在给变量赋值时即定义了变量的类型
   D. 在给变量赋值时不能定义变量的类型
4. 以下关于命名规则的叙述正确的有____。
   A. 名称中只能包含字母、下划线和数字符号
   B. 名称的开头只能是字母或下划线,不能是数字
   C. 应避免使用系统的保留字
   D. 名称最长可达 128 个字符
5. 以下关于数组的叙述正确的有____。

A. 一般而言,数组必须先定义后使用

B. SCATTER 命令后的数组可不必预先定义

C. 数组的大小可变更

D. 数组的大小不可变更

四、填空题

1. 给编译时常量赋值,必须使用____预处理命令。
2. 在程序中,编译时常量名不能被____。
3. 当内存变量与字段变量同名时,可在内存变量名之前加上____前缀以示区别。
4. ____由一系列被称为元素的有序数据值构成,可用序号引用这些元素。
5. 由于数组存在于____中,故能快速访问且便于处理。

2.3 函数

一、判断题

1. MOD(a,b)函数值的符号与 b 的符号相同。
2. MOD()函数与%运算返回相同的结果。
3. MOD(a,b)函数值的小数位数与 a 的小数位数相同。
4. VAL()函数值的小数位数与 SET DECIMAL TO 命令的设置无关。
5. RAND()函数的参数(种子数)可正可负可省略。
6. AT()函数不区分搜索字符的大小写。
7. CAPSLOCK()函数既可返回又可设置 CAPSLOCK 键的当前状态。
8. 函数 ISNULL(0)的值为真。
9. TYPE()函数值的类型与其参数的类型有关。
10. DATETIME()函数值的类型为日期型。

二、单项选择题

1. INT(－8.8)的函数值为____。

A. 8　　B. －8　　C. 9　　D. －9

2. CEILING(8.8)的函数值为____。

A. 8　　B. －8　　C. 9　　D. －9

3. ROUND(－8.8,0)的函数值为____。

A. 8　　B. －8　　C. 9　　D. －9

4. 以下函数具有四舍五入功能的是____。

A. INT　　B. ROUND　　C. CEILING　　D. ABS

5. MOD(－7,－4)的函数值为____。

A. －3　　B. 3　　C. －1　　D. 1

6. SIGN(－0)的函数值为____。

A. 1　　B. －1　　C. 0　　D. －0

7. VAL("12.34＋56.78")的值为____。

A. 69.12　　B. 12.34　　C. 12.345678　　D. 1256.3478

8. VAL("1E3")的值为____。

A. 1.0　　B. 3.0　　C. 1000.0　　D. 0.0

9. VAL("1A3")的值为____。

A. 1.0　　B. 3.0　　C. 1000.0　　D. 0.0

10. ASC("AB")的值为____。

A. 131　　B. 0　　C. 65　　D. 66

11. ASC("123")的值为____。

A. 1　　B. 6　　C. 123　　D. 49

12. CHR(65+2)的值为____。

A. "A"　　B. "B"　　C. "C"　　D. "D"

13. CHR(ASC("0")+7)的值为____。

A. "0"　　B. "7"　　C. ""　　D. BEL

14. ASC("F")－ASC("A")+10 的值为____。

A. 0　　B. 5　　C. 10　　D. 15

15. AT("XY","AXYBXYC")的值为____。

A. 0　　B. 2　　C. 5　　D. 7

16. AT("ABC","AB")的值为____。

A. 0　　B. 1　　C. 2　　D. 3

17. 函数 LEN("Yangzhou University")的值为____。

A. 18　　B. 19　　C. 20　　D. 21

18. 函数 LEN(ALLTRIM("□Made□in□China□")的值为____。(其中□代表一个空格)

A. 11　　B. 13　　C. 15　　D. 17

19. 函数 CHRTRAN("abcaxyz","az","[]")的值为____。

A. "abcaxyz"　　B. "[bcaxy]"　　C. "[bc[xy]"　　D. "abc[xy]"

20. 函数 STRTRAN("abcaxyz","az","[]")的值为____。

A. "abcaxyz"　　B. "[bcaxy]"　　C. "[bc[xy]"　　D. "abc[xy]"

21. 以下函数中能返回指定日期是一年中的第几周的是____。

A. YEAR()　　B. DOW()　　C. WEEK()　　D. DAY()

22. 以下函数中能返回指定日期是一周中的第几天的是____。

A. YEAR()　　B. DOW()　　C. WEEK()　　D. DAY()

23. 函数 GOMONTH({04/18/99},－6)的值为____。

A. 04/12/99　　B. 04/24/99　　C. 10/18/99　　D. 10/18/98

24. 函数 TIME()的值的类型为____。

A. 日期型　　B. 日期时间型　　C. 字符型　　D. 数值型

25. 函数 WEEK(DATE())的值的类型为____。

A. 日期型　　B. 日期时间型　　C. 字符型　　D. 数值型

三、多项选择题

1. 以下函数取值为－7 的有____。

A. INT(－7.7)　　B. INT(－6.6)　　C. CEILING(－7.7)　　D. CEILING(－6.6)

2. 以下函数具有四舍五入功能的有____。

A. INT(3.14159)　　B. ROUND(3.14159,3)

C. CEILING(3.14159)　　D. INT(3.14159*1000+0.5)/1000

3. 以下有关 MOD(a,b)函数中参数的说法正确的有____。

A. a 和 b 必须同时为正或同时为负

B. a 和 b 正负可任意

C. a 和 b 均可带小数

D. a 可带小数但 b 必须为整数

4. 以下有关 STR()函数值的描述正确的有____。

A. STR(1234.5678,6,3)的函数值为"1234.6"

B. STR(1234.5678,6,3)的函数值为"34.568"

C. STR(1234.5678)的函数值为"1235"

D. STR(1234.5678)函数因参数不足而出错

5. 以下合法的日期型数据有____。

A. 10/01/2000　　B. "10/01/2000"

C. CTOD("10/01/2000")　　D. {10/01/2000}

6. 能删除字符串后缀空格的函数有____。

A. TRIM()　　B. LTRIM()　　C. RTRIM()　　D. ALLTRIM()

7. 能返回当前系统时间的函数有____。

A. DATE()　　B. TIME()　　C. DATETIME()　D. SECONDS()

8. 以下函数中函数值为数值型的有____。

A. LEN("扬州大学")　　B. YEAR(DATE())

C. CHR(66)　　D. VAL("123ABC")

9. 以下函数中函数值为字符型的有____。

A. TIME()　　B. ASC("65")

C. SPACE(5)　　D. SUBSTR("12345",2,3)

10. 以下函数中函数值为日期型的有____。

A. DOW(DATE())　　B. DATETIME()

C. CTOD("10/01/2000")　　D. DATE()

四、填空题

1. 函数 ROUND(1234.5678,-3)的值是____。

2. 当 STR()函数返回一串星号时表示____。

3. 函数 STR(1234.5678,8,3)的值是____。

4. 函数 RAND()返回的是一个____区间的随机数。

5. 函数 AT(a,b)返回的是字符串 a 在字符串 b 中____出现的首字符位置。

6. 函数 LEFT()或 RIGHT()可以用函数____来实现。

7. 函数____可用来替换字符串中指定位置、指定个数的字符。

8. 函数____可返回一个字符表达式在另一个字符表达式中出现的次数。

9. 设置日期格式为年月日的命令是____。

10. 函数 SYS(2)返回自午夜零点开始以来的时间,单位按____计算。

2.4　表达式

一、判断题

1. 对于字符型数据,操作符“－”的功能是删除操作符左侧字符串尾部的空格后连接起来。
2. 两个日期型数据既可作相加又可作相减运算。
3. 逻辑非运算的操作符有 NOT 或!。
4. 宏替换的运算符是 &&。
5. 宏替换与名称表达式完全一样,可相互替代。
6. SET ANSI 对操作符“= =”没有任何影响。
7. 如果 SET ANSI 设置为 ON,则'Yangzhou'='Yang'的值为 .T. 。
8. SET EXACT ON 要求相等的表达式必须是每个字符都相匹配。
9. SET EXACT OFF 要求必须是左端表达式结尾前的每个字符都相匹配,才是相等的表达式。
10. 一般而言,可以使用常量的地方都可以使用表达式。

二、单项选择题

1. 设 a='Yang□'、b='zhou',□表示一个空格,则 a－b 的值为____。
   A. 'Yangzhou'　B. 'Yang□zhou'　C. '□Yangzhou'　D. 'Yangzhou□'
2. 设 a、b 为字符型变量,与 a－b 等价的表达式是____。
   A. a＋b
   B. trim(a)=b
   C. a*b
   D. trim(a)＋b＋space(len(a)－len(trim(a)))
3. 设 CH 中存放的是长度为 1 的字符串,与 AT(CH,'123450')＞0 等价的表达式是____。
   A. AT(CH,'123450')=0　　B. CH$'123450'
   C. '123450'=CH　　D. '123450'$CH
4. 逻辑运算符从高到低的运算优先级是____。
   A. .NOT.→.OR.→.AND.　　B. .NOT.→.AND.→.OR.
   C. .AND.→.NOT.→.OR.　　D. .OR.→.NOT.→.AND.
5. 如果在一个运算表达式中包含有逻辑运算、关系运算和算术运算,并且其中未用圆括号规定这些运算的先后顺序,那么这样的综合型表达式的运算顺序是____。
   A. 逻辑→算术→关系　　B. 关系→逻辑→算术
   C. 算术→逻辑→关系　　D. 算术→关系→逻辑
6. 结果为逻辑真的表达式是____。
   A. "ABC"$"ACB"　　B. "ABC"$"GFABHGC"
   C. "ABCGHJ"$"ABC"　　D. "ABC"$"HJJABCJKJ"
7. 设 D1 和 D2 为日期型数据,M 为整数,不能进行的运算是____。
   A. D1＋D2　B. D1－D2　C. D1＋M　D. D2－M

8. 表达式 VAL('+1234-1234')的值是____。

A. 0　B. 1234　C. '+1234-1234'　D. 出错

9. 执行下列命令后：

SET EXACT OFF
?'ABC'='AB'
SET EXACT ON
?'ABC'='AB'

两条输出命令？先后输出的值为____。

A. .T.、.F.　B. .F.、.F.　C. .F.、.T.　D. .T.、.T.

10. 执行下列命令后：

STORE '?' TO A
STORE'S' TO B
STORE 200 TO &B
&A &B

命令？输出的值为____。

A. 200S　B. 200　C. ? 200s　D. ? s

11. 执行下列命令后：

D='*'
?'5& D 8='+STR(5& D 8,2)

命令？输出的值为____。

A. 5& D 8=0　B. 5&D 8=40

C. 5 *.8=4.0　D. 5 * 8=40

12. 执行下列命令后：

STORE'675.781' TO A
? INT(&A+4)

命令？输出的值为____。

A. 676　B. 680　C. 679　D. 675

13. 执行下列命令后：

STUDNAME='ZHANGSANFENG'
CHARVAR='STUDNAME'
? SUBSTR((CHARVAR),1,4)

命令？输出的值为____。

A. 'ZHAN'　B. 'STUD'　C. 'CHAR'　D. 出错

14. 执行下列命令后：

STUDNAME='ZHANGSANFENG'
CHARVAR='STUDNAME'
? SUBSTR(&CHARVAR,1,4)

命令？输出的值为____。

A. 'ZHAN'　B. 'STUD'　C. 'CHAR'　D. 出错

15. 执行下列命令后：

XYZ=123.456

CH='XYZ'

? INT((CH))

命令？输出的值为____。

A. 0　　B. 123.456　　C. 123　　D. 出错

16. 执行下列命令后：

XYZ=123.456

CH='XYZ'

? INT(&CH)

命令？输出的值为____。

A. 0　　B. 123.456　　C. 123　　D. 出错

17. 用LOCATE命令查找出满足条件的第一个记录后，要继续查找满足条件的下一条记录，应该用____命令。

A. SKIP　　B. GO　　C. LOCATE　　D. CONTINUE

18. 下列表达式中不正确的是____。

A. .NOT. 2+3>5　　B. "ABC"-"BCD"

C. .NOT.'ABC'>'DEF'　　D. DTOC(DATE())+2

19. 执行命令"STORE CTOD('12/06/98')TO A"后，变量A的类型为____。

A. 日期型　　B. 数值型　　C. 备注型　　D. 字符型

20. 在VFP的默认状态下，下列表达式中结果为.F.的是____。

A. '王五'$'王'　　B. '王'<'王五'

C. '王'$'王五'　　D. '王五'='王'

21. VFP中有两种类型的变量，他们是____。

A. 字段变量和内存变量　　B. 数值变量和非数值变量

C. 整型变量和实型变量　　D. 系统变量和用户变量

22. 执行STORE CTOD('01/19/97')TO X命令后，变量X的类型为____。

A. 日期型　　B. 字符型　　C. 备注型　　D. 数值型

23. 执行"STORE 03/09/97 TO A"后，变量A类型____。

A. 日期型　　B. 数值型　　C. 备注型　　D. 字符型

24. 表达式CTOD("12/27/65")-4值是____。

A. 8/27/65　　B. 12/23/65　　C. 12/27/61　　D. 出错

25. 已知X="134"，表达式&X+478的值为____。

A. 34478　　B. 612　　C. "134478"　　D. "612"

三、多项选择题

1. 下列逻辑表达式中正确的有____。

A. x>5.AND. x<10　　B. x>5 .AND. <10

C. x>5ANDx<10　　D. x>5 AND x<10

2. 下列表达式中正确的有____。

A. X<=Y　　B. X>100.AND. Y<50

C. '扬州大学'+'计算中心'　　D. '总分'+560

3. 关系表达式的“不等于”运算的操作符有____。
   A. ＜＞　　　B. ＞＜　　　C. ＃　　　D. ！＝
4. 在 VFP 中,表示 A^B 的表达式有____。
   A. A＊＊B　　　B. A^B
   C. EXP(B＊LOG(A))　　　D. A^B
5. 在 VFP 中,表示 $e^{3.5}$ 的表达式有____。
   A. E＊＊3.5　　　B. E^3.5　　　C. EXP(3.5)　　　D. $E^{3.5}$
6. 设某表文件中含有“总分”字段,其类型为整型,则下列表达式中正确的是____。
   A. '总分:'+56　　　B. '总分:'+STR(560,3)
   C. '总分:'560　　　D. 总分+560
7. 设年龄=25、性别="女"、婚否=.F.、职称="副教授"、工资=580,下列表达式的值为真的有____。
   A. .NOT. 婚否 .AND. 性别='女'
   B. 婚否=.f..AND. 性别='女'
   C. (年龄＞20.OR. 工资＜=500).AND. .NOT. 职称='副教授'
   D. 性别='女'.AND. 职称='教授'.AND. 工资＜=500.OR. 年龄＞30
8. 以下有关宏替换的叙述正确的有____。
   A. 可用句号(.)结束宏替换表达式
   B. 名称表达式的运行速度较宏替换要快
   C. 某些时候名称表达式的功能与宏替换相同,但宏替换的使用范更广
   D. 宏替换与名称表达式仅是一个概念的两种称呼而已
9. 以下有关宏替换的叙述正确的有____。
   A. 宏替换可替换整个命令,而名称表达式不行
   B. 名称表达式可替换整个命令,而宏替换不行
   C. 宏替换可构成表达式,而名称表达式不行
   D. 名称表达式可构成表达式,而宏替换不行
10. 设 a='＊＊',下列表达式中值为 8.00 的表达式有____。
   A. '2&A.3'　　　B. 2&A.3　　　C. 2(a)3　　　D. (2&A.3)

四、填空题

1. 算术运算中的模运算操作符为____。
2. 一元二次方程 $aX^2+bX+c=0$ 的求根公式为____。
3. 设日期格式为“月日年”,则表达式 ctod([09/10/2000])＞ctod([08/11/2002])的值为____。
4. 设日期格式为“月日年”,则表达式 ctod([09/10/2000])＞ctod([28/11/2002])的值为____。
5. 设日期格式为“日月年”,则表达式 ctod([09/10/2000])＞ctod([28/11/2002])的值为____。
6. 表达式 len(trim('a'+space(5)+'b'))的值为____。
7. 字符、日期和时间、算术操作符的优先级____关系操作符,关系操作符的优先级____逻辑操作符。

8. ____是由圆括号括起来的一个字符表达式,可以用来替换命令和函数中的名称。
9. 设 x 的值为[**],则 2&x.3 的值为____。
10. 使用宏替换时,如果要替换的变量名后还有其他字符,应插入____符号来作为宏替换的结束标识。

第3章　表的创建和使用

3.1　表结构的创建和使用

一、判断题

1. VFP中所说的表，其实就是指数据库表。
2. 表是VFP中保存数据信息的基本组织，是数据库的重要组成对象。
3. VFP中的表是指我们平时常见的二维表格。
4. 一个表由多个不同的字段组成，一个字段就是表中的一个记录。
5. 对应于一张表的所有记录，必须采用一个公共的结构来存储。
6. 我们可以先向表中输入记录，然后再根据记录的字段来创建表的结构。
7. 表的字段名只能由字母和下划线开头，不能由汉字开头。
8. 表的字段类型包括字符型、数值型、备注型和屏幕型等13种数据类型。
9. 字段的宽度指字段名保存时所占用的字节数。
10. 备注型和整型数据所占用的字段宽度是固定的4字节。
11. 日期型和日期时间型数据占用的字节宽度分别为8字节和16字节。
12. 逻辑型常量只有.T.和.F.两个，所以它们的字节长度为2字节。
13. 当字段的数据类型为字符型数据时，该字段为空值等价于一个空字符串。
14. 小数位数是专门针对数值型、浮点型和双精度型的字段而言的。
15. 如果用汉字作字段名，最多可用10个汉字。
16. 在同一个表文件结构中，不能重复使用相同的字段名。
17. 在同一表中，不同记录的相同字段之值不允许相同。
18. 在CREATE TABLE命令中，对于数据类型必须用字母表示。
19. 表结构建立之后，其字段的数据类型就不能够被改变。

二、单项选择题

1. 在VFP系统中，".DBF"文件被称为____。

   A. 数据库文件　　B. 表文件　　C. 程序文件　　D. 项目文件

2. 在定义表结构时，以下哪一组数据类型的字段的宽度都是固定的____。

   A. 字符型、货币型、数值型　　B. 字符型、备注型、二进制备注型

   C. 数值型、货币型、整型　　D. 整型、日期型、日期时间型

3. 要求一个表文件的数值型字段具有5位小数，那么该字段的宽度最少应当定义成____。

   A. 5位　　B. 6位　　C. 7位　　D. 8位

4. 日期型、逻辑型、备注型和通用型这4种字段的宽度是固定的，系统分别规定为____个字节。

   A. 8、3、10、10　　B. 8、3、254、254

   C. 8、1、4、4　　D. 8、1、254、254

5. 数值型字段需要指定小数位数，纯小数的小数位必须比数值型字段的宽度至少小____。

A. 3　B. 4　C. 1　D. 2

6. 设一数值型字段的宽度为7,小数位数为2,该字段整数部分的最大值为____。

A. 9999　B. 99999　C. 999999　D. 9999999

7. 如要给备注字段输入其内容时,不可按____键打开备注字段编辑窗口。

A. CTRL＋HOME　B. CTRL＋PAGEUP

C. CTRL＋PAGEDOWN　D. ESC

8. 当设计完一张表后,应____将表文件结构保存到磁盘。

A. 单击“文件”菜单/保存　B. 在命令窗口执行 CLOSE 命令

C. 单击设计器窗口的确定按钮　D. 在命令窗口执行 CLOSE TABLE 命令

9. 修改表文件的结构的命令是____。

A. MODIFY STRUCTURE　B. COPY STRUCTURE

C. MODIFY COMMAND　D. BROWSE

10. 若表文件结构中含有备注型字段,系统自动建立一个相同文件名的____。

A. 文本文件　B. 索引文件　C. 备注文件　D. 后备文件

11. VFP 中,若需要修改表中的数据,必须先执行____命令。

A. CREATE　B. MODIFY　C. EDIT　D. USE

12. 表文件由____组成。

A. 文件名、字段名　B. 字段名、字段类型和字段宽度

C. 文件名、表结构和记录　D. 文件名、字段名和记录

13. 定义表结构就是要指明该文件包含多少个字段,每个字段的字段名、____、宽度和小数位等结构参数。

A. 别名　B. 含义　C. 作用　D. 类型

三、多项选择题

1. 创建一个带有通用字段的表结构后,会产生扩展名为____的文件。

A. DBF　B. DBC　C. FPT　D. DBT

2. 下列说法中正确的是____。

A. 对于数值型字段的宽度,指的是整数部分的宽度和小数部分的宽度。

B. 如果存储数据的整数部分不为零,则整个字段的宽度至少应比小数位数大2。

C. 如果存储的是纯小数,则整个字段的宽度至少应比小数位数大1。

D. 浮点型和双精度型的字段,不需指定小数位数。

3. 下列数据类型中,字段宽度为4字节的有____。

A. 备注型　B. (二进制)备注型

C. 整型　D. 双精度型

4. 在创建一张表的结构时,至少应该给定____这几项。

A. 表文件名　B. 备注文件名

C. 字段名　D. 字段类型和宽度

5. 下列数据类型中,____在用 CREATE 命令创建表时可以只说明类型,不用指定字段宽度。

A. 备注型　B. 逻辑型

C. 浮点型　D. (二进制)备注型

6. 当需要修改表中的一个字段的字段名,可以通过____方法实现。
   A. 通过表设计器直接修改该字段的字段名
   B. 使用命令"RENAME FIELD 字段名 1 TO 字段名 2"修改
   C. 使用命令"ALTER TABLE 表名 DROP COLUMN 字段名"
   D. 使用命令"ALTER TABLE 表名 RENAME COLUMN 字段名 1 TO 字段名 2"
7. 设当前已打开表文件 X. DBF,执行命令 COPY STRU TO Y 的作用是____。
   A. 仅将当前一条记录拷贝到 Y. DBF 中
   B. 将 X. DBF 的全部记录拷贝到 Y. DBF 中
   C. 将 X. DBF 和 Y. DBF 的内容连接后再存入 Y. DBF 中
   D. 仅将表文件 X. DBF 的结构复制到新建立的 Y. DBF 文件中
8. 我们在设计表的结构时,应该注意的是____。
   A. 归入一张表中的字段应当关于同一个问题
   B. 表中尽可能地不包括那些派生的和计算出来的数据
   C. 尽可能的包括所需要的重要信息
   D. 将信息存入最小的逻辑单位中
9. 下列说法中正确的是____。
   A. 表名不能和系统保留字相同
   B. 表名只能由字母、数字和下划线组成,且只能以字母和下划线开头
   C. 表名最长可为 128 个字符
   D. 自由表的字段名最多可包含 10 个字符
10. 对于浏览窗口可以进行的操作是____。
   A. 重新排列列的位置　　B. 改变列的宽度
   C. 重新排列行的位置　　D. 改变行的宽度

四、填空题

1. VFP 把处理的数据看成是由若干行和若干列所组成的____。
2. VFP 将所处理的数据以文件形式保存在磁盘上,这样的文件被称为____。
3. 一个字符型字段最多可容纳____个字节。
4. VFP 中对二维表格的处理可分为____两种。
5. 表的记录必须用一个公共的结构来存储,这个公共的结构就是____。
6. 规定一个字段所能容纳数据的最大字节数,称为____。
7. 通用型数据类型用于存储____对象,只能用于表中字段的定义。
8. 表的字段名的作用是____。
9. 对于数值型、浮点型和双精度型的字段,其字段宽度包括____。
10. 空值是用来指示记录中的一个字段____的标识。
11. 创建表结构的方式有____和____两种方式。
12. 用 CREATE 命令创建表结构时,如果字段的数据类型是二进制的字符型和备注型,则须在字段说明之后加上____。
13. 在指定表中字段是否接受 NULL 值时,可在命令中使用 NULL 和 NOT NULL 子句,也可以使用____命令控制表字段中是否允许 NULL 值。
14. 对于表的结构的修改,我们可以用表设计器更改表的结构,也可以使用____命令以

编程方式来更改表的结构。

15. 要从 XS 表中删除“BJ”字段的命令是____。
16. 银行存款表(CK)的表结构的各字段含义依次分别是：账号、存入日期、存期、金额、要求账号字段允许空值。写出创建 CK 表的 SQL 语句：____(注：字段名、字段类型、宽度及小数位数：ZH C(15),CRRQ D(8),CQ N(20),JE Y(8))
17. 接第16小题,如果不使用表设计器,要为该表增加一个备注字段 BZ 的命令是____。
18. 接第16小题,要为该表增加一条空记录,可以用命令：____。

3.2　表记录的编辑修改

一、判断题

1. 在编辑状态下浏览表,每一行表示一条记录。
2. USE 命令打开一张表,就是将表从磁盘中调入内存,并使它在浏览窗口中打开。
3. 在用 INSERT－SQL 命令插入记录时,如果省略了字段名,则必须按照表结构定义字段的顺序来指定字段的值。
4. 在用 INSERT－SQL 命令插入记录时,如果指定了记录的部分字段名,则必须按照表结构定义字段的顺序来指定字段的值。
5. 将浏览窗口拆分后,可以在两个窗口中浏览两张不同的表。
6. 记录号表示记录在表中的物理顺序,不能随意改变记录号的值。
7. 记录指针的初始值总是1,不可能为0或负数。
8. 任何一张打开的表,都可以对其进行编辑和修改。
9. 当我们在输入逻辑型字段时,输入了 F、N、f、n,则出现的结果都是假值。
10. 表中的记录可以由用户输入,也可直接从文本文件中追加。

二、单项选择题

1. 在表的浏览窗口中,要在一个允许 NULL 值的字段中输入 .NULL. 值的方法是____。
   A. 直接输入“NULL”的各个字母　　B. 按[CTRL+0]组合键
   C. 按[CTRL+N]组合键　　D. 按[CTRL+L]组合键
2. 打开一个空表,分别用函数 EOF()和 BOF()测试,其结果一定是____。
   A. .T. 和 .T.　　B. .F. 和 .F.　　C. .T. 和 .F.　　D. .F. 和 .T.
3. 当执行命令:Use teacher Alias js INB 后,被打开表的别名是____。
   A. Teacher　　B. Js　　C. B　　D. js_b
4. 若 Visual FoxPro 的命令中同时含有子句 FOR、WHILE 和 SCOPE(范围子句)。则3个子句执行时的优先级顺序为____。
   A. FOR、WHILE、SCOPE
   B. WHILE、SCOPE、FOR
   C. SCOPE、WHILE、FOR
   D. 无优先级、按句子出现的先后顺序执行
5. 下面____命令组等效于 LIST FOR XB=“女”。
   A. LIST(回车)
      SET FILTER(回车)

B. SET FILTER TO XB ="女"(回车)
LIST(回车)
C. SET FILTER TO(回车)
LIST(回车)
D. LIST(回车)
SET FILTER TO XB="女"(回车)

6. 在 JS. DBF 中筛选出性别为“女”的命令是____。
A. SET FILTER TO XB="女"　　B. SET FILTER XB="女"
C. SET FIELDS TO XB="女"　　D. SET FILTER TO

7. 下列操作中返回值一定是 . T. 的是____。
A. USE JS (回车)
BOF() (回车)
B. USE JS (回车)
GO2 (回车)
SKIP -1 (回车)
? BOF()(回车)
C. USE JS (回车)
GO　BOTTOM (回车)
SKIP (回车)
? EOF()(回车)
D. USE JS (回车)
SKIP - 1(回车)
? EOF( )

8. 表文件中有 20 条记录,当前记录号为 8,执行命令
LISTNext 3 (回车)
所显示的记录的序号为____。
A. 8～11　　B. 9～10　　C. 8～10　　D. 9～11

9. 打开一个表后,执行下列命令:
GO6 (回车)
SKIP-5 (回车)
GO5 (回车)
则关于记录指针的位置说法正确的为____。
A. 记录指针停在当前记录不动
B. 记录指针的位置取决于记录的个数
C. 记录指针只向第五条记录
D. 记录指针指向第一条记录

10. 一个表的全部 MEMO 字段的内容存储在____。
A. 不同的备注文件　　B. 同一个文本文件
C. 同一个备注文件　　D. 同一个数据库文件

11. 设当前记录号是 10,执行命令 SKIP -2 后,当前记录号变为____。

A. 7　　B. 9　　C. 8　　D. 12

12. 设当前记录号是3,执行命令 SKIP －4 后,当前记录号变为____。

A. 1　　B. 6　　C. 8　　D. 4

13. 设当前表中共有10条记录,当前记录号是3,执行命令 LIST REST 后,所显示记录的记录号范围是____。

A. 4～6　　B. 3～5　　C. 3～10　　D. 4～10

14. 设当前表中共有10条记录,当前记录号是6,执行命令 LIST 后,所显示记录的记录号范围是____。

A. 6～10　　B. 1～10　　C. 7～10　　D. 1～6

15. 设当前表文件中有字符型字段“性别”和逻辑型字段“代培否”(其值为.T.,表示代培)。显示当前表中所有代培男学生的记录的命令是____。

A. LIST FOR 性别＝"男" . OR . 代培否＝. T.

B. LIST FOR 性别＝"男" . OR. 代培否

C. LIST FOR 性别＝"男" . AND . 代培否

D. LIST FOR 性别＝"男" . AND . . NOT. 代培否

16. 若要删除当前表中某些记录,应先后使用的两条命令是____。

A. DELETE—ZAP　　B. DELETE—PACK

C. ZAP—PACK　　D. DELETE—RECALL

17. 删除当前表中全部记录的命令是____。

A. ERASE *. *　　B. DELETE *. *

C. ZAP　　D. CLEAR ALL

三、多项选择题

1. 在“浏览”窗口显示活动表中的记录,可以用____种方式查看记录。

A. 1　　B. 2　　C. 3　　D. 4

2. 浏览窗口可以拆分成两个窗格,下列说法中正确的是____。

A. 浏览窗口的两个窗格是相互链接的

B. 通过“表”菜单中的“链接分区”可以实现中断两个窗格之间的联系

C. 当“表”菜单中的“链接分区”被选中时,在一个窗格中对不同的记录的选择不会反映到另一个窗格中

D. 当“表”菜单中的“链接分区”不被选中时,在一个窗格中对不同的记录的选择不会反映到另一个窗格中

3. 当一个表文件被打开后,系统中自动生成几个控制标识,它们是____。

A. 删除标识　　B. 开始标识　　C. 指针标识　　D. 结束标识

4. 下列关于记录指针的说法中,正确的是____。

A. 每当打开一个表文件时,记录指针总是指向第一个记录

B. 当打开一张没有记录的表时,记录指针指向开始标识

C. 对于当前记录指针的值,可以通过 RECCOUNT()函数进行测试

D. 记录指针指向的记录,称为当前记录

5. 下列哪些关键字是用来说明命令的作用范围____。

A. ALL　　B. NEXT　　C. RECORD　　D. RESET

6. 当对记录进行条件定位时,记录指针的位置可能是____。
   A. 如果找到,记录指针会停在第一条满足条件的记录上
   B. 如果没有找到,记录指针会停在最后一条记录上
   C. 如果没有找到,记录指针会停在当前记录上
   D. 如果没有找到,记录指针会停在记录结束标识上
7. 对于一张已经创建好的表,要在浏览窗口状态下向表中添加加记录,可以通过____方法实现。
   A. 在显示菜单中选中“追加方式”　　B. CTRL+Y
   C. APPEND BLANK　　D. 直接输入
8. 自由表中的记录还可以通过以下____方式得到。
   A. 从数组中输入
   B. 从 EXCEL 电子表格中追加
   C. 从其他固定格式的文本文件中追加
   D. 从 WORD 文档中追加
9. 在表中输入备注字段时,下列说法中正确的是____。
   A. 输入备注字段,可用鼠标双击字段区域中的 memo
   B. 可以输入任何文字、图像和声音
   C. 可按 CTRL+W 结束并保存
   D. 当备注字段的 memo 第一个字母变为大写时表示字段中已包含内容
10. 在表的通用字段中可以输入的内容有____。
   A. 图像　　B. 波形声音　　C. 视频剪辑　　D. 文字

四、填空题

1. 如果我们要浏览的表尚未打开,则在“文件”菜单中选择“打开”命令,找到要打开的表。也可以使用命令____打开。
2. 打开浏览窗口可以通过“显示”菜单的"浏览'XS'库"项,或在命令窗口中输入并执行____,进入浏览窗口。
3. 记录指针的初始值总是____,最大值是____。
4. 如果从第一条记录向上移动一个记录,BOF()函数将返回____,RECNO()函数的返回值为____。
5. 如果从最后一条记录向下移动一个记录,EOF()函数将返回____,RECNO()函数的返回值为____。
6. 当记录指针指向记录结束标识,如果再执行 SKIP 命令,记录指针将指向____。
7. 如果表有一个主控索引或索引文件,SKIP 命令将使记录指针移动到____的记录上。
8. 通过编程方式修改字段值的命令有____和____。
9. 在 UPDATE-SQL 命令中,如果省略了 WHERE 子句,则____。
10. 用 UPDATE-SQL 命令更新表时,被更新表____事先打开。
11. 在 JS 表中要删除所有工龄(GL)大于 60 的记录的 SQL 命令是:DELETE ____JS WHERE ____;
12. 要彻底删除带有删除标识的记录,可用____命令,但这一命令的实施,必须要求表以____方式打开。

3.3　表的使用

一、判断题

1. 所谓的工作区是指用以标识一张打开的表的内存区域。
2. 当没有指定特别的工作区别名时,工作区的编号就是工作区的别名。
3. SELECT(0)表示选择第0号工作区。
4. 如果在命令窗口中输入ALIAS( ),结果屏幕会显示一条出错信息。
5. 当一张表结构刚创建完时,该表处于打开状态。
6. 当一张表在不同的工作区打开时,所用的别名可以相同。
7. 除非是SQL命令,否则不能直接访问未打开的表中的数据。
8. 当在当前工作区中打开第二张表时,先前的表不会自动关闭。
9. 当退出VFP系统时,所有的表中的数据将会丢失。
10. 当打开一张表时,如果没有指定用何种方式打开,则系统以独占方式打开。

二、单项选择题

1. 下列命令中哪一条不可在共享方式下运行____。

   A. APPEND　　B. PACK　　C. LIST　　D. BROWSE

2. 如果另外一个用户已经将记录或者整个文件都锁定了,则____命令照样可以工作。

   A. APPEND　　B. REPLACE

   C. RECALL　　D. SELECT－SQL

3. JS表已在第2号工作区打开,2号工作区非当前工作区,要把JS表所在的工作区选为当前工作区的命令是____。

   A. SELECT 0　　B. SELECT 2 IN JS

   C. SELECT JS　　D. SELECT(JS)

4. 为了选用一个未被使用的编号最小的工作区,可使用的命令是____。

   A. SELECT 1　　B. SELECT 0

   C. SELECT(0)　　D. SELECT －1

5. 当在对一张表进行操作的过程中突然停电,则表中的数据会____。

   A. VFP系统具有自动保存功能,数据不会丢失

   B. 所有最后一次保存的数据都不会丢失

   C. 表文件结构会损坏

   D. 表文件结构不会损坏,将只有空的表结构

6. 在数据工作期窗口中打开表时,下列说法中正确的是____。

   A. 将选择未被使用的区号最小的工作区

   B. 选择任意一个工作区

   C. 只能打开自由表

   D. 必须先选定工作区号,才能打开表

7. 下列有关DELETE命令和DELETE－SQL命令之间区别的叙述,错误的是____。

   A. DELETE命令可以直接在命令窗口执行

   B. DELETE－SQL命令可以直接在命令窗口执行

C. DELETE－SQL 命令不必事先打开表

D. DELETE 命令不必事先打开表

8. 当 RECALL 命令不带任何范围和条件时，表示____。

A. 恢复所有带删除标识的记录

B. 恢复从当前记录以后所有带删除标识的记录

C. 恢复当前记录

D. 恢复从当前记录开始第一条带删除标识的记录

9. 下列说法中不正确的是____。

A. VFP 可在内存中开辟 32767 个工作区

B. 系统为每个工作区规定了一个缺省别名，别名分别用字母 A～J、W11、W12…表示

C. VFP 启动后，默认 1 号工作区为当前工作区

D. 在任一时刻只能对当前工作区文件进行操作

10. 为了使表中带删除标识的记录不参与以后的操作，可以实现的命令是____。

A. SET FILTER TO　　B. 命令中加上 FOR ＜条件＞

C. SET DELETED OFF　　D. SET DELETED ON

11. 在 VFP 中，下列有关字段变量与内存变量的叙述内容，正确的是____。

A. 字段变量取决于数据库文件，不能独立存在

B. 字段变量的值，对应于数据库文件不会改变

C. 内存变量的数据类型，一经设定不能改变

D. 内存变量的保存文件是用户应用程序

12. ____的两个关系可以进行并运算

A. 主关键字相同

B. 元组个数相同

C. 属性集相同

D. 一个关系的属性集包含另一个关系的属性集

13. VFP 中，若需修改数据库中的数据，必须先执行____命令。

A. CREATE　　B. MODIFY　　C. EDIT　　D. USE

14. 在 VFP 中，若对一个数据表建立了多个索引文件，当修改数据表中的记录后，____。

A. DBMS 自动更新所有的索引文件

B. DBMS 仅自动更新已打开的索引文件

C. 必须使用 REINDEX 来更新已打开的索引文件

D. 用 SET INDEX TO 自动更新所有文件

15. 要从数据表中真正删除某些记录，应该____。

A. 先用 DELETE，再用 ZAP　　B. 直接使用 ZAP

C. 直接使用 DELETE　　D. 先用 DLETE，再用 PACK

16. 必须对数据表中索引或排序后才能使用的命令是____。

A. TOTAL　　B. LOCATE　　C. REPLACE　　D. COUNT

17. 数据表文件由____组成。

A. 文件名、字段名　　B. 字段名、字段类型和字段宽度

C. 文件名、表结构和记录　　D. 文件名、字段名和记录

18. 当数据表文件已打开，用____命令可打开对应的索引文件。
A. INDEX ON＜索引文件名表＞　　B. SET INDEX TO ＜索引文件名表＞
C. USE ＜索引文件名表＞　　D. INDEX WITH＜索引文件名表＞
19. 设某N型字段宽度为6，小数位数位2，则该字段整数部分的最大宽度为____。
A. 2　　B. 3　　C. 4　　D. 5
20. 下列命令中，能关闭所有数据表文件的命令是____。
A. CLEAR　　B. USE ALL
C. QUIT　　D. CLOSE DATABASE
21. “USE　表文件名”命令能将记录指针定位在____。
A. 首记录　　B. 当前记录　　C. 尾记录　　D. 不定
22. 命令“MODIFY COMMAND 文件名”缺省的文件扩展名是____。
A. DBT　　B. TXT　　C. MEM　　D. PRG
23. 定义数据表文件结构就是要指明该文件包含多少个字段，每个字段的字段名、____、宽度和小数位等结构参数。
A. 别名　　B. 含义　　C. 作用　　D. 类型
24. VFP中，若主表文件中含有70个记录，被连接的表文件中含有80个记录，则执行连接操作后生成的目标文件中最多含有____个记录。
A. 70×80　　B. 80　　C. 70＋80　　D. 70
25. 不能关闭表文件的命令是____。
A. QUIT　　B. USE　　C. ZAP　　D. CLOSE ALL
26. 定义数据表结构时，“基本工资”的字段类型应为____。
A. 日期型　　B. 字符型　　C. 备注型　　D. 数值型
27. 数据表文件的总宽度比其各字段宽度之和多一个字节，这一个字节的作用是____。
A. 无用　　B. 存放序号
C. 存放删除标识　　D. 存放记录号
28. 用LIST命令显示数据表文件的当前记录的命令格式是____。
A. LIST　　B. LIST ALL　　C. LIST N　　D. LISTREST
29. 用LOCATE命令查找出满足条件的第一条记录后，要继续查找满足条件的下一条记录，应该用____命令。
A. SKIP　　B. GO　　C. LOCATE　　D. CONTINUE

三、多项选择题

1. 下列关于工作区编号和别名的说法中正确的是____。
A. 在工作区中打开表时，可以为该工作区赋予一个自定义的表别名
B. 如果在打开表中没有自定义别名，则系统默认该别名为空
C. 当没有指定工作区的别名时，工作区号就是该工作区的别名
D. 使用工作区号和表的别名都可以实现对工作区的访问
2. 下列说法中错误的是____。
A. 用ALIAS([工作区号])函数可以取得指定工作区的表别名
B. 如果指定的工作区中尚未打开表，则ALIAS([工作区号])函数产生出错信息
C. 用SELECT([别名])函数可以测试指定表的别名的工作区

D. 可以用省略参数的 ALIAS()函数取得当前工作区的区号

3. 如果要对非当前工作区中的表进行操作,可以采用的方法是____。
   A. 把其他工作区选为当前工作区
   B. 直接进行操作
   C. 在命令中强行指定工作区
   D. 不能实现这种操作

4. 当前工作区中已打开 XS 表,现执行"GO TOP IN JS",得到的结果是____。
   A. 当前工作区的记录指针移动到第一条记录的位置
   B. 当前工作区的记录指针不会移动
   C. JS 表所在的工作区的记录指针不会移动
   D. JS 表所在的工作区的记录指针移到第一条记录的位置

5. 当要求一张表强行以独占方式打开,可以实现的方法有____。
   A. 在文件菜单的打开对话框中选中独占复选框
   B. 在数据工作期窗口的打开窗口选中独占复选框
   C. 直接用 USE ＜表文件名＞打开
   D. 用命令 USE ＜表文件名＞在带上 SHARED/EXCLUSIVE

6. 下列哪些可以实现记录的筛选____。
   A. 在命令中使用 FOR 子句引导条件
   B. 直接用 FIELDS 加字段名
   C. 使用 SET FILTER 命令对记录进行筛选
   D. 在工作区属性对话框进行筛选

7. 当激活开放式行缓冲或表缓冲时,____必须返回不同的值。
   A. CURVAL()　　B. TABLEUPDATE()
   C. TABLEREVERT()　　D. OLDVAL()

8. 利用数据缓冲可以保护对表记录所做的数据更新以及数据维护操作,当数据更新发生冲突时,可用____来解决。
   A. CURSOSETPROP()　　B. GETFLDSTATE()
   C. TABLEUPDATE()　　D. TABLEREVERT()

9. 当我们设置独占方式为默认的打开方式之后,下列说法中正确的是____。
   A. 所有表的打开方式都变成独占
   B. 所有已打开的表都将不受影响
   C. 一张表多次打开时,可采用不同的方式
   D. 一张表多次打开时,以第一次的打开方式为准

10. 数据缓冲的类型有____。
    A. 行缓冲　　B. 表缓冲　　C. 开放式　　D. 保守式

11. 当执行 SET FILTER TO 命令进行记录筛选后,对下列命令中____不会产生效果。
    A. SELECT－SQL　　B. DELETE－SQL　　C. LIST　　D. UPDATE－SQL

四、填空题

1. 在第二号工作区中,以"XS"为别名打开“学生表.DBF”的命令是____。
2. 检测当前工作区的区号,可用____实现。

3. 在VFP的默认状态下,表以____方式打开。
4. 在数据工作期窗口中,我们可以直接看到表的别名,别名所对应的工作区号显示在____。
5. 如果USED("XS")返回为T,则说明____。
6. 要实现对JS表所有记录的工龄(GL)增加1,其UPDATE－SQL命令为____。
7. 请写出删除JS表中基本工资(GZ)在400元以下所有记录的DELETE－SQL命令____。
8. 已知教师表(JS.DBF)中含有一条姓名(XM)为"王一平"的记录,执行下列程序段后,输出结果为____。

```
SELECT JS
LOCAT FOR XM＝"王一平"
XM＝3
? XM
```

9. VFP系统提供两种锁定方式,它们分别是____。
10. 当数据更新发生冲突时,需要强制更新,可用命令____。
11. VFP中,要求以独占方式打开表的命令有____。(试举四例)

3.4 表的索引

一、判断题

1. 只能对字符型、数值型或日期型的字段进行索引。
2. 如果在INDEX命令中有多个不同类型的字段参加索引,可直接用加号"＋"将它们连接起来。
3. 当建立索引文件后,表记录的物理位置被改变,其记录号也随之改变。
4. 当使用INDEX命令对表文件索引后,所建立的索引文件随之打开。
5. 索引文件不能单独使用,必须同原表文件一起使用。
6. SEEK命令可以直接对未经过索引的表文件进行查询。
7. 当有多个字段参加索引时,只有第一个字段有效。
8. FIND和SEEK命令可以直接对未经过索引的表文件进行查找。
9. 用SEEK()函数进行查找时,可以找到第一个满足条件的记录。
10. 建立索引的目的是改变记录的物理位置。

二、单项选择题

1. 索引文件中的标识名最多由____个字母、数字或下划线组成。
   A. 5　　B. 6　　C. 8　　D. 10
2. 有关表的索引,下列说法中不正确的是____。
   A. 当一张表被打开时,其对应的结构复合索引文件被自动打开
   B. 表的结构复合索引能控制表中字段重复值的输入
   C. 一张表可建立多个候选索引
   D. 主索引适用数据库表
3. 对于表索引操作的下列说法中____是正确的。

A. 一个独立索引文件中可以存储一张表的多个索引

B. 主索引只适用于自由表

C. 表文件打开时,所有复合索引文件都自动打开

D. 在 INDEX 命令中选用 CANDIDATE 子句后,建立的是候选索引

4. 建立索引时,下列____字段不能作为索引字段。

A. 字符型　　B. 数值型　　C. 备注型　　D. 日期型

5. 下列描述中错误的是____。

A. 组成主索引的关键字或表达式在表中不能有重复的值

B. 主索引只能用于数据库表,但候选索引可用于自由表和数据库表

C. 唯一索引表示参加索引的关键字或表达式在表中只能出现一次

D. 在表设计器中只能创建结构复合索引文件

6. 下列关于表的索引的描述中,错误的是____。

A. 复合索引文件的扩展名为 .CDX

B. 结构复合索引文件随表的打开自动打开

C. 当对表进行编辑修改时,系统对其结构复合索引文件中的所用索引自动进行维护

D. 每张表只能创建一个主索引和一个候选索引

7. 为了实现对当前表的唯一索引,必须在 INDEX ON 命令中使用的子句是____。

A. FIELDS　　B. UNIQUE　　C. FOR　　D. RANDOM

8. 建立索引文件的目的是____。

A. 改变表记录的物理位置　　B. 提高记录的查询速度

C. 对记录进行降序排序　　D. 对记录进行分类统计

9. 在建立索引标识 XM 时,如果参加索引的字段有“姓名”(字符型)、“出生日期”(日期型)和总分(数值型),正确的命令是____。

A. INDEX ON 姓名,出生日期,总分 TAGXM

B. INDEX ON 姓名,DTOC(出生日期),STR(总分,6,2)TAGXM

C. INDEX ON 姓名+出生日期+总分 TAGXM

D. INDEX ON 姓名+DTOC(出生日期)+STR(总分,6,2)TAGXM

10. 对当前表文件中的“出生日期”字段(日期型)索引后,要查询 76 年 4 月 15 日出生的记录,应使用的命令是____。

A. LOCATE 4/15/76　　B. LOCATE FOR CSRQ= "4/15/76"

C. SEEK DTOC("4/15/76")　　D. SEEK CTOD("4/15/76")

11. 不能打开索引文件的命令是____。

A. SET INDEX TO ZF. IDX　　B. USE STUD INDEX TO

C. USE STUD INDEX ZF. IDX　　D. INDEX ON 总分 TO ZF. IDX

12. 下列叙述中含有错误的是____。

A. 一个数据库表只能设置一个主索引

B. 唯一索引不允许索引表达式有重复值

C. 候选索引既可以用于数据库表也可以用于自由表

D. 候选索引不允许索引表达式有重复值

13. 在 VFP 中,若对一个表建立了多个索引文件,当修改表中的记录后,____。

A. DBMS 自动更新所有索引

B. DBMS 仅自动更新已打开的索引文件

C. 必须使用 REINDEX 来更新所有索引文件

D. 用 SET INDEX TO 自动更新所有的索引文件

三、多项选择题

1. JS 表存在 3 个索引标识(GH、XM、GL)的结构复合索引文件,在打开该表后,下列说法中正确的是____。

A. 打开表后,该索引文件自动打开

B. 打开表后,结构复合索引文件的第一个索引标识将自动成为主控索引

C. 打开表后,只有被设置为主控索引的那个索引才对表起作用

D. 系统将按主控索引所指定的顺序访问表

2. 关于表的索引,下列说法中正确的是____。

A. 用 INDEX 命令创建一个结构复合索引时,该索引自动成为主控索引

B. 用 INDEX 命令创建一个结构复合索引时,该索引不会自动成为主控索引

C. 用表设计器创建一个结构复合索引时,该索引自动成为主控索引

D. 用表设计器创建一个结构复合索引时,该索引不会自动成为主控索引

3. 当我们打开一个包含结构复合索引的表时,____。

A. 结构复合索引文件将随表的打开而自动打开

B. 结构复合索引中的任何一个索引不会自动设置为主控索引

C. 表中的记录按记录的物理顺序显示和访问

D. 表中的记录按第一个索引表达式的顺序访问

4. 当我们对一张包含结构复合索引的表进行添加、删除和修改操作时,____。

A. 结构复合索引不会起任何作用

B. 系统对所有索引自动进行维护更新

C. 表关闭时结构复合索引自动关闭

D. 表不关闭时结构复合索引可以单独关闭

5. 我们可以采用____方法来取消主控索引。

A. 在命令窗口执行 SET ORDER TO 0 命令

B. 在命令窗口执行 SET ORDER TO 命令

C. 在工作区属性对话框中的索引顺序下拉列表中选择“无顺序”

D. 在命令窗口中执行 CLOSE INDEX 命令

6. 当需要利用 SEEK 命令进行快速查找时,我们必须注意____。

A. 必须单独为该字段建立独立索引文件

B. 首先对该字段建立索引

C. 必须设置主控索引

D. 记录的索引关键字必须与查找命令所指定的的表达式匹配

7. 在 JS 表的结构复合索引中,____索引关键字表达式更具有积极意义。

A. GL+JBGZ　　　　B. STR(GL)+STR(JBGZ)

C. STR(GL+JBGZ)　　　　D. STR(GL)+JBGZ

8. 下列____是不能参加索引的字段类型。

A. 通用型　　B. 数值型　　C. 备注型　　D. 逻辑型

9. 为了实现对当前表记录的候选索引,必须在 INDEX ON 命令中使用的子句是____。

A. FIELDS　　B. UNIQUE　　C. CANDIDATE　　D. RANDOM

10. 统计当前记录个数的命令是____。

A. COUNT　　B. SUM　　C. TOTAL　　D. AVERAGE

四、填空题

1. 打开一个表时,____索引文件将自动打开,表关闭时它将自动关闭。
2. 若要实现多字段排序,即先按班级(BJ,N,1)顺序排序,同班同学再按出生日期(CSRQ,D)顺序排序,同班且出生日期也相同的再按性别(XB,C,2)顺序排序,其索引表达式为____。
3. 已知 XS 表的结构复合索引中已创建 XH 字段的普通索引,索引标识为 XH,在没有设置主索引的情况下,要用 SEEK 命令定位到学号为"980101"的记录上,写出该命令:____。
4. 若某字段定义为候选索引或主索引型,要求该字段的值必须具有____性。
5. 数据库中的每一个表能建立____个主索引。
6. 索引可分为多种类型,其中____只适用于数据库表。
7. 索引后的记录自动按关键字表达式的值进行____排列。
8. 对于已打开的多个索引,每次只有一个索引对表起作用,这个索引称为____。
9. VFP 中创建结构复合索引文件,既可以用____方式,又可以用____方式。
10. 打开表之后,如果该表有结构复合索引,则表中的记录将____显示和访问。
11. TAGCOUNT()函数返回的结果是____。
12. 需要得到指定序号的索引关键字表达式,可以使用的函数是____。
13. 索引文件中的一个索引可以理解为索引关键字的值与____的一张对照表。
14. 对于索引文件,当表中记录的索引关键字值和记录号有所变动时,索引也必须重建,重建索引的命令是____。
15. 一个复合索引文件中存储一张表的多个索引,各个索引用____来区别和引用。

第4章 数据库的创建和使用

4.1 VFP数据库

一、判断题

1. 数据库中包括数据库表和自由表。
2. 数据库表和自由表一样，表中的每一个记录代表现实世界中的一个实体。
3. 数据世界中的数据库表和自由表相当于现实世界中的实体集。
4. 建立数据库，首先要确定需要的表，这是数据库设计过程中技巧性最强的一步。
5. 为了表使用时的方便，我们可以把一些通过计算才能得到的值，直接设立为字段。
6. 在VFP的数据表设计中，每一张表都需要明确主关键字。
7. 在建立表之间的关系时，多对多关系必须建立纽带表，将其转化为两个一对多关系。
8. 使用CREATE DATABASE命令创建数据库后，该数据库将处于打开状态。
9. 使用CREATE DATABASE命令创建数据库时，将自动打开数据库设计器。
10. 任何一张自由表都可以变成数据库表。
11. 表一旦属于一个数据库之后，称之为相关表，它将再也不能成为自由表。
12. 保存在数据库文件中的有关表文件的信息，称之为后链。
13. 将相关表从数据库中移出，实质是将该表文件删除。
14. 自由表添加到数据库中后，将会产生该表的一个副本。
15. 在项目中，一张表的表名，可以同时出现在数据库表的列表和自由表的列表中。
16. 数据库的存储过程保存在数据库表的表文件中。
17. 数据字典是包含数据库中所有表信息的一张表。
18. 当我们修改一张已有记录值的数据库表的结构时，其数据将会丢失。

二、单项选择题

1. 设计数据库时，可使用纽带表来表示表与表之间的____。

   A. 多对多关系　　B. 临时性关系

   C. 永久性关系　　D. 继承关系

2. 下列说法正确的是____。

   A. 当数据库打开时，该库中的表将自动打开

   B. 当打开数据库中的某个表时，该表所在的数据库将自动打开

   C. 如果数据库以独占方式打开，则库中的表只能以独占方式打开

   D. 如果数据库中的某个表以独占方式打开，则库中的其他表也只能以独占方式打开

3. 下列关于数据库的描述中，错误的是____。

   A. 数据库是一个包容器，它提供了存储数据的一种体系结构。

   B. 自由表和数据库表的扩展名都为.DBF。

   C. 自由表的表设计器和数据库表的表设计器是不完全一样的。

   D. 数据库表的记录数据保存在数据库中。

4. 创建数据库后,系统会自动生成 3 个文件的扩展名为____。

A. .PJX、.PJT、.PRG　　B. .SCT、.SCX、.SPX

C. .FPT、.FRX、.FXP　　D. .DBC、.DCT、.DCX

5. 在向数据库添加表的操作中,下列叙述中不正确的是____。

A. 可以将一张自由表添加到数据库中

B. 可以将一个数据库表添加到另一个数据库中

C. 可以在项目管理器中将自由表拖放到数据库中使它成为数据库表

D. 欲使一个数据库表成为另一个数据库表,则必先使其成为自由表

6. 在命令窗口中执行命令____。

```
CREATE  PROJECT RDGL
CREATE  DATABASE RDSJ
CREATE  TABLE RSDA(GH C(6))
CREATE  TABLE C:\STUDENT\KJ(XM C(8))
CREATE  TABLE A GZ(GH C(6),JBGZ N(5,2))
```

试问,执行上述命令后,下述说法中正确的是____。

A. 数据库 RDSJ.DBC 与项目文件 RDGL.PJX 一定有引用关系

B. 只有 RSDA.DBF 一个表与数据库 RDSJ.DBC 有引用关系

C. 只有 RSDA.DBF 和 KJ.DBF 两个表与数据库 RDSJ.DBC 有引用关系

D. 用这组命令建立的 3 个表与数据库 RDSJ.DBC 均有引用关系

7. 对数据库的操作中,下述说法中____是正确的。

A. 数据库被删除后,则它包含的数据库表也随着被删除

B. 打开了新的数据库,则原来已打开的数据库被关闭

C. 数据库被关闭后则它所包含的已打开的数据库表被关闭

D. 数据库被删除后,它所包含的表变成自由表

8. 如果要在数据库的两个表之间建立永久性关系,则至少要求在父表的结构复合索引文件中创建一个____,子表的结构复合索引文件中建立任何类型的索引。

A. 唯一索引　　B. 候选索引

C. 普通索引　　D. 主控索引

9. 数据库表之间创建的永久性关系是保存在____。

A. 数据库表中　　B. 数据库文件中

C. 表设计器中　　D. 数据环境设计器中

10. 要在两个相关的表之间建立永久关系,这两个表应该是____。

A. 同一数据库内的两个表　　B. 两个自由表

C. 一个自由表和一个数据库表　　D. 任意两个数据库的表

三、多项选择题

1. 下列哪些是由于表中重复信息引起的____。

A. 表中数据量的成倍增加和用户数据录入工作量的增加

B. 重复的录入容易导致错误,从而造成数据的不一致性

C. 输入时系统自动拒绝输入记录

D. 有用的信息容易被删除

2. 表之间的关系有____。

A. 二对一　B. 一对多

C. 多对多　D. 一对一

3. 数据库采用命令的方式创建时,下列情况哪些是正确的____。

A. 用命令创建数据库后,该库自动添加到项目中

B. 用命令创建数据库后,该库不会自动添加到项目中

C. 用命令创建数据库不会打开数据库设计器

D. 用命令创建数据库后,该数据库处于打开状态且为当前数据库

4. 当数据库打开时,所有创建的表将____。

A. 默认都是数据库表　B. 默认都是自由表

C. 可以用命令指定为自由表　D. 只能为数据库表

5. 要将磁盘上的JXSJ数据库中的XS表变成自由表,可以使用____完成操作。

A. 打开该数据库后,使用REMOVE TABLE命令

B. 直接使用FREE TABLE XS命令

C. 直接删除该数据库文件

D. 从项目管理器窗口中移去

6. 当执行DELETE DATABASE JXSJ命令后,结果将____。

A. JXSJ.DBC、JXSJ.DCT和JXSJ.DCX文件将从磁盘中删除

B. 库中所包含的表都将从磁盘中删除

C. 库中所包含的表不会从磁盘中删除,但仍属于该数据库

D. 库中所包含的表将自动变成自由表

7. DELETE DATABASE命令和DELETE FILE命令之间的区别是____。

A. 使用DELETE DATABASE命令后,所有表对该库文件引用的后链自动删除

B. 使用DELETE FILE命令后,所有表对该库文件引用的后链自动删除

C. 使用DELETE DATABASE命令后,所有表都可以直接添加到其他数据库中

D. 使用DELETE FILE命令后,所有表都可以直接添加到其他数据库中

8. 关于数据库的操作,下述说法中,____是正确的。

A. 数据库被删除后,则它包含的数据库表也随着被删除

B. 打开了新的数据库,则原来已打开的数据库被关闭

C. 数据库被关闭后,它所包含的数据库表都将被关闭

D. 数据库被删除后,它所包含的表变成自由表

9. 如果一个数据库表的DELETE触发器设置为.F.,则不允许对该表作____的操作。

A. 修改记录　B. 删除记录

C. 增加记录　D. 显示记录

10. 将一张自由表添加成数据库表后,项目管理器中____。

A. 数据库表列表中会自动增加该表名

B. 经过刷新之后,数据库表列表中才会增加该表名

C. 经过刷新之后,自由表列表中该表名才会消失

D. 自由表列表中该表名会自动消失

四、填空题

1. 在 VFP 中,可以使用____组织和关联表与视图。
2. 在数据库设计过程中确定需要的表时,要注意尽量避免____。
3. 在一对多关系是通过____来体现的。
4. 在多对多关系中,必须通过____将其转化为一对多关系。
5. 使用 DBUSED(数据库名)函数测试,如果该数据库未打开,则返回____。
6. 要修改数据库表 CJ(成绩表)的表结构,打开该表后,可以使用命令____打开数据库表设计器。
7. 要想建立一个与 JS(教师表)的表结构完全相同的表(JS2),可用命令____。
8. 当想查看数据库表 XS(学生表)的表结构,可打开其表设计器,也可用____命令。
9. 数据字典是包含数据库中所有表信息的一张表,存储在数据字典中的信息称之为____。
10. 将数据库表从数据库中移去,实际上是____。
11. 数据库表中的双向链接,其中前链保存在____文件中。
12. 要切断数据库表和数据库之间的后链,可以使用____命令。

4.2 数据库表扩展属性

一、判断题

1. 通过数据库表中字段的标题和注释都可以直接引用该字段的值。
2. 数据库表的显示格式属性,其作用是为了能统一字段值的显示格式。
3. 数据库表的输入掩码等同于字段的有效性规则。
4. 字段的有效性规则是用指定的规则表达式对所输入的字段值进行验证,当输入值不满足要求时,则拒绝该值。
5. 如果表已经存在,我们可以在 Alter Table 命令的 CHECK 子句设置一个字段的规则。
6. VFP 系统中的每一张表,都具有长表名。
7. 在任何情况下打开一张数据库表,可以直接用 USE 加长表名。
8. 给表指定长表名,可以在命令中使用 NAME 子句来实现。
9. 记录级验证规则在字段值改变时,当光标离开该字段时触发。
10. 对一张已有数据的表,增设字段的有效性规则,设置结束时只要不改变记录,它都不会触发该规则。
11. 记录级的有效性规则还可以通过表单的 VALID 事件代码实现。
12. 数据库表的有效性规则对表的所有用户有效,在表单中设置的验证代码只对当前应用程序的用户有效。
13. 设置了表的注释属性后,在项目管理器中选中该表,将在其底部显示该注释。
14. 数据库表的触发器可以通过命令的方式创建,也可在表设计器中设置。
15. 关于数据库表的所有表属性,均可以通过表设计器中的表选项卡设置。
16. 参照完整性主要是用来控制数据库相关表之间的数据一致性规则。
17. 参照完整性是建立在临时性关系的基础上的。
18. 完整性规则的代码是单独以文件的形式保存在磁盘中的。

19. 参照完整性中的更新规则是指定修改父表中的关键字值时所用的规则。
20. 参照完整性中的插入规则是保证在父表中插入记录时保证子表中不会出现孤立记录。
21. 参照完整性的更新、插入、删除规则都存在级联、限制和忽略3种不同的设置。
22. 当设置好参照完整性规则后，VFP把生成的参照完整性代码作为引用存储过程的触发器保存起来。
23. 当主表的关键字被修改时，子表中相关记录的关键字值跟着变化，应将更新规则设为“限制”。
24. 在父表中删除记录时，与该记录相关的子表中的记录必须全部删除，应将删除规则设为“级联”
25. VFP系统的数据完整性就是指参照完整性。

二、单项选择题

1. 库表字段的默认值是保存在____。
   A. 表文件中　　B. 数据库文件中
   C. 项目文件中　　D. 表的索引文件中
2. 当要求在输入数据时，只允许输入数字、空格和正负符号，则输入掩码应为____。
   A. X　　B. 9　　C. #　　D. $
3. 当光标移动到文本框上时，选定整个文本框，则字段的格式属性应设为____。
   A. A　　B. R　　C. K　　D. L
4. 通过字段的显示格式属性不能实现的是____。
   A. 显示字段值时，采用当前的SET DATE格式
   B. 删除输入字段前导空格和结尾空格
   C. 把字母字符转换成小写字母
   D. 使用科学记数法显示数值型数据
5. 要想控制用户在浏览窗口或者是表单中输入数据时采用一定的格式，应该设置____。
   A. 字段的显示格式　　B. 字段的输入掩码
   C. 字段的注释　　D. 字段的有效性规则
6. 在对数据库表字段值的操作中，对字段的引用是通过____来实现的。
   A. 字段名　　B. 字段标题　　C. 字段注释　　D. 字段的有效性说明
7. 如果表已经存在，设置CJ表的CJ字段的有效性规则命令，正确的是____。
   A. CREATE TABLE CJ CHECK CJ>=0 AND CJ <=100
   B. ALTER TABLE CJ CHECK CJ>=0 AND CJ <=100
   C. ALTER TABLE CJ SET CHECK CJ>=0 AND CJ <=100
   D. ALTER TABLE CJ ALTER COLUMN CJ SET CHECK CJ>=0 AND CJ <=100
8. 字段验证规则信息可以是属于____数据类型的数据。
   A. 备注型　　B. 字符型　　C. 日期型　　D. 逻辑型
9. 如果一个数据库表的DELETE触发器设置为.F.，则不允许对该表作____的操作。
   A. 修改记录　　B. 删除记录
   C. 增加记录　　D. 显示记录
10. 数据库表的INSERT触发器，在____时触发该规则。

A. 在表中增加记录时　　B. 在表中修改记录时
C. 在表中删除记录时　　D. 在表中浏览记录时

11. 当库表移出数据库后,仍然有效的是____。
A. 字段的默认值　　B. 表的验证规则
C. 结构复合索引　　D. 记录的验证规则

12. 数据库表的长表名最多为____个字符。
A. 10　　B. 127　　C. 128　　D. 255

13. 表记录的验证规则在____时被激活。
A. 输入记录的字段值时
B. 修改记录的字段值时
C. 当光标从一个字段移到另一个字段时
D. 当记录被录入或修改,且指针离开当前记录或者关闭表时

14. 以下有关表的触发器的说法中,错误的是____。
A. 表的触发器实际是一个记录级事件代码
B. 触发器是绑定在表上的表达式
C. 触发器的检查发生在其他任何验证规则之前
D. 如果从数据库中移去一张表,则同时删除和该表相关联的触发器

15. 表的长表名在命令中指定时,用____子句指定长表名。
A. CAPTION　　B. NAME
C. COMMENT　　D. DEFAULT VALUE

16. 当我们在____情况下时,需要设置表记录的有效性规则。
A. 要求某个字段的值必须在某个范围之内
B. 限制对某些记录数据的更新
C. 要比较两个以上的字段是否满足一定的条件
D. 同一字段不能出现重复值

17. 在参照完整性中,设置更新操作规则时选择了“限制”,下列说法中____是正确的。
A. 当更改了主表的“主”或“候选”关键字值后,自动更改子表记录的对应值
B. 允许更改子表中对应的普通索引关键字的字段值
C. 当主表中记录在子表中有相关记录时,主表的“主”或“候选”关键字的字段值禁止更改
D. 当更改了子表中的字段值,则自动更改主表中对应记录的字段值

18. 在参照完整性的设置中,如果当主表中删除记录后,要求删除子表中的相关记录,则应将“更新”规则设置为____。
A. 限制　　B. 级联　　C. 忽略　　D. 任意

19. 以下哪一条将造成相关表之间数据的不一致____。
A. 在主表中插入记录的主关键字的值是子表所没有的
B. 在主表中删除了记录,而在子表中没有删除相关记录
C. 在子表中删除了记录,而在主表中没有删除相关记录
D. 用主表的主关键字字段的值修改了子表中的一个记录

20. 下列叙述中含有错误的是____。

A. 一个表可以有多个关键字

B. 数据库表可以设置记录级的有效性规则

C. 永久性关系建立后，主表记录指针移动将使子表记录指针相应移动

D. 对于临时性关系，一个表不允许有多个主表

三、多项选择题

1. 下列哪些属于数据库表字段的扩展属性____。

A. 默认值　B. 注释　C. 字段名　D. 参照完整性

2. 字段的显示属性有____。

A. 字段名　B. 字段标题　C. 输入掩码　D. 格式

3. 字段的格式属性一般在____中起作用。

A. 浏览窗口　B. 编辑窗口

C. 表单　D. 报表

4. 下列说法中正确的是____。

A. 标题和注释都是为了使表具有更好的可读性

B. 自由表和数据库表都具有标题和字段名属性

C. 如果没有给字段设置标题，则在浏览时，将以字段名作为列的标题

D. 表的标题和注释都不是必需的，但表的字段名是必须给定的

5. 下列关于字段验证规则的说法中，正确的是____。

A. 可以使用字段级有效性规则，来控制用户输入到字段中的信息类型

B. 字段的有效性规则也可以用来检查一个独立于此记录的其他字段值的字段数据

C. 字段级规则在字段值改变时发生作用

D. 任何类型的表都可以通过字段级的有效性规则来实现对字段的约束

6. 系统默认值为0的数据类型有____。

A. 数值型　B. 双精度型

C. 货币型　D. 浮点型

7. 在任何情况下，可以作为字段的默认值的是____。

A. 空串　B. 0　C. .NULL.　D. 空日期

8. 当对一张已有记录数据的表增设字段有效性规则，产生了出错信息，可能是____。

A. 字段的有效性规则书写出错

B. 表内的已有数据违反了字段的有效性规则

C. 表内已有的数据违反了记录的有效性规则

D. 不会出现这种错误提示

9. 当我们在成绩表(CJ)的学号(XH)字段中填写有效性规则：CJ＞＝0. AND. CJ＜＝100，则当我们对表中的的记录值进行修改时，将会出现____。

A. 当改变CJ字段的值为120时，会产生出错信息

B. 当改变XH字段的值时，如果相应记录的CJ字段值为120，会产生出错信息

C. 当改变CJ字段的值为120时，不会产生出错信息

D. 当改变XH字段的值时，如果相应记录的CJ字段值为120，不会产生出错信息

10. 关于数据库表的长表名，下列说法中正确的是____。

A. 长表名最长为255个字符

B. 可以将数据库的长表名看作是数据库表的“别名”

C. 表文件以表名存储，长表名可以用来代替表名以标识数据库表

D. 如果设置了长表名属性，该数据库表在各种选项卡、窗口中均以长表名代替表名

11. 表记录的有效性规则一般当数据通过____方式访问时起作用。

A. 浏览窗口　　B. 命令　　C. 表单　　D. 查询

12. 下列哪些在表的触发器规则激活之前发生____。

A. 空值允许　　B. 候选索引

C. 字段验证规则　　D. 记录验证规则

13. 对于参照完整性规则中，存在级联、限制、忽略 3 种设置的有____。

A. 插入规则　　B. 更新规则

C. 删除规则　　D. 不存在

14. VFP 中提供的数据完整性主要包括____。

A. 实体完整性　　B. 参照完整性

C. 数据完整性　　D. 用户自定义完整性

15. 实体完整性主要包括____。

A. 字段完整性　　B. 表间的完整性

C. 缓冲数据的完整性　　D. 记录完整性

四、填空题

1. 对数据库表添加新记录时，为某一字段自动给定一个初值，这个值称为____。

2. NAME 用来表示字段的字段名属性，COMMENT 用来表示字段的____属性。

3. 当字段的格式设置为“A”时，它表示____。

4. 当用命令来创建表时，可以用____来指定字段的有效性规则。

5. 如果表已经存在，则需在____命令中使用____子句设置一个字段的规则。

6. 设置默认值的目的主要是____。

7. 字段的显示格式主要用来确定字段显示时的____。

8. 数据库表的字段扩展属性有：标题、默认值、注释、格式、输入掩码、____、有效性说明。

9. 触发器指定一个规则，这个规则是一个____表达式。

10. 当某个命令或事件发生后，将自动触发相关触发器的执行，计算逻辑表达式的值，如果返回值是____，将不执行此命令或事件。

11. 记录级的有效性规则，当____时被激活。

12. 数据库表的表属性有：长表名、表的注释、____及触发器。

13. 使用长表名打开表时，表所属的数据库必须____，并且____。

14. 如果子表中已有相关记录，修改主表记录的主关键字时，要求同时修改子表中相关记录，则参照完整性的____规则应设置为____。

15. 不允许子表增加或修改记录后出现“孤立记录”，则参照完整性的____规则应设置为____。

16. 参照完整性只有在____之间才能建立，以保持不同表之间数据的____。

17. 参照完整性是控制数据库相关表之间的____和____之间的数据一致性的规则。

18. 参照完整性是建立在____基础上的。

19. 参照完整性规则被设置在主表或子表的____中，规则的代码被保存在数据库的____中。
20. 参照完整性可以控制记录如何在相关表中被____。
21. 在数据库系统中，数据的不一致性是指____。

4.3　使用数据库

一、判断题

1. 如果用 USE 命令打开数据库表，必须首先打开表所在的数据库。
2. 用 CLOSE DATABASES 命令可以关闭当前所有打开的数据库和其中的表。
3. 在 SET RELATION 命令中建立表与表之间的临时关系时，要求别名所指定的表文件必须事先建立过索引文件。
4. 使用 USE ＜数据库名＞！＜表名＞可以打开任何一个非当前数据库中的表。
5. CLOSE DATA 与 CLOSE DATABASES ALL 命令等同。
6. 当打开两张具有永久关系的数据库表，其永久关系会自动作为临时关系产生作用。
7. SET RELATION TO 命令与 SET RELATION OFF 命令等同。
8. 建立临时关系时，主表的关键字段不需要建立任何形式的索引。
9. 通过 DBSETPROP()函数可以设置数据库表的所有属性。
10. 数据库的任何属性，都可以通过 DBGETPROP()函数得到。

二、单项选择题

1. 在数据库 JXSJ. DBC 中，要求得表 JS. DBF 的字段 GH 的标题，先打开数据库 JXSJ. DBC 且为当前数据库；DBGETPROP(____,'FIELD','CAPTION')。

   A. JS. GH　　B. "JS. GH"　　C. GH　　D. "GH"

2. 下列关于表之间的永久性关系和临时性关系的描述中，错误的是____。

   A. 表之间的永久性关系只要建立则永久存在，并和表的结构保存在一起

   B. 表关闭之后临时性关系消失

   C. 永久性关系只能建立于数据库表之间，而临时性关系可以建立于各种表之间

   D. VFP 中临时性关系不保存在数据库中

3. 表之间的"临时性关系"，是在两个打开的表之间建立的关系，如果两个表有一个关闭后，则该"临时性关系"____。

   A. 消失　　B. 临时保留　　C. 永久保留　　D. 转化为永久关系

4. 对于临时关系和永久关系，一个表可以有多少个主表？应该是____。

   A. 对于临时关系：一个表只能有一个主表；对于永久关系：一个表能有多个主表

   B. 对于临时关系：一个表能有多个主表；对于永久关系：一个表能有多个主表

   C. 临时关系和永久关系的一个子表都只能有一个主表

   D. 临时关系和永久关系的一个子表都能有多个主表

5. 建立两个表之间的临时关系时，必须设置的是____。

   A. 主表的主索引

   B. 主表的主索引和子表的主控索引

   C. 子表的主控索引

D. 主表的主控索引和子表的主索引

6. CJ 表和 XS 表同属于数据库 JXSJ 中,在 1 号工作区中打开 CJ 表,在 2 号工作区中打开 XS 表,当前工作区为 2 号工作区。现在要想引用 1 号工作区中的 CJ 字段的值,应该____表示。

A. JXSJ. CJ. CJ　　B. JXSJ－＞1－＞CJ

C. CJ. CJ　　D. JXSJ! CJ. CJ

7. 创建临时关系后,则____。

A. 主表记录更新时,子表中的记录也自动更新

B. 主表记录指针发生移动时,子表记录指针跟随移动

C. 子表记录指针发生移动时,主表记录指针跟随移动

D. 主表记录指针发生移动时,子表记录指针不跟随移动

8. 下列选项中,____发生后,临时性关系依然存在。

A. 关闭临时关系中的子表

B. 关闭临时关系中的主表

C. 执行 SET RELATION TO

D. 在其他工作区再次打开主表

9. 将自由表文件添加至数据库中,会产生的结果是____。

A. 在数据库文件中形成一个该自由表的一个副本

B. 在数据库文件中创建一个对该自由表的一个引用

C. 该表还可以在添加到另外的数据库中

D. 仍然可以不打开数据库而直接打开该表

10. 通过 DBSETPROP()函数设置 XS 表 XH 字段的 COMMENT 属性值,命令正确的是____。

A. DBSETPROP("XH","FIELD","COMMENT","学号唯一标识一个学生")

B. DBSETPROP(XH,"FIELD","COMMENT","学号唯一标识一个学生")

C. DBSETPROP("XS. XH","FIELD","COMMENT","学号唯一标识一个学生")

D. DBSETPROP(XS. XH,"FIELD","COMMENT","学号唯一标识一个学生")

三、多项选择题

1. 执行 CLOSE ALL 命令后,没有被关闭的有____。

A. 项目管理器　　B. 命令窗口

C. 帮助　　D. 调试窗口

2. 执行 CLOSE DATABASES ALL 命令后,结果将关闭____。

A. 所有打开的数据库和其中的表

B. 所有自由表

C. 所有索引文件

D. 所有格式文件

3. 通过 DBGETPROP()函数可以取得____的各种属性值。

A. 当前数据库　　B. 自由表

C. 库表的字段　　D. 视图

4. 通过 DBSETPROP()函数可以设置的属性值有____。

A. CAPTION　　B. VERSION
C. PATH　　D. COMMENT

5. 属于临时关系和永久关系之间不同点的有____。
A. 临时关系主要用来控制两张表之间相关记录的访问
B. 永久关系永久地保存在数据库中
C. 当临时关系中的任意一张表关闭时,该关系将消失
D. 永久关系中,子表不能同时有两张主表

6. 建立临时关系要明确的要素有____。
A. 主表　　B. 子表
C. 主表与子表之间的关系表达式　　D. 子表的主控索引

7. 下列说法中正确的有____。
A. 更改字段的数据类型时不能同时转换字段内容
B. 修改表结构之前,VFP自动将表文件备份为BAK,备注文件扩展名为.DCT
C. 打开数据库时,如果磁盘或目录中含有感叹号(!),系统将无法识别
D. VALIDATE DATABASE的功能是确保当前数据库中的表和索引存储位置的正确性

8. 建立临时关系的条件是____。
A. 两表之间必须是一对一或者一对多关系
B. 源表必须是数据库表
C. 源表可以是自由表、数据库表、视图和查询
D. 子表必须按主表相关联的字段建立索引

9. 执行命令CREATE DATABASE DB1后,其结果是____。
A. 创建DB1数据库　　B. DB1成为当前数据库
C. 数据库设计器窗口处于打开状态　　D. 出现新建对话框

10. 当我们在几个工作区中打开了一系列的自由表,要全部关闭它们,可以用____命令。
A. CLOSE DATABASES　　B. CLOSE TABLE
C. CLOSE ALL　　D. USE

四、填空题

1. 设置XS表的XH字段的注释为“学号是该表的主关键字段”,所用的命令是____。
2. 设置XS表的XB字段的有效性规则为“XB="男"OR XB="女"”,所用的命令是____。
3. 查看XS表的主关键字的标识名,所用的命令是____。
4. 查看XS表的路径,所用的命令是____。
5. 建立临时关系时,当前工作区是____工作区。
6. 建立临时关系的两张表中,____必须按照相关联的字段建立索引。
7. DBGETPROP()函数返回的结果的数据类型为____。
8. DBSETPROP()函数返回的结果的数据类型为____。
9. 使用____函数测试指定的数据库文件是否已经打开。
10. 在临时关系中,父表的记录指针移动后,子表的记录指针也将移动到与其关键字值

相同的记录上,如果子表找不到相匹配的记录,子表中的记录指针将____。

11. 所有打开的数据库中,只有一个是____。
12. 测试当前数据库名,可用____函数。
13. 临时性关系和永久性关系中,一张表不能有两张主表的是____。
14. 使用____命令,可以打开数据库表和自由表。
15. 在打开表之间,可用____命令建立临时性关系。
16. 可以在自由表和数据库表之间建立____关系。

第5章　查询和视图

5.1　SQL语言和查询技术

一、判断题

1. 在SELECT语句中,JOIN子句的条件不可少。
2. 在一条ALTER TABLE命令中,如果修改一个字段的多个属性,则需要使用多个ALTER COLUMN子句。
3. 对于临时表,除了可以用CREATE－SQL命令创建外,还可以用表设计器创建。
4. 修改数据库表、自由表、临时表的结构时,我们都可以通过表设计器来完成。
5. 用CREATE CURSOR－SQL命令创建的临时表,将在磁盘中以CURSOR.DBF为文件名形成一个临时文件。
6. 在SELECT－SQL语句的WHERE子句中,可以使用"%"和"_"通配符的数据进行广泛查询。
7. SELECT－SQL语句中的WHERE子句,可以使用SET FILTER TO命令实现。
8. 如果执行SELECT－SQL命令,将查询结果输出到数组,当查询结果为空时,将不创建该数组。
9. 将查询结果送到SJ表中后,该表将保持打开和活动状态。
10. 使用INSERT－SQL命令追加新记录,追加结束后,记录指针停留在记录结束标识上。

二、单项选择题

1. 查询每门课的课程代号,课程名称和平均分的SQL语句是____。
   A. SELECT CJ. KCDH,KC KCM,AVG(CJ. CJ) FROM JXGL!CJ,JXGL!KC
   B. SELECT CJ. KCDH, KC KCM, AVG(CJ. CJ) FROM JXGL! CJ, JXGL! KC GROUP BY CJ. KCDH
   C. SELECT CJ. KCDH, KC KCM, AVG(CJ. CJ) FROM JXGL! CJ, JXGL! KC WHERE CJ. KCDH＝KC KCDH
   D. SELECT CJ. KCDH, KC KCM, AVG(CJ. CJ) FROM JXGL! CJ, JXGL! KC WHERE CJ. KCDH＝KC KCDH;GROUP BY CJ. KCDH
2. 显示JS表中各系教师的人数和工资总和的SQL语句是____。
   A. SELECT JS. XIMING, COUNT(JS. XIMING),SUM(JS. JBGZ)FROM JXGL!JS
   B. SELECT JS. XIMING, COUNT(JS. XIMING),SUM(JS. JBGZ)FROM JXGL! JS ORDER BY JS. GH
   C. SELECT JS. XIMING, COUNT(JS. XIMING),SUM(JS. JBGZ)FROM JXGL! JS GROUP BY JS. XIMING
   D. SELECT JS. XIMING, COUNT(JS. XIMING),SUM(JS. JBGZ)FROM JXGL! JS ORDER BY JS. XIMING

3. 下列哪个子句可以实现分组结果的筛选条件____。
   A. GROUP BY　　B. HAVING　　C. WHERE　　D. ORDER
4. 在 SELECT－SQL 命令的查询中,筛选条件的"＝"运算符的比较方式(精确匹配和非精确匹配)取决于____。
   A. SET DATE 的设置　　B. SET ANSI 的设置
   C. SET TALK 的设置　　D. SET FILTER 的设置
5. 将 CJ(成绩表)中成绩在 60 分以上的所有学号送到数组 A 中的命令是____。
   A. SELECT XH FROM CJ WHERE CJ＞＝60 INTO A
   B. SELECT XH FROM CJ HAVING CJ＞＝60 TO ARRAY A
   C. SELECT XH FROM CJ WHERE CJ＞＝60 INTO ARRAY A
   D. SELECT XH FROM CJ HAVING CJ＞＝60 INTO A
6. 将一维数组 A 中的值作为一条记录插入到 XS 表中的 SQL 命令是____。
   A. INSERT TO XS FROM ARRAY A
   B. INSERT INTO XS FROM ARRAY A
   C. INSERT TO XS FROM A
   D. INSERT INTO XS FROM A
7. 创建一张临时表 XS1,结构为(XM C(8), XB C(2), XIMING C(18)),其方法为____。
   A. CREATE TABLE XS1(XM C(8), XB C(2), XIMING C(18))
   B. CREATE CURSOR TABLE XS1(XM C(8), XB C(2), XIMING C(18))
   C. CREATE CURSOR XS1(XM C(8), XB C(2), XIMING C(18))
   D. CREATE TABLE CURSOR XS1(XM C(8), XB C(2), XIMING C(18))

三、多项选择题

1. 使用 CREATE CURSOR－SQL 命令创建的表,具有____特性。
   A. 该表仅在打开时存在　　B. 可以通过浏览窗口查看
   C. 可以建立候选索引　　D. 可以用表设计器修改表的结构
2. 使用 CREATE TABLE 或 ALTER TABLE－SQL 带 UNIQUE 选项创建的候选索引与 INDEX 命令带 UNIQUE 选项创建的索引,____。
   A. 两者之间不存在区别
   B. 前者允许出现重复索引关键字
   C. 后者允许出现重复关键字
   D. 后者不允许出现重复索引关键字
3. 当我们用 SQL 命令创建一张表时,它将会____。
   A. 自动在最低工作区中打开
   B. 自动以共享方式打开
   C. 自动以独占方式打开
   D. 只有当系统设置独占方式为默认时,以独占方式打开
4. 关于 DELETE－SQL 命令,下列说法中正确的是____。
   A. 执行该命令后,所有记录将从表中消失
   B. 执行该命令后,可以通过 RECALL 命令将记录恢复

C. 如果SET DELETED ON,则所有支持范围子句的命令都忽略标识为删除的记录
D. 可以对以共享方式打开的表进行操作

5. 执行INSERT－SQL命令后,____将是可能出现的结果。
A. 命令中如果省略字段名,必须按照表结构的顺序指定各个字段的值
B. 如果SET NULL设置为ON,它将给VALUES子句中未指定的字段插入空值
C. 如果从数组中插入新记录的数据,从第一个元素开始,依次插入记录
D. 新记录追加结束后,记录指针仍停留在原来的记录上

6. 使用SELECT－SQL命令的UNION子句时,我们应该注意的是____。
A. 用来连接两个子查询
B. 两个SELECT命令的查询结果列数必须相同
C. 两个SELECT命令的查询结果中对应列的数据类型和宽度必须相同
D. ORDER BY子句只可放在第一个查询命令中,且对所有查询结果起作用

7. 创建SELECT查询的环境有____。
A. 命令窗口　B. VFP程序内部　C. 查询设计器　D. 数据库设计器

8. 下列____情形下不能在SELECT－SQL语句中使用自定义函数。
A. 未知工作区　B. 视图中的字段名
C. 未知当前表的名称　D. 正在处理的字段的名称

9. 关于查询输出时列的命名规则,下列说法中正确的是____。
A. 如果选择项是名字唯一的字段,输出的列名为字段名
B. 如果多个选择项同名,则在列名后加下划线和一个数字
C. 如果选择项为表达式,输出的列名为EXP_A
D. 如果选择项中包含字段函数,则输出列名为CNT_A

10. 关于UPDATE－SQL语句,下列说法中错误的是____。
A. UPDATE－SQL语句和REPLACE命令都可以在共享方式下使用
B. UPDATE－SQL语句在对多记录更新时,该表将被锁定
C. REPLACE命令在对多记录更新时,将使用记录锁定功能
D. 要想UPDATE－SQL命令获得最佳性能,最好以独占方式打开表

四、填空题

1. “SQL”的中文含义是____。

2. 某公司商品数据库中有两个表:商品基本信息表(spxx.dbf)和销售情况表(xsqk.dbf),表结构分别如下:

SPXX.DBF

字段名	类型(宽度)	含义
SPH	C(6)	商品号
SPMC	C(20)	商品名称
JHJ	Y	进货价
LSJ	Y	零售价
BZ	M	备注

XSQK.DBF

字段名	类型(宽度)	含义
LSH	C(6)	流水号
SPH	C(6)	商品号
XSSL	I	销售数量
XSRQ	D	销售日期

现要查询1999年9月1日所售商品的名称、销量和零售总额,并按销量的降序排序。SELECT－SQL命令为:

```
SELECT SPXX. SPMC,SUM (XSQK. XSSL) AS 销量,____AS 零售总额;
FROM XSQK ____SPXX;
ON ____;
WHERE XSQK. XSRQ=____;
GROUP BY ____;
ORDER BY ____。
```

3. 下列语句是在教师表 JS. DBF 中,求各类职称(zc)的基本工资(jbgz)总和,请把它写完整:SELECT ZC,SUM(JS. JBGZ)AS JBGZ ____GROUP BY ____。
4. 用 SELECT－SQL 语句生成一个查询,要求统计 JS 表中各系男教师的人数,结果中包含 XIMING 和人数 2 个字段,按系名降序排列____。
5. 使用____子句实现分组结果的筛选条件。它应该同____子句一起使用。
6. 通过 CREATE CURSOR－SQL 命令创建临时表 CJTMP 的命令为____。其中表结构为(XH,字符型,6 字节;KCDH,字符型,2 字节;CJ,数值型,6 字节,小数 2 位)
7. 显示 CJ(成绩表)中各门课程(KCDH)的最好成绩(CJ)的 SQL 语句是____。
8. 显示所有选修了课程的学生的名字的 SQL 语句是____。
(表结构为:XS(XH,XM,XB,CSRQ);KC(KCDH,KCM,KSS);CJ(KCDH,XH,CJ))
9. SELECT－SQL 语句中的 HAVING 子句的功能是____。
10. CREATE TABLE－SQL 命令的 REFERENCES 子句的作用是____。
11. 显示 XS 表中 XH 与 CJ 表中 XH 一致的所有学生的姓名的 SQL 命令是____。
12. 显示学生表 XS 中姓名 XM 字段第一个字为“李”的记录____。

5.2　查询、视图的创建和使用

一、判断题

1. 创建查询必须基于确定的数据源。
2. 一个查询可以用一条或几条 SELECT－SQL 语句来完成。
3. 创建一个查询后,会生成查询文件、查询备注文件和查询索引文件。
4. 查询文件中保存的实际上就是该查询的结果。
5. 在 VFP 查询中,不能使用“备注”和“通用”字段作为选定条件。
6. 在 VFP 查询中,所谓分组就是将一组类似的记录压缩成一个记录。
7. 查询的分组字段必须是已经选定的字段。
8. 分组字段不能是计算字段,但可以是由字符表达式组成的字段。
9. 如果查询结果的数据来源于两张以上的表,必须对它们设置连接条件。
10. 交叉表查询就是以电子表格的形式显示数据的查询。
11. 视图是一种保存在当前数据库中的 SQL 语句。
12. 视图分为远程视图和本地视图,两者的区别在于创建视图时所用数据的数据类型不同。
13. 在查询中进行求和计算的字段表达式,不能嵌套使用。
14. 查询的数据源可以是自由表、数据库表、查询和视图。

15. 用命令创建的查询,我们可以通过查询向导来修改它。

二、单项选择题

1.“查询”文件的扩展名为____。

A. .PRG　　B. .FPX　　C. .QPR　　D. .QPX

2. 查询文件中保存的是____。

A. 查询的命令　　B. 查询的结果

C. 与查询的基表　　D. 查询的条件

3. 基于数据库表创建的查询,下列说法中正确的是____。

A. 当数据库表的数据改动时,重新运行查询后,查询中的数据也随之改变

B. 当数据库表的数据改动时需重新创建查询

C. 利用查询可以修改数据库表中的数据

D. 查询实质上是创建了满足一定条件的表

4. 当两张表进行无条件连接时,交叉组合后形成的新记录个数是____。

A. 两张表记录数之差　　B. 两张表记录数之和

C. 两张表中记录多者　　D. 两张表记录数的乘积

5. 要求仅显示两张表中满足条件的记录,应选择____类型。

A. 内联接　　B. 左联接

C. 右联接　　D. 完全联接

6. 运行查询 AAA. QPR 的命令是____。

A. USE AAA　　B. USE AAA. QPR

C. DO AAA. QPR　　D. DO AAA

7. 集成视图就是指____。

A. 几个视图通过关系连接起来　　B. 该视图的数据通过几张表组合

C. 在其他视图的基础上再创建视图　　D. 集成了其他视图的视图

8. 视图是一种存储在数据库中的特殊表,当它被打开时,对于本地视图而言,系统将同时在其他工作区中把视图所基于的基表打开,这是因为视图包含一条____语句。

A. SELECT－SQL　　B. USE

C. LOCATE　　D. SET FILTER TO

9. 有关查询与视图,下列说法不正确的是____。

A. 查询是只读型数据,而视图可以改变数据源

B. 查询可以更新源数据,视图也有此功能

C. 视图具有许多数据库表的属性,利用视图可以创建查询和视图

D. 视图可以更新源表中的数据,存在于数据库中

10. 不可以作为查询与视图的数据源的是____。

A. 自由表　　B. 数据库表

C. 查询　　D. 视图

11. 以下哪一个不可以作为查询和视图的输出类型____。

A. 自由表　　B. 数据库表

C. 临时表　　D. 数组

12. 视图与基表的关系是____。

A. 视图随基表的打开而打开　　B. 基表随视图的关闭而关闭

C. 基表随视图的打开而打开　　D. 视图随基表的关闭而关闭

13. 对于查询和视图的叙述,正确的是____。

A. 都保存在数据库中　　B. 都可以用 USE 命令打开

C. 都可以更新基表　　D. 都可以作为列表框对象的数据源

14. 下列说法中错误的是____。

A. 视图是数据库的一个组成部分

B. 视图中的源数据表也称为“基表”

C. 视图设计器只比查询设计器多一个“更新条件”选项卡

D. 远程视图使用 VFP 的 SQL 语句从 VFP 视图或表中选择信息

15. 下列说法中正确的是____。

A. 视图文件的扩展名是 . VCX

B. 查询文件中保存的是查询的结果

C. 查询设计器本质上是 SELECT－SQL 命令的可视化设计方法

D. 查询是基于表的并且可更新的数据集合

16. 创建一个参数化视图时,应在筛选对话框的实例框中输入____。

A. * 及参数名　　B. ? 及参数名

C. ! 及参数名　　D. 参数名

三、多项选择题

1. 下列说法中正确的是____。

A. 查询是指向一个数据库发出检索信息的请求,使用一些条件提取特定的记录

B. 查询的运行结果是一个基于表和视图的动态的数据集合

C. 查询设计器在本质上是 SELECT－SQL 命令的可视化设计方法

D. 查询可以通过 MODI COMM 采用编程的方式实现

2. 查询的数据源可以是____。

A. 自由表　　B. 视图　　C. 查询　　D. 数据库表

3. 在设置查询的筛选条件时,下列说法哪些是正确的____。

A. 当比较条件是字符串时,不需要使用引号

B. 当比较条件是日期时,不需要使用花括号

C. 当比较条件是逻辑值时,前后必须使用句点号

D. 如果输入是源表的一个字段名,则 VFP 识别为一个字段

4. 查询的输出可以是____。

A. 临时表　　B. 表

C. 视图　　D. 屏幕

5. 完成 JSCX 查询设计后,运行查询的方法有____。

A. 单击“常用”工具栏上的“运行”按钮

B. 在“查询”菜单中选择“运行查询”项

C. 保存查询后,在命令窗口中输入命令 USE JSCX

D. 保存查询后,在命令窗口中输入命令 DO JSCX. QPR

6. 要查询 XS 表中所有学号(XH)以“98”开头的学生,则选定条件应设置为____。

A. XH EQUAL"98"　　　　　　　　　B. XH LIKE"98 * "

C. XH="98"(注:SET EXACT OFF)　　D. LIKE('98 * ',XH)

7. 下列说法中正确的是____。

A. 视图是一种特殊的数据库表

B. 视图具有数据库表所具有的一切属性

C. 利用数据库表创建视图时,视图将继承数据库表的属性

D. 视图的有关属性只能通过 DBSETPROP()函数设置

8. 有关参数化视图,下列说法中正确的是____。

A. 参数化视图利用 WHERE 子句,通过提供一个值作为参数

B. 视图所提供的参数被当作是 VFP 表达式来计算

C. 参数值可以在运行时传递,也可以以编程的方式传递

D. 每次打开参数化视图时,系统弹出"视图参数"对话框

9. 对于视图的删除操作,下列说法中正确的是____。

A. 使用 DELETE FROM ＜视图名＞命令

B. 使用 DELETE VIEW ＜视图名＞命令

C. 当视图已打开时,删除该视图后,工作区中的视图将自动关闭

D. 当视图已打开时,删除该视图后,工作区中的视图将依然存在

10. 有关视图字段的更新,下列说法中正确的是____。

A. 在视图设计器的更新选项卡选中该字段后,修改该字段将会自动更新基表数据

B. 某字段设置为可更新后,不一定会修改基表中的数据

C. 若使表中的任何字段是可更新的,在表中必须有已定义的关键字段

D. 如果字段未标注为可更新,用户仍可以在浏览窗口中修改这些字段

四、填空题

1. 创建一个查询后,在查询文件中保存的是____。

2. 如果查询输出的列不是直接来源于表的字段,可以通过____来实现。

3. 若要给字段添加别名,可通过 VFP 的____命令字来实现。

4. 查询中的筛选条件可以通过 SELECT-SQL 命令的____子句来实现。

5. 查询中的分组依据,是将记录分组,每个组生成查询结果中的____记录。

6. 按课程和系科统计人数和平均成绩,必须以____作为分组的依据。

7. 当我们要求一条记录中各个数值型字段的总和时,可以采用的操作是____。

8. 当我们需要统计全班男同学的人数,在对记录按 XB 分组后,可以采用的表达式是____。

9. 如果我们在交叉表中设置"总和"以及"小计",它们将出现在交叉表的____的位置。

10. 交叉表查询建立好后,我们可以在____中打开并修改它。

11. "ODBC"的中文含义是____。

12. 查询和视图在本质上都是一条____语句。查询和视图的基表可以有____个。

13. 查询文件以____为扩展名保存。

14. 视图时一个虚表,视图定义保存在____中,视图的打开可用____命令来实现。

15. VFP 的视图有____和____两类。

16. 视图可以在数据库设计器中打开,也可以用 USE 命令打开,但在使用 USE 命令打

开视图之前,必须打开包含该视图的____。

17. 视图是一个____,不以文件形式保存,本地视图的基表在视图打开时____,当视图关闭时基表____。
18. 查询中的选定条件可分为____和____两种类型。

第6章　报表和标签

一、判断题

1. 用快速报表从单表中创建一张简单报表。
2. 报表向导用于创建基于多张表或视图的列报表或行报表。
3. 报表向导创建报表时，需要经过的步骤：字段选取、选择报表样式、定义报表布局、排序记录、完成。
4. 在用报表向导创建报表时，如果选定用于排序记录的字段未创建索引，则系统自动地创建相应的索引。
5. 在用报表向导创建报表时，通过对列数、字段布局、方向的设置定义报表的布局。
6. 用分组/总计报表向导创建的分组总计报表，不可能提供每组数据的统计值。
7. 利用分组/总计报表向导创建的分组总计报表时，报表的分组最多可以设置三级。
8. 报表上可有各种不同的带区，每个带区的底部都有一个分隔栏。
9. 报表上可有各种不同的带区，每个带区的底部都有一个分隔栏。带区名称显示在靠近蓝箭头的栏，蓝箭头指示的该带区位于栏之下，不是栏之上。
10. 如果报表总是使用同一数据源，可将表或视图添加到报表的数据环境中。
11. 如果报表总是使用不同的数据源，可将打开表或视图的数据源的命令添加到 init 事件代码中或其他位于报表打印后的代码中。
12. 报表控件的属性设置各不相同。
13. 报表控件没有同一的类似于表单控件的属性窗口。
14. 双击报表上任何控件，系统将会显示一个对话框，用于设置选项。
15. 使用报表带区事件可对报表的处理进行控制。

二、单项选择题

1. 定义一个报表后，会产生的文件有____。
   A. 报表文件(.frx)
   B. 报表备注文件(.frt)
   C. 报表文件(.frx)和报表备注文件(.frt)
   D. 看情况而定
2. 标签文件的扩展名为____。
   A. .lbx　　B. .lbt　　C. .prg　　D. 以上都不是
3. 用向导可创建的报表有____。
   A. 单表　　B. 多表　　C. 单表、多表　　D. 以上都不是
4. 标签实质上是一种____。
   A. 一般报表　　B. 比较小的报表
   C. 多列布局的特殊报表　　D. 单列布局的特殊报表
5. 如果报表中的数据需要排序或分组，应在____中进行相应的设置。
   A. 报表的数据源　　B. 库表　　C. 视图或查询　　D. 自由表
6. 如要改变标尺刻度为像素，则需要____。

A. “格式”菜单中选择“设置网格刻度”命令

B. “工具”菜单中选择“设置网格刻度”命令

C. “格式”菜单中选择“选项”命令

D. “工具”菜单中选择“选项”命令

7. 向报表中添加报表控件的操作方法与向表单添加控件____。

A. 相同　　B. 不相同

C. 可能相同,可能不同　　D. 以上都不是

8. VFP5.0 系统提供了____种标准标签类型。

A. 86　　B. 68　　C. 75　　D. 89

9. VFP5.0 提供创建标签的方法有:____。

A. 用向导创建　　B. 用报表设计器创建

C. 编程创建　　D. 以上都可以

10. 使用报表带区可对数据在报表中的____进行控制。

A. 位置和字体　　B. 次数和格式

C. 位置和次数　　D. 字体和格式

三、多项选择题

1. 在设计报表时,需要经过的步骤有____。

A. 决定报表格式　　B. 创建报表布局文件

C. 修改和定制报表布局文件　　D. 预览和打印报表

2. 报表的常规布局类型有____。

A. 列报表　　B. 行报表　　C. 一对多报表　　D. 多栏报表

3. VFP5.0 提供创建报表的可视化方法有____。

A. 用向导创建　　B. 用快速报表从单表中创建一张简单报表

C. 用报表设计器创建　　D. 编程创建

4. 在默认状态下,“报表设计器”显示 3 个带区:____。

A. 页标头　　B. 细节　　C. 页注脚　　D. 标题

5. VFP5.0 提供创建标签的可视化方法有____。

A. 用向导创建　　B. 用标签设计器创建

C. 用快速报表创建一张简单标签布局　　D. 编程创建

6. 报表是按照____处理数据的。

A. 数据源中记录出现的顺序　　B. 主索引

C. 人的愿望　　D. 逻辑顺序

7. 在用报表向导创建报表时,可选择报表样式有____。

A. 经营式　　B. 账务式　　C. 标准式　　D. 简报式

8. 使用“标签向导”设置标签时,必须首先确定____。

A. 表　　B. 视图　　C. 查询　　D. 数据源

9. 使用报表带区可对数据在报表中的____进行控制。

A. 次数　　B. 位置　　C. 格式　　D. 字体

10. 在用报表向导创建报表时,选定用于排序记录的字段数____。

A. 可以 1 个　　B. 可以 2 个　　C. 最多 3 个　　D. 最多 4 个

四、填空题

1. 定义报表的因素有：____、报表的布局。
2. 报表文件的扩展名为____。报表备注文件的扩展名为：____。
3. ____报表上任何控件，系统将会显示一个对话框，用于设置选项。
4. 定义一个标签后，会产生的文件有：____。
5. 报表向导分为：报表向导、____、一对多向导。
6. 定制报表控件时，可使用"格式"菜单中"____"命令对控件进行字体属性的设置。
7. 在数据分组时，数据源应根据____创建索引，并且在报表的数据环境中进行设置(设置ORDER属性)。
8. VFP中提供了一个应用程序，可创建任意标签。它的名称及存放的位置：____。
9. VFP系统尺寸类型有："____"、"公制"。
10. 在调整报表带区大小时，不能使带区的高度____布局中的控件的高度。
11. 使用报表带区事件可对报表的处理进行控制，其实质是让系统在打印一个报表带区之前或之后计算表达式，然后根据____对报表的处理进行控制。

第7章　VFP程序设计基础

一、判断题

1. 在DO CASE…ENDCASE语句中，DO CASE与第一个CASE之间不能有其他的语句。
2. 在DO CASE…ENDCASE语句中，OTHERWISE子句可有可无。
3. 在执行DO CASE…ENDCASE语句时，条件表达式的值的判断是从第一个CASE开始的起。
4. 循环控制变量的初值、终值和步长可以是整数或实数，也可以是正数或负数。
5. 循环控制变量的初值必须小于终值。
6. 在循环体中，循环控制变量不能被赋值。
7. 若一个文件中包含有若干个子程序，则该文件就是过程文件，过程文件中的子程序就是过程。
8. 包含返回值的子程序又称为自定义函数。
9. 过程文件中只包含过程，不能包含自定义函数。
10. 用户自定义函数包括保存在独立的程序文件中的独立程序、程序中的过程和函数以及数据库的存储过程。
11. 过程文件可用MODIFY COMMAND命令来创建。
12. 过程用DO命令调用，自定义函数则不能用DO命令来调用。
13. 用户在调用过程文件中的过程或自定义函数前，必须先打开包含此过程或自定义函数的过程文件。
14. 在调用自定义函数时，传递的参数数目不可少于PARAMETERS语句中的参数数目。
15. 在VFP中，传递给自定义函数的参数数目是可变的，可用PARAMETERS()函数来返回最近传递的参数数目。

二、单项选择题

1. 为方便起见，我们给下列程序段的每行添加了一个"行号"。有语法错误的行为第____行。

```
1  if b*b-4*a*c>0 then
2        s=sqrt(d)
3        else
4        s=sqrt(-d)
5  endif
```

A. 1　　　　B. 2　　　　C. 4　　　　D. 无

2. 为方便起见，我们给下列程序段的每行添加了一个"行号"。有语法错误的行为第____行。

```
1  if b*b-4*a*c>0
2        s=sqrt(d)
```

```
3  elses=sqrt(-d)
4  endif
```

A. 1　　B. 2　　C. 3　　D. 4

3. 为方便起见,我们给下列程序段的每行添加了一个“行号”。有语法错误的行为第____行。

```
1  if b*b-4*a*c>0
2       s=sqrt(d)
3  else
4       s=sqrt(-d)(* d= b*b-4*a*c *)
5  endif
```

A. 1　　B. 2　　C. 3　　D. 4

4. 为方便起见,我们给下列程序段的每行添加了一个“行号”。有语法错误的行为第____行。

```
1  do case
2     casea>0
3         s=1
4     else
5         s=0
6  endcase
```

A. 2　　B. 4　　C. 5　　D. 6

5. 为方便起见,我们给下列程序段的每行添加了一个“行号”。有语法错误的行为第____行。

```
1  for I=1.50 to 12.34 step 0.83
2       I=I+1
3  next
```

A. 1　　B. 2　　C. 3　　D. 无

6. 以下程序的运行结果为____。

```
x=2.5
do case
     case x>1
          y=1
     case x>2
          y=2
endcase
? y
return
```

A. 1　　B. 2　　C. 0　　D. 语法错误

7. 以下程序的运行结果为____。

```
x=1.5
do case
```

```
    case x>2
        y=2
    case x>1
        y=1
endcase
? y
return
```

A. 1　　B. 2　　C. 0　　D. 语法错误

8. 以下循环体共执行了____次。

```
For I=1 to 10
    ? I
    I=I+1
Endfor
```

A. 10　　B. 5　　C. 0　　D. 语法错

9. 以下循环体共执行了____次。

```
For I=10 to 1
    ? I
Endfor
```

A. 10　　B. 5　　C. 0　　D. 语法错

10. 循环结构中 LOOP 语句的功能是____。
   A. 放弃本次循环,重新执行该循环结构
   B. 放弃本次循环,进入下一次循环
   C. 退出循环,执行循环结构的下一条语句
   D. 退出循环,结束程序的运行

11. 循环结构中 EXIT 语句的功能是____。
   A. 放弃本次循环,重新执行该循环结构
   B. 放弃本次循环,进入下一次循环
   C. 退出循环,执行循环结构的下一条语句
   D. 退出循环,结束程序的运行

12. 设有下列程序段:

```
  …
1 do while <逻辑表达式1>
    …
2  do while <逻辑表达式2>
        …
3     exit
    …
4  enddo 2
    …
5 enddo 1
```

则执行到exit语句时，将执行____。

A. 第1行　　B. 第2行

C. 第4行的下一个语句　　D. 第5行的下一个语句

13. 设有下列程序段：

```
 …
1 do while ＜逻辑表达式 1＞
   …
2  do while ＜逻辑表达式 2＞
     …
3      loop
     …
4  enddo 2
   …
5 enddo 1
```

则执行到loop语句时，将执行____。

A. 第1行　　B. 第2行

C. 第4行的下一个语句　　D. 第5行的下一个语句

14. 设有下列程序段：

```
 …
1 do while ＜逻辑表达式 1＞
   …
2  do while ＜逻辑表达式 2＞
     …
3  enddo 2
     …
4  exit
   …
5 enddo 1
```

则执行到exit语句时，将执行____。

A. 第1行　　B. 第2行

C. 第3行的下一个语句　　D. 第5行的下一个语句

15. 设有下列程序段：

```
 …
1 do while ＜逻辑表达式 1＞
   …
2  do while ＜逻辑表达式 2＞
     …
3  enddo 2
     …
4  loop
```

```
    …
5 enddo 1
```

则执行到 loop 语句时,将执行____。

A. 第 1 行　　B. 第 2 行
C. 第 3 行的下一个语句　　D. 第 5 行的下一个语句

16. 在 FOR…ENDFOR 循环结构中,如省略步长则系统默认步长为____。
A. 0　　B. −1　　C. 1　　D. 2

17. 设有下列语句:

```
do while .t.
    …
enddo
```

则该语句____。

A. 语法错误,while 后只能是逻辑表达式
B. 无语法错误,但这是一个死循环,无法退出循环
C. 可能是正确的
D. 肯定是错误的

18. VFP 允许嵌套的 DO 调用层数为____。
A. 128　　B. 256　　C. 64　　D. 32

19. 关于 parameters 语句,下列叙述中错误的是____。
A. 该语句应是子程序中的第一个语句
B. 形式参数只能是内存变量
C. 形式参数之间用逗号分隔
D. 形式参数的个数应与调用时实参个数一致

20. PARAMETERS 语句中参数的个数不得超过____。
A. 8　　B. 24　　C. 27　　D. 32

三、多项选择题

1. 以下关于循环的叙述正确的有____:
A. 循环语句的入口语句与出口语句必须配对出现
B. 循环体可以为空
C. 3 种循环语句各有分工,不能相互转换
D. 循环体的执行次数不能也不可能为 0 次

2. 以下关于子程序的叙述正确的有____:
A. 一个主程序可调用任意多个子程序
B. 一个子程序可调用其他的子程序
C. 主程序可调用子程序,但子程序不可调用其他的子程序
D. 子程序用 DO 命令调用

3. 关闭过程文件的命令有____。
A. RELEASE PROCEDURE <过程文件名>
B. SET PROCEDURE TO
C. CLOSE PROCEDURE

D. CLEAR PROCEDURE

4. 以下关于参数传递的叙述正确的有____。

A. 传递的参数一般应与PARAMETERS语句中的参数数目相等

B. 传递的参数可少于PARAMETERS语句中的参数数目

C. 传递的参数可多于PARAMETERS语句中的参数数目

D. 如果传递的参数少于PARAMETERS语句中的参数数目,则剩余的参数被置为.F.

5. 以下关于参数引用传递方式的叙述正确的有____。

A. 引用传递方式将参数的地址传递给自定义函数

B. 引用传递方式的参数必须是变量或数组元素

C. 调用过程中变量或数组元素的值将会发生变化

D. 调用过程中变量或数组元素的值不会发生变化

6. 以下关于参数按值传递方式的叙述正确的有____。

A. 按值传递方式将参数的地址传递给自定义函数

B. 按值传递方式将参数的值传递给自定义函数

C. 调用过程中变量或数组元素的值将会发生变化

D. 调用过程中变量或数组元素的值不会发生变化

四、填空题

1. 如果循环次数未知而要根据某一条件决定是否结束循环,可使用____循环语句。
2. 如果事先知道循环的次数,可使用____循环语句。
3. 如果要对表中所有记录执行某些操作,可使用____循环语句。
4. 程序的4种控制结构是____。
5. 一个应用程序的许多功能可以编写成一个个独立的____,然后把它们组装到一个主程序中。
6. ____是指在所有程序中都可以使用和重新赋值的内存变量。
7. 仅在本程序或其下级程序中使用的变量称为____。
8. 只能在本程序中使用,不能被更高或更低层的程序使用的变量称为____。
9. 公共变量用____语句定义。
10. 私有变量用____语句定义。
11. 局部变量用____语句定义。
12. 下列程序计算1+2+3+…+100:

```
set talk off
clear
(1)
i=1
do while (2)
   s=s+i
   (3)
enddo
?'s=',s
set talk on
```

```
return
```

13. 下列程序计算 100!

```
set talk off
clear
(1)
i=1
do while (2)
     (3)
     i=i+1
enddo
?'s=',s
set talk on
return
```

14. 下列程序计算：

$$S=\sum_{i=1}^{n}(i!+i^2)^2$$

主程序 SUM. PRG：

```
SET TALK OFF
STORE 0 TO S,X
(1)
I=1
DO WHILE I<=N
     (2)
     S=S+X
     I=I+1
ENDDO
? 'S=',S
RETURN
```

子程序 SIGMA PRG：

```
P=1
(3)
DO WHILE K<=I
     P=P*K
     K=K+1
ENDDO
P=P+I*I
(4)
X=P
(5)
```

15. 下列程序的功能是显示由星号组成的图形：

```
  * * * * * *
   * * * * * *
    * * * * * *
     * * * * * *
      * * * * * *
set talk off
clear
i=1
do while i<=5
    ?? spase(i)
    (1)
    do while j<=6
        ??'*'
        (2)
    enddo j
    (3)
    i=i+1
enddo I
set talk on
return
```

16. 下列程序的功能是打印下列图形：

```
        *
      * * *
    * * * * *
  * * * * * * *
* * * * * * * * *
SET TALK OFF
CLEAR
I=1
DO WHILE I<=5
J=1
(1)
DO WHILE J<=(2)
    ?? SAY '*'
    J=J+1
ENDDO
(3)
I=I+1
ENDDO
```

```
RETURN
```

17. 下列程序的功能是打印下列图形：

```
    A
   BBB
  CCCCC
 DDDDDDD
EEEEEEEEE
 FFFFFFF
  GGGGG
   HHH
    I
I=1
DO WHILE I<=9
    J=(1)
    DO WHILE J<=(2)
        @ I,J SAY (3)
        J=J+1
    ENDDO J
    I=I+1
ENDDO I
RETURN
```

18. 设学生的数学、物理、英语这 3 门课程的期末考试成绩存放在 CJ. DBF 中。如果某一学生 3 门课程的成绩均达到 85 分以上(包括 85 分在内)，应在该学生记录的“等级”这一字段中填入“优秀”。

```
SET TALK OFF
USE CJ
DO WHILE .NOT. EOF()
    IF 数学>=85 (1)
    (2)
    SKIP
    ENDIF
ENDDO
USE
RETURN
```

19. 逐条显示 STUD DBF 中所有男生的记录。

```
SET TALK OFF
USE STUD
DO WHILE .NOT. EOF()
    IF 性别='女'
    (1)
```

```
        (2)
        ENDIF
        DISPLAY
        WAIT "按任意键继续显示下一条记录"
        (3)
    ENDDO
    USE
    RETURN
```

20. 设 SP1. DBF、SP2. DBF、和 SP3. DBF 这 3 个文件中的字段如下所示：

SP1. DBF：学号、姓名、性别、专业

SP2. DBF：学号、数学、物理、英语

SP3. DBF：学号、思想品行

```
    SET TALK OFF
    SELECT 1
    USE SP1
    SELECT 2
    USE SP2
    (1)
    SELECT 3
    USE SP3
    (2)
    SELECT 1
    SET RELATION TO 学号 INTO B
    (3)
    LIST 学号、姓名、性别、专业、数学、物理、英语、思想品行
    SET RELATION TO
    CLOSE ALL
RETURN
```

第8章 表 单

8.1 创建表单

一、判断题

1. 默认情况下,通过表单向导设计的表单中,出现的定位按钮是命令按钮组。
2. 设表单集中包含 n 个表单,移去其中 n－1 个表单后,剩下的是表单而不是表单集。
3. 表单集可以自动创建。
4. 表单是一种实例。
5. 在表单的数据环境中,可以设计表之间的永久关系。
6. 控件的所有属性值都可以由用户在设计阶段或程序运行阶段更改。
7. 一对多表单中的表格可以显示多张表的数据。
8. 表单集无 Parents 属性。
9. 存在永久关系的数据库表添加到数据环境中时,将自动建立它们的永久关系。
10. 在程序代码中,Read Events 命令必须和 ClearEvents 命令成对出现。
11. 可以通过表单向导创建并且修改表单。
12. 表单向导不能创建基于视图的表单。

二、单项选择题

1. 若想选中表单中的多个控件对象,可按住____键的同时再单击欲选中的控件对象。
   A. Shift　B. Ctrl　C. Alt　D. Tab
2. 数据环境中表的别名设置通过____属性来完成。
   A. Name　B. Alias　C. LongName　D. RowSource
3. 描述控件文字的粗体、斜体、下划线、删除线样式的属性分别是____。
   A. FontBold、FontItalic、FontUnderLine、FontStrikeThru
   B. FontItalic、FontUnderLine、FontBold、FontStrikeThru
   C. FontUnderLine、FontBold、FontItalic、FontStrikeThru
   D. FontStrikeThru、FontBold、FontItalic、FontUnderLine
4. 表单向导形成的表单数据源只能基于____。
   A. 表　B. 视图　C. 查询　D. SQL 语句
5. 对数据绑定型控件主要设置其____属性。
   A. Control　B. RecordSource
   C. RowSourceType　D. ControlSource
6. 数据绑定型控件的数据源值被选择或修改后的结果将动态反馈到该控件的____属性中。
   A. Text　B. Value　C. RecordSource　D. Control
7. 表单集被相对引用时的名称是____。
   A. Form　B. ThisForm

C. ThisFormSet D. FormSet

8. 描述表单集中包含的表单数目的属性是____。

A. Count B. FormCount

C. FormSetCount D. PageCount

9. 描述表单集中包含的表单数目的属性____。

A. 设计时可用,运行时可以读写 B. 设计时可用,运行时只读

C. 设计时不可用,运行时可以读写 D. 设计时不可用,运行时只读

10. 建立事件循环命令是____。

A. BeginEvents B. ReadEvents。

C. ClearEvents D. EndEvents

三、多项选择题

1. 表单类似于 Windows 中各种____。

A. 标准窗口 B. 对话框 C. 单文档窗口 D. 多文档窗口

2. 表单通常用于输入、修改和显示____中的数据。

A. 自由表 B. 视图 C. 查询 D. 数据库表

3. 表单保存时会形成扩展名为____的文件。

A. .scx B. .sct C. .dcx D. .dct

4. 设计阶段运行表单的多种方法有____。

A. “!”按钮 B. “表单”菜单中的“运行表单”命令

C. DoForm 命令 D. RunForm 命令

5. 属性窗口包含选定的____的属性、事件、方法。

A. 表单 B. 数据环境 C. 数据库表 D. 控件

6. 表单的数据环境中只能添加____。

A. 自由表 B. 视图 C. 查询 D. 数据库表

7. 按照控件和数据源的关系,控件分为____。

A. 数据绑定型控件 B. 非数据绑定型控件

C. 容器型控件 D. 非容器型控件

8. 对于表格控件,主要设置其____属性。

A. RecordSource B. ControlSource

C. Record D. RecordSourceType

9. 表单的 NAME 属性不可以用于____。

A. 作为保存表单时的文件名 B. 引用表单对象

C. 显示在表单标题栏中 D. 作为运行表单程序时的程序名

10. 如果某表单集包含 2 个表单,则在存储该表单集时说法错误的是____。

A. 表单集和 2 个表单分别独立存储

B. 表单集中无论包含几个表单,总是存储为一个表单文件

C. 表单集保存为表单集文件,2 个表单分别保存为 2 个表单文件

D. 可以任选上述三种方式中的一种方式存储

11. 属性窗口中包含____等元素项。

A. 对象列表框 B. 属性设置框

C. 函数按钮　　　　D. 属性列表

四、填空题

1. 表单执行时,允许用户作一些错误操作,并能进行相应处理,则称表单具有____能力。
2. 表单可以通过____创建。
3. “表单向导选取”对话框包括表单向导和____。
4. “表单”菜单在____时出现在 VFP 主菜单中。
5. 默认情况下,通过表单向导设计的表单中,出现的定位按钮有____个移动记录指针的按钮。
6. 一对多表单中的表格显示的是____的数据。
7. 创建表单的命令是____,修改表单的命令是____。
8. “表单”菜单中的移除表单命令仅在存在____时有效。
9. 可以通过表单控件工具栏____按钮选择一个已经注册的类库。
10. CreateObject(Form)的作用是____,AddObject()函数的作用是____。
11. 结束事件循环命令是____。
12. 对象的特征和行为称为对象的____,对象能执行的操作称为对象的____,对象能识别的外界动作称为____。
13. 决定表单外观的属性是____,决定表单显示时界面大小的属性是____,决定表单显示时位置的属性是____。
14. 文本框一般用于____行文字的输入,而编辑框一般用于____行文字的输入。

8.2 对象的属性、事件和方法

一、判断题

1. 面向对象程序设计的基本单位是类和对象。
2. 类是动态的概念,对象是静态的概念。
3. 用户自定义类是由用户定义的,可以通过编程方式,也可以通过类设计器。
4. 用户自定义类就是从基类派生出的子类。
5. 类的封装性说明了包含和隐藏对象内部数据结构和代码的能力。
6. 对象的所有属性都可以在设计时或在运行时进行设置。
7. 事件可以具有与之相关联的方法程序,方法程序可以独立与事件而存在。
8. 事件可以由用户产生,也可由用户重新创建新的事件。
9. 方法程序是和对象紧密的连接在一起的,也可以由用户创建。
10. 对象是面向对象式系统中运行时刻的基本成分。

二、单项选择题

1. 面向对象程序设计方法的特点是____。
   A. 自顶向下的功能分解　　　　B. 自底向上的功能综合
   C. 自顶向下的功能综合　　　　D. 自底向上的功能分解
2. 在面向对象程序设计中,不需要考虑____。
   A. 如何创建对象　　　　B. 创建什么样的对象

C. 代码的全部流程　　　　D. 对象中的每个特性

3. 用户在 VFP 中创建子类或表单时，不能新建的是____。

A. 属性　　B. 方法　　C. 事件　　D. 事件的方法代码

4. 所谓类的继承性是指____。

A. 子类沿用父类特征的能力

B. 子类与父类具有相同的特征

C. 子类与父类具有相同的属性、事件和方法集

D. 子类沿用积累特征的能力

5. 下列对于事件的描述不正确的是____。

A. 事件是有对象识别的一个动作

B. 事件可以由用户的操作产生，也可以由系统产生

C. 如果事件没有与之相关联的处理代码，则对象的事件不会发生

D. 有些事件只能被个别对象所识别，而有些事件可以被大多数对象所识别

6. 下列事件中，所有基类均能识别的事件是____。

A. Click　　　　B. Load

C. Timer　　　　D. Init

7. Option Group 是包含____的容器。

A. CommandButton　　　　B. OptionButton

C. CheckBox　　　　D. 任意控制

8. 对于任何子类或对象，一定具有的属性是____。

A. Caption　　　　B. BaseClass

C. FontSize　　　　D. ForeColor

9. 下列对象中不能以表单作为直接容器的是____。

A. 页框　　B. 页面　　C. 命令按钮组　　D. 命令按钮

10. 下列对象中能以表单作为直接容器的是____。

A. FormSet　　B. Grid　　C. Column　　D. Header

11. 以下类中，属于非可视类的是____。

A. CommandButton　　　　B. Form

C. Custom　　　　D. OptionGroup

12. 设表单 Frma 包含命令按钮组 Cmdb，Cmdb 中包含命令按钮 Cmdc 和 Cmdd，在 Cmdd 的 Click 事件代码中要引用 Cmdc，则在下列引用方法中不能正确引用的是____。

A. Thisform. Cmdb. Cmdc

B. This. Parent. Cmdc

C. This. Parent. Parent. Cmdb. Cmdc

D. This. Parent. Cmdb. Cmdc

13. 当调用一个表单的 Show 方法时，可能激发表单的____。

A. Load 事件　　　　B. Init 事件

C. Activate 事件　　　　D. Click 事件

14. 设某子类 Q 具有 P 属性，则____。

A. Q的父类也必定具有属性P,且Q的P属性值必定与其父类的P属性值相同
B. Q的父类也必定具有属性P,但Q的P属性值可以与其父类的P属性值不同
C. Q的父类要么不具有属性P,否则由于继承性,Q与其父类的P属性值必定相同
D. Q的父类未必具有属性P,即使有,Q与其父类的P属性值也未必相同

15. 从CommandButton基类创建子类Cmda和Cmdb,再由Cmda类创建Cmdaa子类,则Cmda、Cmdb和Cmdaa必具有相同的____。
A. Caption属性　　B. Name属性
C. BaseClass属性　　D. ParentClass属性

16. 设页框PageFrame1是页面Page1的父对象,Page是Page1的父类,在Page1的某事件代码中包含“This. Parent”,则该代码引用的是____。
A. PageFrame1页框　　B. Page1所在的表单
C. PageFrame1页框的父类　　D. Page1页面的父类

17. 有关类、对象、事件,下列说法不正确的是____。
A. 在表设计器中,创建一个命令按钮后,就成为一个对象
B. 对象是类的实例
C. 类刻画了一组具有相同结构、操作并遵守相同规则的对象
D. 事件是一种预先定义好的特定动作,由用户或系统激活

18. 下列属于方法名的是____。
A. GotFocus　　B. SetFocus
C. LostFocus　　D. Activate

19. 子类或对象具有延用父类的属性、方法、事件代码的能力,称为____。
A. 继承性　　B. 多态性　　C. 封装性　　D. 抽象性

20. 容器型的对象____。
A. 只能是表单或表单集
B. 必须由基类Container派生得到
C. 能包容其他对象,并且可以分别处理这些对象
D. 能包容其他对象,但不可以分别处理这些对象

21. 在对象“相对引用”中,可使用的关键字有____。
A. This,ThisForm,Page
B. This,ThisFormset,PageFrame
C. This,ThisForm,ThisFormset
D. This,Forms,Formsets

22. 在对象的“相对引用”中,可使用的属性(Property)有____。
A. Parent,ActivePage,Page
B. BaseClass,Parent,ThisForm
C. This,DataEnvironment,ActiveForm
D. This,ThisForm,Parent

23. 下列叙述中包含错误的是____。
A. 表单上的一个控件未设置事件代码,有关事件发生后,无论控件的父类有否此事件代码,都不执行任何操作。

B. 容器不处理它所包含的子对象的事件,Commandgroup 和 Optiongroup 除外

C. 表单上的一个对象未设置方法代码,调用此方法时,将从父类直到基类查找此方法代码

D. 对象的一个属性,如果没有设置新值,则延用父类的原有值

24. 下列四组基类中,组中各个基类全是容器型的是____。

A. Form,PageFrame,Column

B. Grid,Column,TextBox

C. CommandBotton,OptionGroup,ListBox

D. Commandgroup,DataEnvironment,Header

25. 创建对象时发生____事件。

A. Init　　B. Load

C. InteractiveChange　　D. Activate

26. 能用在 This 和 Caption 之间的操作符是____。

A. .(点号)　　B. :　　C. ::　　D. &

27. This 是对____引用。

A. 当前对象　　B. 当前表单　　C. 任意对象　　D. 任意表单

三、多项选择题

1. 面向对象程序设计是一种系统化的程序设计方法,具有____的分层结构。

A. 标准化　　B. 抽象化　　C. 具体化　　D. 模块化

2. 对象是____的封装体。

A. 属性　　B. 数据　　C. 操作　　D. 与其他对象的接口

3. 类的多态性使得相同的操作可以作用于多种类型的对象上并获得不同的结果,从而增强了系统的____。

A. 灵活性　　B. 维护性　　C. 复杂性　　D. 扩充性

4. 在面向对象程序设计中,下列____是可以由用户创建的。

A. 属性　　B. 事件　　C. 方法　　D. 基类

5. 类可以分为____两大类。

A. 容器　　B. 控件　　C. 绑定　　D. 非绑定

6. 面向对象的程序设计是通过对____的设计体现的。

A. 类　　B. 子类　　C. 事件　　D. 对象

7. 所有类都可识别的事件即最小事件集,下列属于最小事件集的有____。

A. Init 事件　　B. Load 事件

C. Destroy 事件　　D. Active 事件

8. 下列属性中,VFP 所有类都具有的属性有____。

A. Class　　B. Caption

C. ParentClass　　D. BaseClass

9. 下列哪些情况会引发 Click 事件____。

A. 按一个控件的访问键

B. 单击表单空白区

C. 当焦点在命令按钮、选项按钮上时,按空格键

D. 任意时刻按回车键

10. 下列属于鼠标事件的有____。

A. Click　　B. LeftClick

C. Scrolled　　D. GotFocus

11. 与焦点相关的事件有____。

A. GotFocus　　B. SetFocus

C. LostFocus　　D. When

12. ____是面向对象技术的核心,实现了模块之间的高内聚和模块间的低耦合。

A. 封装　　B. 继承　　C. 多态　　D. 隐藏

13. 在容器的最高层次中,下列属于容器的最高层次的是____。

A. ActiveForm　　B. _Screen

C. _Vfp　　D. ThisForm

14. 可以包含在表格控件中的有____。

A. 列　　B. 行　　C. 标头　　D. 文本框

15. 以下____不是 VFP 的基类。

A. CommandGroup　　B. Image

C. Form　　D. SubClass

四、填空题

1. "OOP"的中文含义是指____。
2. 面向对象的程序设计是通过对类、____和____等的设计来实现的。
3. ____定义了对象的特征或某一方面的行为。
4. 事件是由____识别的一个动作。采用事件驱动程序设计方法所设计的程序的执行是由____驱动的。
5. 对象的属性 Parent 是引用本对象的____。
6. 对象按照它能否包容子对象分为____两种类型。
7. 引用当前表单集的关键字是____,引用对象所在的容器对象的属性是____。
8. Hide 方法的功能是____可视对象。
9. 类定义了对象特征以及对象外观和行为的____。它刻画了一组具有共同特性的对象。
10. 用 Read Events 命令建立____,由____命令终止。
11. 当我们要对一个对象设置多个属性时,可以使用____语句来完成。
12. 要引用对象,首先要弄清对象相对于____层次的关系。
13. 对象可以简化程序设计,提高程序代码的____性。
14. 面向对象程序设计方法的共享机制是由类的____体现的。
15. 一些关联的类包含同名的方法程序,但方法程序的内容可以不同,体现了类的____性。
16. 类具有继承性、____性、____和抽象性等特点。对象是类的____。
17. 当____时,表单的 Error 事件被触发。
18. Timer 事件触发的条件是____。
19. 鼠标使组合框的内容发生变化时,将首先触发____事件。

20. 与 Thisform. Release 功能等价的命令为____。
21. 类包含了对象的程序设计和数据抽象,是具有相同行为的____的抽象。
22. 用户自定义类与基类相似,由用户定义,可用于____,但无可视化表示形式。
23. 一个运行表单上的控件就是一个____。
24. 结构化程序设计采用的是自顶向下、功能分解的方法,而对于面向对象程序设计来说,它采用的是____的方法。
25. 对于结构化程序设计的方法来说,它的主要缺点是____。
26. 每个对象都具有____及与之相关的____和____。
27. 若某个子类直接由基类派生出来,则其____和____属性值相同。
28. 对容器中的多个对象设置属性值,可以采用____语句实现。
29. 键盘 KeyPress 事件一般在____时候发生。
30. DragDrop 事件在____时发生。
31. 面向对象程序设计中的事件驱动是指____。
32. 在 VFP 中,Destroy 事件发生于____。

8.3 添加属性和方法程序

一、判断题

1. 表单和表单集都属于容器类。
2. 有些容器类可以包含其他容器类。
3. 新建的属性属性值类型可以是任意类型。
4. 新建的属性如果是数组属性,则属性在属性窗口中是只读的。
5. 只能向表单(集)而不能向其他控件添加新属性和方法程序。
6. 父表单最小化时,子表单会一同最小化。
7. 父表单最小化时,浮动表单会一同最小化。
8. This 是对当前对象的引用。
9. Parent 是指引用该属性的对象的直接容器(即上层容器对象)。
10. 用户可以为每个控件对象创建新的属性和方法事件。
11. 数据环境对象不是表单(表单集)的子对象,引用数据环境对象,要使用表单(表单集)的属性 DataEnvironment。

二、单项选择题

1. 容器对象的计数属性和集合属性一般常用于____结构语句当中。

   A. 单分支　　B. 循环　　C. 顺序　　D. 多分支

2. 新建的属性默认属性值是____。

   A. True　　B. False　　C. 1　　D. 0

3. 对象 A 的 ParentClass 属性为 P,BassClass 属性为 B,则下列说法中正确的是____。

   A. 对象 A 具有类 P 和 B 的所有属性和方法

   B. 对象 A 具有类 P 的部分属性,但必定具有类 B 的所有属性

   C. 对象 A 具有类 B 的部分属性,但必定具有类 P 的所有属性

   D. 对象 A 具有类 P 或 B 的部分属性

4. 用表单设计器设计表单,下列叙述中含有错误的是____。
   A. 可以创建表单集
   B. 可以将表单以类的形式保存在类库中
   C. 可以对表单添加新属性和新方法
   D. 数据环境对象是表单所包含的子对象,可以添加到表单中
5. 在 VFP 的“程序”菜单中选择“运行”命令,被执行文件对应的扩展名不能是____。
   A. .Prg　B. .Scx　C. .Sqr　D. .Mpr
6. 有关类、对象、事件,下列说法不正确的是____。
   A. 对象用本身包含的代码来实现操作
   B. 对象是类的实例
   C. 类是一组具有相同结构、操作并遵守相同规则的对象
   D. 事件是一种预先定义好的特定动作,由用户或系统激发
7. 下列____属性可以设置表单和表单中的对象的外观。
   A. AlwaysOnTop　B. AutoCenter
   C. BorderStyle　D. Closable
8. 下列各组控件中,全部可以与表中数据绑定的控件是____。
   A. EditBoxGridLine　B. ListBoxShapeOptionButton
   C. ComboxGridTextBox　D. CheckBoxSeparatorEditBox
9. 以下____不是对象相对引用时的关键字。
   A. Form　B. ThisForm
   C. This　D. ThisFormSet
10. 单击表单上的关闭按钮(×)将会触发表单的____事件。
    A. Closed　B. Unload
    C. Release　D. Error
11. 按照某种对应关系,下面的描述正确的是____。
    A. ThisForm→ThisFormSet→Buttons(i)
    B. ThisFormSet→ThisForm→Buttons(i)
    C. ThisForm→Buttons(i)→ThisFormSet
    D. Buttons(i)→ThisFormSet→ThisForm
12. 下列表单最小化时,会出现在任务栏中的是____。
    A. 主表单　B. 子表单
    C. 顶层表单　D. 浮动表单
13. 要创建一个顶层表单,应将表单的 ShowWindow 属性设置为____。
    A. 0　B. 1　C. 2　D. 3
14. 表单的____方法,用来重画表单,而且还能重画表单所包容的对象。
    A. Release　B. Refresh　C. Show　D. Hide
15. 表单的____方法,用来从内存中释放表单,也就是终止此表单对象的存在。
    A. Release　B. Refresh　C. Show　D. Hide
16. 打开表单的命令是____。
    A. CreateForm　B. ModifyForm

C. DoForm　　D. ReleaseForm

17. This 是对____的引用。

A. 当前对象　B. 当前表单　C. 任意对象　D. 任意表单

18. 对于同一个对象,下列事件发生按先后顺序排列正确的是____。

A. Init, Load, Activate, Destroy,Unload

B. Load, Init, Activate, Unload, Destroy

C. Load, Init, Activate, Destroy ,Unload

D. Load, Activate,Init, Unload, Destroy

19. 表单的数据环境中的表或视图关闭后将激发____事件。

A. Destroy　　B. Error

C. DeActivate　　D. AfterCloseTables

20. 要向表单传递参数,可以利用____传递。

A. Activate 事件　　B. Load 事件

C. Init 事件　　D. Setup 事件

三、多项选择题

1. 表单中可以添加的对象类型有____。

A. 容器对象　　B. 控件对象

C. 自定义类对象　　D. OLE 对象

2. 下面属于基本容器类的有____。

A. 表格　B. 页框

C. 命令按钮组　D. 选项按钮组

3. 每个容器对象都具有的属性是____。

A. 计数属性　　B. 集合属性

C. Name 属性　　D. Caption 属性

4. 对象的新建属性可以是____。

A. 简单变量属性　　B. 数组属性

C. 表达式属性　　D. 常量属性

5. 表单的属性可以在____设置。

A. 相关事件代码执行阶段　　B. 设计表单时,通过属性窗口

C. 相关方法程序中　　D. 新建方法程序中

6. 在属性窗口中给某个属性赋日期表达式的正确写法是____。

A. Date( )　　B. ={12/12/2000}

C. =Date( )　　D. {12/12/2000}

7. 要想将表单设计为无标题栏的表单,则应同时设置的相关属性是____。

A. ControlBox:. F.　　B. Caption:. T.

C. ControlBox:. T.　　D. Caption:. F.

8. 若让表单上的某命令按钮具有退出表单的功能,该按钮的 Click 事件代码可写为____。

A. ReleaseThisform　　B. ReleaseThisFormSet

C. ThisForm. Release　　D. ThisFormSet. Release

9. 表单设计时,可以另存为____。

A. 表单文件　　B. 表单类文件

C. .Scx 和 .Sct 文件　　D. .Vcx 文件

10. 从 VFP 创建的应用程序文档界面角度,VFP 表单分为以下几种类型:____。

A. 主表单　　B. 子表单

C. 顶层表单　　D. 浮动表单

11. 子表单的父表单可以是____。

A. 子表单　　B. 顶层表单

C. VFP 主窗口　　D. 浮动表单

12. 在代码中可以引用表单自身及表单中的其他对象的表单的事件有____。

A. Load　　B. Init　　C. Destroy　　D. Activate

13. 如果要让表单的数据环境中的表或视图关闭可以采取的方法有____。

A. 设置数据环境的 AutoOpenTables 属性为 .F.

B. 使用数据环境的 CloseTables 方法

C. 执行 Close Tables 命令

D. 设置数据环境的 AutoCloseTables 属性为 .T.

14. 可能会刷新某表单中某控件对象(Name:Test)的语句有____。

A. This. Refresh　　B. ThisForm. Refresh

C. ThisFormSet. Refresh　　D. Test. Refresh

15. 打开数据环境设计器的方法有:____。

A. 在启动表单设计器后,从“查看”菜单中选择“数据环境”选项

B. 从表单(集)的快捷菜单中选择“数据环境”选项

C. 从表单设计器工具栏中选择“数据环境”按钮

D. 可以设置启动表单设计器的同时打开相应的“数据环境”

16. 将表或视图从数据环境中移去时____。

A. 与这个表或视图有关的所有关系也随之移去

B. 数据库中存在的对应的永久关系也随之移去

C. 与这个表或视图有关的所有关系不会随之移去

D. 数据库中存在的对应的永久关系不会随之移去

17. 以下说法正确的有____。

A. 利用向导创建的表单只能基于表,不能创建基于视图的表单,且表单总是产生一组相对固定的记录定位等控件按钮

B. 利用表单生成器创建的表单,只产生基于字段的控件,不能直接产生一些命令按钮等控件

C. 从数据环境中将表或视图的字段拖放到表单上所产生的控件,无控件文本说明

D. 从数据环境中将表或视图的字段拖放到表单上所产生的控件的前面出现的标签对象的 Caption 属性值可能会为被拖放字段的标题扩展属性值

四、填空题

1. ____用来引用包含在其中的对象,____表示容器对象包含的对象的数目。

2. 表格控件的计数属性和集合属性分别是____、____。

3. 页框控件的计数属性和集合属性分别是____、____。
4. 用户自定义类可以____基类的所有属性和方法程序。
5. 使用表单设计器设计表单时，要对表单添加控件，应打开____工具栏。
6. 表单的数据环境包括了与表单交互作用的表和视图以及____。
7. 表格是一个容器对象，它能包含的对象是____。
8. 属性 Rowsource 应用于对象：列表框和____。
9. 事件 Activate 应用于对象：表单、____、工具栏、页面。
10. 要使表单中各个控件的 Tooltiptext 属性的值在表单运行中起作用，必须设置表单的 Showtips 属性的值为____。
11. 给属性赋字符型常量值，在属性窗口中____加引号；而在事件代码中____加引号。
12. 决定表单能否最大化、最小化的属性分别是____。
13. 决定表单能否移动的属性是____。
14. 要让表单及其所包含的对象在对属性更改后立即反映出更改，应将表单的 LockScreen 属性设置为____。
15. 带参运行表单的命令是____。
16. 带参运行表单时，参数传递给表单的____方法。
17. 带参运行表单集时，当 WindowType 属性值为 0 或 1 时，参数传递给表单集的____方法。
18. 带参运行表单集时，当 WindowType 属性值为 2 或 3 时，参数传递给表单集的____方法。
19. 写出设置当前表单中表格(Name:Gird1)所有列对象 BackColor 属性为红色的命令语句____。
20. 显示表单的方法是____，隐藏表单的方法是____。
21. 写出向通过表单设计器中设计的表单传递参数的操作步骤：
    (1) ____
    (2) ____
22. 写出向通过程序创建的表单传递参数的操作步骤：
    (1) ____
    (2) ____
23. VFP 可以创建____和____两种类型的应用程序。
24. 子表单____移出父表单。
25. 决定表单的类型的属性是____和____。
26. 决定表单是否包含在 VFP 主窗口中的属性是____，当该属性值为____时表单包含在 VFP 主窗口中。
27. 当 ShowWindow 属性值为____而且 DeskTop 属性值为____时，表单为浮动表单。
28. 当 ShowWindow 属性值为____而且 DeskTop 属性值为____时，表单为子表单。
29. 当 ShowWindow 属性值为 2 时，表单必为____。
30. 如果一个表单的名为 FRMA，表单的标题为 FORM_A，表单保存为 FORMA，则在命令窗口中运行该表单的命令是 ____。
31. 表单的 Init 事件在____时发生，Activate 事件在____时发生，Load 事件在____时发生,UnLoad 事件在____时发生。

32. 如果将 Movable 属性设置为 .F. ,那么用户在运行时不能移动表单,在设计时____移动表单。

第9章 控 件

9.1 选择控件

一、判断题

1. 绑定型控件中输入、修改或选择的值将动态反馈到数据源中。
2. 绑定型控件对应的数据源值的改变将动态反馈到该控件中。
3. Control 属性可以指定与表格控件相绑定的数据源。
4. 标签控件没有 Click 事件。
5. 标签控件的 BackStyle 属性是指定其背景色。
6. 指定了数据源的文本框控件，其 Control 属性值与 Value 属性值始终保持一致。
7. 文本框中文本的输入与显示格式分别由 InputMask 和 Format 属性决定。
8. 文本框的 Value 属性是可读写的，而 Text 属性是只读的，即 Text 属性只能用于引用。
9. 编辑框与文本框的主要区别是可以显示备注型字段的值。
10. 列表框 RowSourceType 属性值为 0 时，只能通过 AddItem 方法添加列表项。
11. 选项按钮可以多选多，复选框只能多选一。
12. 标签、列表框显示内容是不可写的，故没有 ReadOnly 属性。

二、单项选择题

1. 当用鼠标单击表单中的一个文本框对象时，文本框发生的 4 个事件的顺序是____。
   A. GotFocus、When、Valid 和 LostFocus
   B. When、GotFocus、Valid 和 LostFocus
   C. When、GotFocus、LostFocus 和 Valid
   D. GotFocus、When、LostFocus 和 Valid
2. 要将表 CJ. DBF 与 Grid 对象绑定，应设置 Grid 对象的两个属性的值如下____。
   A. RecordSourceType 属性为 Cj，RecordSource 属性为 0
   B. RecordSourceType 属性为 0，RecordSource 属性为 Cj
   C. RowSourceType 属性为 0，RowSource 属性为 Cj
   D. RowSourceType 属性为 Cj，RowSource 属性为 0
3. Grid 的集合属性和计数属性是____。
   A. Columns 和 ColumnCount　　B. Forms 和 FormCount
   C. Pages 和 PageCount　　D. Controls 和 ControlCount
4. 如果 ListBox 对象的 RowSourceType 设置为 6，以一个表的字段为行数据源，则____。
   A. 在数据环境中添加此表，运行时用户从列表选择数据，将移动此表的记录指针
   B. 在数据环境中添加此表，运行时可以使用 AddItem 方法，对列表增加新项
   C. 在数据环境中不必添加此表，ListBox 会找到表文件

D. 列表不能使用多列方式

5. 如果 ComboBox 对象的 RowSourceType 设置为 3(SQL 语句),则在 RowSource 属性中写入的 SELECT 语句,必须包含____子句。

A. Group By　　B. Order By

C. Into Table　　D. Into Cursor

6. 对列表框的内容进行一次新的选择,将发生____事件。

A. Click　　B. When

C. InterActiveChange　　D. GotFocus

7. 如果要在列表框中一次选择多个项(行),必须设置____属性为 .T. 。

A. MultiSelect　B. ListItem　C. ListItem　D. Enabled

8. GriD 默认包含的对象是____。

A. Header　B. TextBox　C. Column　D. EditBox

9. 下列控件不可以直接添加到表单中的是____。

A. 命令按钮　　B. 命令按钮组

C. 选项按钮　　D. 选项按钮组

10. OptionGroup 是包含____的容器。

A. CommandButton　　B. OptionButton

C. CheckBox　　D. 任意控制

11. OptionGroup、ButtonGroup 对象的 Value 属性值类型只能是____。

A. N　B. C　C. D　D. D L

12. 与某字段绑定的复选框对象运行时呈灰色显示,说明当前记录对应的字段值为____。

A. 0　B. .F.　C. NULL　D. ""

13. Print 方法的作用是在____对象上打印一个字符串。

A. Text　B. Label　C. Form　D. EditBox

14. RemoveObject 方法不能从____对象中删除指定的对象。

A. Form　　B. CommandButton

C. PageFram　　D. ComboBox

15. 在创建表单选项按钮组时,下列说法中正确的是____。

A. 选项按钮的个数由 Value 属性决定

B. 选项按钮的个数由 Name 属性决定

C. 选项按钮的个数由 ButtonCount 属性决定

D. 选项按钮的个数由 Caption 属性决定

三、多项选择题

1. 列表框是____控件。

A. 数据绑定型　　B. 非数据绑定型

C. 容器型　　D. 非容器型

2. 控件的主要作用是____。

A. 显示数据　　B. 操作数据

C. 使表单界面更友好　　D. 使人机交互更方便

3. 可以用来显示逻辑型数据的控件有____。

A. 表格　B. 文本框　C. 复选框　D. 选项按钮

4. 可以接受用户通过键盘输入值的控件有____。

A. 文本框　B. 列表框　C. 编辑框　D. 组合框

5. 肯定可以通过文本框的____属性获取文本框的当前值。

A. Text　B. ControlSource　C. Value　D. ToolTipText

6. 要想显示一组预定的值，可以使用下列____控件。

A. Text　B. ListBox　C. EditBox　D. ComboBox

7. 列表框或组合框的 RowSourceType 属性分别取 1，2，3，5 时，对应表示的数据源类型分别是____。

A. 一个具体的常量值，表的别名，SQL 语句，数组

B. 可以用逗号分隔的常量值，表的别名，SQL 语句，字段

C. 用逗号分隔的常量值列表，表名，SQL 语句，数组

D. 可以用逗号分隔的常量值，表的别名，查询，数组

8. ButtonCount 属性包含于____对象中。

A. CommandGroup　B. CommanD

C. OptionGroup　D. Check

9. 包含 Value 属性的对象有____。

A. CommandGroup　B. Text

C. OptionGroup　D. Form

10. 表格的数据源(RecordSource)可以是____。

A. 表　B. Qpr 文件

C. 视图　D. SQL 语句

11. 属性 RowSource 可以应用于____对象。

A. 文本框　B. 列表框

C. 表格　D. 组合框

12. 对于表格控件，下列说法中正确的有____。

A. 表格的数据源可以是表、视图、查询。

B. 表格能够显示一对多关系中的子表。

C. 表格控件中的列控件不包含其他控件。

D. 表格是一个容器对象。

13. Hide 方法可以应用于____。

A. Form 对象　B. FormSet 对象

C. _Screen 系统变量　D. ToolBar 对象

14. 以下属于非数据绑定型控件的有____。

A. 命令按钮　B. 标签　C. 线条　D. OLE 容器控件

四、填空题

1. 选项按钮组的选项按钮个数由____属性决定。

2. 要使标签(Label)中的文本能够换行，应将____属性设置为 .T. 。

3. 文本框绑定到某一个字段后，文本框中的输入或修改的文本，将同时保存到____属

性和____中。

4. 计时器(Timer)控件中必须设置的时间间隔的属性为____,定时发生的事件为____,将计时器控件复位从 0 开始重新计数的方法是____。
5. DateEnvironment 对象是与 Form 和 Formset 相关联的对象,但不是被它们所包容。在 Form 和 Formset 对象中提供 DateEnvironment ____,来引用相关联数据环境对象。
6. 一个 Combobox 下拉列表对象中,属性 Enable 的值为____时,对象才能响应用户引发 的事件。
7. Combobox 下拉列表对象中,属性____和____用来给出列表中各行数据的来源和类型。
8. Combobox 下拉列表可以是包含多个列的列表,在属性____中设置列数,在属性____中指定绑定列号,使属性 Value 和绑定数据源从这一列取选定值,此外行数据的来源和类型,也必须给出多个列的数据。
9. 一个文本框 TextBox 对象,属性____的值为 .T. 时,允许用户编辑文本框可响应用户引发的事件。
10. 一个文本框 TextBox 对象,属性____设置为"*"时,用户键入的字符在文本框内显示为"*"。但属性 Value 中仍保存键入的字符串。
11. 设某表单中仅有若干个文本框用于输入数据。要想使某文本框数据输完后按 Enter 键后将输入焦点自动切换到其他文本框控件,则程序代码中必须用到的事件和方法有____。
12. 决定编辑框滚动条样式的属性是____。
13. 列表框的数据源属性是____,数据源类型属性是____。
14. 设某表单有一个数组属性 ArrayTest,表单中的名为 List1 的列表框的 RowSourceType 属性值为____时,可以通过如下代码将数组 ArrayTest 给 List1 赋列表项值:

    ThisForm. List1. ____ = ____。
15. 下图(图 9 - 1)所示的功能是在 ComboBox 对象中输入或者选择一个系名(js. ximing),在 ListBox 对象中即时动态显示对应系人员姓名(xm)、工号(gh)。请把下面各事件代码段补充完整。

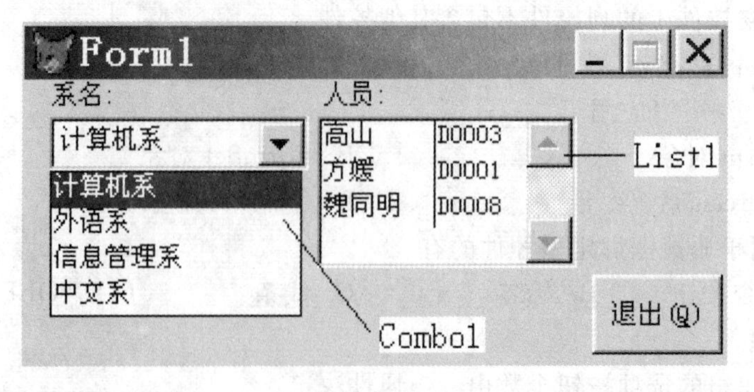

图 9 - 1

Form. Init 事件代码：

　　ThisForm. Combo1. RowSourceType＝0

With ThisForm. Combo1

____

____

____

____

____

Combo1. ____事件代码

publ xxmm

xxmm＝this. ____

thisform. list1. rowsourcetype＝3

thisform. list1. rowsource＝____

thisform. ____

16. 微调框限制通过键盘修改值范围的属性是____，限制通过鼠标修改值范围的属性是____，修改增量属性是____。
17. 某表单上有一个包含两个按钮的OptionGroup对象Option1，现在要求将该对象与教师表(js. dbf)的性别(xb ___(2))字段绑定，则应设置Option1的____属性为js. xb，而且两个选项按钮的Caption属性应分别设置为____。
18. 设某表单上有一个包含2个命令按钮的命令按钮组CommandGroup1，将该命令按钮组的Click事件代码填充完整。

____

Case ____ ＝1

…

____

…

____

ThisForm. ____

19. 要想使某表单上的4个选项按钮中的2个同时能被选中，则必须借助于____对象。
20. 如果想通过表单上的微调按钮对象M1来动态调整表单上的页框对象P1的页面数目，且自动将最后一页设置为当前页面。则应该在M1对象的____事件中设置如下代码：____。
21. 设置页框控件有无选项卡的属性是____，当该属性值为____时表示页框控件无选项卡。
22. OLE绑定型控件作用通常是____，OLE容器控件作用通常是____。
23. OLE控件的AutoVerMenu属性的作用是____。
24. OLE控件在指定的对象上执行一个动作的方法名是____。
25. 图像控件要显示的图片文件由____属性决定，____属性决定图像在控件中显示的范围。
26. 复选框控件的Value属性值可以是____。

27. 如果某表单运行时的界面与执行函数 Messagebox("Welcome",4+64)的界面一致,则该表单中必定包含的控件对象有____。
28. 当微调控件或文本框控件对象失去焦点时,将可能激发 LostFocus、Valid 和____事件。当组合框或列表框得到焦点时,将可能激发 GotFocus、When 和____事件。
29. 如果让组合框的某项目废止,则可以在该项目前加____符号。
30. 当命令按钮的____属性值为 .T. 时,在命令按钮获取焦点后可以通过按回车键来执行命令按钮的 Click 代码;当命令按钮的____属性值为 .T. 时,在命令按钮获取焦点后可以通过按 Esc 键来执行命令按钮的 Click 代码。
31. 对象的 Enabled 属性的作用是____,Visible 属性的作用是____。

9.2 使用控件

一、判断题

1. 可以设置多个对应于某个对象的 Click 事件的快捷访问键。
2. “Tab 键次序”默认是从 0 开始编号的。
3. 代码 ThisForm. OptionGroup1. Enabled=.T. 的作用与代码 ThisForm. OptionGroup1. SetAll("Enabled",.F.)所起的作用完全一样。
4. 事件 InterActiveChange、ProgrammatiChange 发生作用的诱发因素不一样。
5. 在有多个对象的情况下,当执行某对象的 SetFocus 方法时,必然导致另一个对象的 LostFocus 事件的发生。
6. 编辑框控件可以用来编辑内存变量、数组元素、普通字段和备注字段。
7. 当某对象的方法程序运行出错时,Error 事件将被触发。
8. 若列表框对象的 ColumnCount 属性设置为 2,则可以绑定 2 个数据源。
9. 若想删除表格对象的 3 列中的第二列,可选中第二列后直接删除。
10. 文本框对象的 Format 属性可以指定其 Value 属性的输入格式和输出格式。

二、单项选择题

1. 设表单中某选项按钮组包含 3 个选项按钮,现在要求让第二个选项按钮失去作用,应设置____的 Enabled 属性值为 .F. 。

   A. 选项按钮组　　B. 任一选项按钮
   C. 第二个选项按钮　　D. 所有选项按钮

2. 对象的鼠标移动事件名为____。

   A. MouseUp　B. MouseMove　C. MouseDown　D. Click

3. 下面关于文本框对象的说法错误的是____。

   A. Value 属性与绑定的数据源数据值相同
   B. 可以给 Value 属性赋值
   C. Text、Value 属性值相同
   D. 可以给 Text 属性赋值

4. ____数据绑定型控件不可以直接设置其 ControlSource 属性。

   A. TextBox　B. ComboBox　C. Grid　D. ListBox

5. 不具有 Hide 方法的控件对象是____。

A. TextBox　　B. ComboBox
C. Grid　　D. Timer

6. 控件对象不可能引用表单的____。
A. 新属性　　B. 新事件
C. 事件响应代码　　D. 新方法

7. 要想执行设置了快捷键的某命令按钮的Click事件,可以有____种方法。
A. 1　　B. 2　　C. 3　　D. 4

8. 在创建表单选项按钮组时,选项按钮的个数由____属性决定。
A. ButtonCount　　B. OptionCount　　C. ColumnCount　　D. Value

9. 拥有焦点的控件对象对应于表单的____属性。
A. Parent　　B. Controls　　C. ActiveControl　　D. This

10. 一定属于绝对引用的关键字是____。
A. This　　B. ThisForm　　C. ThisFormSet　　D. Parent

11. 在某控件的事件代码中若想调用与该控件处于同一容器的另外一个对象应该使用相对调用的关键词是____。
A. This　　B. ThisForm　　C. ThisForm. Parent　　D. This. Parent

12. 为了使列表框或组合框的Clear方法产生效果,必须把列表框或组合框的RowSourceType属性设置为____。
A. 0　　B. 1　　C. 2　　D. 3

13. 当某控件对象获得焦点后又失去焦点,将依次激发____事件。
A. When Valid GotFocus LostFocus
B. When GotFocus Valid LostFocus
C. Valid GotFocus When LostFocus
D. Valid When GotFocus LostFocus

三、多项选择题

1. 设置"Tab键次序"的方法有____。
A. 交互方式　　B. 按列表方式
C. 通过代码编程的方法　　D. 通过属性窗口设置

2. 可以设置ToolTipText属性的对象有____。
A. TextBox　　B. Label　　C. Command　　D. Form

3. 若想让某个对象暂时失去作用,可以设置____属性值为 .F. 。
A. Visible　　B. Enabled　　C. Caption　　D. AutoSize

4. 表单与所有可视的控件共有的事件有____。
A. DragDrop　　B. DragMode　　C. DragIcon　　D. DragOver

5. 设表单中某选项按钮组包含3个选项按钮,表单运行时设置第二个选项按钮和选项按钮组的Enabled属性值均为 .F. ,当重新设置选项按钮组的Enabled属性值为 .T. 时,下列说法正确的是____。
A. 第二个选项按钮起作用了　　B. 第二个选项按钮还未起作用
C. 选项按钮组起作用了　　D. 选项按钮组还未起作用

6. 页框控件是____。

A. 数据绑定型控件　　B. 非数据绑定型控件
C. 容器型控件　　D. 非容器型控件

7. 一般来说,与选中文本框内文字操作相关的属性或方法是____。
A. SelStart　　B. SelLength
C. SelText　　D. SetFocus

8. 以下属性中,设计时不可以给其赋值的是____。
A. ActiveControl　B. ActiveForm　C. Parent　D. ActivePage

9. 让标签控件提示内容转行的可行性方法有____。
A. 设计时将 WordWrap 属性设置为 .T.
B. 通过程序代码将 WordWrap 属性设置为 .T.
C. 通过程序代码用 Chr(10)函数将欲分行显示的内容连接起来
D. 在程序代码中将欲分行显示的内容分行写

10. 以下____属性是跟文本框控件显示日期数据时格式相关的。
A. Century　B. DateFormat　C. StrictDateEntry　D. Style

四、填空题

1. 要想把某个字母设置为对应的快捷键,则 Caption 属性中应该在该字母前加上____。
2. 当表单中某命令按钮的 Caption 属性设置为 E\<xit 时,则该按钮对应 Click 事件的快捷键是____。
3. 对于表单中的对象,系统默认的"Tab 键顺序"是____。
4. 设某个表单上仅有 Label、Text 两个对象,且用户没有对它们添加任何事件处理代码,则运行该表单时,____对象肯定首先获得焦点。
5. 要想让表单程序运行时其中的按钮对象具有动态提示文本功能,则必须同时设置按钮对象的____属性值和____对象的____属性为____。
6. 若想让文本框对象中显示的内容不被误修改,可以设置文本框对象的____属性为____。
7. 设表单中一计时器控件的 Interval 属性值为 6000,当表单运行了 3 秒钟时,设置该计时器控件 Enabled 属性为 .F. 。1 秒钟后,重新设置计时器控件 Enabled 属性为 .T. ,则现在它的作用事件间隔为____秒钟。
8. 页框对象的当前活动页面的属性名为____。
9. 页框对象的选项卡个数属性是____,排列方式属性是____。
10. 从 Thisformset. Form1. Pageframe1. ActivePage. Optiongroup1. Value 代码中可以判断至少涉及到了____个容器对象。
11. 为使刷新页框时,同时刷新页框内各个页面,对页框的 Refresh 方法可添加如下代码:

```
n=This. ____
For I= 1 to n
    This. ____. Refresh
EndFor
```

12. 下面代码的功能是把列表框中的选中数据项显示在组合框(Name:Combo1)中,并且在文本框(Name:Text1)中显示选定项的数目。则在列表框的____属性为 .T.

的前提下,可在列表框的____事件中输入以下代码:

```
nNumSelected=0
ThisForm. Combo1. ____ && 清除组合框
For n=1 to This. ____
    If  This. ____
        nNumSelected= nNumSelected+1
        ThisForm. Combo1. AddItem( ____ )
    EndIf
EndFor
ThisForm. Text1. ____ = ____
ThisForm. ____
```

13. 下面代码的功能是通过单击命令按钮(Name:Cmd1),实现选中文本框(Name:Text1)中的第一个单词(假设文本框中全是英文单词)。则应该在命令按钮的____事件中输入以下代码:

```
thisform. text1. ____
thisform. text1. ____ =0
thisform. text1. sellength= ____
```

14. 已知下面表单的数据环境是存在一对多关系的教师表(js. dbf)和教师任课表(jsrk. dbf),其中教师表和教师任课表分别包含以下字段:

```
js. dbf
    gh      C (5)
    xm      C (8)
    ximing  C(20)
    csrq    D
jsrk. dbf
    jsghc   C(5)
    kch     C(2)
    kcmc    C(20)
    kss     C(3)
    bxk     L
```

试根据表单的内容画面(图 9-2)填空:

工号标签后的组合框的____和____属性应该设置为 js. gh、____属性应该设置为'6一字 段',____事件代码应该设置为 ThisForm. Refresh;工龄标签后的文本框的____属性应该 设置为表达式____;表格控件的____属性应该设置为 1-别名,____属性应该设置为 jsrk 表,'课程名'列对应的____属性应该设置为____;新增按钮的 Click 事件代码为:

```
select  js
        ____
        ____
```

如果允许修改表单中的数据,要求当修改焦点离开"年龄"标签后的文本框时,系统

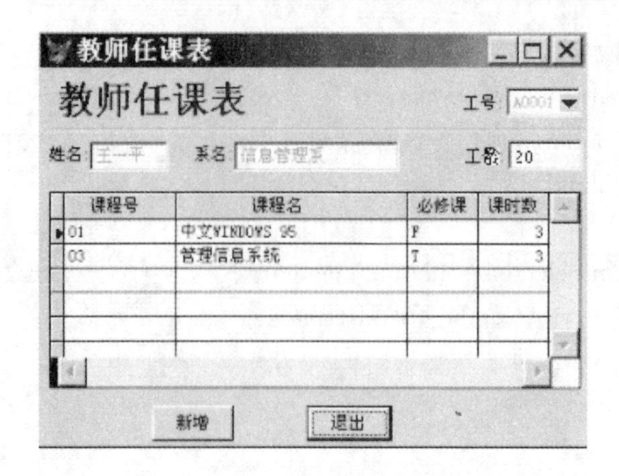

图 9－2

自动检测对应的 csrq 字段是否符合规则。则应该在该文本框的____事件中包含如下代码：

```
if This. value ____
        =MessageBox(…)
        return . f.
endif
```

15．设表单的数据环境中有一个包含了逻辑型、备注型、通用型字段的表，当把这 3 个字段分别拖放到表单中时，表单会自动分别添加____、____、____控件。

16．在右图(图 9－3)表单中 shape1 形状的矩形区域内的复选框控件是用以控制表单中的文本框是否可以编辑。则复选框控件的 interactivechange 事件代码应该写为：____。若想通过其中的微调框来移动记录，则其 interactivechange 的事件代码应该写的两条命令为____和____，它的 spinnerhighvalue、keybordhighvalue 属性应该设置为____，spinnerlowvalue、keybordlowvalue 属性应该设置为____、属性 Increment 的值应该设置为____。

图 9－3

17．假设某表单中有一个包含 3 列的表格控件(Name：Grid1)，执行 Thisform. Grid1. AddColumn(3)后，该表格控件对象包含____列，新增加的列现在位于第____列。

对应的会导致原来第3列的____属性相应递增，表格的____属性相应递增。

18. 添加到列表框或组合框中的每一个数据项都被赋予两个标识号：____和____。它们分别对应的代表该项目在列表框或组合框控件中的____和____。在频繁的对数据项进行增删后，若要想知道显示时排列在第3个的数据项的唯一标识号，可以通过方法____获得。
19. 控件对象获得焦点时的事件为____，失去焦点时的事件为____。
20. 为了将设计阶段为文本框(Name：Text1)的 Value 属性赋的表达式(注意：不是表达式的值)赋给变量 Test，则应该写为：Test＝____。此时，变量 Test 的类型为____。对应的可以通过____为 Value 属性赋表达式。
21. 已知教师表(JS. DBF)和系名表(XIMI. DBF)的结构如下：

JS. DBF
GHC 6(工号)
XMC. 8(姓名)
XBC 2(性别)
XH C 12(系号)
GL N 2(工龄)
XIMI. DBF
XH C1(系号)
XIMING C12(系名)

并且 JS. DBF 已经以 XH 为关键字建立普通索引，以 GH 为关键字建立普通升序索引。XIMI. DBF 已经以 XH 为关键字建立普通索引。

在下图(图9-4)所示的表单中，要求当"系名"下拉列表框(Name：Cboxm)中的内容变化后，表单上所显示的信息应该是新的系名对应的系中工号最小的教师，则应该进行如下设置：

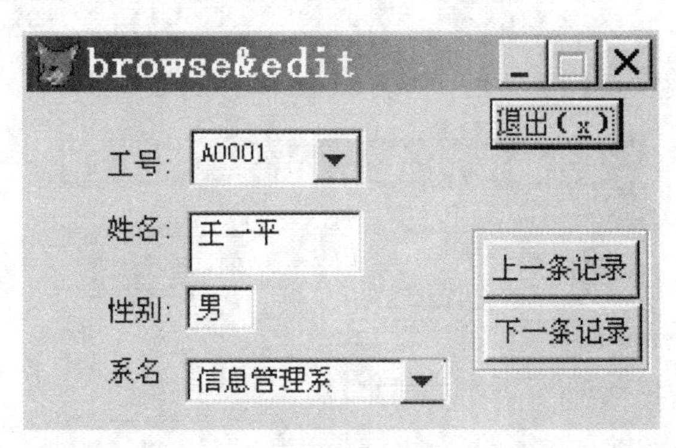

图9-4

在数据环境中，对已经添加的表 JS. DBF 设置 ORDER 属性为____，Cboxm 控件的 CONTROLSOURCE 属性设置为：JS. XH，INTERACTIVECHANGE 事件代码为：

SEEK THIS. ____ORDER XH IN JS
THISFORM. ____

命令按钮组中的"上一条记录"按钮需要满足以下要求：只有在教师表中有两条以上记

录,并且记录指针不在逻辑顺序的第一条,该命令按钮才真正移动记录指针。每按下"上一条记录"一次,教师表的记录指针上移一条,并刷新表单。设置该命令按钮组 Click 事件代码如下:

```
DO CASE
CASE THIS.VALUE=1
     IF RECCOUNT() <= ____
          RETURN
     ENDIF
     SKIP -1
     IF BOF( )
          GO TOP
     ENDIF
     THISFORM.REFRESH
     RETURN
     OTHERWISE
     …
END CASE
```

22. 商品库中有两个表:商品信息表(SPXX.DBF)和销售情况表(XSQK.DBF),表结构如下,且 SPXX 表已经建立了复合索引,索引表达式为 SPBH,标识名为 SPBH。

SPXX.DBF			XSQK.DBF		
SPBH	C(6)	(商品编号)	LSH	C(6)	(流水号)
SPMC	C(20)	(商品名称)	XSRQ	D	(销售日期)
JHJ	N(12,2)	(进货价格)	SPBH	C(6)	(商品编号)
XSJ	N(12,2)	(销售价格)	XSSL	N(8,2)	(销售数量)
BZ	M	(备注)	XSJE	N (12,2)	(销售金额)

根据下面的要求设计完成如下的表单(图 9-5)。

图 9-5

要求1:表单中商品编号组合框的ROWSOURCETYPE属性值为____,ROWSOURCE属性值为____,销售价文本框的CONTROLSOURCE属性值为____,当商品编号发生变化时,销售价也相应地发生变化,为计算销售额,则销售数量文本框的INTERACTIVECHANGE事件代码为:

```
LOCAL LCSPBH
LCSPBH=____
SEEK ____ORDERBY ____INSPXX
THISFORM. TXTXSE. VALUE=____
THISFORM. TXTXSJ. REFRESH
```

要求2:如果对XSQK表按照销售日期升序排序,在销售日期相同的情况下,按照商品编号升序排序,则索引表达式为____。

要求3:向表中添加记录时,对流水号自动加1,对位数不足字段宽度的流水号,在字符串前加字符“0”补足,则应该在“新增”按钮的CLICK事件中添加如下代码。

```
SELE MAX(LSH) FROM XSQK INTO CURSOR CMAXLSHTMP
LOCAL LCMAXLSH,LCNEXTLSH
LCMAXLSH=____&& 求出XSQK表中的最大流水号
LCMAXLSH=____&& 下一个流水号在最大流水号上加1
INSE INTO XSQK(LSH) VALUE (PADL(LCMAXLSH,6,“0”))
USEIN ____&& 关闭临时表
```

要求4:上述表单的数据环境应该包含XSQK.DBF、SPXX.DBF,而且XSQK表数据缓冲方式为开放式行缓冲,则“存盘”按钮的CLICK事件代码一定包含____函数,“恢复”按钮的CLICK事件代码一定包含____函数。

23. 当表格控件中显示某表记录数据的时候,加如不允许用户通过表格向表中添加记录,则应该设置表格控件的____属性值为____;假如不显示表记录的删除标识,则应该设置____属性值为____。

24. 除了可以通过对Selstart、Sellength属性进行相应设置以选中获得焦点的文本框对象中的文本外,还可以通过设置HighLight为.T.且SelectOnEntry属性为____以选中获得焦点的文本框对象中的全部文本。

25. 如果用户在运行某表单应用程序时,使用Tab键始终无法让其中的某个文本框获得焦点,但利用鼠标却可以。则该文本框的____属性肯定为____。

26. 下面的系统时钟表单(图9-6)是根据12/24时钟的设置,显示系统当前的时间。

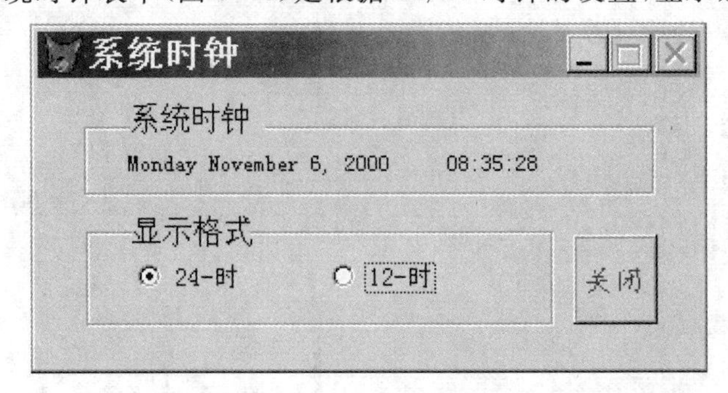

图9-6

则应该设置表单中计时器控件对象 Clock1 的____属性值为____，____事件代码为________；用以显示日期数据的 TxtDate 对象的初始 Value 属性值为____；用以显示时间的 TxtTime 对象的初始 Value 属性值为____；TxtDate 和 TxtTime 对象的 BorderStyle 属性值为____；选项按钮组的 Click 事件代码为：

```
do case
    case this. value=1
        thisform. clock1. timeformat=____
    case this. value=2
        thisform. clock1. timeformat=____
endcase
```

第10章　类

一、判断题

1. 控件工具栏上的常用控件全是基类。
2. VFP 中容器类是其他对象的集合。
3. 控件类在某种情况下可以包含其他对象。
4. 可以将表单中的某个命令按钮对象新存为类。
5. 可以通过鼠标拖拽或命令的方法把一个类移动到另外一个类库文件中。
6. 创建新类库文件的命令是 CreateClass。
7. 从类库文件中移去类的命令是 Remove Class 类名 OF 类库文件名。
8. 可以修改添加的基于用户自定义类的对象的所有的属性值。
9. 因为自定义工具栏类添加到表单中时会自动创建表单集,又因为应用程序包含两个表单时也必须创建表单集,所以,可以认为自定义工具栏类就是表单类。
10. 类可以不通过类设计器或表单设计器来创建。

二、单项选择题

1. 你认为什么时候最需要创建新类____。
   A. 总是可以直接基于基类建立程序,因此不必创建新类
   B. 如果基类不具有某功能,而这一功能又不经常使用,这时应创建新类
   C. 如果基类不具有某功能,而这一功能又经常使用,这时应创建新类
   D. VFP 建立程序时,总是先创建类,再创建对象
2. 在 VFP 中创建新类时,____。
   A. 只能基于基类　　B. 可以基于任何 VFP 基类和子类
   C. 只能基于子类　　D. 不能基于不可视类
3. 对于创建新类,VFP 提供的工具有____。
   A. 类设计器和表单设计器
   B. 类设计器和数据库设计器
   C. 类设计器和报表设计器
   D. 类设计器和查询设计器
4. 在创建一 CommandGroup 子类时____。
   A. 只能添加命令按钮基类控件到组中
   B. 只能添加命令按钮子类控件到组中
   C. 可以添加命令按钮基类或子类控件到组中
   D. 只能通过修改 Command 的 ButtonCount 属性来添加命令按钮
5. 在 VFP 中创建新类时,一定可以对这个新类添加____。
   A. 对象　　B. 新的属性和方法
   C. 新的事物和方法　　D. 新的属性和事件
6. 某用户创建了一个命令按钮子类,并设置了 CLICK 事件代码,把该类添加到一表单中,则在表单设计器的属性窗口中____。

A. 可以看到按钮的 Click 事件代码,但不准修改

B. 可以看到按钮的 Click 事件代码,并且可以修改

C. 看不到按钮的 Click 事件代码,因此当表单运行并发生相应事件时,不被执行

D. 看不到按钮的 Click 事件代码,但事件代码可以被执行,也可以被屏蔽

7. 下列关于子类的存储的说法中正确的是____。

A. 一个子类必须保存为一个类库

B. 多个子类可以保存到一个类库中

C. 具有父子关系的两个子类不能保存在同一个类库中

D. 具有相同基类的子类才能保存到一个类库中

8. 要更改一个类库中某个子类的类名,可以____。

A. 只可在类设计器中修改 NAME 属性

B. 只可在表单设计器中修改 NAME 属性

C. 在项目管理器中或类浏览器中进行修改

D. 可在类设计器中或类浏览器中进行修改

9. 在设计器中创建新类时,所谓事件或方法程序的"默认过程"是指____的代码。

A. 基类　　B. 父类　　C. 子类　　D. 本身

10. 在某子类的 CLICK 事件代码中,要调用父类的 INIT 事件代码时,可以用____。

A. Nodefault 命令　　B. Dodefault()函数

C. ::操作符　　D. This. ParentClass. Init()函数

11. 在____对话框中设置类的图标。

A. 新建属性对话框　　B. 新建方法对话框

C. "类"菜单→类信息对话框　　D. 类属性窗口

12. 将在工具→选项→控件→可视类库中选定的类库设置为默认值的意思是____。

A. 新建的类都自动放置于该类库文件中

B. 类库中的类自动出现在控件工具栏上

C. 新建立的表单自动以该类库中的类作为模板类

D. 新建立的类库自动以该类库作为模板类

13. 设某类设置了属性 Test 的值为 a,当该类被添加到某表单后,如果修改其 Test 值为 b,以下说法正确的有____。

A. 表单上该类对象的 Test 属性有效值为 a

B. 表单上该类对象的 Test 属性有效值为 b

C. 表单上该类对象的 Test 属性有效值可能为 A

D. 表单上该类对象的 Test 属性有效值可能为 B

14. 设某类设置了属性 Test 的值为 a,当该类被添加到某表单后,未作任何修改,以下说法正确的有____。

A. 表单上该类对象的 Test 属性有效值为 a

B. 表单上该类对象的 Test 属性有效值为 .F.

C. 表单上该类对象的 Test 属性有效值可能为 .T.

D. 表单上该类对象的 Test 属性有效值可能为 0

15. 关于 VFP 的类的说法正确的是____。

A. 一个类库文件存放一个子类

B. 存放在可视类库中的类派生的对象在运行时都是可视的

C. 设计子类的方法程序代码后父类中的代码不被执行且无法调用

D. 可以将类从一个类库文件中复制到其他类库文件中

三、多项选择题

1. 以下属于控件类的有____。

A. Form　　B. TextBox　　C. Shape　　D. OLE

2. 以下属于容器类的有____。

A. Grid　　B. PageFrame

C. ToolBar　　D. Image

3. 以下说法正确的有____。

A. 控件类不可以作为其他对象的父类对象

B. 容器类可以作为其他对象的父类对象

C. 创建新类可以基于基类

D. 创建新类可以基于子类

4. 使用类设计器时，____。

A. 可以指定存放新类的类库

B. 可以建立存放新类的新类库文件

C. 必须指定新类基于的类

D. 必须指定新类的名称

5. 肯定属于非可视类的有____。

A. 自定义类　　B. 通过类设计器设计的类

C. 通过另存为而保存的类　　D. Timer 控件类

6. 可以创建新属性、新方法的是____。

A. 表单　　B. 控件　　C. 子类　　D. 自定义类

7. 新建方法对话框中，可视性栏可以选择____。

A. 公共　　B. 私有　　C. 保护　　D. 隐藏

8. 以下关于类新建属性、方法时有关可视性选择项含义说法正确的有____。

A. 公共指可在对象设计时进行修改

B. 私有指可在代码设计阶段修改

C. 隐藏指只能被该类的定义内成员所访问，该类的子类不能引用它们

D. 保护指能被该类定义内的方法程序或该类的子类所访问

9. 以下说法正确的有____。

A. 子类能继承父类的属性、事件和方法

B. 子类可以在父类的基础上新建属性、事件和方法

C. 子类可以在父类的基础上新建属性和方法

D. 在子类基础上还可以新建子类

10. 往表单中添加基于____基类的子类时，表单集将自动创建。

A. CommandGroup　　B. Form

C. ToolBar　　D. PageFrame

11. 以下有关创建自定义类的说法正确的有____。
    A. “新类”对话框中选基类为“Custom”
    B. 自定义类的子类属于非可视类
    C. 自定义类创建的对象在运行时不可见
    D. 若想运行时可见,需设置 Picture 属性

四、填空题

1. 由一个已有的类可以派生出新类,这个新类称为____,那个已有的类称为____。
2. VFP 中用户可以在____设计器或____设计器中可视化地定义类。
3. VFP 中的类可以分为容器类和____类。
4. 如果将正在编辑的表单另存为类,则这个类称作基于表单的____。
5. 假设基于某个基类创建的子类在设计阶段已经设置了其 Click 事件代码。将它添加到表单集中的表单上后(Name:Test1),对此对象又设置了 Click 事件代码。则以下代码:ThisFormSet. ThisForm . Test1. Click()调用的是____的事件。
6. 自定义类添加到表单时可见,而运行时____。
7. 创建新子类的命令是____,修改类的命令是____。
8. 对类新建的属性,其默认初始值类型为____。
9. 用户可以设置的类图标有工具栏图标和____。
10. 在 VFP 中创建新类时,如果新类是容器型的,还可以对新类添加____。
11. 类的工具栏图标的作用是____。
12. ____包含了对象的程序设计和数据抽象,是具有相同行为的对象的抽象。
13. 在类新建属性对话框的名称栏内输入:Test[5,8],则说明该类新建的是____属性,而且该属性在设计阶段____,运行阶段____。
14. 当通过如下命令创建新类时:
    Create Class Mytool OF Tool As ToolBar
    其中 Mytool 为____,Tool 为____,ToolBar 为____。
15. 一个类要想能从某库文件被复制到另一个类库中的前提条件是____。
16. 通过表单控件工具栏上的____按钮可以将类添加到控件工具栏。
17. 当用户改变了子类基于父类的功能,而还想继续使用父类的功能时,可以通过____函 数或____操作符调用父类的功能。
18. 某表单模板的 Click 事件代码为 ThisForm. Release,某个基于该模板创建的表单其 Click 事件代码为 ThisForm. Refresh,表单上的某命令按钮其 Click 事件代码为____时,可以起到通过调用父类方法退出该表单的功能;代码为____时,可以起到调用所在容器的事件代码刷新该表单的功能。
19. 设置文本框的 PassWordChar 属性的作用是____,在文本框的 KeyPress 事件中添加命令 NoDefault 的作用是____。
20. 下面代码的功能是将文本框中的输入内容(限定只接受字母字符)显示为“#”(注意:不是设置文本框的 PassWordChar 属性值为“#”),并且将输入的内容保存到表单的新建属性 TempM 中。请将它填写完整。

    为文本框的____事件添加代码:

    PARAMETERS nKeyCode,nShiftAltCtrl

```
    ____________
    If ____
      This. Value=____
      ____=____+Chr(nKeyCode)
    Endif
```

为文本框的 Destroy 事件添加代码：____

21. 代码 Create Class Test of Test1 as Test3 From Test4 的作用是____。
22. Protected Test 的作用是保护某被定义类的____。
23. Define Class 命令中的关键字 Addobject 的作用是将 VFP 中的____等以对象的形式添加到类或子类中。
24. Addobject 关键字后面的 NOINIT 关键字的作用是____。
25. 将以编程方式创建一个包含退出以及刷新两个命令按钮的表单的代码填写完整：

```
MYFORM=CREATEOBJECT( ____)
MYFORM. ____("MQUIT",____)
MYFORM. ____("MREFRESH",____)
MYFORM. MQUIT. VISIBLE=. T.
MYFORM. MREFRESH. VISIBLE=. T.
MYFORM. ____

____
RETURN
DEFINE  CLASS  QUIT  AS ____
Caption="退出"
Procedure  Click

____

____
EndProc
Procedure  Destroy

____
EndProc
ENDDEFINE
DEFINE  CLASS  FRESH  AS ____
Caption="刷新"
Procedure  Click

____
EndProc
ENDDEFINE
```

26. 如果要想制作一个通用的可以应用于一般表单的以移动记录指针为目的的类，则创建的这个子类应该基于____为父类。其中的用以往后移动一条记录指针的按钮的 CLICK 事件的代码可以如下：

```
    SKIP
```

IF RECNO( )= ____

THIS. ENABLED=. F.

THIS. PARENT. LASTREC. ENABLED=. F. && 移动记录至最后的按钮无效

ELSE

THIS. ENABLED=. T.

THIS. PARENT. FIRSTREC. ENABLED=. T. && 移动记录至最后的按钮有效

ENDIF

____. REFRESH

第 11 章　菜单和工具栏设计

一、判断题

1. 菜单设计器中的“插入”按钮，其作用是在当前菜单(项)的后面插入菜单(项)。
2. 在菜单设计器中有一“菜单级”组合框，其内容是不变的。
3. 当用户在选定的对象上右击时出现的菜单称为快捷菜单。
4. 快捷菜单(可用快捷菜单设计器设计)是当用户在选定的对象上单击鼠标右键时出现的菜单，快捷菜单列出有特定屏幕区域或选定内容相关的命令。
5. 在菜单设计器中有菜单名称、结果、选项列。选项列的内容是可变的。
6. 快速菜单：基于 VFP 主菜单栏，添加用户所需的菜单项而建立的菜单。
7. “快速菜单设计器”和“菜单设计器”的主要不同之处是“快速菜单设计器”窗口中将 VFP 系统菜单项置于新建菜单中。
8. 在执行菜单文件的命令"do 菜单名"中，菜单名称必须给出 . mpr 扩展名。
9. 在用命令给菜单或菜单项指定任务时，如是对过程或程序调用，则被调用的过程或程序不一定需要给出路径名。
10. SDI 菜单是指出现在单文档界面(SDI)窗口中的菜单。
11. 不可借助于属性窗口设置自定义工具栏上的各个对象的相应属性。
12. VFP 能直接在某个表单中添加工具栏。
13. 要把自定义工具栏添加到表单中，则必须将此表单变成表单集的成员。

二、单项选择题

1. 用菜单设计器设计好的菜单保存后，其生成的文件扩展名为____。

   A. . scx 和 . sct　B. . mnx 和 . mnt　C. . frx. frt　D. . pjx 和 . pjt

2. 菜单项名称为“Help”，要为该菜单项设置热键 Alt＋H，则在名称中设置为____。

   A. Alt＋Help　B. \<Help　C. Alt＋\<Help D. H<elp

3. 有连续的两个菜单项，名称分别为“保存”和“删除”，要用分隔线在这两个菜单项分组。实现这一功能的方法是____。

   A. 在保存菜单项名称前面加上"\－"：保存\－

   B. 在删除菜单项名称前面加上"\－"：删除\－

   C. 在两个菜单项之间添加一个菜单项，并且在名称栏中输入"\－"

   D. A 或 B 两种方法均可

4. 有一菜单文件 mm. mnx，要运行该菜单的方法是____。

   A. 执行命令 do mm. mnx

   B. 执行命令 do menu mm. mnx

   C. 先生成菜单程序文件 mm. mpr，再执行命令 do mm. mpr

   D. 先生成菜单程序文件 mm. mpr，再执行命令 do menu mm. mnx

5. 所谓快速菜单是____。

   A. 基于 VFP 主菜单，添加用户所需的菜单项

   B. 快速菜单的运行速度较快

C. 可以为菜单项指定快速访问的方式

D. “快捷菜单”的另一种说法

6. 如果要将一个 SDI 菜单附加到一个表单中,则____。

A. 表单必须是 SDI 表单,并在表单的 Load 事件中调用菜单程序

B. 表单必须是 SDI 表单,并在表单的 Init 事件中调用菜单程序

C. 只要在表单的 Load 事件中调用菜单程序

D. 只要在表单的 Init 事件中调用菜单程序

7. 添加到工具栏上的控件____。

A. 只能是命令按钮

B. 只能是命令按钮和分隔符

C. 只能是命令按钮、文本框和分隔符

D. 除表格外,所有可以添加到表单上的控件都可添加到工具栏

8. 对工具栏的设计,下列说法正确的是____。

A. 既可以在设计工具栏类时添加控件,也可在表单设计器中向工具栏添加控件

B. 只可以在设计工具栏类时添加控件

C. 只可在表单设计器中向工具栏添加控件

D. 可以在类浏览器中向工具栏添加控件

9. 对于工具栏的控件的 TopLeftWidthHeight 属性,在设计和运行时都为只读的属性有____。

A. TOP 属性和 LEFT 属性

B. WIDTH 属性和 HEIGHT 属性

C. TOP 属性和 WIDTH 属性

D. HEIGHT 属性和 LEFT 属性

10. 下列哪一个控件只能附加到工具栏上,而不能附加到表单上____。

A. Grid

B. Separator

C. OLE BoundControl

D. PageFrame

三、多项选择题

1. 在 VFP 的菜单或菜单项中,经常出现一些显示灰色的选项,其原因是____。

A. 这可能是这些选项在当前状态下不起作用

B. 其处理程序没有装入

C. VFP 系统有问题

D. 以上都不是

2. 创建一个菜单系统包括下列步骤:____。

A. 菜单系统的规划;建立菜单

B. 确定哪些菜单需要建立子菜单;为菜单指定任务

C. 生成菜单生成程序

D. 运行及测试菜单系统

3. 在设计菜单系统时,应遵循的原则有____。

A. 给每个菜单和菜单项设置一个有意义的标题和简短提示
B. 对统一菜单中菜单项进行分组,用分隔线或分隔符将各组分开
C. 把一个菜单中的菜单项数尽可能地限制在一个屏幕显示的范围内
D. 为菜单或菜单项设置访问键或键盘快捷键

4. 创建菜单的方式有____。
A. 一般菜单设计器方式
B. 直接编程方式
C. 快捷菜单设计器方式
D. 其他方法

5. 用户可创建的 VFP 菜单种类____。
A. 一般菜单　　B. 快捷菜单　　C. 快速菜单　　D. 系统菜单

6. 在菜单设计器中有菜单名称、结果、选项列。结果列的内容有:____。
A. 命令　　B. 子菜单　　C. 填充名称或菜单项　　D. 过程

7. 菜单或菜单项所要执行的任务可以是____。
A. 命令　　B. 事件　　C. 过程　　D. 方法

8. 将 SDI 菜单附加到表单中,必须____。
A. 将该表单 show Windows 属性设置为“2—作为顶层表单”
B. 必须在该表单的 init 事件中添加执行 SDI 菜单命令
C. 先将该表单 show Windows 属性设置为“1—在顶层表单中”
D. 必须在该表单的 Load 事件中添加执行 SDI 菜单命令

9. 菜单设计器中的选项按钮可用来____。
A. 设置的菜单(项)的热键
B. 设置的菜单(项)的注释
C. 设置启用菜单项
D. 设置禁止菜单项

10. 将工具栏添加到表单集的方法有:____。
A. 使用“表单设计器”窗口
B. 使用“项目管理器”
C. 使用事件代码在表单集中添加工具栏类
D. 以上方法都不对

四、填空题

1. 设置启用或禁止菜单项是通过菜单设计器中的____来设置的。
2. 用菜单设计器设计的菜单文件的扩展名是____,备注文件的扩展名是____,生成的菜单程序文件的扩展名是____。
3. 设有一菜单的文件 mymenu. mpr,运行菜单程序的命令是____。
4. 恢复 VFP 系统菜单的命令是____。
5. 要将创建好的快捷菜单添加到控件上,必须在该控件的____方法中添加执行菜单文件的代码。
6. 将 SDI 菜单附加到表单中,必须在该表单的 init 事件中添加命令____代码。
7. 关闭 VFP 主菜单栏的命令是____。

8. 在 SET SYSMENU 命令中,如选定参数____,则 VFP 主菜单栏在程序执行期间可见。
9. VFP 系统菜单中,“工具”菜单的内部名称为____。
10. 指定菜单的默认设置的命令:____。
11. VFP 系统菜单栏的内部名称是____。
12. 用户自定义的工具栏是派生于____基类。
13. 设计自定义工具栏时,可通过设置____属性来给按钮添加位图或图标。
14. 如要使得自定义工具栏可移动,可通过设置____属性来实现。
15. 如要使得自定义工具栏上各个对象分隔开,可通过在对象间添加____对象来实现。

参考答案

第1章　数据库系统及VFP概述

1.1　数据库系统的基本概念

一、判断题

1. ×　2. √　3. √　4. ×　5. √　6. ×　7. √　8. ×　9. √　10. √

二、单项选择题

1. A　2. D　3. C　4. C　5. B

三、多项选择题

1. ABC　2. BCD　3. ABCD　4. BCD　5. ABCD

四、填空题

1. 数据库管理方式阶段　2. 数据库　3. 数据库　4. 数据库管理系统　5. 查询设计器　6. 数据库管理员　7. 数据库管理员　8. 应用程序　9. 数据冗余　10. 不重复

1.2　数据模型

一、判断题

1. √　2. √　3. √　4. ×　5. √　6. √　7. √　8. ×　9. ×　10. √　11. √　12. √　13. √　14. ×　15. ×

二、单项选择题

1. D　2. B　3. D　4. A　5. C　6. D　7. C　8. B　9. C　10. B　11. C　12. D　13. D　14. A　15. C　16. A

三、多项选择题

1. ABC　2. AD　3. ACD　4. ABCD　5. ABCD

四、填空题

1. 数据世界　2. 实体—联系方法　3. 树形　4. 无向图　5. 二维表　6. 投影、选择和联接　7. 关系模型　8. 候选关键字

1.3　项目管理器

一、判断题

1. ×　2. √　3. ×　4. √　5. ×　6. ×　7. √　8. ×　9. √　10. ×

二、单项选择题

1. B　2. C　3. D　4. A　5. D　6. C　7. C　8. B　9. B　10. A

三、多项选择题

1. AC　2. AD　3. ABC　4. CD　5. ABD　6. ABD　7. BD　8. BCD　9. AC　10. C

四、填空题

1. 8　2. 系统保留字　3. Ctrl＋Enter　4. 格式　5. 工具　6. Shift　7. 数据、文档、类、代码和其他

8. .pjx,.pjt 9. 项目 10. 添加编译 11. 编译

第 2 章 数据类型

2.1 数据类型

一、判断题

1. √ 2. √ 3. × 4. × 5. × 6. √ 7. √ 8. √ 9. × 10. √

二、单项选择题

1. B 2. D 3. C 4. A 5. D 6. C 7. C 8. C

三、多项选择题

1. ABD 2. ABC 3. AB 4. ABCD 5. AC

四、填空题

1. 类型 2. 254 3. {/:} 4. 二进制 5 .OLE 对象

2.2 数据存储

一、判断题

1. √ 2. × 3. √ 4. √ 5. √ 6. √ 7. × 8. × 9. × 10. ×

二、单项选择题

1. A 2. D 3. D 4. B 5. D 6. D 7. C 8. A 9. C 10. B

三、多项选择题

1. AD 2. ABD 3. BC 4. ABCD 5. ABC

四、填空题

1. #DEFINE 2. 赋值 3. m. 或 m—> 4. 数组 5. 内存

2.3 函 数

一、判断题

1. √ 2. √ 3. √ 4. × 5. √ 6. × 7. √ 8. × 9. × 10. ×

二、单项选择题

1. B 2. C 3. D 4. B 5. A 6. C 7. B 8. C 9. A 10. C 11. D 12. C 13. B 14. D 15. B 16. A 17. B 18. B 19. C 20. A 21. C 22. B 23. D 24. C 25. D

三、多项选择题

1. AC 2. BD 3. BC 4. AC 5. CD 6. ACD 7. BC 8. ABD 9. ACD 10. CD

四、填空题

1. 1000 2. 数值溢出 3. 1234. 568 4. 0 到 1 5. 第一次 6. SUBSTR() 7. STUFF() 8. OCCURS() 9. SET DATE TO YMD 10. 秒

2.4 表达式

一、判断题

1. × 2. × 3. √ 4. × 5. × 6. √ 7. × 8. √ 9. × 10. √

二、单项选择题

1. D 2. D 3. B 4. B 5. D 6. D 7. A 8. B 9. A 10. B 11. D 12. C 13. B 14. A

15. D 16. C 17. D 18. D 19. A 20. A 21. A 22. A 23. B 24. B 25. B

三、多项选择题

1. AD 2. ABC 3. ACD 4. ABC 5. C 6. BD 7. AB 8. ABC 9. AC 10. BD

四、填空题

1. % 2. (－b＋SQRT(ABS(b＊b－4＊a＊c)))/(2＊a)和(－b－SQRT(ABS(b＊b－4＊a＊c)))/(2＊a) 3. .F. 4. .T. 5. .F. 6. 7 7. 高于、高于 8. 名称表达式 9. 8 10. "."

第3章 表的创建和使用

3.1 表结构的创建和使用

一、判断题

1. × 2. √ 3. × 4. × 5. √ 6. × 7. × 8. × 9. × 10. √ 11. × 12. × 13. × 14. √ 15. × 16. √ 17. × 18. √ 19. ×

二、单项选择题

1. B 2. D 3. B 4. C 5. C 6. A 7. D 8. C 9. A 10. C 11. D 12. C 13. D

三、多项选择题

1. AC 2. BC 3. ABC 4. ACD 5. ABD 6. AD 7. D 8. ABCD 9. AD 10. ABD

四、填空题

1. 二维表 2. 表文件 3. 254 4. 自由表和数据库表 5. 表结构 6. 字段宽度 7. OLE 8. 标识该字段 9. 整数部分宽度＋小数点一位＋小数部分宽度 10. 没有值 11. 表设计器方式,SQL命令方式 12. NOCPTRANS 13. SET NULL ON 14. ALTER TABLE 15. ALTER TABLE XS DROP COLUMN BJ 16. CREATE TABLE CK(ZH C(15) NULL,CRRQ D,CQ N(20),JE Y(8)) 17. ALTER TABLE CK ADD COLUMN BZ M 18. APPEND BLANK

3.2 表记录的编辑修改

一、判断题

1. × 2. × 3. √ 4. × 5. × 6. √ 7. √ 8. × 9. √ 10. √

二、单项选择题

1. B 2. A 3. B 4. C 5. B 6. A 7. C 8. C 9. B 10. C 11. C 12. A 13. C 14. B 15. C 16. B 17. C

三、多项选择题

1. B 2. ABD 3. BCD 4. AD 5. ABC 6. AD 7. ABC 8. ABC 9. ACD 10. ABCD

四、填空题

1. USE 2. BROWSE 3. 1,记录数＋1 4. .T.,1 5. .T.,记录数＋1 6. 记录结束标识 7. 索引顺序决定 8. UPDATE－SQL,REPLACE命令 9. 在列中的每一行都用相同的值更新 10. 不必 11. FROM JS;GL>60 12. PACK;独占

3.3 表的使用

一、判断题

1. √ 2. × 3. × 4. × 5. √ 6. × 7. √ 8. × 9. × 10. ×

二、单项选择题

1. B　2. D　3. C　4. B　5. B　6. A　7. D　8. C　9. D　10. D　11. A　12. C　13. D　14. B　15. D　16. A　17. C　18. B　19. B　20. C　21. A　22. D　23. D　24. A　25. C　26. D　27. C　28. C　29. D

三、多项选择题

1. AD　2. BD　3. AC　4. BD　5. ABD　6. ACD　7. AD　8. CD　9. BD　10. AB　11. ABD

四、填空题

1. USE 学生表 ALIAS XS　2. ? SELECT()　3. 独占　4. 该窗口的状态行中　5. 文件已打开　6. UPDATE JS SET GL＝GL＋1　7. DELETE FROM JS WHERE GZ＜400　8. 王一平　9. 开放式和保守式　10. TABLEUPDATE(.T.)　11. INDEX、INSERT[BLANK]、MODI STRU、PACK、ZAP、REINDEX

3.4　表的索引

一、判断题

1. ×　2. ×　3. ×　4. √　5. √　6. ×　7. ×　8. ×　9. √　10. ×

二、单项选择题

1. D　2. B　3. D　4. C　5. C　6. D　7. B　8. B　9. D　10. D　11. B　12. B　13. B

三、多项选择题

1. ACD　2. AD　3. ABC　4. BCD　5. ABCD　6. BCD　7. B　8. AC　9. C　10. A

四、填空题

1. 结构复合索引　2. STR(BJ)＋DTOC(CSRQ)＋XB　3. SET ORDER TO XH;SEEK "980101"或 SEEK "980101"ORDER XH　4. 唯一性　5. 一　6. 主索引　7. 升序或降序　8. 主控索引　9. 命令,界面　10. 按记录的物理顺序　11. 当前打开的复合索引文件中索引的个数　12. KEY()　13. 记录号　14. REINDEX　15. 标识名

第 4 章　数据库的创建和使用

4.1　VFP 数据库

一、判断题

1. ×　2. √　3. √　4. ×　5. ×　6. √　7. √　8. √　9. ×　10. √　11. ×　12. ×　13. ×　14. ×　15. ×　16. ×　17. √　18. ×

二、单项选择题

1. A　2. B　3. D　4. D　5. B　6. D　7. C　8. B　9. B　10. A

三、多项选择题

1. ABD　2. BCD　3. BD　4. AC　5. ABD　6. AD　7. AC　8. C　9. B　10. AD

四、填空题

1. 数据库　2. 在一张表中存储重复信息　3. 主表的主关键字和子表的外部关键字　4. 纽带表　5. .F.　6. MODI STRU　7. COPY STRU TO JS2　8. DISP/LIST STRU　9 元数据　10. 删除数据库和表文件之间的双向链接　11. 数据库　12. FREE TABLE＜数据库表名＞

4.2 数据库表扩展属性

一、判断题

1. × 2. √ 3. × 4. √ 5. √ 6. × 7. × 8. √ 9. × 10. × 11. √ 12. √ 13. × 14. √ 15. √ 16. √ 17. × 18. × 19. √ 20. × 21. × 22. √ 23. × 24. √ 25. ×

二、单项选择题

1. B 2. C 3. C 4. C 5. B 6. A 7. D 8. B 9. B 10. A 11. C 12. C 13. D 14. C 15. B 16. C 17. C 18. B 19. B 20. C

三、多项选择题

1. AB 2. BCD 3. ACD 4. ACD 5. ABC 6. ABCD 7. ABD 8. AB 9. BC 10. BCD 11. ABC 12. ABCD 13. BC 14. ABD 15. AD

四、填空题

1. 默认值 2. 注释 3. 只允许字母字符(不允许空格和标点) 4. CHECK 5. ALTER TABLE, SET CHECK 6. 为了减少用户的输入工作量 7. 大小写和样式 8. 有效性规则 9. 逻辑表达式 10. 假 11. 记录值改变且记录指针发生移动或表关闭 12. 表记录的有效性规则与说明 13. 打开,为当前数据库 14. 更新,级联 15. 插入,限制 16. 数据库表,一致性 17. 主关键字,外部关键字 18. 永久关系 19. 触发器,存储过程 20. 插入、删除和更新 21. 相同的数据在不同的应用程序中出现不同的值

4.3 使用数据库

一、判断题

1. × 2. √ 3. √ 4. √ 5. × 6. × 7. √ 8. √ 9. × 10. √

二、单项选择题

1. B 2. A 3. A 4. A 5. C 6. C 7. B 8. D 9. B 10. C

三、多项选择题

1. BCD 2. ABCD 3. ACD 4. AD 5. ABC 6. ABCD 7. ACD 8. AD 9. ABC 10. ABC

四、填空题

1. DBSETPROP("XS. XH","FIELD","COMMENT","学号是该表的主关键字段")

2. DBSETPROP("XS. XB","FIELD","RULEEXPRESSION","XB$'男女'")

3. DBGETPROP("XS","TABLE","PRIMARYKEY")

4. DBGETPROP("XS","TABLE","PATH")

5. 父表 6. 子表 7. 字符型、数值型和逻辑型 8. 逻辑型 9. DBUSED() 10. 停在表的记录结束标识上 11. 当前数据库 12. DBC() 13. 临时性关系 14. USE 15. SET RELATION TO 16. 临时性关系

第5章 查询和视图

5.1 SQL语言和查询技术

一、判断题

1. √ 2. √ 3. × 4. √ 5. × 6. √ 7. × 8. √ 9. √ 10. ×

二、单项选择题

1. D 2. C 3. B 4. B 5. C 6. B 7. C

三、多项选择题

1. ABCD 2. BD 3. AC 4. BCD 5. ABC 6. ABC 7. ABC 8. ACD 9. AC 10. BC

四、填空题

1. 结构化查询语言
2. SUM(SPXX.LSJ * XSQK.XSSL),INNER JOIN,SPXX.SPH=XSQK.SPH,
CTOD("09/01/1999"),XSQK.XPH,2
3. FROM JS,ZC
4. SELECT XIMING,COUNT(*) AS 人数 FORM JS;
WHERE XB="男";
GROUP BY XIMING;
ORDER BY XIMING DESC
5. HAVING,GROUP
6. CREATE CURSOR CJTMP(XH C(6),KCDH C(2),CJ N(6,2))
7. SELECT CJ.KCDH,MAX(CJ.CJ) AS 最高分 FROM CJ GROUP BY KCDH
8. SELECT XM FROM XS WHERE EXISTS(SELECT DISTINCT XH FROM CJ)
9. 指定包含在查询结果中的组必须满足的条件
10. 指定与其建立永久关系的父表
11. SELECT XM FROM XS WHERE EXISTS (SELECT * FROM CJ WHERE XS.XH=CJ.CH)
12. SELECT * FROM XS WHERE XM LIKE "李 * "

5.2 查询、视图的创建和使用

一、判断题

1. √ 2. × 3. × 4. × 5. √ 6. √ 7. × 8. √ 9. × 10. √ 11. √ 12. × 13. √ 14. × 15. ×

二、单项选择题

1. C 2. A 3. A 4. D 5. A 6. C 7. C 8. A 9. B 10. C 11. B 12. C 13. D 14. D 15. C 16. B

三、多项选择题

1. ABCD 2. ABD 3. ACD 4. ABD 5. ABD 6. C 7. ABD 8. ABCD 9. BD 10. BCD

四、填空题

1. 实现查询的SQL命令 2. 定义关于字段的函数或表达式 3. AS别名 4. WHERE条件 5. 一条 6. 课程和系科 7. 直接利用各个字段名相加的表达式求和 8. COUNT(*) 9. 最右列 10. 查询设计器 11. 开放式数据互连 12. SELECT-SQL,多 13. QPR 14. 数据库,USE 15. 本地视图,远程视图 16. 数据库 17. 虚表,自动打开,不会自动关闭 18. 连接条件,筛选条件

第6章 报表和标签

一、判断题

1. √ 2. × 3. √ 4. √ 5. √ 6. × 7. × 8. √ 9. × 10. √ 11. × 12. √

二、单项选择题

1. C 2. A 3. C 4. C 5. A 6. A 7. B 8. A 9. D 10. C

三、多项选择题

1. ABCD 2. ABCD 3. ABCD 4. ABC 5. AC 6. A 7. ABD 8. D 9. AB 10. ABC

四、填空题

1. 报表的数据源 2. .frx、(.frt) 3. 双击 4. 标签文件(.LBX)和标签备注文件(.LBT) 5. 分组/总计报表向导 6. 字体 7. 分组条件表达式 8. \VFP\TOOLS\AddLable.exe 9. 英制 10. 小于 11. 计算结果

第7章 VFP程序设计基础

一、判断题

1. √ 2. √ 3. √ 4. √ 5. × 6. × 7. √ 8. √ 9. × 10. √ 11. √ 12. × 13. √ 14. × 15. √

二、单项选择题

1. D 2. C 3. D 4. B 5. D 6. A 7. A 8. B 9. C 10. B 11. C 12. C 13. B 14. D 15. A 16. C 17. C 18. A 19. B 20. C

三、多项选择题

1. AB 2. ABD 3. ABC 4. ABD 5. ABC 6. BD

四、填空题

1. DO WHILE…ENDDO 2. FOR…ENDFOR 3. SCAN…ENDSCAN 4. 顺序、分支、循环和子程序 5. 子程序、过程或用户自定义函数 6. 公共变量 7. 私有变量 8. 局部变量 9. PUBLIC 10. PRIVATE 11. LOCAL 12. (1)s＝0 (2) i＜＝100 (3)i＝i＋1 13. (1) s＝1 (2) i＜＝100 (3) s＝s * i 14. (1) INPUT TO N (2) DO SIGMA (3) K＝1 (4) P＝P * P (5) RETURN 15. (1) j＝1 (2) j＝j＋1 (3) ? 16. (1) ?? SPACE(6－I) (2) 2 * I－1 (3) ? 17. (1) IIF(I＜＝5,6－I,I－4) (2) 10－IIF(I＜＝5,6－I,I－4) (3) CHR(64＋I) 18. (1) .AND.物理＞＝85. AND 英语＞＝85 (2) REPLACE 等级 WITH"优秀" 19. (1) SKIP (2) LOOP (3) SKIP 20. (1) INDEX ON 学号 TO P1 (2) INDEX ON 学号 TO P2 (3) SET RELATION TO 学号 INTO C ADDITIVE

第8章 表 单

8.1 创建表单

一、判断题

1. √ 2. × 3. √ 4. √ 5. × 6. × 7. × 8. √ 9. × 10. × 11. × 12. √

二、单项选择题

1. A 2. B 3. A 4. A 5. D 6. B 7. C 8. B 9. D 10. B

三、多项选择题

1. AB 2. ABD 3. AB 4. ABC 5. ABD 6. ABD 7. AB 8. AD 9. ACD 10. ACD 11. ABCD

四、填空题

1. 容错 2. 表单向导和表单设计器 3. 一对多表单向导 4. 表单设计器被激活 5. 4 6. 子表 7. CreateForm,ModifyForm 8. 表单集 9. 查看类 10. 用来创建表单对象,用来添加对象 11. ClearEvents 12. 属性,方法,事件 13. BorderStyle,Height 和 Width,Top 和 Left 14. 单,多

8.2　对象的属性、事件和方法

一、判断题

1. √　2. ×　3. ×　4. ×　5. √　6. ×　7. √　8. ×　9. √　10. √

二、单项选择题

1. B　2. C　3. C　4. A　5. C　6. D　7. B　8. B　9. B　10. B　11. C　12. D　13. C　14. D　15. C　16. A　17. A　18. B　19. A　20. C　21. C　22. D　23. A　24. A　25. A　26. A　27. A

三、多项选择题

1. BD　2. ABCD　3. ABD　4. AC　5. AB　6. ABD　7. AC　8. ACD　9. ABC　10. AC　11. ACD　12. AD　13. BC　14. ACD　15. ABC

四、填空题

1. 面向对象程序设计　2. 子类,对象　3. 类　4. 对象,事件　5. 直接容器　6. 容器类和控件类　7. THISFORMSET,PARENT　8. 隐藏　9. 模板　10. 事件循环　CLEAR EVENTS　11. WITH…ENDWITH　12. 容器　13. 可重用性　14. 继承性　15. 多态性　16. 多态,封装,实例　17. 程序代码运行出错　18. INTERVAL 属性值>0 且 ENABLED 为.T.　19. Interactivechange　20. Release Thisform
21. 对象　22. 派生子类　23. 对象　24. 自底向上、功能综合　25. 代码维护困难　26. 属性,事件,方法　27. BASECLASS,PARENTCLASS　28. WITH…ENDWITH 或 SETALL()方法　29. 当用户按下并释放某个键　30. 当完成拖放操作时发生　31. 程序代码执行总是由某个事件的发生而引发　32. 释放一个对象的实例时

8.3　添加属性和方法程序

一、判断题

1. √　2. √　3. √　4. √　5. √　6. √　7. √　8. √　9. √　10. ×　11. √

二、单项选择题

1. B　2. B　3. A　4. D　5. C　6. A　7. C　8. C　9. A　10. B　11. B　12. C　13. C　14. B　15. A　16. B　17. A　18. C　19. D　20. C

三、多项选择题

1. ABD　2. ABCD　3. ABC　4. AB　5. ABCD　6. BC　7. AD　8. AC　9. ABCD　10. BCD　11. BC　12. BCD　13. AB　14. ABC　15. ABC　16. AD　17. ABCD

四、填空题

1. 集合属性,计数属性　2. ColumnCount,Columns　3. PageCount,Pages　4. 继承　5. 表单控件　6. 它们间的临时关系　7. 列(Column)　8. 组合框　9. 表单集　10. .T.　11. 不必,必须　12. MaxButton MinButton　13. Movable　14. .F.　15. Do Form FormName With Parameters　16. Init　17. Init　18. Setup　19. ThisForm. Gird1. SetAll("BackColor",RGB(255,0,0),"Column")　20. Show,Hide

21. 假设新建表单的文件名为 Formtest. Scx,相关属性为 sx1、sx2

(1) 编写表单的 Init 事件代码。包括:

形式参数的定义(如:PARAMETERS cs1,cs2)

传递形式参数给新建属性(如:This. sx2=cs2)

(2) 带实际参数(如 30、"abc",注意类型的对应匹配)运行表单:

Do Form Formtest With 30,"abc"

22. (1) 编写表单 Init 事件代码

```
Procedure Init
  Parameters cs1,cs2
```

EndProc

(2) 编写通过 CreateObject( )函数创建表单的代码如：

Formtest＝CreateObject("MyForm",30,"abc")

23. 单文档界面,多文档界面 24. 不能 25. ShowWindow 和 DeskTop 26. DeskTop,.F. 27. 0 或1,.T. 28. 0 或 1,.F. 29. 顶层表单 30. Do Form FORMA 31. 表单被创建,表单被激活,表单正要创建,释放表单 32. 也不能

第9章 控 件

9.1 选择控件

一、判断题

1. √ 2. √ 3. × 4. × 5. × 6. √ 7. √ 8. √ 9. √ 10. √ 11. × 12. √

二、单项选择题

1. B 2. B 3. A 4. A 5. D 6. C 7. A 8. C 9. C 10. B 11. A 12. C 13. C 14. D 15. C

三、多项选择题

1. AC 2. ABCD 3. BC 4. ACD 5. AC 6. BD 7. AC 8. AC 9. ABC 10. ABCD 11. BD 12. ABD 13. ABCD 14. ABCD

四、填空题

1. ButtonCount 2. WordWrap 3. Value,数据源,字段 4. Interval,Timer,ReSet 5. 临时关系 6. .T. 7. RowSource,RowSourceType 8. ColumnCount,BoundColumn 9. Enabled 10. PassWordChar 11. KeyPress,SetFocus 12. ScrollBars 13. RowSource,RowSourceType 14. 5,RowSource,"ThisForm. ArrayTest"

15. .AddItem("计算机系")
   .AddItem("外语系")
   .AddItem("信息管理系")
   .AddItem("中文系")
   End With
   InterActiveChange
   value
   'sele xm,gh from js where ximing＝xxmm into cursor zzz'
   Refresh

16. KeyBoardHighValue 和 KeyBoardLowValue,SpinnerHighValue 和 SpinnerLowValue,Increment

17. C, ControlSource,"男"和"女"

18. Do Case
   This. value
   Case This. value＝2 或 OtherWise
   EndCase
   Refresh

19. Shape

20. Interactivechange
   Thisform. P1. PageCount＝This. Value

Thisform. P1. ActivePage＝This. Value

21. Tabs,. F.

22. 与表的通用型字段绑定,向表单应用程序中加入 OLE 对象

23. 决定是否显示控件对象的快捷菜单

24. DoVerb　25. Picture,Stretch　26. 1,0,NULL

27. CommandButton,Label,Image

28. RangeLow,RangeLow　29. \　30. Default,Cancel

31. 指定该对象能否响应用户产生的事件,指定该对象是否可视

9.2　使用控件

一、判断题

1. ×　2. ×　3. ×　4. √　5. √　6. √　7. √　8. ×　9. ×　10. √

二、单项选择题

1. C　2. B　3. D　4. C　5. D.　6. B　7. D　8. A　9. C　10. C　11. D　12. A　13. B

三、多项选择题

1. AB　2. AC　3. AB　4. AD　5. BC　6. BC　7. ABD　8. ABC　9. ABC　10. ABC

四、填空题

1. \<　2. Alt＋x　3. 对象添加到表单中的物理顺序　4. Text　5. ToolTipText,表单(Form) ShowTips,. T.　6. Enabled,. F.　7. 6　8. ActivePage　9. PageCount,TabStyle　10. 5　11. PageCount,Pages(i)

12. MultiSelect

InterActiveChange

Clear

ListCount

Selected(n)

This. List(n)

Value nNumSelected

Refresh

13. setfocus,selstart, at(" ",allt(thisform. mytext. value))- 1

14. ControlSource,RowSource,RowSourceType,InterActiveChange,Value,＝year(date())－year(csrq),RecordSourceType,RecordSource,ControlSource,jsrk. kcm,Append Blank,ThisForm. Refresh,Valid, <> year(date())－year(csrq)

15. 复选框,编辑框,OLE 绑定型

16. thisform. setall("enabled",this. value,"textbox"),go this. value,thisform. refresh,＝reccount ( ), 1,1

17. 4,3,ColumnOrder,ColumnCount

18. nItemID,nIndex,唯一标识 ID 的整数值,显示的顺序,IndexToItemID(3)

19. GotFocus,LostFocus

20. Text1. ReadExpressin(Value),字符型,Text1. WriteExpression(Value,表达式)

21. GH,VALUE,REFRESH,1

22. 要求 1:6(或字段),SPXX. SPBH,SPXX. XSJ,THIS. VALUE,LCSPBH,SPBH,TXTXSJ. VALUE * TXTXSSL. VALUE ;

要求 2:DTOC(XSQK. XSRQ)＋XSQK. SPBH;

要求 3:MAX(VAL(XSQK. LSH)),Alltrim(STR(VAL(LCMAXLSH)+1)),CMAXLSHTMP;

要求 4:TABLEUPDATE,TABLEREVERT

23. AllowAddNew,. F. ,DeleteMark,. F.

24. . T.　25. TabStop,. F.

26. InterVal,1000,Timer

ThisForm. Txtdate. Value=

CDOW(date())+""+CMONTH(date())+""+ALLT(STR(DAY(date())))+","+ALLT(STR(YEAR(date())))

ThisForm. Txttime. Value

= IIF(THIS. PARENT. TimeFormat = 0, IIF(VAL(SUBSTR(time(),1,2))>12, ALLT(STR((VAL(SUBSTR(time(),1,2))-12)))+SUBSTR(time(),3,6), time()),time())

=CDOW(date())+""+CMONTH(date())+""+ALLT(STR(DAY(date())))+","+ALLT(STR(YEAR(date())))

=IIF(THIS. PARENT. TimeFormat = 0, IIF(VAL(SUBSTR(time(),1,2))>12, ALLT(STR((VAL(SUBSTR(time(),1,2))-12)))+SUBSTR(time(),3,6), time()),time())

0 0 1

第 10 章　类

一、判断题

1. √　2. √　3. ×　4. √　5. √　6. ×　7. √　8. ×　9. ×　10. √

二、单项选择题

1. C　2. B　3. A　4. D　5. B　6. D　7. B　8. C　9. B　10. C　11. C　12. B　13. B　14. A　15. D

三、多项选择题

1. BCD　2. ABC　3. ABCD　4. ABCD　5. AD　6. ACD　7. ACD　8. ACD　9. ACD　10. BC　11. ABCD

四、填空题

1. 子类,父类　2. 类,表单　3. 控件　4. 子类　5. Test1　16. 不可见　7. Create Class,Modify Class　8. L　9. 容器图标　10. 对象　11. 在表单控件工具栏中显示并用来代表该类　12. 类　13. 数组,只读,可读写或重新申明　14. 新类名,类库文件名,派生的基类　15. 该类必须已属于某一个项目　16. 查看类　17. DoDefault,域(::)　18. 父类名::Click,ThisForm. Click()　19. 让文本框的内容显示为设置的字符,不显示文本框中的输入值

20. KeyPress

NoDefault

Between(nkeyCode,65,90) or Between(nKeyCode,97,122)

Alltrim(This. Value)+"#"

Thisform. TempM,Thisform. TempM

Clear Events

21. 基于类库 Test4 中的 Test3 类在 Test1 类库中创建 Test 类

22. 新建属性(或新建方法或对象)Test

23. 基类、子类、用户自定义类

24. 不执行通过 AddObject 添加的对象的 Init 方法。

25. "FORM",ADDOBJECT,"QUIT",ADDOBJECT,"FRESH",SHOW,READ EVENTS,CommandButton,Thisform. Release,Return,Clear Events,CommandButton,Thisform. ReFresh

26. ToolBar,RECCOUNT( ),THISFORMSET

第 11 章 菜单和工具栏设计

一、判断题

1. × 2. × 3. √ 4. √ 5. × 6. √ 7. √ 8. √ 9. × 10. √ 11. × 12. × 13. √

二、单选择题

1. B 2. B 3. C 4. C 5. A 6. B 7. D 8. B 9. B 10. B

三、多项选择题

1. AB 2. ABCD 3. ABCD 4. ABC 5. AB 6. ABCD 7. AC 8. AB 9. ABCD 10. ABC

四、填空题

1. 选项按钮 2. .mnx,.mnt,.mpr 3. do mymenu.mpr 4. set sysmenu to defa 5. "RightClick" 6. do 菜单名 with this,.T. 7. set sysmenu to 8. AUTOMATIC 9. "_MSM_TOOLS" 10. set sysmenu save 11. _MSYSMENU 12. Toolbar 13. Picture 14. Movable 15. Separator

综合复习题

一、选择题

1. 在数据库设计中，将 E－R 图转换成关系数据模型属于____阶段的工作。

   A. 需求分析　　B. 概念设计　　C. 逻辑设计　　D. 物理设计

2. 实体是信息世界中的术语，与之对应的数据库术语为____。

   A. 文件　　B. 数据库　　C. 字段　　D. 记录

3. 按所使用的数据模型来分，数据库可分为____三种模型。

   A. 层次、关系和网状　　B. 网状、环状和链状

   C. 大型、中型和小型　　D. 独享、共享和分时

4. 在数据库设计中用关系模型来表示实体和实体之间的联系。关系模型的结构是____。

   A. 层次结构　　B. 二维表结构　　C. 网状结构　　D. 封装结构

5. 关系数据模型____。

   A. 只能表示实体间的 1:1 联系　　B. 只能表示实体间的 1:n 联系

   C. 只能表示实体间的 m:n 联系　　D. 可以表示实体间的上述三种联系

6. 设有关系 R 和关系 S，它们有相同的模式结构，且其对应的属性取自同一个域，则 $R \cup S=\{t \mid t \in R \vee t \in S\}$ 表述的是关系的____操作。

   A. 并　　B. 差　　C. 交　　D. 联接

7. 关系的基本运算有并、差、交、选择、投影、联接（连接）等。这些关系运算中，运算对象必须为两个关系且关系不必有相同关系模式的是____。

   A. 并　　B. 交　　C. 投影　　D. 联接

8. 在关系模型中，关系运算分为传统集合的关系运算和专门的关系运算。在下列关系运算中，不属于专门的关系运算（即属于传统集合的关系运算）的是____。

   A. 投影　　B. 联接　　C. 选择　　D. 合并

9. 关系模型中，一个关键字是____。

   A. 可由多个任意属性组成

   B. 至多由一个属性组成

   C. 可由一个或多个其值能唯一标识该关系模式中任何元组的属性组成

   D. 可由若干个元组组成

10. 关键字是关系模型中的重要概念。当一个二维表（A 表）的主关键字被包含到另一个二维表（B 表）中时，它就称为 B 表的____。

    A. 主关键字　　B. 候选关键字　　C. 外部关键字　　D. 超关键字

11. 候选关键字中的属性可以有____。

    A. 0 个　　B. 1 个　　C. 1 个或多个　　D. 多个

12. 数据库技术与其他学科的技术内容相结合，出现了各种新型数据库。例如，数据库技术与人工智能相结合出现____数据库。

    A. 多媒体　　B. 空间　　C. 智能　　D. 演绎

13. 设有关系 R(A,B,C,D,E),A、B、C、D、E 都不可再分,则 R 属于____。

A. 1NF　　B. 2NF　　C. 3NF　　D. 4NF

14. 消除了部分函数依赖的满足 1NF 的关系模式属于____。

A. 1NF　　B. 2NF　　C. 3NF　　D. 4NF

15. 如果关系 R 是第二范式,且每个属性都不传递依赖于 R 的候选键,那么称 R 是____模式。

A. 2NF　　B. 3NF　　C. BCNF　　D. 4NF

16. 在关系模型中,关系规范化的过程是通过关系中属性的分解和关系模式的分解来实现的。从实际设计关系模式时,一般要求满足____。

A. 1NF　　B. 2NF　　C. 3NF　　D. 4NF

17. 项目管理器的功能是组织和管理与项目有关的各种类型的____。

A. 文件　　B. 字段　　C. 程序　　D. 数据

18. 在下列有关项目与项目管理器的叙述中,错误的是____。

A. 不是通过 VFP 创建的文件,不能添加到项目中

B. 当用户将某文件添加到项目中时,系统默认为:表文件是排除的,其他类型的文件是包含的

C. 利用“移去”操作可以删除文件

D. 同一个文件可以同时属于多个项目

19. 在一个程序的执行过程中,有时希望中断该程序的执行,尤其是在程序陷入死循环时。下列操作中______不可能中断一个程序的运行。

A. 按 Esc 键

B. 执行“程序”菜单中的“取消”命令

C. 按 Ctrl+Alt+Del 组合键,结束正在运行的任务

D. 按 Ctrl+C 键

20. 在 Visual FoxPro 集成环境下(例如在其“命令“窗口中),利用 DO 命令执行一个程序文件时,系统实质上是执行____文件

A. .PRG　　B. .FXP　　C. .BAK　　D. .EXE

21. 使用货币类型时,需在数字前加上____符号。

A. #　　B. &　　C. ¥　　D. $

22. 存储一个日期型数据需要____个字节。

A. 2　　B. 4　　C. 6　　D. 8

23. 内存变量一旦定义后,它的____可以改变。

A. 类型和值　　B. 值　　C. 类型　　D. 宽度

24. 在下列有关名称命令规则的叙述中,错误的是____。

A. 名称中只能包含字母、下划线“_”、数字符号和汉字

B. 名称的开头只能是字母、汉字或下划线,不能是数字

C. 各种名称的长度均可以是 1～128 个字符

D. 系统预定的系统变量,其名称均以下划线开头

25. 下列符号中,除____外均是 VFP 的常量。

A. 3.14　　B. ‘扬州大学’　　C. [2000.10.1]　　D. 2000.10.1

26. 下列符号中,除____外均能作为 VFP 的内存变量名。
A. IF　B. SIN　C. AND　D. .OR.
27. 在命令窗口中创建的变量或数组被自动地赋予____属性。
A. PUBLIC　B. PRIVATE　C. LOCAL　D. 无属性
28. 将内存变量定义为全局变量的命令是____。
A. LOCAL　B. PRIVATE　C. PUBLIC　D. GLOBAL
29. 数组元素建立后,系统默认的初值为____。
A. 0　B. 空字符串　C. .F.　D. .T.
30. 若已定义了数组 A[3,5],则其元素个数为____。
A. 8　B. 15　C. 20　D. 24
31. INT(8.8)的函数值为____。
A. 8　B. −8　C. 9　D. −9
32. ROUND(−8.8,0)的函数值为____。
A. 8　B. −8　C. 9　D. −9
33. 以下函数具有四舍五入功能的是____。
A. INT　B. ROUND　C. CEILING　D. ABS
34. 表达式 Max("a","ab")+Min("C","CD")的值是"____"。
A. aC　B. abCD　C. abC　D. aCD
35. MOD(−9,5)的函数值为____。
A. −4　B. 4　C. −1　D. 1
36. VAL("1E3")的值为____。
A. 1.0　B. 3.0　C. 1000.0　D. 0.0
37. VAL("1A3")的值为____。
A. 1.0　B. 3.0　C. 1000.0　D. 0.0
38. 函数 Floor(−3.45)的返回值是____。
A. −3　B. −4　C. −3.4　D. −3.45
39. 函数 Ceiling(6.28)的返回值是____。
A. 6　B. 7　C. 6.3　D. 6.28
40. ASC("AB") 的值为____。
A. 131　B. 0　C. 65　D. 66
41. ASC("123") 的值为____。
A. 1　B. 6　C. 123　D. 49
42. CHR(ASC("0")+7) 的值为____。
A. "0"　B. "7"　C. 0　D. 7
43. ASC("F")−ASC("A")+10 的值为____。
A. 0　B. 5　C. 10　D. 15
44. AT("XY","AXYBXYC") 的值为____。
A. 0　B. 2　C. 5　D. 7
45. AT("ABC","AB") 的值为____。
A. 0　B. 1　C. 2　D. 3

46. 函数 LEN(“Yangzhou University”)的值为____。

A. 18　　B. 19　　C. 20　　D. 21

47. 函数 LEN(ALLTRIM(“ □Made □in □China □“)的值为____。(其中□代表一个空格)

A. 11　　B. 13　　C. 15　　D. 17

48. 函数 LEN(DTOC(DATE(),1))的返回值为____.

A. 4　　B. 6　　C. 8　　D. 10

49. 以下函数中能返回指定日期是一年中的第几周的是____。

A. YEAR()　　B. DOW()　　C. WEEK()　　D. DAY()

50. 以下函数中能返回指定日期是一周中的第几天的是____。

A. YEAR()　　B. DOW()　　C. WEEK()　　D. DAY()

51. 在 Visual FoxPro 系统中,下列返回值是字符型的函数是____。

A. VAL()　　B. CHR()

C. DATETIME()　　D. MESSAGEBOX()

52. 下列选项中可以得到字符型数据的是____。

A. DATE()　　B. TIME()

C. YEAR(DATE())　　D. MONTH(DATE())

53. 在下列函数中,其返回的值为字符型的是____。

A. DOW()　　B. AT()　　C. CHR()　　D. VAL()

54. 利用 SET DATE 命令可以设置日期显示的格式。例如,将日期显示为“2012 年 3 月 24 日”形式,可以使用命令____进行日期格式设置。

A. SET DATE TO YMD　　B. SET DATE TO “年月日”

C. SET DATE TO CHINESE　　D. SET DATE TO LONG

55. 下列函数的应用中,非法的是____。

A. ROUND(1234.567,－3)　　B. SUBSTR(‘Visual FoxPro’,2,－3)

C. MOD(23,－3.5)　　D. STR(1234.567,10,－2)

56. 在下列函数中,函数的返回值为数值型的是____。

A. MESSAGEBOX()　　B. EMPTY()

C. DTOC()　　D. TYPE()

57. 已知:X＝0,则函数 IIF(x＞0,1,iif(x＝0,0,－1)))的返回结果是____。

A. 0　　B. 1　　C. －1　　D. 100

58. TYPE()函数用来测试数据的类型。设有日期型数据{10/23/2004}、字符型数据‘Visual FoxPro’、数值型数据 2＋3 和逻辑型数据.T.,下列函数调用错误的是____。

A. TYPE(‘{10/23/2004}’)　　B. TYPE(‘Visual FoxPro’)

C. TYPE(‘2＋3’)　　D. TYPE(‘.T.’)

59. 逻辑运算符从高到低的运算优先级是____。

A. .NOT.→.OR.→.AND.　　B. .NOT.→.AND.→.OR.

C. .AND.→.NOT.→.OR.　　D. .OR.→.NOT.→.AND.

60. 结果为逻辑真的表达式是____。

A. “ABC”$“ACB” B. “ABC”$“GFABHGC”
C. “ABCGHJ”$“ABC” D. “ABC”$“HJJABCJKJ”

61. 在下列有关日期时间型表达式中,语法上不正确的是____。
A. DATETIME()－DATE() B. DATETIME()＋100
C. DATE()－100 D. DTOC(DATE())－TTOC(DATETIME())

62. 下列表达式中错误的是____。
A. .NOT.2＋3＞5 B. "ABC"－"BCD"
C. .NOT.'ABC'＞'DEF' D. DTOC(DATE())＋2

63. 执行命令“STORE CTOD(‘12/06/98’) TO A”后,变量A的类型为____。
A. 日期型 B. 数值型 C. 备注型 D. 字符型

64. 执行“STORE03/09/97 TO A”后,变量A的类型为____。
A. 日期型 B. 数值型 C. 备注型 D. 字符型

65. 在VFP的默认状态下,下列表达式中结果为.F.的是____。
A. ‘王五’$‘王’ B. ‘王’＜‘王五’
C. ‘王’$‘王五’ D. ‘王五’＝‘王’

66. 在Visual FoxPro中,命令SET EXACT命令用于设置两字符串的匹配。下列叙述错误的是______。(其中□代表一个空格)
A. 当执行SET EXACT ON命令时,'abc□□'＝'abc□'的值为.T.
B. 当执行SET EXACT ON命令时,'abc□'＝'abc□□'的值为.F.
C. 当执行SET EXACT ON命令时,'abc□□'＝'abc□'的值为.T.
D. 当执行SET EXACT ON命令时,'abc□'＝'abc□□'的值为.F.

67. 表达式CTOD(“12/27/65”)－4值是____。
A. 8/27/65 B. 12/23/65 C. 12/27/61 D. 出错

68. 已知X＝"134",表达式&X＋478的值为____。
A. 34478 B. 612 C. “134478” D. “612”

69. 在下列有关空值的叙述中,错误的是____。
A. 空值等价于没有任何值
B. 空值排序时优先于其他数据
C. 在计算过程中或大多数函数中都可以使用空值
D. 逻辑表达式.F.OR.NULL.的返回值为.F.

70. 以下几组表达式中,返回值均为.T.(真)的是____。
A. EMPTY({})、ISNULL(SPACE(0))、EMPTY(0)
B. EMPTY(0)、ISBLANK(.NULL.)、ISNULL(.NULL.)
C. EMPTY(SPACE(0))、ISBLANK(0)、EMPTY(0)
D. EMPTY({})、EMPTY(SPACE(5))、EMPTY(0)

71. EMPTY({})和ISNULL({})函数的值分别为____。
A. .T.和.T. B. .F.和.F. C. .T.和.F. D. .F.和.T.

72. 设.NULL..AND..F.、.NULL..OR..F.、.NULL.＝.NULL.分别是VFP系统中的三个表达式,它们的值依次为:____。

A. .NULL.、.NULL.、.NULL.　　B. .F.、.NULL.、.NULL.
C. .F.、.NULL.、.T.　　D. .F.、.F.、.NULL.

73. 日期型、逻辑型、备注型和通用型这四种字段的宽度是固定的，系统分别规定为____个字节。
A. 8、3、10、10　　B. 8、3、254、254　　C. 8、1、4、4　　D. 8、1、254、254

74. 数值型字段需要指定小数位数，纯小数的小数位必须比数值型字段的宽度至少小____。
A. 3　　B. 4　　C. 1　　D. 2

75. 如要给备注字段输入其内容时，不可按____键打开备注字段编辑窗口。
A. CTRL+HOME　　B. CTRL+PAGEUP
C. CTRL+PAGEDOWN　　D. ESC

76. 修改表文件的结构的命令是____。
A. MODIFY STRUCTURE　　B. COPY STRUCTURE
C. MODIFY COMMAND　　D. BROWSE

77. 在表的浏览窗口中，要在一个允许 NULL 值的字段中输入.NULL.值的方法是____。
A. 直接输入“NULL”的各个字母　　B. 按[CTRL+0]组合键
C. 按[CTRL+N]组合键　　D. 按[CTRL+L]组合键

78. 打开一个空表，分别用函数 EOF()和 BOF()测试，其结果一定是____。
A. .T.和.T.　　B. .F.和.F.　　C. .T.和.F.　　D. .F.和.T.

79. 若 VFP 的命令中同时含有子句 FOR、WHILE 和 SCOPE(范围子句)。则三个子句执行时从高到低的优先级顺序为____。
A. FOR、WHILE、SCOPE　　B. WHILE、SCOPE、FOR
C. SCOPE、WHILE、FOR　　D. 无优先级、按句子出现的先后顺序执行

80. 表文件中有 20 条记录，当前记录号为 8，执行命令
LIST Next 3 (回车)
所显示的记录的序号为____。
A. 8～11　　B. 9～10　　C. 8～10　　D. 9～11

81. 设当前记录号是 10，执行命令 SKIP −2 后，当前记录号变为____。
A. 7　　B. 9　　C. 8　　D. 12

82. 设当前表中共有 10 条记录，当前记录号是 3，执行命令 LIST REST 后，所显示记录的记录号范围是____。
A. 4～6　　B. 3～5　　C. 3～10　　D. 4～10

83. 设当前表文件中有字符型字段“性别”和逻辑型字段“代培否”(其值为 T，表示代培)。显示当前表中所有代培男学生的记录的命令是____。
A. LIST FOR 性别="男".OR.代培否=.T.
B. LIST FOR 性别="男".OR.代培否
C. LIST FOR 性别="男".AND.代培否
D. LIST FOR 性别="男".AND..NOT.代培否

84. APPEND BLANK 命令的功能是____。

A. 在第一条记录前增加新记录　B. 编辑记录
C. 在表尾增加一条空白记录　D. 在当前记录后增加一条空白记录

85. 删除当前表中全部记录的命令是____。
A. ERASE *.* B. DELETE *.* C. ZAP D. CLEAR ALL

86. 下列命令中哪一条不可在共享方式下运行____。
A. APPEND B. PACK C. LIST D. BROWSE

87. 为了选用一个未被使用的编号最小的工作区,可使用的命令是____。
A. SELECT 1 B. SELECT 0 C. SELECT(0) D. SELECT -1

88. 函数 SELECT(1)的返回值是____。
A. 当前工作区号　B. 当前未被使用的最小工作区号
C. 当前工作区的下一个工作区号　D. 当前未被使用的最大工作区号

89. XS(学生)表中有 XM(姓名,字符型)和 XB(性别,字符型)等字段。如果要将所有男生记录的姓名字段值清空,则可以使用命令________。
A. UPDATE XS SET xm="" WHERE "xb"=男
B. UPDATE XS SET xm=SPACE(0) WHERE xb="男"
C. UPDATE XS SET xm=SPACE(0) FOR xb="男"
D. UPDATE XS SET xm="" FOR "xb"=男

90. 首先执行 CLOSE TABLES ALL 命令,然后执行____命令,可逻辑删除 JS(教师)表中年龄超过 60 岁的所有记录(注:csrq 为日期型字段,含义为出生日期)。
A. DELETE FOR YEAR(DATE()-YEAR(csrq))>60
B. DELETE FROM js WHERE YEAR(DATE())-YEAR(csrq)>60
C. DELETE FROM js FOR YEAR(DATE()-YEAR(csrq))>60
D. DELETE FROM js WHILE YEAR(DATE())-YEAR(csrq)>60

91. 当 RECALL 命令不带任何范围和条件时,表示____。
A. 恢复所有带删除标记的记录
B. 恢复从当前记录以后所有带删除标记的记录
C. 恢复当前记录
D. 恢复从当前记录开始第一条带删除标记的记录

92. 为了使表中带删除标记的记录不参与以后的操作,可以实现的命令是____。
A. SET FILTER TO　B. 命令中加上 FOR〈条件〉
C. SET DELETED OFF　D. SET DELETED ON

93. 函数 DELETED()的值为真时,说明____。
A. 当前记录已被物理删除
B. 当前记录已被逻辑删除
C. 当前数据表中不存在带删除标记的记录
D. 当前数据表中没有记录

94. 设某数据库中的学生表(XS.DBF)已在 2 号工作区打开,且当前工作区为 1 号工作区,则下列命令中不能将该表关闭的是____。
A. CLOSE TABLE　B. CLOSE DATABASE ALL
C. USE IN 2　D. USE

95. 数据库文件的总宽度比其各字段宽度之和多一个字节,这一个字节的作用是____。
A. 无用　　B. 存放序号　　C. 存放删除标记　　D. 存放记录号

96. 用 LOCATE 命令查找出满足条件的第一条记录后,要继续查找满足条件的下一条记录,应该用____命令。
A. SKIP　　B. GO　　C. LOCATE　　D. CONTINUE

97. 索引文件中的标识名最多由____个字母、数字或下划线组成。
A. 5　　B. 6　　C. 8　　D. 10

98. 建立索引时,下列____字段不能作为索引字段。
A. 字符型　　B. 数值型　　C. 备注型　　D. 日期型

99. 下列描述中错误的是____。
A. 组成主索引的关键字或表达式在表中不能有重复的值
B. 主索引只能用于数据库表,但候选索引可用于自由表和数据库表
C. 唯一索引表示参加索引的关键字或表达式在表中只能出现一次
D. 在表设计器中只能创建结构复合索引文件

100. 下列关于表的索引的描述中,错误的是____。
A. 复合索引文件的扩展名为.CDX
B. 结构复合索引文件随表的打开自动打开
C. 当对表进行编辑修改时,系统对其结构复合索引文件中的所用索引自动进行维护
D. 每张表只能创建一个主索引和一个候选索引

101. 为了实现对当前表的唯一索引,必须在 INDEX ON 命令中使用的子句是____。
A. FIELDS　　B. UNIQUE　　C. FOR　　D. RANDOM

102. 在建立索引标识 XM 时,如果参加索引的字段有"姓名"(字符型)、"出生日期"(日期型)和总分(数值型),正确的命令是____。
A. INDEX ON 姓名,出生日期,总分 TAG XM
B. INDEX ON 姓名,DTOC(出生日期),STR(总分,6,2) TAG XM
C. INDEX ON 姓名+出生日期+总分 TAG XM
D. INDEX ON 姓名+DTOC(出生日期)+STR(总分,6,2) TAG XM

103. 下列叙述中错误的是____。
A. 一个数据库表只能设置一个主索引
B. 唯一索引不允许索引表达式有重复值
C. 候选索引既可以用于数据库表也可以用于自由表
D. 候选索引不允许索引表达式有重复值

104. 要正确使用下列命令,必须预先指定主控索引的是____。
A. SORT　　B. LOCATE　　C. SEEK　　D. SUM

105. 若某表文件打开时已指定了主控索引,为了确保记录指针定位在记录号为 1 的记录上,应该使用的命令是____。
A. GO TOP　　B. GO RECNO()=1　　C. SKIP 1　　D. GO 1

106. 执行了命令:SEEK "张三",若未找到符合条件的记录,则命令:? BOF(),FOUND(),EOF()的显示结果是____。

A. .F. .T. .F. B. .F. .F. .T.
C. .T. .F. .F. D. .F. .T. .T.

107. 创建数据库后,系统会自动生成三个文件的扩展名为____。
A. .PJX、.PJT、.PRG B. .SCT、.SCX、.SPX
C. .FPT、.FRX、.FXP D. .DBC、.DCT、.DCX

108. 关于数据库和数据库表,下列叙述中正确的是____。
A. 当数据库打开时,该数据库所包含的数据库表也将自动地打开
B. 当打开数据库中的某张数据库表时,该数据库也将自动地打开
C. 如果数据库以独占方式打开,则该数据库中的数据库表也只能以独占方式打开
D. 如果数据库中某张数据库表以独占方式打开,则该数据库中其他数据库表也只能以独占方式打开

109. 在下列有关数据库表和自由表的叙述中,错误的是____。
A. 数据库表和自由表都可以利用表设计器来创建
B. 数据库表和自由表都可以创建主索引和普通索引
C. 自由表可以添加到数据库中成为数据库表
D. 自由表与数据库表、自由表与自由表之间不可创建永久性关系

110. 下列关于数据库表和临时表(Cursor)的叙述中,正确的是____。
A. 数据库表随着其所在的数据库的打开而打开、关闭而关闭
B. 基于数据库表创建的临时表随着数据库的打开而打开、关闭而关闭
C. 用 BROWSE 命令可浏览数据库表,也可浏览临时表
D. 临时表被关闭后,可使用 USE 命令再次打开

111. 设计数据库时,可使用纽带表来表示表与表之间的____。
A. 多对多关系 B. 临时性关系 C. 永久性关系 D. 继承关系

112. 在向数据库添加表的操作中,下列叙述中错误的是____。
A. 可以将一张自由表添加到数据库中
B. 可以将一个数据库表添加到另一个数据库中
C. 可以在项目管理器中将自由表拖放到数据库中使它成为数据库表
D. 欲使一个数据库表成为另一个数据库表,则必须先使其成为自由表

113. 数据库表移出数据库后,变成自由表,该表的____仍然有效。
A. 字段的有效性规则 B. 主索引
C. 表的长表名 D. 候选索引

114. 针对某数据库中的两张表创建永久关系时,下列叙述中错误的是____。
A. 主表必须创建主索引或候选索引
B. 子表必须创建主索引或候选索引或普通索引
C. 两张表必须有同名的字段
D. 子表中记录数不一定多于主表

115. 下列关于表之间的永久性关系和临时性关系的描述中,错误的是____。
A. 表之间的永久性关系只要建立则永久存在,并和表的结构保存在一起
B. 表关闭之后临时性关系消失

C. 永久性关系只能建立于数据库表之间,而临时性关系可以建立于各种表之间

D. VFP 中临时性关系不保存在数据库中

116. 对于 VFP 中的参照完整性规则,下列叙述中错误的是____。

A. 更新规则中当父表中记录的关键字值被更新时触发

B. 删除规则是当父表中记录被删除时触发

C. 插入规则是当父表中插入或更新记录时触发

D. 插入规则只有两个选项:限制和忽略

117. 数据库表的字段格式用于指定字段显示时的格式,包括在浏览窗口、表单或报表中显示时的大小写和样式。在说明格式时,格式可以使用一些字母(或字母的组合)来表示。下列有关字段的格式字符的叙述中,错误的是____。

A. 格式字符 A 表示只允许字母和汉字,不允许使用空格和标点符号

B. 格式字符 D 用于控制日期的显示格式

C. 格式字符 T 用于控制时间的显示格式

D. 格式字符! 将字母转换为大写字母

118. 如果一个数据库表的 DELETE 触发器设置为. F.,则不允许对该表作____的操作。

A. 修改记录　　B. 删除记录　　C. 增加记录　　D. 显示记录

119. 数据库表的 INSERT 触发器,在____时触发该规则。

A. 在表中增加记录时　　B. 在表中修改记录时

C. 在表中删除记录时　　D. 在表中浏览记录时

120. 视图是一种存储在数据库中的特殊表,当它被打开时,对于本地视图而言,系统将同时在其他工作区中把视图所基于的基表打开,这是因为视图包含一条____语句。

A. Select－SQL　B. Use　　C. Locate　　D. Set Filter To

121. 有关查询与视图,下列说法错误的是____。

A. 查询是只读型数据,而视图可以改变数据源

B. 查询可以更新源数据,视图也有此功能

C. 视图具有许多数据库表的属性,利用视图可以创建查询和视图

D. 视图可以更新源表中的数据,存在于数据库中

122. 不可以作为查询与视图的数据源的是____。

A. 自由表　　B. 数据库表　　C. 查询　　D. 视图

123. 视图与基表的关系是____。

A. 视图随基表的打开而打开　　B. 基表随视图的关闭而关闭

C. 基表随视图的打开而打开　　D. 视图随基表的关闭而关闭

124. 下列叙述错误的是______。

A. 关闭一个数据库,即自动关闭其所有已打开的数据库表

B. 打开一个数据库表,即自动打开其所对应的数据库

C. 关闭一个视图或查询所对应的基表,即自动关闭该视图或查询

D. 关闭一个视图或查询,则不会自动关闭其所对应的基表

125. 基于数据库表创建的查询,下列说法中正确的是____。

A. 当数据库表的数据改动时,重新运行查询后,查询中的数据也随之改变
B. 当数据库表的数据改动时需重新创建查询
C. 利用查询可以修改数据库表中的数据
D. 查询实质上是创建了满足一定条件的表

126. 下列关于查询的叙述中,错误的是____。
A. 查询所基于的数据可以是表和视图,不能基于查询来创建查询
B. 只要查询的输出字段中有统计函数(如 COUNT()、SUM()等),则必须设置分组字段,否则查询无法运行
C. 查询文件是一个文本文件,用户可以使用任何文本编辑器(如 Windows 操作系统中的"记事本")对其进行编辑
D. 查询的输出去向可以是文本文件,但不能直接输出为 Excel 格式的文件

127. 当两张表进行无条件联接时,交叉组合后形成的新记录个数是____。
A. 两张表记录数之差　　B. 两张表记录数之和
C. 两张表中记录多者　　D. 两张表记录数的乘积

128. 下列哪个子句可以实现对分组结果的筛选____。
A. Group by　　B. Having　　C. Where　　D. Order

129. 运行查询 AAA. QPR 的命令是____。
A. Use aaa　　B. Use aaA. qpr　　C. Do aaA. qpr　　D. Do aaa

130. 创建一个参数化视图时,应在筛选对话框的实例框中输入____。
A. * 及参数名　　B. ? 及参数名　　C. ! 及参数名　　D. 参数名

131. 在 VFP 的报表设计器中,报表的带区最多可以分为____个。
A. 3　　B. 5　　C. 7　　D. 9

132. 报表可以有多种不同类型的带区,带区的类型决定了数据在报表上显示的位置。利用"报表设计器"创建新报表时,在默认情况下"报表设计器"显示____。
A. 1 个带区　　B. 5 个带区　　C. 3 个带区　　D. 9 个带区

133. 不能作为报表数据源的是____。
A. 数据库表　　B. 视图　　C. 表单　　D. 自由表

134. 下列关于报表的叙述中,错误的是____。
A. 报表文件的扩展名为. FRX,报表备注文件的扩展名为. FRT
B. 列报表的布局是每个字段在报表上占一行,一条记录一般分多行打印
C. 标题带区的内容仅在整个报表的开始打印一次,并不是在每页上都打印
D. 报表的数据环境中可以不包含任何表和视图

135. 下列关于报表的叙述中,错误的是____。
A. 定义报表的两个要素,即报表的数据源与报表的布局
B. 在报表中若设置数据分组,可设置每组数据从新的一页开始打印
C. 在报表中若设置数据分组,最多可以设置一个分组依据
D. 报表可以不设定数据环境,级报表内容可以不与任何表和视图相关

136. 下列关于报表设置的叙述中,错误的是____。
A. 定义报表的两个要素是报表的数据源和报表的布局
B. 报表的数据源只能是表

C. 报表布局的常规类型有列报表、行报表、一对多报表等

D. 标签实质上是一种多列布局的特殊报表

137. 假设当前工作目录中有一个报表文件 abc,则可以预览该报表的命令是____。

A. REPORT FORM abc PREVIEW　　B. RUN REPORT abc PREVIEW

C. DO REPORT abc PREVIEW　　D. REPORT abc PREVIEW

138. 可以用 REPORT 命令预览或打印报表。下列关于该命令的叙述中,错误的是____。

A. 命令中必须指定报表的数据源

B. PREVIEW 选项指定以页面预览模式显示报表

C. SUMMARY 选项指定只打印总计和分类总计信息

D. FOR 子句指定打印条件,满足条件的记录被输出

139. 结构化程序设计的三种基本逻辑结构是____。

A. 选择结构、循环结构和嵌套结构

B. 顺序结构、选择结构和循环结构

C. 选择结构、循环结构和模块结构

D. 顺序结构、递归结构和循环结构

140. 以下循环体共执行了____次。

```
For I=1 to 10
    ? I
    I=I+1
Endfor
```

A. 10　　B. 5　　C. 0　　D. 语法错

141. 循环结构中 LOOP 语句的功能是____。

A. 放弃本次循环,重新执行该循环结构

B. 放弃本次循环,进入下一次循环

C. 退出循环,执行循环结构的下一条语句

D. 退出循环,结束程序的运行

142. 在程序中如果要求跳出 DO WHILE…ENDDO 循环体,执行 ENDDO 后面的语句,在循环体中应使用____。

A. EXIT 语句　　B. RETURN 语句　　C. SUSPEND 语句　　D. LOOP 语句

143. 在 DO WHILE …ENDDO 循环中,若循环条件设置为.T.,则下列说法中正确的是____。

A. 程序不会出现死循环

B. 程序无法跳出循环

C. 用 EXIT 可以跳出循环

D. 用 LOOP 可以跳出循环

144. 在 FOR…ENDFOR 循环结构中,如省略步长则系统默认步长为____。

A. 0　　B. −1　　C. 1　　D. 2

145. 有关 SCAN 循环结构,叙述正确的是____。

A. SCAN 循环结构中的 LOOP 语句,可将程序流程直接指向循环开始语句

SCAN,首先判断 EOF()函数的真假

B. 在使用 SCAN 循环结构时,必须事先打开某个表文件

C. SCAN 循环结构的循环体中必须写有 SKIP 语句

D. SCAN 循结构,如果省略了子句、FOR 和 WHILE 条件子句,则直接退出循环

146. 有关 FOR 循环结构,叙述正确的是____。

A. 对于 FOR 循环结构,循环的次数是未知的

B. FOR 循环结构中,可以使用 EXIT 语句,但不能使用 LOOP 语句

C. FOR 循环结构中,不能人为地修改循环控制变量,否则会导致循环次数出错

D. FOR 循环结构中,可以使用 LOOP 语句,但不能使用 EXIT 语句

147. 有关自定义函数的叙述,正确的是____。

A. 自定义函数的调用与标准函数不一样,要用 DO 命令

B. 自定义函数的最后结束语句可以是 RETURN 或 RETRY

C. 自定义函数的 RETURN 语句必须送返一个值,这个值作为函数返回值

D. 调用时,自定义函数名后的括号中一定写上形式参数

148. 用户自定义函数或过程中定义参数,应使用____命令。

A. PROCEDURE　　B. FUNCTION

C. WHILE　　D. PARAMETERS

149. 有关参数传递叙述正确的是____。

A. 接收参数语句 PARAMETERS 可以写在程序中的任意位置

B. 通常发送参数语句 DO WITH 和接收参数语句 PARAMETERS 不必搭配成对,可以单独使用。

C. 发送参数和接收参数排列顺序和数据类型必须一一对应

D. 发送参数和接收参数的名字必须相同

150. 有关参数传递叙述正确的是____。

A. 在子程序中如果被传递的参数是数组元素,则为引用传递

B. 在子程序中如果被传递的参数是内存变量,则为用值传递

C. 在子程序中如果被传递的参数是常量,则为引用传递

D. 值传递,参数在子程序中的变化不会传递到调用它的主程序变量中,引用传递与其相反

151. 下列关于过程或自定义函数的叙述,错误的是____。

A. 可将若干个过程或自定义函数放在一个程序的底部,和该程序一起保存在一个.PRG 文件中

B. 可将若干个过程或自定义函数一起保存在一个独立的.PRG 文件中,用 SET PROCEDURE TO 命令来打开该过程文件

C. 可将若干个过程或自定义函数保存在数据库的存储过程中

D. 可将每个过程或自定义函数单独保存在一个.PRG 文件中,用 DO 命令调用

152. 如果一个过程不包含 RETURN 语句,或 RETURN 语句中没有指定表达式,那么该过程____。

A. 没有返回值　B. 返回 0　C. 返回.T.　D. 返回.F.

153. VFP 中可执行的表单文件的扩展名是____。

A. .SCT　　B. .SCX　　C. .SPR　　D. .SPT

154. VFP 系统环境下,运行表单的命令为____。

A. DO FORM〈表单名〉　　B. REPORT FORM〈表单名〉

C. DO〈表单名〉　　D. 只能在项目管理器中运行

155. 将某个控件绑定到一个字段,移动记录后字段的值发生变化,这时该控件的____属性的值也随之变化。

A. Value　　B. Name　　C. Caption　　D. 没有

156. 下列控件均为容器类的是____。

A. 表单、命令按钮组、命令按钮　　B. 表单集、列、组合框

C. 表格、列、文本框　　D. 页框、列、表格

157. 命令按钮中显示的文字内容,是在属性____中设置的。

A. Name　　B. Caption

C. FontName　　D. ControlSource

158. 建立事件循环的命令为____。

A. READ　EVENTS　　B. CLEAR　EVENTS

C. DO WHILE…ENDDO　　D. FOR…ENDFOR

159. 当用鼠标使组合框的内容发生变化时,将首先触发____事件。

A. InteractiveChange　　B. Click

C. Init　　D. DownClick

160. 文本框绑定到一个字段后,对文本框中的内容进行输入或修改时,文本框中的数据将同时保存到____中。

A. Value 和 Name　　B. Value 和该字段

C. Value 和 Caption　　D. Name 和该字段

161. 下列几组控件中,均为容器类的是____。

A. 表单、列、组合框　　B. 页框、页面、表格

C. 列表框、列、下拉列表框　　D. 表单、命令按钮组、OLE 控件

162. 下列四个事件:Init,Load,Activate 和 Destroy 发生的顺序为____。

A. Init,Load,Activate,Destroy　　B. Load,Init,Activate,Destroy

C. Activate,Init,Load,Destroy　　D. Destroy,Load,Init,Activate

163. 创建对象时发生____事件。

A. LostFocus　　B. InteractiveChange　　C. Init　　D. Click

164. 列表框是____控件。

A. 数据绑定型　　B. 非数据绑定型　　C. 数值型　　D. 逻辑型

165. 下列各组控件中,全部可与表中数据绑定的控件是____。

A. EditBox,Grid,Line　　B. ListBox,Shape,OptonButton

C. ComboBox,Grid,TextBox　　D. CheckBox,Separator,EditBox

166. 在下列几组控件中,均具有 ControlSource 属性和 Value 属性的是____。

A. PageFrame,EditBox,OptionGroup　　B. ListBox,Grid,ComboBox

C. TextBox,Label,CommandButton　　D. CheckBox,Spinner,ComboBox

167. 如果要引用一个控制所在的直接容器对象,则可以使用下列____属性。

A. This　　B. ThisForm　　C. Parent　　D. 都可以

168. 某表单 FrmA 上有一个命令按钮组 CommandGroup1,命令按钮组中有四个命令按钮:CmdTop,CmdPrior,CmdNext,CmdLast。要求按下 CmdLast 时,将按钮 CmdNext 的 Enabled 属性置为.F.,则在按钮 CmdLast 的 Click 事件中应加入____命令。

A. This.Enabled=.F.

B. This.Parent.CmdNext.Enabled=.F.

C. This.CmdNext.Enabled=.F.

D. Thisform.CmdNext.Enabled=.F.

169. 设有一个页框含有 3 个页面,其中第一个页面的名字为 Page1,上面有两个命令按钮:CmdOk 和 CmdPrint,如果要在 CmdPrint 的 Click 事件中引用 CmdOk 的 Click 事件代码,则采用____。

A. This.Parent.CmdOk.Click()　　B. Thisform.Page1.CmdOk.Click()

C. This.CmdOk.Click()　　D. Thisform.CmdOk.Click()

170. 用户在 VFP 中创建子类或表单时,不能新建的是____。

A. 属性　　B. 方法

C. 事件　　D. 事件的方法代码

171. 下列关于事件的描述错误的是____。

A. 事件是由对象识别的一个动作

B. 事件可以由用户的操作产生,也可以由系统产生

C. 如果事件没有与之相关联的处理程序代码,则对象的事件不会发生

D. 有些事件只能被个别对象所识别,而有些事件可以被大多数对象所识别

172. 有关类、对象、事件,下列说法错误的是____。

A. 对象用本身包含的代码来实现操作

B. 对象是类的特例

C. 类刻画了一组具有相同结构、操作并遵守相同规则的对象

D. 事件是一种预先定义好的特定动作,由用户或系统激活

173. 所有类都可识别的事件即最小事件集包括____。

A. Init、Destroy 和 Error 事件

B. Load、Init 和 Destroy 事件

C. Load、Init 和 Unload 事件

D. Init、Activate 和 Destroy 事件

174. 将表单中的所有文本框的 Enabled 属性设置为假,可在表单的 Init 事件处理代码中用 SetAll 方法进行设置,下列表述中,命令正确的是____。

A. ThisForm.SetAll(“Enabled”,.F.,”TEXT”)

B. ThisForm.SetAll(Enabled,.F.,TEXT)

C. ThisForm.SetAll(“Enabled”,.F.,”TEXTBOX”)

D. ThisForm.SetAll(“Enabled”,.F.)

175. 下列 VFP 基类中,均有 SetAll()方法的是____。

A. Form,CommandGroup,TextBox　　B. FormSet,Column,ListBox

C. Grid,Column,CommandButton　　D. Form,PageFrame,CommandGroup

176. 下列属于方法名的是____。

A. GotFocus　B. SetFocus　C. LostFocus　D. Activate

177. 容器型的对象____。

A. 只能是表单或表单集

B. 必须由基类 Container 派生得到

C. 能包容其他对象,并且可以分别处理这些对象

D. 能包容其他对象,但不可以分别处理这些对象

178. 页框(PageFrame)能包容的对象是____。

A. 页面(Page)　　B. 列(Coloumn)

C. 标头(Header)　　D. 表单集(FormSet)

179. 若要建立一个含有 5 个按钮的选项按钮组,应将属性____的值改为 5。

A. OptionGroup　　B. ButtonCount

C. BoundColumn　　D. ControlSource

180. 关于表格控件,下列说法中错误的是____。

A. 表格的数据源可以是表、视图、查询

B. 表格中的列控件不包含其他控件

C. 表格能显示一对多关系中的子表

D. 表格是一个容器对象

181. 为表格控件指定数据源的属性是____。

A. DataSource　B. RecordSource　C. RowSource　D. GridSource

182. 下列操作中______不能创建表单集。

A. 向表单中添加一个用户自定义工具栏

B. 用表单设计器设计一个表单的同时,再新建一个表单

C. 用表单设计器设计一个表单的同时,执行“表单”菜单中的“创建表单集”命令

D. 将用户设计的表单另存为类,打开表单设计器并在控件工具栏中添加该类,然后用用户定义的表单类创建新表单

183. 下列关于表单(集)及其控件的叙述中,错误的是____。

A. 可以为表单添加新的属性、新的方法,但不能添加新的事件

B. 可以向表单的数据环境中添加表和视图,但不可向数据环境中添加查询

C. 利用表单设计器设计表单时,可以利用生成器设置文本框、命令按钮组等控件的部分属性

D. 表单运行时,如果用户调整表单的大小,则其包含的控件也随之改变大小

184. 下列几组控件中,均具有 ControlSource 属性的是____。

A. EditBox,Grid,ComboBox　　B. ListBox,Label,OptionBuutton

C. ComboBox,Grid,Timer　　D. CheckBox,EditBox,OptionButton

185. 下列 VFP 基类中,均有 ControlCount 属性的是____。

A. Form,TextBox,ListBox

B. FormSet,Form,PageFrame

C. Form,Page,Column

D. Column,OptionGroup,CommandGroup

186. 从 CommandButton 基类创建子类 cmdA 和 cmdB,再由 cmdA 类创建 cmdAA 子类,则 cmdA、cmdB 和 cmdAA 必具有相同的____。

A. Caption 属性　　B. Name 属性

C. BaseClass 属性　　D. ParentClass 属性

187. 对于任何子类或对象,一定具有的属性是____。

A. Caption　　B. BaseClass　　C. FontSize　　D. ForeColor

188. 子类或对象具有延用父类的属性、事件和方法的能力,称为类的____。

A. 继承性　　B. 抽象性　　C. 封装性　　D. 多态性

189. 下列关于类的使用的叙述中,正确的是____。

A. 总是可以直接基于基类建立程序,因此创建新类是多余的

B. 在 VFP 中不仅可以从基类派生子类,还可以创建新的基类

C. 如果基类不具有某功能,而这一功能又经常使用,这时应创建新类

D. VFP 建立程序时,总是先创建子类,再创建对象

190. 在某子类的 Click 事件代码中,要调用父类的 Init 事件代码时,可以用____。

A. NODEFAULT 命令　　B. DODEFAULT()函数

C. ::操作符　　D. This. ParentClass. Init()

191. 若利用菜单设计器创建一个菜单后运行该菜单文件,则生成下列 4 个扩展名的相关文件。在这 4 个文件中,文件类型是文本文件且可以利用 DO 命令执行的是____。

A. MNX　　B. MNT　　C. MPR　　D. MPX

192. 某菜单名称为"Help",要为该菜单设置热键【Alt】+【H】,则在名称中设置为____。

A. Alt+ Help　　B. \\<Help　　C. Alt +\\<Help　　D. H\\<elp

193. 有连续的两个菜单项,名称分别为"关闭"和"保存",要用分割线在这两个菜单项之间分组,实现方法是____。

A. 在"关闭"菜单项名称后面加"\\-",即"关闭\\-"

B. 在"保存"菜单项名称前面加"\\-"即"\\-保存"

C. 在两个菜单项之间新添加一个菜单项,并在名称栏中输入"\\-"

D. A 或 B 两种方法均可

194. 有一菜单文件 mm. Mnx,要运行该菜单的方法是____。

A. 执行命令 DO　mm. Mnx

B. 执行命令 DO　MENU　mm. Mnx

C. 先生成菜单程序文件 mm. Mpr,再执行命令 DO　mm. Mpr

D. 先生成菜单程序文件 mm. Mpr,再执行命令 DO　MENU mm. Mpr

195. 下列____控件只能放到工具栏上,而不能放到表单上。

A. Grid　　B. Seperator　　C. OleBoundControl　　D. PageFrame

196. 在一个项目中可以设置主文件的个数是____。

A. 1 个　　B. 2 个　　C. 3 个　　D. 任意个

197. 在一个 Visual FoxPro 项目中可以选择一个文件并设置为主文件,用它作为应用

系统运行时的起点。在下列 4 种类型的文件中,不能够作为主文件的是____。

A. 数据表　B. 表单　C. 菜单　D. 程序

198. 下列关于项目设置、连编等操作的叙述中,错误的是____。

A. 默认情况下,数据库与表在项目中处于排除状态,表单、菜单、程序处于包含状态

B. 系统总是将第一个创建的且可以设置为主程序的文件设置为默认的主程序

C. 在连编项目时,系统将检查是否存在语法错误

D. 将项目连编为可执行程序后,项目中所有的文件将被编译在该可执行文件中

199. 当要将一个项目编译成应用程序时,项目中的所有文件将组合成一个单一的应用程序文件。下列叙述中错误的是____。

A. 将某文件标记为“排除”后,该文件将不包含在应用程序中

B. 将某文件标记为“排除”后,该文件仍然包含在应用程序中,且可以被用户修改

C. 将某文件标记为“包含”后,该文件包含在应用程序中,但不可以被用户修改

D. 项目连编后,将生成.EXE 文件。该文件即可以在 VFP 环境中运行,也可以在 Windows 环境中运行

200. 下列关于项目设置、连编等操作的叙述中,错误的是____。

A. 一个项目中只能设置一个主程序

B. 在连编项目之前,必须将所有的文件设置为包含

C. 将项目连编为可执行程序后,该可执行程序可以在不启动 VFP 的情况下执行

D. 利用连编操作,可以将项目文件中的类信息连编成具有 DLL 文件扩展名的动态链接库

二、填空题

1. 信息的三个领域是现实世界、观念世界和____。

2. 在信息系统的开发过程中,数据库设计一般分为三个阶段,即概念结构设计、逻辑结构设计和物理结构设计。其中,概念结构设计阶段常使用的设计工具是____图。

3. 长期以来,在数据库设计中广泛使用的概念模型当属“实体－联系”模型“(简称 E－R 模型)。E－R 模型中有 3 个基本抽象概念,它们分别是实体、联系和____。

4. 所谓数据独立性是指数据与____之间不存在相互依赖关系。

5. 数据库中的数据按一定的数据模型组织、描述和存储,具有较小的数据____度,较高的数据独立性和易扩展性,并可以供各种用户共享。

6. 关系的基本运算有两类。一是传统的集合计算,包括并、差、交运算;二是专门的关系运算,包括:选择、____和联结。

7. 有两个实体集合,它们之间存在着一个 M:N 的联系,根据转换规则,该 E－R 结构转换为____个关系模式。

8. 数据库通常包括两部分内容:一是按一定的数据模型组织并实际存储的所有应用所需的数据;二是存放在数据字典中的各种描述信息,这些描述信息通常称为____。

9. 为了实现数据的独立性,便于数据库的设计和实现,美国国家标准局(ANSI)计算机与信息处理委员会(代号为 X3)以及标准规划和要求委员会(SPARC)在 1975 年将数据库系统的结构定义为三级模式结构:外部层、____和内部层。

10. 如果一个超关键字去掉其中任何一个字段后不再能唯一确定记录,则称其为____。

11. 数据模型一般要描述三个方面的内容:数据的静态特征,包括对数据结构和数据间

联系的描述;数据的动态特征,这是一组定义在数据上的操作,包括操作的含义、操作符、运算规则和语言等;数据的____约束,这是一组数据库中的数据必须满足的规则。

12. 如欲在一个被分成多行的命令中插入一个新行时,可按____键。
13. 在进行“选项”的设置时,按____键,再按“确定”按钮,则当前设置会显示在命令窗口中。
14. 在 Visual FoxPro 环境下,用户可通过“选项”对话框进行操作环境的设置,也可使用 SET 命令进行设置。例如,将当前工作目录设置为 D 盘 ABC 文件夹,可使用命令:SET ____TO d:\\abc。
15. 在 VFP 中,可以直接使用命令创建新的文件夹。例如,在当前工作目录中创建一个名为“TEMP”的子文件夹,可以使用命令____temp。
16. 在 Windows 环境下,用户通常使用鼠标的拖放操作或利用剪贴板功能进行文件的复制。在 VFP 中,可以直接使用命令对文件进行复制。例如,将当前工作目录中的“myfile. txt”文件复制到盘符为 F 的 U 盘中,可以使用命令____myfile. txt TO F:。
17. 若要在 VFP 程序中调用 Windows 操作系统中的“记事本”应用程序(相应的程序文件为 Notepad. exe),则可以使用语句(命令):____/N Notepad. exe。
18. 字符型字段最多可容纳____个字符。
19. 日期时间型的空值可表示成____。
20. 在 Visual FoxPro 环境下,用户可通过“选项”对话框进行操作环境的设置,也可使用 SET 命令进行设置。例如,要将日期型数据显示成“2012 年 4 月 5 日”形式,可使用命令:SET DATE TO ____。
21. 在程序中,编译时常量名不能被____。
22. 当内存变量与字段变量同名时,可在内存变量名之前加上____前缀以示区别。
23. 当 STR()函数返回一串星号时表示____。
24. 函数 STR(1234.5678,8,3)的值是____。
25. 函数 RAND()返回的是一个____区间的随机数。
26. 函数 AT(a,b)返回的是字符串 a 在字符串 b 中____出现的首字符位置。
27. 函数 STRTRAN(STR(35.96),SPACE(2),"*")的返回值为____。(提示:系统函数 STRTRAN(〈字符串 1〉,〈字符串 2〉,〈字符串 3〉)的功能是用〈字符串 3〉替换〈字符串 1〉中所包含的〈字符串 2〉)
28. 算术运算中的模运算操作符为____。
29. 产生开区间(20,60)随机整数的表达式为____。
30. 表达式 LEN(TRIM('a'+SPACE(5)+'b'))的值为____。
31. 设 x 的值为[**],则 2&x.3 的值为____。
32. 使用宏替换时,如果要替换的变量名后还有其他字符,应插入____符号来作为宏替换的结束标志。
33. 若已用 DIMENSION x(5,8)定义了一个二维数组,现执行 x(18)=88 语句后,二维数组 x 的____元素的值为 88。
34. 使用 LOCAL、PRIVATE 和 PUBLIC 关键字可以指定变量的作用域。在命令窗口中创建的任何变量或数组均为____性变量。

35. 在定义数组时，使用 DECLEAR 和____声明的数组属于“私有数组”，而使用 PUBLIC 命令声明的数组属于“全局数组”，使用 LOCAL 命令声明的数组属于“局部数组”。
36. 如果要将第 1 个字符为“C”的所有变量保存到 mVar 内存变量文件中，可以使用命令 SAVE ALL ____ C＊ TO mVar。
37. 函数 LEN(STR(12345678901))的返回值为____。
38. 执行 SET CENTURY ON 命令后，函数 LEN(DTOC(DATE()))的返回值为____。
39. 内存变量是在内存中设置的临时存储单元，当退出 Visual FoxPro 时其数据自动丢失。若要保存内存变量以便以后使用，可使用 SAVE TO 命令将其保存到文件中。在 Visual FoxPro 中，默认的内存变量文件的扩展名为____。
40. 在 VFP 中，除了自由表的字段名、表的索引标识名至多只能有____个字符外，其余名称的长度可以是 1～128 个字符。
41. 在 VFP 中，系统约定字符型字段的最大宽度为 254，数值型字段的最大宽度为____。
42. 用户使用 CREATE　TABLE－SQL 命令创建表的结构，字段类型必须用单个字母表示。对于货币型字段，字段类型用单个字母表示时为____。
43. 要从 XS 表中删除“BJ”字段的命令是 ALTER TABLE XS ____ COLUMN BJ。
44. 用 LIST 命令显示表中记录时系统会自动地在记录前显示记录号。要取消记录号的显示，可在 LIST 命令后加子句____。
45. 在 VFP 中，如果最近一次的 Browse 命令中包含若干个子句，那么在本次的 Browse 命令中使用____子句就可以实现前面的子句内容而无需重复输入这些子句。
46. 在 Browse 命令中 Last 子句用来确定以最近的 Browse 命令格式打开浏览窗口。但是如果用____键关闭浏览窗口，则用 Browse Last 命令并不能打开和上一次 Browse 命令一样的浏览窗口。
47. 如果表设置了一个主控索引，则 SKIP 命令将使记录指针移动到____的记录上。
48. 检测当前工作区的区号，可用____实现。
49. 在 VFP 的默认状态下，表以____方式打开。
50. 如果 USED("XS")返回为.T.，则说明____。
51. 要实现对 JS 表所有记录的工龄(GL)增加 1，其 UPDATE－SQL 命令为 UPDATE JS ____。
52. 在 REPLACE 命令中，保留字____仅对备注型字段有效，使用时表示替换的内容追加到原备注中，否则替换原备注内容。
53. 请写出删除 JS 表中基本工资(GZ)在 400 元以下所有记录的 DELETE－SQL 命令 DELETE FROM JS ____。
54. 在 VFP 中，彻底地删除表中的记录，通常需要分两个步骤来完成：首先标记要删除的记录(称为逻辑删除)，然后彻底删除带有删除标记的记录(称为物理删除)。彻底删除带有删除标记的记录可以使用____命令。

55. 如果要彻底删除当前工作区中打开表的所有记录,可以使用____命令。
56. 使用 SET ____ON|OFF 命令,可以指定 VFP 系统是否处理已做了删除标记的表记录。
57. 打开一个表时,____索引文件将自动打开,表关闭时它将自动关闭。
58. 数据库中的每一个表能建立____个主索引。
59. 一个表可以有一个或多个索引,在需要使用某个索引时必须显式地指定,即将某个索引设置为“主控索引”。在 USE 命令中使用____子句,可以在打开表的同时设置主控索引。
60. 一个工作区中仅能打开一个表,但同一个表可以在多个工作区中同时打开。例如 XS 表已在 2 号工作区打开,则在 6 号工作区再次打开该表,可使用命令 USE xs IN 6 ____。
61. 如果一个表同时在多个工作区中打开且均未指定别名,则第一次打开时的工作区别名与表名相同,其他工作区中用____以及 W11～W32767 中的一个表示。
62. 设在 1 号工作区中打开 XS 表,若要求在 5 号工作区中再次打开 XS 表且别名设置为 xuesheng,则可使用命令 USE XS ____ xuesheng IN 5 AGAIN。
63. 在当前工作区中以独占方式打开 JS 表,可以使用命令 USE js ____。
64. 将当前工作区中打开的表的数据复制到文件名为 ABC 的 EXCEL 文件中,可以使用命令 COPY TO abc ____。
65. 利用 COPY TO abc SDF 命令可以将当前工作区中打开的表的数据复制到 ABC 文件中,该 ABC 文件的文件扩展名默认为____。
66. 与自由表相比,数据库表可以设置许多字段属性和表属性以扩展表的功能。例如,某字符型字段的____属性设置为“T!”,则在输入和显示时其前导空格自动地被删除,且所有字母均转换为大写字母。
67. ____是保存在数据库中的过程代码,它由一系列用户自定义函数或在创建表与表之间参照完整性规则时系统创建的函数组成。
68. 在移动表或数据库后更新链接,可以使用 VALIDATE DATABASE 命令检查数据库的有效性和更新链接。该命令要求以____方式打开当前数据库。
69. 利用 VALIDATE DATABASE 命令可以检查数据库的有效性和更新数据库与表之间的链接。例如打开数据库后,可以使用命令 VALIDATE DATABASE ____来检查数据库的有效性并更新链接(注:如没有填写的关键字,则仅检查数据库的有效性)。
70. 如果意外地删除了某个数据库文件,由于该数据库中包含的数据库表仍然保留对该数据库引用的后链,因此这些数据库表也不能被添加到其他的数据库中。这时需要利用____命令删除存储在数据库表中的后链,使之成为自由表。
71. 用户可以在表设计器中修改表结构,也可以用命令直接修改表结构。例如,删除 XS 表的记录有效性规则可使用命令 ALTER TABLE XS ____CHECK。
72. 用户可以在表设计器中修改表结构,也可以用命令直接修改表结构。例如,删除 XS 表的更新触发器可以使用命令 DELETE ____ON XS FOR UPDATE。
73. 使用命令 CREATE TRIGGER ON JS FOR DELETE AS ____,可以为 JS 表设置删除触发器,以禁止删除该表的记录。

74. 利用 DBGETPROP()函数,可以获取当前数据库的属性设置信息,或当前数据库中的表、字段或视图的属性设置信息。例如,要获取当前数据库 SJK 中 XS 表的 xb 字段的默认值,可以使用函数 DBGETPROP("xs. xb","FIELD"," ____")。
75. 利用 DBGETPROP()函数,可以返回当前数据库、数据库表、字段或视图的相关属性。例如,函数 DBGETPROP("xs. xh","____","DefaultValue")可以返回 XS 表 xh 字段的默认值属性。
76. 在 VFP 中,可以实现关系型数据库的三种完整性:实体完整性、____和用户自定义完整型。
77. 查询中的分组依据,是将记录分组,每个组在查询结果中生成____条记录。
78. 在 SELECT-SQL 语句中,DISTINCT 选项的功能是____。
79. 只能在本程序中使用,不能被更高或更低层的程序使用的变量称为____。
80. 报表是最常用的打印文档,设计报表主要是定义报表的数据源和报表的布局。在 Visual FoxPro 系统中,报表布局的常规类型有:列报表、行报表、多栏报表以及____。
81. 使用报表打印表中的数据,需在报表中将与表字段相关的控件放在报表中的____带区。
82. 在报表中增加分组输出时,报表中将增加组标头和____带区。
83. 在设计报表时,可以使用系统变量____在"页标头"或"页注脚"等带区中插入页码。
84. VFP 主窗口实质上是一个特殊的表单,用户也可以用设计和处理表单的方法来对 VFP 主窗口进行设置。例如,在命令窗口中输入并执行命令____. FontSize=20,可以将在 VFP 主窗口中输出的数据以字号 20 磅显示。
85. 如果要把一个文本框对象的初值设置为当前日期,则在该文本框的 Init 事件中设置代码为____。
86. 将文本框对象的____属性设置为"真"时,则表单运行时,该文本框可以获得焦点,但文本框中显示的内容为只读。
87. 与 Thisform. Release 功能等价的命令为____。
88. Grid,Text,CommandGroup,Column 是 VFP 系统中的对象,它们当中不能直接加到表单中的对象是____。
89. 将控制绑定到一个字段,移动记录后字段的值发生变化,这时对象的____属性的值也随之变化。
90. 微调按钮控件的____属性用于微调数值的增量设置,默认增量为 1.00。
91. 对于列表框,当其____发生变化时,将触发 InteractiveChange 事件。
92. 如果要让表单第一次显示时自动位于主窗口中央,则应该将表单的____属性设置值为. T. 。
93. 组合框的数据源由 RowSource 属性和 RowSourceType 属性给定,如果 RowSource 属性中写入一条 SELECT-SQL 语句,则它的 RowSourceType 属性应设置为____。
94. 根据 Style 属性的设置,组合框(ComboBox)可以分为:下拉组合框(当 Style 属性值为 0 时)和下拉____框(当 Style 属性值为 2 时)。它们的区别在于前者既可以输入数据、也可以在下拉列表中选择一个数据,而后者只能在下拉列表中选择一个数据。

95. 复选框(CheckBox)的 Value 属性值指定控件的当前状态,其取值可以为 0、1、2 或 .F.、.T.、____三种,以表示不同的状态。
96. 对于数据绑定型控件,通过对____属性的设置来绑定数据。
97. 如果要将某选项按钮组上的按钮设置为 5 个,应把选项按钮组的____属性值设定为 5。
98. 采用面向对象的程序设计方法设计的应用程序,其功能的实现是由____驱动的。
99. 在表单中,一个 OLE 绑定型控件利用表中的____型字段显示一个 OLE 对象。
100. 在 Visual FoxPro 系统中,事件循环由 READ EVENTS 命令建立、CLEAR EVENTS 命令停止。当发出 CLEAR EVENTS 命令时,程序将继续执行紧跟在____命令后面的那条可执行语句。
101. 在表单的 LOAD、ACTIVATE 和 INIT 这三个事件中,____事件最后一个被触发。
102. 有一表单 frmA,该表单中包含一个页框 pgfB,页框中包含的页面数未知,在刷新表单时,为了刷新页框中的所有页面,可在页框 pgfB 的 REFRESH 方法中编写一段 FOR 循环结构的代码实现,请完善如下代码:

```
FOR i=1 to This. ____
    This. Pages[i]. Refresh
ENDFOR
```

103. 标签控件是用以显示文本的图形控件。标签控件的主要属性有 Caption 属性、BackStyle 属性、AutoSize 属性以及 WordWrap 属性等。其中 WordWrap 属性的功能是____。
104. 编辑框(EditBox)的用途与文本框(TextBox)相似,但编辑框除了可以编辑文本框能编辑的字段类型以外,还可以编辑____型字段。
105. 用户可通过设置列表框的____属性来指定列表框内是否显示移动条,该移动条可用来改变列表框中数据的次序。但设置该属性时,要求列表框的 RowSourceType 属性应设置为 0 或 1。
106. 若选项按钮组的 ControlSource 属性设置为某个表的字符型字段时,那么该选项按钮组的 Value 属性的值的类型为字符型,此时保存到表的字段中去的是该选项按钮组的相应按钮的____。
107. 恢复 VFP 系统菜单命令是 SET ____ TO DEFAULT。
108. 某菜单在运行时,其中某菜单项显示为灰色,则此时该菜单项的“跳过”条件的逻辑值为____。
109. 在创建自定义工具栏时,一般先利用类设计器定义和设计工具栏类,然后将工具栏类添加到表单集中。在设计工具栏类时,“表单控件”工具栏上的____控件不能添加到工具栏上。
110. 使用 Visual FoxPro 开发某应用程序时,如果某自由表在应用程序运行过程中是只读的,且要求在项目连编后、在软件发布时可以删除该自由表文件,则在连编前必须在项目管理器窗口中将该自由表设置为____。

三、创建查询

1. 已知教材(doxy)表存储了各门课程的教材使用情况,其中含有出版社名称(cbsmc,C)、作者(zz,C)和出版年份(cbnf,C)等字段。按如下要求创建查询:

   基于 doxy 表查询 2000 年以后(含 2000 年)在同一个出版社出版了 2 本或 2 本以上

教材的所有作者。要求输出字段为:作者、出版社名称、出版教材数,查询结果按出版教材数降序排序。

2. 已知在学生(xs)表中含有学号(xh,C)、姓名(xm,C)等字段;成绩(cj)表中含有学号(xh,C)、课程代码(kcdm,C)和成绩(cj,N)等字段。按如下要求创建查询:
基于 xs 表和 cj 表查询各门考试成绩均在 75 分以上且考试的课程门数为 5 的学生,要求输出学号、姓名和总成绩,且仅输出前 5 条记录。

3. 已知在学生(xs)表中含有学号(xh,C)、姓名(xm,C)、性别(xb,C)、班级编号(bjbh,C)、系代号(xdh,C)和专业代号(zydh,C)等字段;专业(zy)表中含有专业代号(zydh,C)和专业名称(zymc,C)等字段。按如下要求创建改查询:
基于 xs 表和 zy 表查询"01"年级每个专业的女生人数和总人数。要求输出字段为:zydh,zymc,年级,女生人数和专业总人数,查询结果按女生人数从高到低排序(假定 bjbh 字段值的前二位表示年级)。

4. 已知学生(student)表中含有学号(xh,C)、姓名(xm,C)、性别(xb,C)、民族代码(mzdm,C)等字段,学号的前两个字符表示学生的年级(例如,"04"表示 04 级学生),民族代码为"01"表示汉族;院系专业(yard)表为院系专业代码与院系专业名称对照表,含有院系专业代码(yxzydm,C)、院系名称(yxmc,C)等字段。按如下要求创建查询:
基于 student 表和 yard 表查询各年级各院系的学生人数及汉族学生人数。要求输出字段为年级、院系名称、学生人数和汉族学生人数(字段名依次分别为 nj、yxmc、rs 和 hzrs),查询结果输出到屏幕(即主窗口)。

5. 已知学生(student)表中含有学号(xh,C)、姓名(xm,C)等字段;成绩(score)表中含有学号(xh,C)、成绩(cj,N)等字段,每条记录为一位学生一门课程的考试成绩。按如下要求创建查询:
基于 student 表和 score 表查询成绩优良的学生("成绩优良"是指平均成绩大于或等于 80,且最低成绩大于或等于 65)。要求输出字段为学号、姓名、平均成绩和最低成绩(字段名依次分别为 xh、xm、pjcj 和 zdcj),查询结果按平均成绩降序排列。

6. 已知教师(tcher)表中含有姓名(xm,C)、性别(xb,C)等字段。教师姓名最多可以为 4 个汉字,且假设姓名所用汉字均为双字节编码。按如下要求创建查询:
基于 tcher 表按性别和姓名中汉字个数统计人数。要求输出字段为性别、姓名所用汉字个数和人数(字段名依次分别为 xb、zs 和 rs),且查询结果按性别降序排列,性别相同时按人数降序排列,输出去向为屏幕(即主窗口)。(注:可用 STRTRAN(xm,SPACE(1),SPACE(0))将 xm 字段值中的空格去除。)

7. 已知课程安排(courseplan)表是用来存储各学期各班教学课程安排信息的表,其中含有学期编码(xqbm,C)、班级编号(bjbh,C)、课程代码(kcdm,C)和教师工号(gh,

C)等字段；课程(course)表中含有课程代码(kcdm,C)、课程名称(kcmc,C)和课时数(kss,N)等字段。按如下要求创建查询：

基于 courseplan 表和 course 表查询学期编码为“2011－2012 学年第一学期”的上课总课时超过 10 的教师清单。要求输出字段为工号、上课总课时，查询结果按上课总课时降序排序。

8. 已知在图书(book)表中含有图书分类号(flh,C)、书名(sm,C)等字段；借阅(lread)表中含有图书分类号(flh,C)、借阅人员类型(lx,C)等字段。按如下要求创建查询：
   基于 book 表和 lread 表查询各类图书被教师(lx 为"J")和学生(lx 为"X")借阅的次数情况，要求输出字段为 flh、sm、教师借阅次数、学生借阅次数，老师借阅次数和学生借阅次数均为 0 的记录不显示，查询结果按书名降序排序。

9. 已知在教师(tcher)表中含有性别(xb,C)、文化程度代码(whcd,C)、出生日期(csrq,D)等字段；文化程度名称(whcdmc)表中含有文化程度代码(dm,C)和文化程度名称(mc,C)等字段。按如下要求创建查询
   基于 tcher 表和 whcdmc 表，根据文化程度和性别分组统计年龄小于或等于 45 岁的教师人数。要求输出字段为文化程度名称、性别和人数(字段名依次分别为 mc、xb 和 rs)，查询结果按文化程度名称排序，文化程度相同时按性别排序。

10. 已知学生(student)表存储了学生的基本信息，其中含有学号(xh,C)、姓名(xm,C)等字段；成绩(score)表存储了学生的考试成绩，其中含有学号(xh,C)、成绩(cj,N)等字段，每条记录为一位学生一门课程的考试成绩(成绩以百分制计，低于 60 分为不及格)。按如下要求创建查询：
    基于 student 表和 score 表统计各位学生的考试情况。要求输出字段为学号、姓名、考试门数和不及格门数(字段名依次分别为 xh、xm、ksms 和 bjgms)，查询结果按不及格门数排序，且仅输出 bjgms 大于或等于 1 的记录。

11. 已知学生(student)表中含有学号(xh,C)、姓名(xm,C)、性别(xb,C)、班级编号(bjbh,C)等字段；成绩(score)表中包含有学号(xh,C)、课程代号(kcdh,C)、成绩(cj,N)等字段。按如下要求创建查询：
    基于 student 表和 score 表查询所有获得奖学金的学生名单及奖学金的等级。要求输出字段为 xh、xm、选课门数、奖学金等级(字段的内容为"A"或"B")，输出的结果按奖学金等级排序，相同时再按学号升序排序。
    注：奖学金等级分为 A 和 B 两个等级，A 等奖学金的条件是各课程的平均分不低于 85，B 等奖学金的条件是各课程的平均分不低于 75，并且要求 A 等、B 等奖学金的获得者应各课程均无不及格成绩(小于 60)，且选课门数不少于 2。

12. 已知教师(tcher)表存储了每名教师的基本信息，其中含有政治面貌代码(zzmm,C)、职称(zc,C)等字段；政治面貌(whator)表含有政治面貌代码(dm,C)和政治面貌名称(mc,C)等字段。按如下要求创建查询：

基于 tcher 表和 whator 视图,统计职称为“教授”或“副教授”的各类政治面貌的人数。要求输出字段为职称、政治面貌名称和人数(字段名依次分别为 zc、mc 和 rs),查询结果按职称排序,职称相同时按人数降序排列,且查询结果输出到文本文件 temp.txt 中。

13. 已知学生(student)表中含有学号(xh,C)、姓名(xm,C)和班级编号(bjbh,C)等字段;成绩(score)表中含有学号(xh,C)、成绩(cj,N)等字段。按如下要求创建查询:
基于 student 表和 score 表,查询班级编号为"050202"的班级中没有登记过任何课程成绩的学生名单,要求输出字段为:xh、xm,查询结果按学号升序排序。

14. 已知在系名(yname)表中含有系代号(xdh,C)、系名(ximing,C)等字段;学生(student)表中含有学号(xh,C)、姓名(xm,C)、性别(xb,C)等字段。按如下要求创建查询:
基于 yname 表和 student 表查询各系的男女生人数,要求输出字段为 xdh、ximing、男生人数和女生人数,查询结果按女生人数降序排序,且男女生人数均为 0 的系也输出。

15. 已知学生(xs)表存储了每个学生的基本信息,其中含学号(xh,C)、姓名(xm,C)等字段;成绩(cj)表存储了每个学生各门课程的成绩信息,其中含学号(xh,C)、课程代码(kcdm,C)和成绩(cj,N)等字段。按如下要求创建查询:
基于 xs 表和 cj 表统计所有已登记的成绩中全部课程均合格的学生名单及其合格课程门数,要求输出字段为 xh、xm、合格门数,查询结果按合格门数降序排序。(提示:“全部课程均合格”就是指最低分数大于或等于 60)

四、程序改错题

(注:修改程序时,不允许修改程序的总体框架和算法,不允许增加或减少语句。)

1. 统计某字符串中汉字的个数。

```
行号          语    句
 1    CLEAR
 2    cString ='扬州大学(Yangzhou University)信息工程学院'
 3    nCount=0
 4    DO WHILE  LEN(cString)>=2
 5        IF ASC(LEFT(cString,1))>=127
 6            nCount=nCount+1
 7            cString= SUBSTR(cString,3)
 8        ELSE
 9            cString= SUBSTR(cString,2)
10        ENDIF
11    ENDDO
12    WAIT WINDOWS '汉字个数为'+nCount
```

2. 字符串加密。将每个字符转换成ASCII码表中的后两位字符。

```
行号              语        句
 1    cString='Welcome to Yangzhou university'
 2    cResult=SPACE(0)
 3    IF LEN(cString)#0
 4        FOR n=1 TO cString
 5            C=SUBSTR(cString,n,1)
 6            cResult=cResult+ CHR(ASC(c)+2)
 7        ENDFOR
 8    ENDFOR
 9    WAIT WINDOWS '加密后为'+cResult
```

3. 下列程序的功能是:将一个字符串中的某个子串用另一个字符串替换,并统计替换的次数。

```
行号              语        句
 1    cString='He said:He is a student.'
 2    cSour='He'
 3    cRepl='You'
 4    nCount=0
 5    DO WHILE .t.
 6        m=AT(cSour,cString)
 7        IF  m=0
 8            LOOP
 9        ENDIF
10        cString=LEFT(cString,m-1)+cRepl+SUBSTR(cString,m+1)
11        nCount=nCount+1
12    ENDDO
13    WAIT WINDOWS '替换了'+STR(nCount)+'次'
14    WAIT WINDOWS '替换后的字符串为:'+cString
15    RETURN
```

4. 找出100~999之间的"水仙花数"。所谓"水仙花数"是指一个三位数,其各位数字立方和等于该数本身。例如,$153=1^3+5^3+3^3$,故153是水仙花数。

```
行号              语        句
 1    n=0
 2    FOR  i=100 TO 999
 3        g=i/10
 4        s= INT(i/10)%10
 5        b= INT(i/100)
 6        IF  i=g*3+s*3+b*3
```

```
7          n=n+1
8           ? i
9        ENDIF
10     ENDFOR
11     WAIT WINDOWS "水仙花的个数为"+STR(n)
12     RETURN
```

5. 求两个数的最大公约数。

```
行号                    语        句
1      INPUT TO m
2      INPUT TO n
3      DO WHILE .t.
4         r=m%n
5         m=n
6         n=r
7         IF r=0
8             LOOP
9         ENDIF
10     ENDDO
11     ? n
12     RETURN
```

6. 计算数列 1/1!,1/2!,1/3!,…,1/n! 之和。

```
行号                    语        句
1      SET DECI TO 2
2      n=1
3      nm=1
4      nSum=0
5      DO WHILE .t.
6         nm=nm/n
7         IF  nm<0.01
8             LOOP
9         ENDIF
10         nSum=nSum+nm
11         nm=nm+1
12     ENDDO
13     WAIT  WINDOWS '该数列之和为'+STR(nSum,10,2)
14     RETURN
```

7. 将一个字符串中的各个单词的首字母组成缩写形式(大写)。

```
行号        语    句
 1    cString='yang zhou university'
 2    cString=ALLT(UPPER(cString))
 3    cResult=SPACE(0)
 4    IF LEN(cString)#0
 5        DO WHILE  LEN(cString)>0
 6            cResult=cResult+LEFT(cString)
 7            n=AT(SPACE(1),cString)
 8            cString=ALLT(SUBSTR(cString,n))
 9        END
10    ENDIF
11    WAIT  WINDOWS '缩写形式为'+cResult
12    RETURN
```

8. 打印输出杨辉三角形。杨辉三角形,又称贾宪三角形、帕斯卡三角形,是二项式系数在三角形中的一种几何排列。杨辉三角形同时对应于二项式定理的系数。杨辉三角形中第n行的第k个数字为组合数 C_{n-1}^{k-1} 。(提示:$C_n^m = \frac{n!}{m!*(n-m)!}$)

```
行号        语    句
 1    CLEAR
 2    m=0
 3    DO WHILE m<2
 4        INPUT "请输入杨辉三角形行数:" TO m
 5    ENDDO
 6    m=m-1
 7    ? SPACE(36)+"1"
 8    FOR  i=1 TO m
 9        csx="1"
10        FOR  j=1 TO m
11            csx=csx+STR(JC(i)/(JC(j) * JC(i-j)),4)
12        ENDFOR
13        ? SPACE(36-i * 2)+csx
14    ENDFOR
15    RETURN
16    FUNC JC
17    PARA n
18    x=0
19    FOR  mm=1 TO n
20        x=x * mm
```

```
21    ENDFOR
22    RETURN x
23    ENDFUNC
```

9. 将十进制整数转换成十六进制数。

```
行号                语        句
 1    nNumber=513
 2    cResult=''
 3    IF nNumber=0
 4        DO WHILE nNumber>0
 5            n=MOD(nNumber,16)
 6            nNumber=INT(nNumber/16)
 7            IF n<10
 8                cResult=STR(n,1)+cResult
 9            ELSE
10                cResult=CHR(65+n)+cResult
11            ENDIF
12        ENDDO
13    ELSE
14        cResult='0'
15    ENDIF
16    WAIT WINDOWS'十六进制数表示为'+cResult
17    RETURN
```

10. 由多个人围成一圈并以顺序编号。现从第一个开始依次按 1、2、3,1、2、3…循环报数,凡报到 3 的人退出圈子,留下的人仍围成一圈且从下一个人开始继续循环报数,如此反复直至留下一人,显示最后留下的人的原编号(假定原人数为 50)。

```
行号                语        句
 1    CLEAR
 2    cString=SPACE(0)
 3    FOR m=1 TO 50
 4        c=ALLT(STR(m))
 5        cString=cString+IIF(m<10,'0'+c,c)
 6    ENDFOR
 7    m=1       && 当前的报数
 8    n=1       && 位置
 9    DO WHILE  LEN(cString)>1
10        IF m=3
11            cString=LEFT(cString,n-1)+SUBS(cString,n+2)
```

```
12              m=1
13          ENDIF
14          m=m+1
15          n=MOD(n+1,LEN(cString))
16      ENDDO
17      WAIT WINDOW '最后留下的人的原编号为:'+cString
```

五、阅读程序,并给出程序的运行结果

1. 阅读下列程序,给出运行结果。

```
CLEAR
FOR i=1 TO 10
    i=i+1
    ?? i
ENDFOR
? i
RETURN
```

2. 阅读下列程序,给出运行结果。

```
CLEAR
n=0
FOR i=1.50 TO 12.34 STEP 0.83
    n=n+i
    i=i+1.9
    ?? i
ENDFOR
? n
RETURN
```

3. 阅读下列程序,给出运行结果。

```
s=1
i=0
DO WHILE i<8
    i=i+2
    s=s+I
ENDDO
? s
RETURN
```

4. 阅读下列程序,给出运行结果。

```
i=0
```

```
m=0
n=0
DO WHILE i<=10
    IF MOD(i,2)=0
        m=m+i
    ELSE
        n=n+i
    ENDIF
    i=i+1
ENDDO
? m,n
```

5. 阅读下列程序,给出运行结果。

```
cString='1B * nlo ts2dq'
cResult=space(0)
FOR n=1 TO  LEN(ALLT(cString))
    c=SUBSTR(cString,n,1)
    IF ! BETWEEN(c,"A","Z") AND ! BETWEEN(c,"a"," z")
            LOOP
    ENDIF
    cResult=cResult+CHR(ASC(c)+1)
ENDFOR
? cResult
```

6. 阅读下列程序,给出运行结果。

```
cString='Welcome'
cResult=SPACE(0)
IF LEN(cString)#0
FOR n=1 TO LEN(cString)
    c=SUBSTR(cString,n,1)
    cResult=cResult+ CHR(ASC(c)+2)
ENDFOR
ENDIF
?   cResult
```

7. 阅读下列程序,给出运行结果。

```
CLEAR
r=5
FOR  i=1 TO 9
    IF i<=5
```

```
        m=20-i
        n=2 * i-1
    ELSE
        m=10+i
        n=2 * (10-i)-1
    ENDIF
    ? SPACE(m)
    FOR j=1 TO n
        ??' * '
    ENDFOR
ENDFOR
RETURN
```

8. 阅读下列程序,给出运行结果。

```
CLEAR
FOR  i=1 TO 5
    FOR  j=1 TO i
        ?? CHR(ASC('A')+j-1)
    ENDFOR
    ?
ENDFOR
RETURN
```

9. 阅读下列程序,给出运行结果。

```
SET TALK OFF
cStr='ABCDE'
N=LEN(cStr)
K=1
DO WHILE  K<=N
    S=SUBS(cStr,K,N-K+1)
    ? inverse(S)
    K=K+1
ENDDO

FUNCTION Inverse
PARAMETERS SS
cResult=SPACE(0)
FOR  I=1 TO LEN(SS)
    CResult=SUBSTR(SS,I,1)+cResult
ENDFOR
```

```
RETURN CResult
ENDFUNC
```

10. 阅读下列程序,给出运行结果。

```
CLEAR
CStr="157"
C=VAL(CStr)
OC=DTOO(C)
? OC

FUNCTION  DTOO
PARAMETERS S
LOCAL A
A=ALLTRIM(STR(S%8))
C=INT(S/8)
IF  C>=1
    A=A+DTOO(C)
ENDIF
RETURN A
```

11. 阅读下列程序,给出运行结果。

```
CLEAR
CStr="210"
C=VAL(CStr)
FOR  I=2 TO C
      IF  ZS(I) .AND. C%I=0
           ?? ALLTRIM(STR(I))+SPACE(2)
      ENDIF
ENDFOR

FUNCTION  ZS
PARAMETERS S
FOR  J=2  TO  S
     IF S%J=0
         EXIT
     ENDIF
ENDFOR
IF  J=S THEN
    RETURN  .T.
ELSE
```

```
    RETURN  .F.
ENDIF
ENDFUNC
```

12. 阅读下列程序,给出运行结果。

```
SET TALK OFF
NUM="12345"
SUMB=0
FOR  I=1 TO  LEN(NUM)
      A=SUBSTR(NUM,I,1)
      A=VAL(A)
      IF A%2=0
          LOOP
      ENDIF
      SUMB=SUMB+A
ENDFOR
?"SUMB="
?? SUMB
SET TALK ON
RETURN
```

13. 已知表文件 xs. dbf,有如下记录:

记录号	学号	姓名	性别	专业
1	0001	李　林	男	信息管理系
2	0002	高　辛	男	计算机系
3	0003	陆海涛	男	信息管理系
4	0004	柳　宝	女	信息管理系
5	0005	李　枫	女	电子系
6	0006	任　民	男	电子系
7	0007	林一风	男	计算机系

阅读下列程序,给出运行结果。

```
SET TALK OFF
USE xs
DELECT FROM xs WHERE 专业="信息管理系"
RECALL ALL FOR 性别="男"
PACK
LIST ALL FOR 性别="男"
```

14. 已知表文件 gz.dbf 有如下记录：

记录号	工号	姓名	工龄	职称	工资
1	E0002	李　刚	20	副教授	1050
2	H0001	程东萍	29	教授	1660
3	E0006	赵　龙	19	教授	1400
4	G0002	张　彬	10	副教授	860
5	G0001	刘海军	8	助教	420
6	B0001	方　媛	12	讲师	510
7	E0004	王大龙	27	副教授	1200
8	B0003	高　山	17	讲师	610

阅读下列程序，给出运行结果。

```
SET  TALK  OFF
CLEAR
USE gz
UPDATE  gz  SET 工资=IIF(工龄<10,工资+20, IIF(工龄>=20,工资+50, 工资+35))
LIST FOR 职称="副教授"
COUNT ALL FOR 职称="教授" TO A
? A
RETURN
```

15. 已知表文件 gz.dbf 有如下记录：

记录号	工号	姓名	年龄	职称	工资
1	E0002	李　刚	40	副教授	1050
2	H0001	程东萍	49	教授	1660
3	E0006	赵　龙	56	教授	1400
4	G0002	张　彬	30	副教授	860
5	G0001	刘海军	28	助教	420
6	B0001	方　媛	32	讲师	510
7	E0004	王大龙	47	副教授	600
8	B0003	高　山	37	讲师	610
9	B0002	陈　林	35	教授	1200
10	H0002	吴　凯	34	讲师	510
11	D0001	蒋方舟	39	副教授	900

阅读下列程序，给出运行结果。

```
SET TALK  OFF
USE gz
```

```
SUM ALL 工资 TO  C  FOR 年龄<50 .AND. 职称="副教授"
REPLACE  ALL 工资 WITH 工资-100  FOR 年龄<=35 .AND. 职称="教授"
REPLACE  ALL 职称 WITH "副教授"  FOR  年龄<=35
LIST FOR 年龄<=35
? C
RETURN
```

六、程序填空题

1. 将十进制数转换成二进制数。

```
nNumber=53
___(1)___
IF ___(2)___
    DO  WHILE  nNumber>0
        n=MOD(nNumber,2)
        nNumber=INT(nNumber/2)
        cResult= ___(3)___
    ENDDO
ELSE
    cResult='0'
ENDIF
WAIT WINDOWS'二进制为:'+cResult
RETURN
```

2. 将二进制数转换成十进制数。

```
nNumber=11011001
cNumber=ALLTRIM(STR(nNumber))
___(1)___
FOR  n= ___(2)___  TO  1  STEP-1
    cNumber=RIGHT(cNumber,n)
    c=LEFT(cNumber,1)
    IF ___(3)___
        nResult=nResult * 2+1
    ELSE
        nResult=nResult * 2
    ENDIF
ENDFOR
WAIT WINDOWS'十进制为:'+STR(nResult)
RETURN
```

3. 将十六进制数转换成十进制数。

```
cNumber='3A7E'
nResult=0
FOR  n= LEN(cNumber) TO 1 STEP-1
       C=LEFT(cNumber,1)
       IF  BETWEEN(c,'0','9')
            nResult=nResult * 16+ ___(1)___
       ELSE
            nResult=nResult * 16+ ___(2)___
       ENDIF
       Cnumber= ___(3)___
ENDFOR
WAIT WINDOWS '十进制数表示为'+STR(nResult)
```

4. 统计某字符串中汉字的个数。

```
CLEAR
cStr='情、智、勇:passion, wisdom and courage'
n=0
i=1
DO  WHILE ___(1)___
        IF  ASC(SUBSTR(cStr,i,1))> ___(2)___
             n=n+1
             i=i+2
        ELSE
             ___(3)___
        ENDIF
ENDDO
WAIT WINDOWS'汉字个数为'+STR(n)
RETURN
```

5. 统计某字符串中英文单词的个数。

```
cString="Anyone can start today and make a new ending. "
___(1)___
FOR n=1 TO LEN(cString)
      c= ___(2)___
      IF  BETWEEN(c,"A","Z") OR BETWEEN(c,"a","z")
           c=SUBST(cString,n-1,1)
                IF ! (BETWEEN(c,"A","Z") ___(3)___ BETWEEN(c,"a","z"))
                     nCount=nCount+1
                ENDIF
```

```
    ENDIF
ENDFOR
WAIT WINDOWS "英文单词个数为"+STR(nCount)
```

6. 统计一个字符串中每个 ASCII 字符及汉字字符出现的次数。

```
CLEAR
cStr='扬州大学(YZU) 中国·扬州'
DO WHILE  LEN(cStr)>0
    nLen1=Len((cStr))
    x=ASC(LEFT(cStr,1))
    IF __(1)__
        cStr1=LEFT(cStr,2)
    ELSE
        cStr1=LEFT(cStr,1)
    ENDIF
    cStr=STRTRAN(cStr,cStr1,SPACE(0))
    nLen2=__(2)__
    IF x>127
        ? cstr1,(nLen1-nLen2)/2
    __(3)__
        ? cStr1,nLen1-nLen2
    ENDIF
ENDDO
```

7. 在一个英文句子中找出最长的单词(单词间以一个或多个空格分隔),若有多个结果则只需显示第一个单词。

```
cString='Happiness is an old fashioned game of hide-and-seek.'
nCount=0
cResult=SPACE(0)
DO WHILE __(1)__>0
    n=AT(SPACE(1),cString)
    cWord=ALLT(IIF(n=0,cString,SUBS(cString,1,n)))
    cString=ALLT(IIF(n=0,__(2)__,SUBS(cString,n)))
    IF LEN(cWord)>__(3)__
        nCount=LEN(cWord)
        cResult=cWord
    ENDIF
ENDDO
WAIT  WINDOW'最长的单词是'+cResult
```

8. 将一个字符串中的各个单词的首字母组成缩写形式(大写)。

```
cString='yang zhou university'
cString=SPACE(1)+UPPER(cString)
cResult=SPACE(0)
FOR n=__(1)__
    c=SUBSTR(cString,n,1)
    IF  BETWEEN(c,'A','Z') .AND. SUBSTR(cString,n-1,1)=__(2)__
        cResult=cResult+c
    ENDIF
ENDFOR
WAIT  WINDOWS'缩写形式为'+__(3)__
```

9. 字符串加密。将每个字符转换成 ASCII 码表中的后 3 位字符,例如 A→D、B→E……W→Z、X→A、Y→B、Z→C 等,空格不转换。

```
cString="Human life almost reads like a poem. "
cResult=SPACE(0)
FOR  n=1 TO LEN(cString)
    c=__(1)__
    IF c<>SPACE(1)
        IF __(2)__
            cResult=cResult+CHR(IIF(ASC(c)+3<=90,ASC(c)+3,ASC
(c)+3-26))
        ELSE
            cResult=cResult+CHR(IIF(ASC(c)+3<=122,ASC(c)+3,ASC
(c)+3-26))
        ENDIF
    ELSE
        cResult=cResult+c
    ENDIF
__(3)__
WAIT  WINDOWS "字符串加密后为"+cResult
```

10. 将一个由汉字、字母和数字构成的字符串反序输出。

```
cString=' 扬州大学(Yangzhou University)信息工程学院'
cResult=SPACE(0)
FOR  n=1 TO LEN(cString)
    IF  ASC(SUBSTR(cString,n,1))>__(1)__
        cResult=SUBSTR(cString,n,2)+cResult
        __(2)__
    ELSE
```

```
        cResult= ___(3)___ +cResult
    ENDIF
ENDFOR
WAIT  WINDOWS'字符串反序为:'+cResult
RETURN
```

11. 将一个字符串按 ASCII 码值由小到大排序。

```
cStr='Sloth,like rust,consumes faster than labor wears.'
cSortstr=LEFT(cStr,1)
FOR  m= ___(1)___ TO LEN(cStr)
     C=SUBSTR(cStr,m,1)
     FOR  n=1 to LEN(cSortstr)
          IF ASC(c) ___(2)___ ASC(SUBS(cSortstr,n,1))
               EXIT
          ENDIF
     ENDFOR
     cSortstr=SUBS(cSortstr,1,n-1)+c+ ___(3)___
ENDFOR
WAIT WINDOWS'字母排序为:'+cSortstr
RETURN
```

12. 求两个日期之间有多少个星期日

```
CLEAR
d1={^1999-11-01}
d2=DATE()
___(1)___
FOR ___(2)___ TO d2-d1
    IF DOW(d1+n)<>1
        ___(3)___
    ENDIF
sundays=sundays+1
ENDFOR
? sundays
RETURN
```

13. 将小写金额(假设小于10万且无小数位)转换为中文大写形式。例如,418 转换为“肆佰壹拾捌元”,2012 转换为“贰仟零佰壹拾贰元”。

```
nMoney=94418    && 赋初值
cMoney=ALLT(STR(nMoney))
cString1='零壹贰叁肆伍陆柒捌玖'
```

```
cString2='万仟佰拾元'
cResult= (1)
FOR n=1 TO LEN(cMoney)
    c=SUBSTR(cMoney,n,1)
    cResult=cResult+SUBS(cString1, (2) ,2)+SUBS(cString2,n*2-1,
2)
ENDFOR
WAIT WINDOWS '大写金额为:'+ (3)
```

14. 将任意一个数字字符串转换为中文零到九的表示形式。例如“2012”转换成“二零一二”。

```
CLEAR
cStr1='30894'
cStr2=''
FOR i=1 TO LEN(cStr1)
    d=VAL(SUBSTR(cStr1,i,1))
    cStr2=cStr2+ (1)
    ENDFOR
? cStr2
FUNCTION NTOC
PARAMETERS (2)
cString='零一二三四五六七八九'
cResult=SUBS(cString,pDigit*2+1,2)
RETURN (3)
```

15. 下列自定义函数 DeleteSpace()的功能是将一个字符串中的所有空格删除。

```
FUNCTION DeleteSpace
PARAMETERS cStr
cResult=SPACE(0)
FOR n=1 TO (1)
    IF SUBSTR(cStr,n,1)=SPACE(1)
        (2)
    ENDIF
    cResult=cResult+SUBSTR(cStr,n,1)
ENDFOR
RETURN (3)
ENDFUNC
```

16. 找出 100～999 之间的“水仙花数”。所谓“水仙花数”是指一个三位数,其各位数字立方和等于该数本身。例如,$153=1^3+5^3+3^3$,故 153 是水仙花数。

```
nCount=0
FOR n= ___(1)___
    n1=VAL(SUBS(Str(n,3),3,1))
    n2=VAL(SUBS(Str(n,3),2,1))
    n3=VAL(SUBS(Str(n,3),1,1))
    IF n= ___(2)___
       ? n
       nCount=nCount+1
    ENDIF
ENDFOR
WAIT WINDOWS'"水仙花数"的个数为'+ ___(3)___
```

17. 求出不超过六位数的 Armstrong 数。所谓 Armstrong 数是指一个 n 位的正整数，它的每位数字的 n 次方之和等于该数本身。例如 153=13+53+33,54748=55+45+75+45+85,…。

```
CLEAR
FOR m=1 TO 100000
    n=LEN(ALLT(STR(m)))
    ___(1)___
    FOR y=1 TO n
        c=SUBSTR(ALLT(STR(m)),y,1)
        x=x+ ___(2)___
    ENDFOR
    IF ___(3)___
        ? 'Armstrong 数',m
    ENDIF
ENDFOR
```

18. 求两个数的最大公约数。

```
INPUT TO m
INPUT TO n
___(1)___
DO WHILE r<>0
    m=n
    n=r
    r= ___(2)___
ENDDO
? ___(3)___
RETURN
```

19. 计算 1～100 之间的质数和。

```
nSum=0
FOR m=2 TO 100
    zs=.t.
    FOR n=2 TO 9
        IF MOD(m,n)=0 AND m#n
            ___(1)___
            EXIT
        ENDIF
    ___(2)___
    IF ___(3)___
        nSum=nSum+m
    ENDIF
ENDFOR
WAIT WINDOWS '1～100 之间的质数之和为'+STR(nSum)
RETURN
```

20. 找出 1～100 之间的全部同构数,所谓同构数是指这样的一个数,它出现在它的平方数的右侧。例如:5 的平方是 25,5 是 25 右端的数,5 就是同构数。

```
CLEAR
FOR i=1 TO 100
    IF ___(1)___
        ? i
    ENDIF
ENDFOR

FUNCTION TGS
PARAMETER N
PRIVATE nn,yes
___(2)___
nn=n*n
IF n<10
    IF MOD(nn,10)=n
        yes=.T.
    ENDIF
ELSE
    IF MOD(nn,100)=n
        yes=.T.
    ENDIF
ENDIF
```

```
___(3)___
ENDFUNC
```

21. 完数是指数 n 的各分解因子(1 视为因子,n 不视为因子)之和正好等于该数本身,例如 6 为完数(因子为 1、2、3,且 1+2+3=6)。下列程序的功能是:找出 1000 之内的所有完数,并将找出的完数及该数的所有因子输出。输出结果形式为:6,1,2,3,28,1,2,4,7,14…

```
CLEAR
FOR  i =1 TO 1000
     m=0
     s = ___(1)___
     FOR  j=1 TO ___(2)___
          IF  i/j=INT(i/j)
              m =m+j
              s  =s+','+ ___(3)___
          ENDIF
     ENDFOR
     IF  i=m
        ? i
        ?? s
     ENDIF
ENDFOR
```

22. 找出 3000 以内的亲密数对。所谓"亲密数对"是指一对正整数 A 和 B,A 的所有小于 A 的因子(1 视为因子)之和等于 B,B 的所有小于 B 的因子(1 视为因子)之和等于 A。第一个循环将 1～3000 个数的"因子和"存放到一维数组 Arr 中,例如 Arr(20)存放的是数 20 的具上述含义的所有因子之和。第二个循环是基于数组 Arr 找出亲密数对。

```
DIMENSION arr(3000)
FOR  i=1 TO 3000
     myzh=0
     FOR  j=1 TO ___(1)___
        myzh=myzh+IIF(MOD(i,j)=0,j,0)
     ENDFOR
     arr(i)=myzh
ENDFOR
FOR  i =1 TO ___(2)___
     a =i
     b =arr(i)
     IF a<b AND b<=3000 AND ___(3)___
```

```
        ? a,b
      ENDIF
ENDFOR
```

23. 求 Fibonacci(斐波纳契)数列 1,1,2,3,5,8,......(从第 3 项开始,每一项的值为前 2 项之和)的前 20 项,并分别计算奇数项和偶数项的和。

```
CLEAR
n=20
__(1)__
fib(1)=1
fib(2)=1
STORE 1 TO nSumodd,nSumeven
? fib(1),fib(2)
FOR i=3 TO n
     fib(i)= __(2)__
     IF MOD(i,2)=1
       ? fib(i)
       nSumodd=nSumodd+fib(i)
       __(3)__
       ?? fib(i)
       nSumeven=nSumeven+fib(i)
     ENDIF
ENDFOR
? nSumodd,nSumeven
RETURN
```

24. 求数列 1+1/2+1/3+1/4+1/5+…+1/n 的和,只到最后一项小于 0.01 时止。

```
CLEAR
SET DECIMAL TO 2
n=1
__(1)__
DO WHILE .T.
     IF 1/n<0.01
          __(2)__
     ENDIF
     nSum=nSum+1/n
     __(3)__
ENDDO
WAIT WINDOWS '该数列之和为'+STR( nSum,10,2)
RETURN
```

25. 求数列 2/1＋3/2＋5/3＋8/5＋…＋m/n＋(m＋n)/m 的前 20 项和。

```
nSum=0
m=2
n=1
FOR x=1 TO 20
    nSum= ___(1)___
    y=m
    m=m+n
    ___(2)___
ENDFOR
WAIT WINDOWS '前20项之和为'+ ___(3)___
```

26. 利用下列公式计算 π 的近似值(误差小于 1e－6)：

$$\pi = 2 \cdot \frac{2}{\sqrt{2}} \cdot \frac{2}{\sqrt{2+\sqrt{2}}} \cdot \frac{2}{\sqrt{2+\sqrt{2+\sqrt{2}}}} \cdots$$

设第 n 项的分母为 P_n，则第 n＋1 项的分母为 $P_{n+1}=\sqrt{2+P_n}$

设第 n 项的乘积为 S_n，则第 n＋1 项的乘积为 $S_{n+1}=2S_n/P_{n+1}$。

```
t=2
s=SQRT(2)
pi= ___(1)___
DO WHILE ___(2)___
   t=pi                    && 前一次Pi的值
   s= ___(3)___            && 第n+1项的分母
   pi=pi*2/s
ENDDO
?'pi=',pi
RETURN
```

27. 用下列计算公式计算 sin(x)的值，直到第 n 项的绝对值小于 10^{-6} 为止。

$$SINX = x - \frac{x^3}{3!} + \frac{x^5}{5!} - \cdots + (-1)^{n-1}\frac{x^{2n-1}}{(2n-1)!}$$

```
INPUT "请输入x:" TO x
s=0
sn=1
t=x
i=1
DO WHILE t>=1.0E-6
   s=s+sn*t
   i=i+1
   ___(1)___
```

```
    sn=-1 * sn
  ENDDO
  ? s
  RETURN
  FUNCTION  FAC
    ____(2)____
    p=1
    FOR j=1 TO N
        p=p * j
    ENDFOR
    ____(3)____
  ENDFUNC
```

28. 下列程序的功能是求 e^x 的泰勒展开式的和,要求加到的最后一项小于 10^{-5}。

$$e^x=1+x+\frac{x^2}{2!}+\frac{x^3}{3!}+\cdots+\frac{x^{n-1}}{(n-1)!}$$

```
CLEAR
INPUT "请输入 x:"  TO  x
s=1
i=1
t=x
a=x
DO WHILE ____(1)____
    s=s+t
    i=i+1
    a=a * x
    ____(2)____
ENDDO
? s
RETURN
FUNCTION  FAC
PARAMETERS n
____(3)____
p=1
FOR i=1 TO n
    p=p * i
ENDFOR
RETURN P
ENDFUNC
```

29. 随机产生 10 个 60～100 之间的整数(包含 60 和 100),并将它们从小到大排序。

```
CLEAR
n=10
DIMENSION   c(n)
FOR i=1 TO n
     c(i)= ___(1)___
     ?? c(i)
ENDFOR
lContinue=.T.
i=1
DO WHILE  lContinue and i<=n-1
    lContinue= ___(2)___
    FOR  j=n TO i+1 STEP -1
         IF c(j)<c(j-1)
            m=c(j-1)
            c(j-1)=c(j)
            c(j)=m
            lContinue = .T.
         ENDIF
    ENDFOR
    ___(3)___
ENDDO
?
FOR i=1 TO n
    ?? c(i)
ENDFOR
```

30. 输出杨辉三角形的前 10 行。

```
CLEAR
DIME yh(10,10)
___(1)___
FOR i=3 TO 10
     FOR j= ___(2)___
        yh(i,j)=yh(i-1,j-1)+yh(i-1,j)
     ENDFOR
ENDFOR
FOR i= ___(3)___
    FOR j=1 TO i
         ?? STR(yh(i,j),5)
    ENDFOR
```

```
    ?
ENDFOR
RETURN
```

31. 在如下图所示的表单中若想通过其中的微调框来移动记录，则其 InteractiveChange 的事件代码应该设置的两条命令为 __(1)__ 和 __(2)__，它的 SpinnerLowValue 、KeyboardLowValue 属性应该设置为 __(3)__ 。

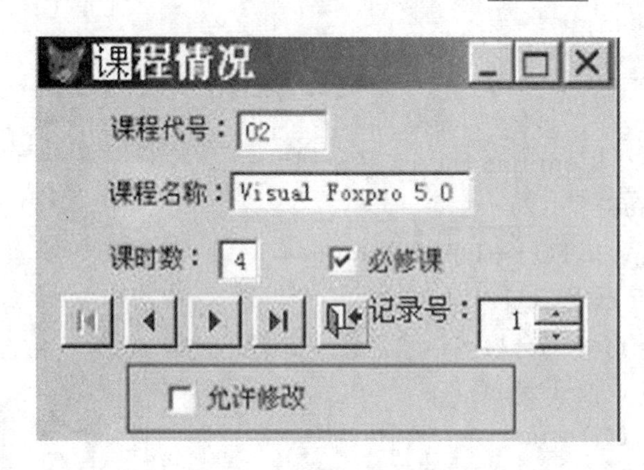

32. 有一用以计算 n 的阶乘的表单如下图所示。表单中文本框 Text1 用于输入一个整数，文本框 Text2 用于输出阶乘的值。此外，还为表单创建了一个新方法 fac()，并为"计算"命令按钮设置了 Click 事件代码。请分别完善如下代码。

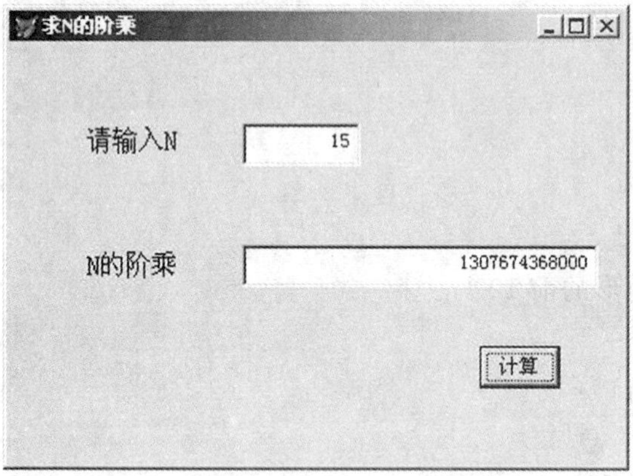

方法 fac()的代码为：

```
__(1)__
p=1
FOR i=1 TO n
    p=p*i
ENDFOR
__(2)__
```

命令按钮的 Click 事件代码为：

Thisform. text2. Value= ___(3)___

33. 设有如下图所示表单动态用以显示当前系统时间。

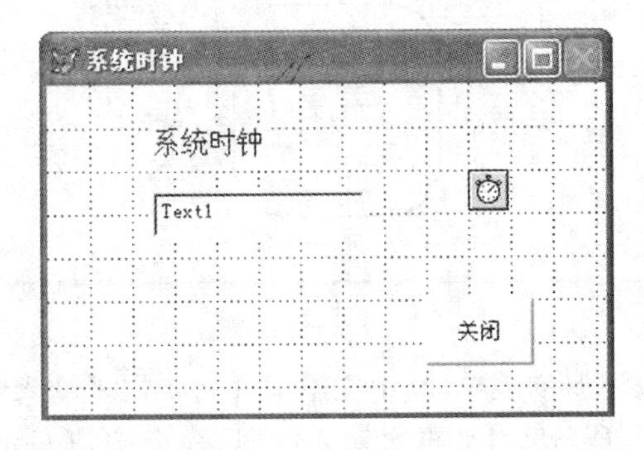

为实现上述功能，则文本框 Text1 的 Value 属性为___(1)___。
计时器 Timer1 的___(2)___属性应设置为 1000ms。
计时器的 Timer 事件的代码为___(3)___。

34. 如图所示为计算圆面积的表单，表单中有 2 个标签、2 个文本框、1 个命令按钮，假设按图中从左至右、从上至下的顺序添加这些控件，添加后 Name 属性不变（为默认设置），Text1 用于输入圆半径，Text2 用于输出圆面积，为了完成圆面积的计算，可以作如下设置：

将文本框 Text1 和 Text2 的___(1)___属性的值设为 0，使其数据类型为数值型。

为了计算圆面积，将命令按钮 Command1 的___(2)___事件代码设置为：___(3)___。

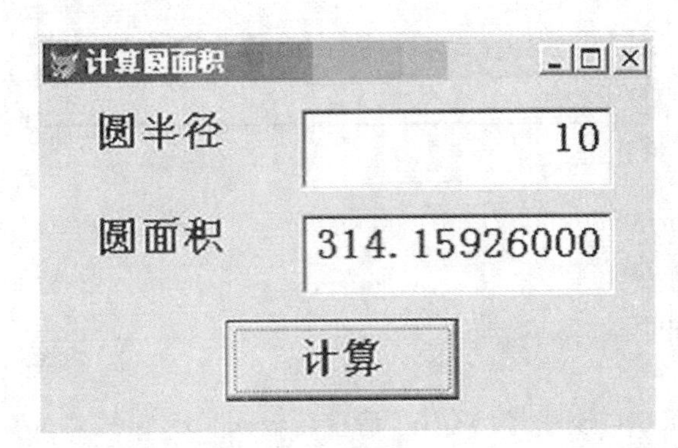

35. 如后图所示的一个表单用来演示形状控件的曲率变化。其中微调框 Spinner1 用于输入形状控件的曲率值，其 SpinnerLowValue=0，SpinnerHighValue=___(1)___。要求当用户用鼠标点击微调框的微调按钮时，形状控件的形状随之发生相应的变化，此时应设置微调框的___(2)___事件代码：Thisform. Shape1. ___(3)___ = This. Value。

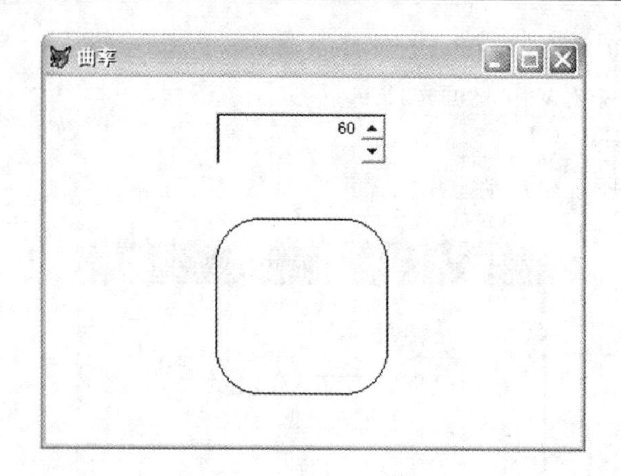

36. 有一个用于登录注册的表单，其中文本框 Text1 用来输入账号，文本框 Text2 用来输入密码文本框 Text3 用来再次输入密码，命令按钮 Command1 用于注册登记。表单的数据环境中已添加了一个 zc 表，该表含有账号(zh,C)、密码(mm,C)等字段，用于存贮用户的账号和密码信息。为了使用户在输入密码时文本框中不显示具体的密码内容而用一串"＊"替代，应分别设置文本框 Text1、Text2 的___(1)___属性值为"＊"。为实现注册功能，命令按钮 Command1 的___(2)___事件代码如下：

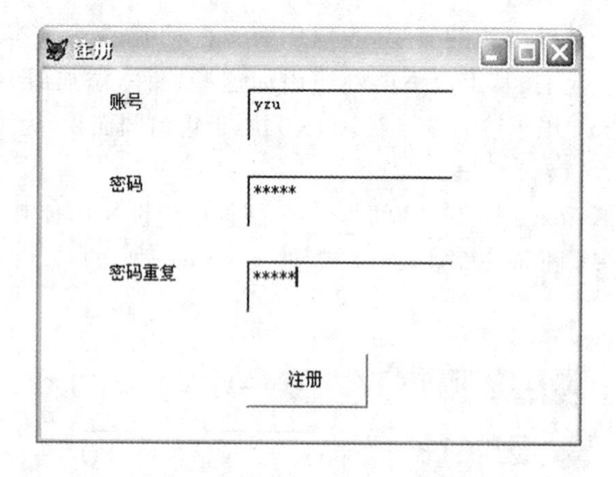


```
c=ALLT(Thisform.Text1.Value)
SELE zc
LOCATE FOR zh=c
IF ___(3)___
    MESSAGEBOX('该账号已存在，请重新输入!')
    Thisform.Text1.Value=''
    Thisform.Text1.Setfocus
    RETURN
ENDIF
IF ALLT(Thisform.Text3.Value)<>ALLT(Thisform.Text2.Value)
    MESSAGEBOX('密码不一致，请重新输入!')
```

```
ELSE
    INSERT INTO zc (zh,mm) VALUES (c,ALLT(Thisform. Text2. Value))
    MESSAGEBOX('恭喜你注册成功！')
ENDIF
```

37. 下面代码的功能是把列表框中的选中数据项显示在组合框(Name:Combo1)中，并且在文本框(Name:Text1)中显示选定项的数目。则在列表框的 ___(1)___ 属性为 .T. 的前提下，可在列表框的 Interactivechange 事件中输入以下代码：

```
nNumSelected=0
ThisForm. Combo1. Clear                &&清除组合框
FOR  n=1  TO This. ___(2)___
   IF  This. Selected(n)
       nNumSelected= nNumSelected+1
       ThisForm. Combo1. AddItem( ___(3)___ )
   ENDIF
ENDFOR
ThisForm. Text1. Value= nNumSelected
ThisForm. Refresh
```

38. 某数据库中包含课程(KC)表和成绩(CJ)表，课程表中含有课程代号(kcdh)、课程名(kcm)和学分(xf)等字段，成绩表中含有学号(xh)、课程代号(kcdh)和成绩(cj)等字段。已创建一个按课程代号查询学生成绩的表单如图所示。表单中下拉列表框(Combo1)的数据源设置如下：RowSource Type 属性为：6－字段，RowSource 属性为：kc. kcdh。在下拉列表框中选择某一课程代号后，表格控件(Grid1)立即显示该课程所有学生的成绩，且在文本框(Text1)中显示该课程的课程名，则应在下拉列表框的 ___(1)___ 事件中编写如下代码：

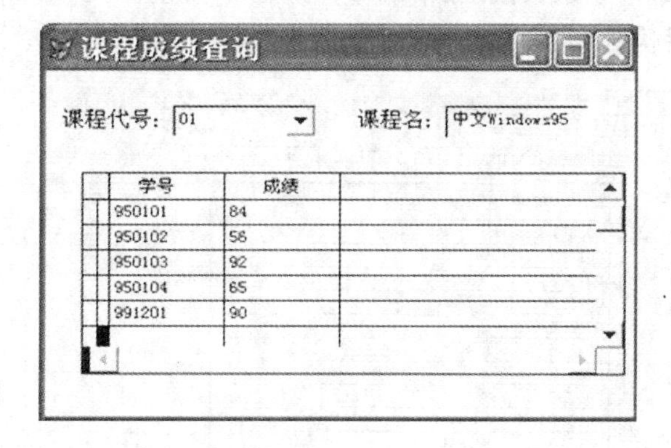


```
SELECT kc
___(2)___ =kc. kcm
ThisForm. Grid1. RecordSource="SELECT cj. xh,cj. cj FROM cj WHERE cj. kcdh=
ALLT(This. Vale)INTO curstmp"
```

ThisForm. Refresh

根据以上代码可判定,表格控件(Grid1)的 RecordSourceType 属性为___(3)___。

39. 如图所示为教师记录处理表单,表单中有 3 个标签、1 个文本框、1 个编辑框,1 个微调框、1 组命令按钮,假设按图中从左至右、从上至下的顺序添加这些控件,添加后各控件 Name 属性不变(为默认设置),在表单中文本框显示教师表当前记录的姓名(xm)字段内容,编辑框显示简历(jl)字段内容,微调框可以控制文本框、编辑框的显示字体大小,则表单可以作如下设置:

　　在表单的数据环境中添加教师(js)表,将文本框 Text1 和编辑框 Edit1 的___(1)___属性分别设置为 js. xm 和 js. jl 字段;

　　微调框初值 Value 设置为 12,最大值 KeyboardHighValue 和 SpinnerHighValue 属性设置为 72,最小值___(2)___属性设置为 4,微调框的 Init 事件和 InteractiveChange 事件代码设置为下列两行代码:

___(3)___

Thisform. Edit1. Fontsize=This. Value

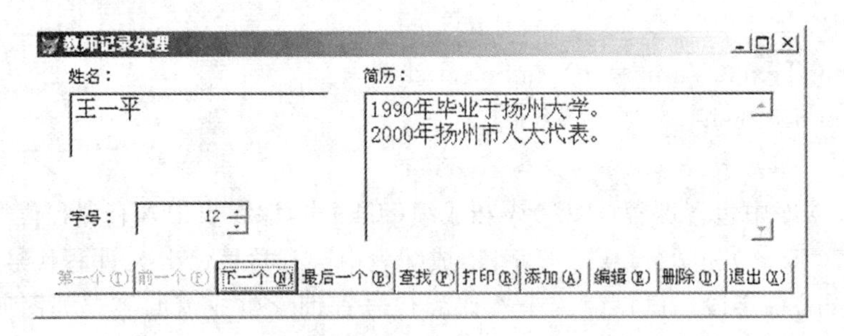

40. 有一个表单的功能是根据选择的班级与课程录入学生的成绩。单击“录入”命令按钮,则根据所选班级编号生成一个含该班所有学生的临时工作表 temp(作为表格控件的数据源),以录入成绩;单击“入库”命令按钮,则将 temp 表中的数据追加到 cj 表中,然后执行“退出”命令按钮的 Click 事件代码。

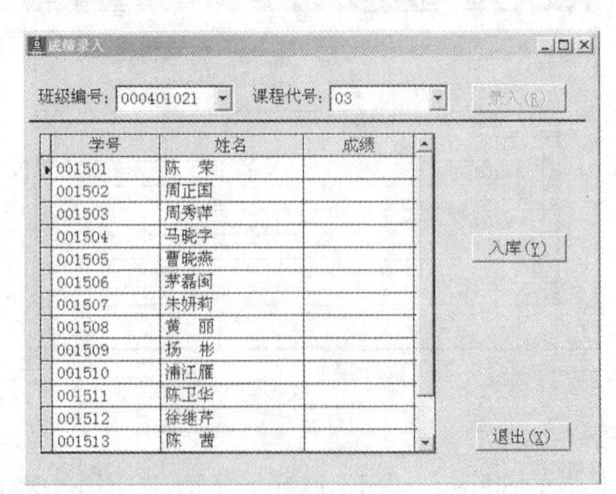

设置表单的___(1)___属性为 net.ico 文件,可使表单的标题栏如图所示。

组合框 Combo2 的 Rowsource 属性设置为:kcdh,kcm;为使该组合框的取值为课程代号列,应设置组合框的___(2)___=1。

表单的 Destroy 事件代码的功能是如果存在表文件 temp.dbf 则删除该文件:

```
CLOSE TABLES ALL
IF FILE(___(3)___)
    DELE FILE("temp.dbf")
ENDIF
```

七、简答题

1. 数据管理技术经历了哪几个发展阶段?
2. 数据库的主要特点有哪些?
3. 数据库系统由哪几个组成部分?
4. 数据库体系结构的三级模式有哪些?
5. 数据库中常用的数据模型有哪些?
6. 关系的性质有哪些?
7. 关系模型的完整性约束有哪些?
8. 数据库中的关键字通常分为哪几类?
9. 常见的关系型数据库管理系统有哪些?
10. 在 VFP 中,有关记录的删除操作有哪些?
11. 在 VFP 命令中可使用范围子句。请问范围有哪些,其作用区域各是什么?
12. 记录定位的方式有哪些?
13. VFP 命令中的 FOR 子句与 WHILE 子句(非 FOR 循环与 WHILE 循环)的区别和联系是什么?
14. 在 VFP 中,索引的类型有哪些?表的索引文件的种类有哪些?
15. 结构复合索引与非结构复合索引的区别与联系是什么?
16. 数据库表与自由表的区别与联系有哪些?
17. 永久关系与临时关系的区别与联系是什么?
18. 查询与视图的区别与联系是什么?
19. 在循环结构程序设计中,Loop 和 Exit 语句有何区别与联系?
20. 面向对象程序设计的特点有哪些?

综合复习题参考答案

一、选择题

1. C	2. D	3. A	4. B	5. D	6. A	7. D	8. D	9. C	10. C
11. C	12. D	13. A	14. B	15. B	16. C	17. A	18. A	19. D	20. B
21. D	22. D	23. A	24. C	25. D	26. D	27. A	28. C	29. C	30. B
31. A	32. D	33. B	34. C	35. D	36. C	37. A	38. B	39. B	40. C
41. D	42. B	43. D	44. B	45. A	46. B	47. B	48. C	49. C	50. B
51. B	52. B	53. C	54. D	55. D	56. A	57. A	58. B	59. B	60. D
61. A	62. D	63. A	64. B	65. A	66. B	67. B	68. B	69. D	70. D
71. C	72. B	73. C	74. C	75. D	76. A	77. B	78. A	79. C	80. C
81. C	82. C	83. C	84. C	85. C	86. B	87. B	88. D	89. B	90. B
91. C	92. D	93. B	94. D	95. C	96. D	97. D	98. C	99. C	100. D
101. B	102. D	103. B	104. C	105. D	106. B	107. D	108. B	109. B	110. C
111. A	112. B	113. D	114. C	115. A	116. C	117. C	118. B	119. A	120. A
121. B	122. C	123. C	124. C	125. A	126. B	127. D	128. B	129. C	130. B
131. D	132. C	133. C	134. B	135. D	136. B	137. A	138. A	139. B	140. B
141. B	142. A	143. C	144. C	145. B	146. C	147. C	148. D	149. C	150. D
151. D	152. C	153. B	154. A	155. A	156. D	157. B	158. A	159. A	160. B
161. B	162. B	163. C	164. A	165. C	166. D	167. C	168. B	169. A	170. C
171. C	172. A	173. A	174. B	175. D	176. B	177. C	178. A	179. B	180. B
181. B	182. B	183. D	184. D	185. C	186. C	187. B	188. A	189. C	190. C
191. C	192. B	193. C	194. C	195. B	196. A	197. A	198. D	199. A	200. B

二、填空题

1. 数据世界/计算机世界
2. E－R
3. 属性
4. 程序
5. 冗余
6. 投影
7. 3
8. 元数据
9. 概念层
10. 候选关键字
11. 完整性
12. Ctrl＋回车
13. Shift
14. DEFAULT
15. MD
16. COPY　FILE
17. RUN
18. 254

19. {/:}
20. LONG
21. 赋值
22. m.或 m－＞
23. 数值溢出
24. 1234.568
25. 0 到 1
26. 第一次
27. * * * *36
28. %
29. int(rand()*39)+21
30. 7
31. 8.0032..
33. x(3,2)
34. PUBLIC
35. PRIVATE
36. LIKE
37. 10
38. 10
39. .mem
40. 10
41. 20
42. Y
43. DROP
44. OFF
45. Last
46. Ctrl+Q
47. 逻辑顺序的下一条
48. ? SELECT()
49. 独占
50. 文件已打开
51. SET GL=GL+1
52. ADDITIVE
53. WHERE GZ<400
54. PACK
55. ZAP
56. DELETE
57. 结构复合索引
58. 1
59. ORDER
60. AGAIN
61. A~J
62. ALIAS
63. EXCLUSIVE

64. XLS
65. .TXT66.格式
67. 存储过程
68. 独占
69. RECOVER
70. FREE TABLE
71. DROP
72. TRIGGER
73. .F.
74. DefaultValue
75. FIELD
76. 参照完整性
77. 1
78. 去除重复项
79. 局部变量
80. 一对多报表
81. 细节
82. 组注脚
83. PAGENO
84. _Screen
85. THIS.VALUE=DATE()
86. ReadOnly
87. Release　Thisform
88. Column
89. Value
90. Increment
91. Value
92. AutoCenter
93. 3—查询
94. 列表
95. .NULL.
96. ControlSoure
97. ButtonCount
98. 事件
99. 通用
100. READ EVENTS
101. Activate
102. PageCount
103. 自动换行
104. 备注
105. MoverBars
106. Caption
107. SYSMENU
108. .T.

109. 表格/Gird
110. 包含

三、创建查询

1. SELEC doxy. zz as 作者,doxy. cbsmc as 出版社名称,count(*) as 出版教材数;
   FROM doxy;
   WHERE LEFT(cbnf,4)>="2000";
   GROUP BYdoxy. zz,doxy. cbsmc;
   HAVING 出版教材数>=2;
   ORDER BY 3 DESC

2. SELE TOP 5 xs. xh AS 学号,xs. xm AS 姓名,sum(cj. cj) AS 总成绩;
   FROM xs INNER JOIN cj ON xs. xh=cj. xh;
   GROUP BY xs. xh;
   HAVING MIN(cj. cj)>=75 AND COUNT(*)=5;
   ORDER BY 3 DESC

3. SELE xs. zydh,zy. zymc,LEFT(xs. bjbh,2) AS 年级,SUM(IIF(xs. xb="女",1,0)) AS 女生人数,
   COUNT(*) AS 专业总人数;
   FROM xs INNER JOIN zy ON xs. zydh=zy. zydh;
   GROUP BY 1;
   WHERE LEFT(xs. bjbh,2)= "01";
   ORDER BY4 DESC

4. SELECT LEFT(student. xh,2) AS nj,yard. yxmc,COUNT(*) AS rs,;
   SUM(IIF(mzdm="01",1,0)) AS hzrs;
   FROM student INNER JOIN yard ON student. yxzydm=yard. yxzydm;
   GROUP BY 1,yard. yxmc;
   TO SCREEN

5. SELECT student. xh,student. xm,AVG(score. cj) AS pjcj,MIN(score. cj) AS zdcj;
   FROM student INNER JOIN score ON student. xh=score. xh;
   GROUP BY student. xh;
   HAVING pjcj>=80 AND zdcj>=65;
   ORDER BY 3 DESC

6. SELECT tcher. xb,LEN(STRTRAN(xm,SPACE(1),SPACE(0)))/2 AS zs,;
   COUNT(*) AS rs;
   FROMtcher;
   GROUP BYtcher. xb,2;
   ORDER BY tcher. xb DESC,3 DESC;
   TO SCREEN

7. SELEC courseplan. gh AS 工号,SUM(kss) AS 上课总课时;

```
FROM courseplan INNER JOIN course ON courseplan. kcdm=course. kcdm;
WHERE courseplan. xqbm="2011－2012 学年第一学期";
GROUP BY courseplan. gh;
HAVING 上课总课时>=10;
ORDER BY 2
```

8.
```
SELE lread. flh,book. sm,SUM(IIF(lx="J",1,0)) AS 教师借阅次数,;
SUM(IIF(lx="X",1,0)) AS 学生借阅次数;
FROM lread INNER JOIN book ON lread. flh=book. flh;
GROUP BY lread. flh;
HAVING 教师借阅次数>0 OR 学生借阅次数>0;
ORDER BY 2 DESC
```

9.
```
SELECT whcdmc. mc ,tcher. xb,COUNT( * ) AS rs;
FROM   tcher INNER JOIN whcdmc ON tcher. whcd=whcdmc. dm;
WHERE YEAR(DATE())－YEAR(tcher. csrq)<=45;
GROUP BY whcdmc. mc,tcher. xb;
ORDER BY whcdmc. mc,tcher. xb
```

10.
```
SELECT student. xh,student. xm,COUNT( * ) AS ksms,SUM(IIF(cj<60,1,0)) AS bjgms;
FROMstudent INNER JOIN score ON student. xh=score. xh;
GROUP BY student. xh;
HAVING bjgms>=1;
ORDER BY 4
```

11.
```
SELE score. xh,student. xm,count( * ) AS 选课门数, IIF(AVG(score. cj)>=85, "A","B") AS
奖学金等级;
FROM score INNER JOIN student ON score. xh=student. xh;
GROUP BY score. xh;
HAVING AVG(score. cj)>=75 AND 选课门数>=2 AND MIN(score. cj)>=60;
ORDER BY 4,score. xh
```

12.
```
SELECT tcher. zc,whator. mc,COUNT( * ) AS rs;
FROM tcher INNER JOIN whator ON tcher. zzmm=whator. dm;
WHERE tcher. zc="教授" OR tcher. zc="副教授";
GROUP BY tcher. zc,whator. mc;
ORDER BY 1,3 DESC
TO FILE temp. txt
```

13.
```
SELE student. xh,student. xm;
FROM student LEFTOUTER JOIN score ON student. xh=score. xh;
WHERE student. bjbh="050202";
HAVING kcdm IS NULL;
ORDER BY student. xh
```

14. SELE yname. * ,SUM(IIF(xb="男",1,0)) AS 男生人数,SUM(IIF(xb="女",1,0)) AS 女生人数;
FROM yname LEFTOUTER JOIN student ON yname. xdh=student. xdh;
GROUP BY yname. xdh;
ORDER BY 4 DESC

15. SELE xs. xh,xs. xm,COUNT(*) AS 合格门数;
FROM xs INNER JOIN cj ON xs. xh=cj. xh;
GROUP BY xs. xh;
HAVING MIN(cj. cj)>=60;
ORDER BY 3 desc

四、程序改错题

1. ①第 5 行 ASC(LEFT(cString,1))>=127 改为 ASC(LEFT(cString,1))>127
②第 12 行 nCount 改为 STR(nCount)

2. ①第 4 行 cString 改为 LEN(cString)
②第 8 行 ENDFOR 改为 ENDIF

3. ①第 8 行 LOOP 改为 EXIT
②第 10 行 cString=LEFT(cString,m-1)+cRepl+SUBSTR(cString,m+1)
改为 cString=LEFT(cString,m-1)+cRepl+SUBSTR(cString,m+LEN(cSour))

4. ①第 3 行 i/10 改为 i%10
②第 6 行 g*3+s*3+b*3 改为 g^3+s^3+b^3

5. ①第 8 行 LOOP 改为 EXIT
②第 11 行 ? n 改为 ? m

6. ①第 8 行 LOOP 改为 EXIT
②第 11 行 nm=nm+1 改为 N=n+1

7. ①第 6 行 LEFT(cString) 改为 LEFT(cString,1)
②第 9 行 END 改为 ENDDO

8. ①第 10 行 m 改为 i
②第 18 行 x=0 改为 x=1

9. ①第 3 行 nNumber=0 改为 nNumber<>0
②第 10 行 CHR(65+n) 改为 CHR(55+n)

10. ①第 9 行 LEN(cString)>1 改为 LEN(cString)>2
②第 15 行 MOD(n+1,LEN(cString)) 改为 MOD(n+2,LEN(cString))

五、阅读程序,并给出程序的运行结果

1. 2　4　6　8　10
   11

2. 3.40　6.13　8.86　11.59
   22.38

3. 21

4. 30　　25

5. Computer

6. Ygneqog

7.
```
        *
      * * *
    * * * * *
  * * * * * * *
* * * * * * * * *
  * * * * * * *
    * * * * *
      * * *
        *
```

8. A
   AB
   ABC
   ABCD
   ABCDE

9. EDCBAEDCB
   EDC
   ED
   E

10. 235

11. 2 3 5 7

12. SUMB=9.00

13.

记录号	学号	姓名	性别	专业
1	0001	李　林	男	信息管理系
2	0002	高　辛	男	计算机系
3	0003	陆海涛	男	信息管理系
5	0006	任　民	男	电子系
6	0007	林一风	男	计算机系

14. 答案：

记录号	工号	姓名	工龄	职称	工资
1	E0002	李　刚	20	副教授	1100
4	G0002	张　彬	10	副教授	895
7	E0004	王大龙	27	副教授	1250

2

15. 答案：

记录号	工号	姓名	年龄	职称	工资
4	G0002	张　彬	30	副教授	860
5	G0001	刘海军	28	副教授	420
6	B0001	方　媛	32	副教授	510
9	B0002	陈　林	35	副教授	1100
10	H0002	吴　凯	34	副教授	510

3410.00

六、程序填空题

1. (1) cResult＝SPACE(0)　(2) nNumber＃0　(3) STR(n,1)＋cResult

2. (1) nResult＝0　(2) LEN(cNumber)　(3) c＝'1'

3. (1) VAL(c)　(2) 10＋ASC(c)－ASC('A')　(3) SUBSTR(cNumber,2)

4. (1) i＜＝LEN(cStr)　(2) 127　(3) i＝i＋1

5. (1) nCount＝0　(2) SUBSTR(cString,n,1)　(3) OR

6. (1) x＞127　(2) LEN(cStr)　(3) ELSE

7. (1) LEN(cString)　(2) SPACE(0)　(3) nCount

8. (1) 2 TO LEN(cString)　(2) SPACE(1)　(3) cResult

9. (1) SUBSTR(cString,n,1)　(2) ISUPPER(c)　(3) ENDFOR

10. (1) 127 (2) n=n+1 (3) SUBSTR(cString,n,1)

11. (1) 2 (2)< (3) SUBS(cSortstr,n)

12. (1) sundays=0 (2) n=0 (3) LOOP

13. (1) SPACE(0) (2) VAL(c)*2+1 (3) cResult

14. (1) NTOC(d) (2) pDigit (3) cResult

15. (1) LEN(cStr) (2) LOOP (3) cResult

16. (1) 100 TO 999 (2) n1^3+n2^3+n3^3 (3) STR(nCount)

17. (1) x=0 (2) VAL(c)^n (3) m=x

18. (1) r=m%n (2) m%n (3) n

19. (1) zs=.F. (2) ENDFOR (3) zs

20. (1) TGS(i) (2) yes=.F. (3) RETURN yes

21. (1) SPACE(0) (2) i-1 (3) STR(j)

22. (1) i-1 (2) 3000 (3) arr(b)=a

23. (1) DIME fib(n) (2) fib(i-2)+fib(i-1) (3) ELSE

24. (1) nSum=0 (2) EXIT (3) n=n+1

25. (1) nSum+m/n (2) n=y (3) STR(nSum,10,3)

26. (1) 2*2/s (2) ABS(pi-t)>=1E-6 (3) SQRT(2+s)

27. (1) t=x^(2*i-1)/FAC(2*i-1)
    (2) PARAMETERS n (3) RETURN p

28. (1) t>=1E-5 (2) t=a/FAC(i) (3) PRIVATE p,i

29. (1) int(60+RAND()*41) (2) .F. (3) i=i+1

30. (1) yh=1 (2) 2 TO i-1 (3) 1 TO 10

31. (1) GO This.Value (2) Thisform.Refresh (3) 1

32. (1) PARAMETERS n (2) RETURN p
(3) Thisform. fac(Thisform. Text1. VALUE)

33. (1) =TIME() (2) Interval
(3) Thisform. text1. Value=TIME()

34. (1) Value (2) Click
(3) Thisform. Text2. Value=3. 1415926 * Thisform. Text1. Value * * 2

35. (1) 99 (2) InteractiveChange (3) Curvature

36. (1) PasswordChar (2) Click (3) NOT EOF()

37. (1) Multiselect (2) Listcount (3) This. List(n)

38. (1) InteractiveChange (2) ThisForm. Text1. Value (3) 4-SQL 说明

39. (1) ControlSource (2) KeyboardLowValue 和 SpinnerLowValue
(3) Thisform. Text1. Fontsize=This. Value

40. (1) Icon (2) BoundColumn (3) "temp. dbf"

七、简答题

1. 数据管理技术经历了哪几个发展阶段？

答:数据管理技术经历了从低级到高级的三个发展阶段：

①人工管理阶段:对数据的管理完全由各个程序员在其程序中进行管理。数据与程序相互依赖,数据不能共享。

②文件系统管理阶段:数据以操作系统的文件形式长期保存,数据与程序相对独立,数据可以实现部分共享,但仍存在大量的冗余和不一致性。

③数据库系统管理阶段:数据库技术为数据管理提供了一种较完善的高级管理方式,它克服了文件系统方式下分散管理的弱点,对所有的数据实行统一、集中的管理,使数据的存储独立于使用它的程序,从而实现数据共享。

2. 数据库的主要特点有哪些？

答:数据库的特点很多,通常都有十多点。简单地说,主要具有“一少三性”的特点。“一少”是指冗余数据少(或冗余度小)。冗余的弊端是浪费了存储空间,更重要的是易造成数据的不一致性。

“三性”是指：

①集成性:就是按照一定的数据模型来组织和存放数据。

②独立性:是指数据与应用程序之间不存在相互依赖关系。

③共享性:不同的用户、应用程序可共享数据。

3. 数据库系统由哪几个组成部分？

答:数据库系统由以下几个组成部分：

①数据库:简称 DB,是在计算机存储设备上合理存放的、互相关联的数据集合。

②数据库管理系统:简称 DBMS,是数据库系统中专门用于数据管理的软件,是用户与数据库的接口。它具有数据库的定义、操纵、运行和控制以及维护等功能

③应用程序:应用程序是数据库中特定用户的数据处理业务,利用 DBMS 支持的程序设计语言编写的程序。

④人员:参与分析、设计、管理、维护和使用数据库中数据的人员都是数据库系统的组成部分,主要有数据库管理员(简称 DBA)、系统分析员、应用程序员和用户等。

4. 数据库体系结构的三级模式有哪些?

答:数据库的三级模式结构由外模式、模式和内模式组成:

①外模式:又称子模式或用户模式,是模式的子集,是数据的局部逻辑结构,也是数据库用户看到的数据视图。

②模式:又称逻辑模式或概念模式,是数据库中全体数据的全局逻辑结构和特性的描述,也是所有用户的公共数据视图。

③内模式:又称存储模式,是数据在数据库系统中的内部表示,即数据的物理结构和存储方式的描述。

数据库系统在三级模式中提供了两次映像:外模式到模式的映像,定义了外模式与模式之间的对应关系,实现了数据的逻辑独立性。模式到内模式的映像,定义了数据的逻辑结构和物理结构之间的对应关系,实现了数据的物理独立性。

5. 数据库中常用的数据模型有哪些?

答:常用的数据模型主要有层次、网状和关系三种模型。

①层次模型:采用树状结构表示实体及其联系,适合于表示实体之间 1:n 联系。

②网状模型:采用结点间的连通图(网状结构)表示实体及其联系,能表示实体之间各种复杂联系情况。

③关系模型:采用“二维表”表示实体及其联系,能直接表示实体之间各种复杂联系情况。目前常见的数据库管理系统都采用关系模型。

6. 关系的性质有哪些?

答:可以从二维表去理解关系的性质:

①每一列都是不可再分的,且每一列的值只能取自同一个域。

②不能出现完全相同的两列

③不能出现完全相同的两行。

④列的次序可以任意交换。

⑤行的次序可以任意交换。

7. 关系模型的完整性约束有哪些?

答:关系完整性约束是为保证数据库中数据的正确性和一致性,对关系模型提出的某种约束条件或规则。可分为以下四类:

①域完整性:是指表中的列必须满足某种特定的数据类型约束,其中约束包括取值范围、精度等规定。

②实体完整性:是指关系的主关键字不能重复也不能取“空值”,即必须是唯一的实体。

③参照完整性:是指两个表的主关键字和外关键字的数据应一致,保证了表之间的数据的一致性,防止了数据丢失或无意义的数据在数据库中扩散。

④用户定义的完整性:不同的关系数据库系统根据其应用环境的不同,往往还需要一些特殊的约束条件。用户定义的完整性即是针对某个特定关系数据库的约束条件,它反映某一具体应用必须满足的语义要求。

8. 数据库中的关键字通常分为哪几类？

答：数据库中的关键字通常分为4类：

①超关键字(Super Key)：能唯一确定元组的一个或多个属性的集合。超关键字中可能包含多余的属性。一个关系的所有属性的集合必定是一个超关键字。

②候选关键字(Candidate Key)：如果一个超关键字去掉其中任何一个属性后不能唯一地标识元组，则称其为候选关键字。候选关键字中的属性是最精简的。

③主关键字(Primary Key)：在若干个候选关键字中指定一个关键字为主关键字。主关键字的值不能为空。

④外部关键字(Foreign Key)：当一张二维表(A表)的主关键字被包含到另一张二维表(B表)中时，它就称为B表的外部关键字。

9. 常见的关系型数据库管理系统有哪些？

答：现有的关系型数据库管理系统从所使用的规模和能力可分为三类：

一类是在微型机上使用的，如dBASE、FoxBASE系列、Access等，主要作为单用户的事务处理，可称为桌面数据库系统；

另一类著名的数据库产品有ORACLE、INGRES、SYBASE、INFORMIX和DB2，它们功能更完备，往往用于网络环境的开放式系统；

还有一类介于前两者之间，如目前较流行的SQL Server。

10. 在VFP中，有关记录的删除操作有哪些？

答：在VFP中，有关记录的删除操作有逻辑删除和物理删除。

逻辑删除：DELETE命令，给指定记录打上删除标识；

RECALL命令，去除指定记录的删除标识。

物理删除：PACK命令，将带删除标识的记录从表文件中真正删除。

ZAP命令，清空表文件中所有记录，保留表结构。

11. 在VFP命令中可使用范围子句。请问范围有哪些，其作用区域各是什么？

答：在VFP命令中可使用的范围子句有：

Record n 指定的第n条记录；

Next n 从当前记录开始(含当前记录)往后的n条记录；

Rest 从当前记录开始(含当前记录)到最后的所有记录；

All 全部记录。

12. 记录定位的方式有哪些？

答：定位表的记录指针的方法有：

①相对移动记录指针法：SKIP命令；

②绝对移动记录指针法：go/goto/go top/go bottom；

③查找定位法：LOCATE/CONTINUE命令和SEEK命令

13. VFP命令中的FOR子句与WHILE子句(非FOR循环与WHILE循环)的区别和联系是什么？

答：FOR子句和WHILE子句在命令中都起着筛选记录的作用；

FOR子句筛选的是指定范围内的所有满足条件的记录；

WHILE子句筛选的是指定范围内的、从当前记录开始满足条件的、连续的若干条记录；若当前记录不满足条件，即使后面还有符合条件的记录也不能筛选出来。

14. 在 VFP 中,索引的类型有哪些? 表的索引文件的种类有哪些?

答:表的索引有 4 种类型:主索引、候选索引、普通索引和唯一索引;

只有数据库表才能设置主索引,数据库表变成自由表后主索引自动变为候选索引。

索引文件有结构复合索引、非结构复合索引和独立索引三种;

结构复合索引的文件名与表名相同,它随表的打开和关闭而自动打开和关闭。

15. 结构复合索引与非结构复合索引的区别与联系是什么?

答:它们都是复合索引文件,扩展名为.CDX。

结构复合索引与表文件名同名,随表的打开、更新和关闭而自动打开、更新和关闭;

结构复合索引可创建主索引,非结构复合索引不可。

16. 数据库表与自由表的区别与联系有哪些?

答:它们都是用于存储数据的表文件,其扩展名为.DBF;

自由表可添加到数据库中成为数据库表,数据库表可移出数据库成为自由表。

数据库表可设置标题、默认值、输入掩码、格式、字段验证规则、记录验证规则、触发器、参照完整性等一系列特有的属性和数据验证规则,而自由表没有;

数据库表可设置主索引,自由表不可;数据库表变为自由表后,其主索引将变为候选索引;

数据库表间可设置永久关系,自由表不可。

17. 永久关系与临时关系的区别与联系是什么?

答:永久关系在许多地方可以用来作为默认的临时关系。

临时关系可以在自由表之间、数据库表之间或自由表之间与库表之间建立,而永久关系只能在库表之间建立;

临时关系用于协同主表与子表间记录指针的移动,而永久关系则主要是用来存储相关表之间的参照完整性;

临时关系在表打开以后使用 SET RELATION 命令创建,随表的关闭而解除,而永久关系则永久地保存在数据库中不必每次使用表时重新创建;

临时关系中一张表不能有两张主表,而永久关系则不然;

创建永久关系时要求主表主索引或候选索引,子表任意索引,而创建临时关系时只要求子表设置主控索引。

18. 查询与视图的区别与联系是什么?

答:其本质都是一条 SELECT-SQL 语句。

查询是只读的,视图是可更新的;

查询保存在.QPR 文件中,视图保存在数据库中;

查询的运行用 DO 命令,视图在数据库中用 USE 命令打开。

19. 在循环结构程序设计中,Loop 和 Exit 语句有何区别与联系?

答:两者都是用于从循环体中跳出循环。

Loop 是跳出本次循环,继续进入下一次循环;

Exit 是跳出循环,结束循环的执行。

20. 面向对象程序设计的特点有哪些?

答:面向对象程序设计的特点主要有以下 4 个方面:

①抽象性:是指提取一个类或对象与众不同的特征,而不是对该类或对象的所有信息进行处理。

②继承性:就是子类延用其父类特征的能力。如果父类的特征发生变化,则子类将继承这些新的特征。

③多态性:多态性使得相同的操作可以作用于多种类型的对象上并获得不同的结果,从而增强了系统的灵活性、维护性和扩充性。

④封装性:就是把客观事物封装成抽象的类,并且类可以把自己的数据和方法只让可信的类或者对象操作,对不可信的进行信息隐藏。封装使得软件具有很好的模块性,实现了模块的高内聚和模块间的低耦合。

全真模拟试卷

一、单项选择题(30 分)

1. 以下不是数据库管理系统的是____。

A. DB2　　B. Visual FoxPro　　C. Excel　　D. Oracle

2. 关系模型是把实体之间的联系用____表示。

A. 二维表　　B. 树　　C. 图　　D. E-R 图

3. 在表的浏览窗口中,要在一个允许 NULL 值的字段中输入 .NULL. 值的方法是____。

A. 直接输入"NULL"的各个字母　　B. 按[CTRL+0]组合键

C. 按[CTRL+N]组合键　　D. 按[CTRL+L]组合键

4. 打开一个空表,分别用函数 EOF()和 BOF()测试,其结果一定是____。

A. .T. 和 .T.　　B. .F. 和 .F.　　C. .T. 和 .F.　　D. .F. 和 .T.

5. 若要删除当前表中某些记录,应先后使用的两条命令是____。

A. DELETE—ZAP　　B. DELETE—PACK

C. ZAP—PACK　　D. DELETE—RECALL

6. 为了选用一个未被使用的编号最小的工作区,可使用的命令是____。

A. SELECT 1　　B. SELECT 0　　C. SELECT(0)　　D. SELECT -1

7. 用 LOCATE 命令查找出满足条件的第一条记录后,要继续查找满足条件的下一条记录,应该用____命令。

A. SKIP　　B. GO　　C. LOCATE　　D. CONTINUE

8. 索引文件中的标识名最多由____个字母、数字或下划线组成。

A. 5　　B. 6　　C. 8　　D. 10

9. 数据库表之间创建的永久性关系是保存在____。

A. 数据库表中　　B. 数据库文件中

C. 表设计器中　　D. 数据环境设计器中

10. 当要求在输入数据时,只允许输入数字、空格和正负符号,则输入掩码应为____。

A. X　　B. 9　　C. #　　D. $

11. 如果一个数据库表的 DELETE 触发器设置为 .F.,则不允许对该表作____的操作。

A. 修改记录　　B. 删除记录　　C. 增加记录　　D. 显示记录

12. 运行查询 AAA. QPR 的命令是____。

A. Use AAA　　B. Use AAA. QPR

C. Do AAA. QPR　　D. Do AAA

13. 不可以作为查询与视图的数据源的是____。

A. 自由表　　B. 数据库表　　C. 查询　　D. 视图

14. 如要给日期型变量赋值,应将日期值放在____中。

A. ( )　　B. [ ]　　C. { }　　D. < >

15. 下列符号中,除____外均是 VFP 的常量。

A. [2000/10/1] B. '扬州大学' C. .N. D. 1/2

16. 下列符号中,除____外均能作为 VFP 的内存变量名。

A. IF B. SIN C. AND D. .OR.

17. INT(-8.8)的函数值为____。

A. 8 B. -8 C. 9 D. -9

18. MOD(-7,-4)的函数值为____。

A. -3 B. 3 C. -1 D. 1

19. VAL("1E3")的值为____。

A. 1.0 B. 3.0 C. 1000.0 D. 0.0

20. AT("ABC","AB")的值为____。

A. 0 B. 1 C. 2 D. 3

21. 函数 TIME()的值的类型为____。

A. 日期型 B. 日期时间型 C. 字符型 D. 数值型

22. 逻辑运算符从高到低的运算优先级是____。

A. .NOT.→.OR.→.AND. B. .NOT.→.AND.→.OR.

C. .AND.→.NOT.→.OR. D. .OR.→.NOT.→.AND.

23. 以下循环体共执行了____次。For I=1 to 10? I=I+1 Endfor

A. 10 B. 5 C. 0 D. 语法错

24. 用户在 VFP 中创建子类或表单时,不能新建的是____。

A. 属性 B. 方法 C. 事件 D. 事件的方法代码

25. 下列事件中,所有基类均能识别的事件是____。

A. CLICK B. LOAD C. TIMER D. INIT

26. 下列控件不可以直接添加到表单中的是____。

A. 命令按钮 B. 命令按钮组 C. 选项按钮 D. 选项按钮组

27. 表单集被相对引用时的名称是____。

A. Form B. ThisForm C. ThisFormSet D. FormSet

28. 新建的属性默认属性值是____

A. False B. True C. 1 D. 0

29. Grid 的集合属性和计数属性是____。

A. Columns 和 ColumnCount B. Forms 和 FormCount

C. Pages 和 PageCount D. Controls 和 ControlCount

30. 有连续的两个菜单项,名称分别为"保存"和"删除",要用分隔线将这两个菜单项分组。实现这一功能的方法是____。

A. 在"保存"菜单项名称前面加上"\-":保存\-

B. 在"删除"菜单项名称前面加上"\-":删除\-

C. 在两个菜单项之间添加一个菜单项,并且在名称栏中输入"\-"

D. A 或 B 两种方法均可

二、填空题(20 分)

1. 计算机数据管理技术的发展经历了无管理阶段、文件管理方式阶段和____等 3 个阶段。
2. 数据的不一致性主要是由____引起的。
3. 信息的 3 个领域是现实世界、观念世界和____。
4. 如果一个超关键字去掉其中任何一个字段后不再能唯一确定记录,则称其为____。
5. 打开一个表时,____索引文件将自动打开,表关闭时它将自动关闭。
6. 索引可分为多种类型,其中____只适用于数据库表。
7. 数据库表中的双向链接,其中前链保存在____文件中。
8. 临时性关系和永久性关系中,一张表不能有两张主表的是____。
9. "ODBC"的中文含义是____。
10. 创建一个查询后,在查询文件中保存的是____。
11. "SQL"的中文含义是____。
12. 函数 RAND()返回的是一个____区间的随机数。
13. 表达式 LEN(TRIM('a'+SPACE(5)+'b'))的值为____。
14. 与 Thisform. Release 功能等价的命令为____。
15. 对象的属性 PARENT 是引用本对象的____。
16. 结束事件循环命令是____。
17. 要使标签(Label)中的文本能够换行,应将____属性设置为 . T. 。
18. 页框对象的当前活动页面的属性名为____。
19. 要想把某个字母设置为对应的快捷键,则 Caption 属性中应该在该字母前加上____。
20. 恢复 VFP 系统菜单的命令是____。

三、创建查询(10 分)

1. 已知数据库表 XS(学生)的结构为(XH(学号),XM(姓名),XB(性别),BJBH(班级编号),CSRQ(出生日期),JG(籍贯),ZP(照片))。请按如下要求用 SQL－SELECT 语句实现查询:

基于数据库表 XS(学生)统计各班男、女生的人数,要求输出字段为:BJBH、XB、人数。查询结果首先按班级编号升序排序,同一班级中再按性别降序排序。

2. 在数据库中包含一个名为 XSST 的视图。该视图中包含学号(XH)、姓名(XM)、班级编号(BJBH)、系代号(XDH)、党员(DY)字段;在数据库中包含一个名为 XIM 的系名表,表中含有系代号(XDH)、系名称(XIMING)字段。请按如下要求用 SQL－SELECT 语句实现查询:

基于 XSST 视图和 XIM 表查询每个系学生党员的人数。输出字段包括:XDH、XIMING、党员人数,查询结果按系代号升序排列。

四、程序改错题(10 分)

1. 下列自定义函数 CLEFT(cExp,n)的功能是:取字符串 cExp 左边 n 个字符。如果

cExp 字符串中包含汉字,则将每个汉字与英文字符同等看作长度为 1。例如 CLEFT("VFP上机考试",5)的返回值是"VFP 上机",而不是"VFP 上"。

```
行号                    代码行
 1    WAIT WINDOW CLEFT("VFP 上机考试",5)
 2    FUNCTION CLEFT
 3        PARA cExp,n
 4        LOCAL ch,nCh,cResult
 5    cResult=0
 6    nPos=1
 7    FOR i=1 TO n
 8        Ch=SUBTR(cExp,nPos,1)
 9        IF ASC(ch)>127
10             cResult=cResult + SUBSTR(cExp,nPos,2)
11             nPos=nPos+2
12         ELSE
13             cResult=cResult + SUBSTR(cExp,nPos,1)
14             nPos=nPos+1
15         ENDIF
16     ENDFOR
17     RETURN n
18    ENDFUNC
```

2. 下列程序的功能是:将十进制数字字符串转换为二进制数字字符串,其基本算法是"除 2 取余法"。

```
行号                    语      句
 1    LOCAL cDec,cBin,nDec,n
 2    cDec="67"
 3    cBin=SPACE(0)
 4      nDec=VAL(cDec)
 5      IF cDec="0"
 6          cBin="0"
 7      ELSE
 8          DO WHILE cDec>0
 9              n=MOD(nDec,2)
10              nDec=INT(nDec/2)
11              cBin=cBin+STR(n,1)
12           ENDDO
13        ENDIF
14     Wait Windows"十进制数"+cDec+"的二进制表示为:"+cBin
```

五、阅读程序(10分)

1. 数据库表 xs.dbf 有如下记录,阅读以下程序,写出运行结果:

记录号#	学号	姓名	性别	专业
1	0001	李　林	男	信息管理系
2	0002	高　辛	男	计算机系
3	0003	陆海涛	女	信息管理系
4	0004	柳　宝	男	信息管理系
5	0005	李　枫	女	电子系
6	0006	任　民	男	电子系
7	0007	林一风	男	计算机系

```
SET TALK OFF
CLEAR
CLOSE all
USE xs
SCAN WHILE xb="男"
    ? recno(),xm
ENDSCAN
USE
```

2. 写出下列程序的运行结果:

```
SET TALK OFF
CLEAR
FOR i=1 TO 5
    ? space(5-i)
    FOR j=1 TO 2*i+2
        ??'*'
    ENDFOR
ENDFOR
SET TALK ON
RETURN
```

六、程序填空(20分)

1. 在教工数据库表文件 JS.DBF 中,含有姓名(字符型)、基本工资(数值型)等字段,由键盘输入教工姓名,按照姓名来查找记录,判断教工的基本工资,如果低于1000元,则增加100元,否则不增加。

```
CLEAR
SET TALK OFF
  (1)  
ACCEPT "请输入需要查找的教工姓名" to jgxm
```

```
LOCATE all FOR 姓名= (2)
IF 基本工资<1000
   (3)
ENDIF
DISPLAY 姓名,基本工资
USE
SET TALK ON
RETURN
```

2. 下列程序计算 20!：

```
SET TALK OFF
CLEAR
 (1)
i=1
DO WHILE (2)
   t=t*i
   (3)
ENDDO
?'t=',t
Return
```

3. 完善程序题。下列自定义函数 DeleteSpace()的功能是将一个字符串中的所有空格删除：

```
FUNCTION DeleteSpace
PARAMETERS cStr
CResult=SPACE(0)
FOR n=1 TO (1)
IF SUBSTR(cStr,n,1)=SPACE(1)
(2)
ENDIF
CResult=cResult+SUBSTR(cStr,n,1)
Endfor
Return (3)
ENDFUNC
```

4. 计算圆面积的表单如下图所示，表单中有 2 个标签(LABEL1,LABEL2)、2 个文本框(TEXT1,TEXT2)、1 个命令按钮(COMMAND1)。假设按图中从左至右、从上至下的顺序添加这些控件，添加后 NAME 属性不变(为默认设置)，TEXT1 用于输入圆半径，TEXT2 用于输出圆面积。为了完成圆面积的计算，可以作如下设置：

将文本框 TEXT1 和 TEXT2 的 (1) 属性的值设为 0，使其数据类型为数值型。

为了计算圆的面积,将命令按钮 COMMAND1 的 ___(2)___ 事件代码设置为:___(3)___。

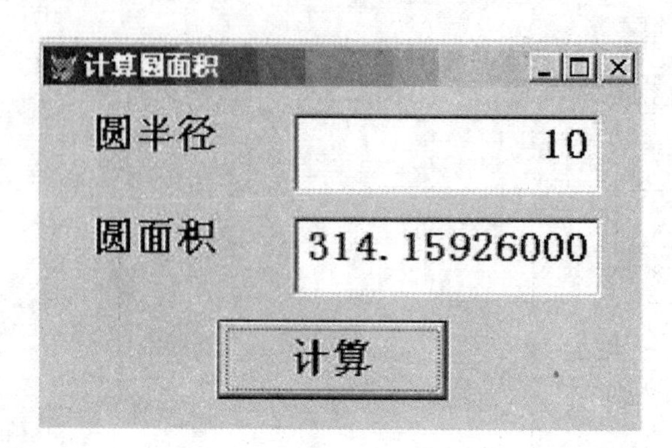

全真模拟试卷参考答案

一、单项选择题(30 分)

1	C	2	A	3	B	4	A	5	B	6	B
7	D	8	D	9	B	10	C	11	B	12	C
13	C	14	C	15	D	16	D	17	B	18	A
19	C	20	A	21	C	22	B	23	B	24	C
25	D	26	C	27	C	28	A	29	A	30	C

二、填空题(20 分)

1. 数据库管理阶段
2. 数据冗余
3. 数据世界/计算机世界
4. 候选关键字
5. 结构复合索引
6. 主索引
7. 数据库
8. 临时关系
9. 开放数据库互联
10. SELECT－SQL 命令
11. 结构化查询语言
12. 0～1
13. 7
14. Release ThisForm
15. 父对象
16. Clear Events
17. WordWrap
18. ActivePage
19. \<
20. Set Sysmenu to defa

三、创建查询(10 分)

1. SELECT BJBH,XB,COUNT(＊) AS 人数；
   FROM XS；
   GROUP BY BJBH,XB；
   ORDER BY BJBH,XB DESC

2. SELECT XSST. XDH,XIMING,COUNT(＊) AS 党员人数；
   FROM XSST INNER JOIN XIM ON XSST. XDH＝XIM. XDH；
   WHERE DY；
   GROUP BY XDH；
   ORDER BY XDH

四、程序改错题(10 分)

1. 5　CRESULT＝SPACE(0)或 ''
   17　RETURN CRESULT
2. 8　NDEC＞0
   11　CBIN＝STR(N,1)＋CBIN

五、阅读程序(10 分)

1.

　1　李　林

　2　高　辛

2.

六、程序填空(20 分)

1. (1) USE JS　(2) JGXM　(3) REPLACE 基本工资 WITH 基本工资＋100

2. (1) t＝1　(2) i＜＝20　(3) i＝i＋1

3. (1) LEN(CSTR)　(2) LOOP　(3) CRESULT

4. (1) VALUE　(2) CLICK

　(3) THISFORM. TEXT2. VALUE＝3. 14 * THISFORM. TEXT1. VALUE * * 2

参考文献

1. 卢湘鸿. Visual FoxPro 6.0 数据库与程序设计(第 3 版). 北京：电子工业出版社,2011
2. 严明等. Visual FoxPro 教程(2010 年版). 苏州:苏州大学出版社,2010
3. 刘瑞新. Visual FoxPro 程序设计教程(第 2 版). 北京:机械工业出版社,2009
4. 李雁翎. Visual FoxPro 应用基础与面向对象程序设计教程(第 3 版). 北京:高等教育出版社,2008
5. 卢雪松. Visual FoxPro 实验与测试(第 3 版). 南京:东南大学出版社,2008
6. 郑阿奇. Visual FoxPro 实用教程(第 3 版). 北京:电子工业出版社,2007
7. 史济民. Visual FoxPro 及其应用系统开发(简明版). 北京:清华大学出版社,2006
8. 王珊等. 数据库系统概论(第 4 版). 北京:高等教育出版社,2006